U0176667

在地思考

福州三坊七巷修复与再生

严龙华 著

东南大学出版社
·南京·

内容提要

本书是一部研究福州三坊七巷历史文化街区特征价值、保护再生方法的学术专著，是作者十五年来全过程参与三坊七巷历史文化街区保护再生设计实践的在地思考与理论总结。全书展示了作者对三坊七巷空间格局与肌理、建筑与园林特征、历史文化内涵的深刻剖析与理解，通过抓住“里坊制”这一保护总纲，展开阐述了其严谨的保护再生理论与设计策略，并翔实地记录了作者及其团队对每个街块的保护修复过程。书中通过大量的保护再生前后图文资料及其设计思想和方法，向读者呈现了三坊七巷街区保护再生是如何将历史文化遗产保护融入当代城市生活中。

本书集理论性、实践性、知识性与学术性于一体，适合于历史文化遗产保护、城市文化建设和建筑文化研究等领域专家学者及高等院校相关专业的老师、学生学习与阅读。

图书在版编目（CIP）数据

在地思考：福州三坊七巷修复与再生 / 严龙华著.
—南京：东南大学出版社，2023.4
ISBN 978-7-5641-9912-8

Ⅰ.①在… Ⅱ.①严… Ⅲ.①城市-古建筑-保护-
福州 Ⅳ.①TU-862

中国版本图书馆CIP数据核字（2021）第266674号

责任编辑：孙惠玉　责任校对：张万莹　封面设计：陈华沙　余武莉　责任印制：周荣虎

在地思考：福州三坊七巷修复与再生
ZAIDI SIKAO : FUZHOU SANFANG QIXIANG XIUFU YU ZAISHENG

著　　者：严龙华
出版发行：东南大学出版社
社　　址：南京四牌楼2号　邮编：210096　电话：025-83793330
网　　址：http://www.seupress.com
经　　销：全国各地新华书店
印　　刷：徐州绪权印刷有限公司
开　　本：787 mm ×1092 mm　1/16
印　　张：30.25
字　　数：775千字
版　　次：2023年4月第1版
印　　次：2023年4月第1次印刷
书　　号：ISBN 978-7-5641-9912-8
定　　价：119.00元

序一

三坊七巷是福州古城核心风貌区的重要组成部分，在国内无论从规模还是保护格局而言都是最完整的历史文化街区，2009年被国家文化部（现文化和旅游部）、文物局评为“中国十大历史文化名街”。本书是作者及其团队参与三坊七巷保护实施工作的经验总结，积累的资料极其丰富，提出的保护与再生设计策略十分精辟，为我国历史保护事业的发展积累了经验。

首先，本书抓住了三坊七巷历史文化保护的魂——“里坊制”。魂是历史保护的文化内涵，是保护的文化价值所在。“里坊制”是我国封建社会时期城市聚居组织的基本单位，是封建统治者对居民的一种管理制度和方法。三坊七巷是我国北宋以后“里坊制”逐渐消逝过程中保存下来的仅有的“活化石”。作者从居住功能（保留相当数量的原住民）、结构布局（鱼骨状）、细胞（深宅大院）和管理制度（坊墙坊门）等方面给予保护、修复，尤其是整片式的屋顶肌理整治、保护，出神入化地再现了“里坊制”。在保护“里坊制”的同时，修复和再生过程还不忘三坊七巷的闽都特色传承，包括人文气息的小巷幽径、厅井一体、明三暗五避逾制、壶中天地的花厅园林等。

其次，本书把握住“保护”与“再生”的关系，这是历史保护中文化传承与时代发展的关系。三坊七巷历史保护是活态的历史遗存，既要传承历史文化，又要满足生活在其中人的现代生活需要，这是保护区的活力建设，已成为城市更新和城市复兴中的重要课题。三坊七巷作为留存至当代的社区，要同时满足原住民和旅游者的生活需要，在历史保护实施过程中，在保护居住功能主体的同时，植入很多满足各种生活的其他功能，包括南后街作为城市中心的文化特色休闲商业街修复、组织38个社区博物馆、围绕社区文化馆的文化娱乐设施，还有多个特色主题酒店等。将这些功能巧妙地组织到里坊特征的历史环境中也是本书的重要经验：博物馆、酒店基本上利用宅院的布局，还将与保护区严重不和谐的原高级人民法院的高层建筑改建成园林式的精品酒店；大空间的3D电影厅化整为零，建筑屋顶有机地融入整片的双坡主导的第五立面肌理中；将安民巷五层的原鼓楼区文化馆屋顶改造为观光点，纳入三坊七巷的屋顶肌理观景系统；当然，还有南后街利用历史形成的商业文化功能融入福州城市，成为城市的会客厅。

最后，本书还为福州历史文化名城的进一步保护和发展奠定基础。福州自汉闽越王无诸建冶城至今已有2200多年历史，逐渐形成位于福州市中轴线上的核心历史风貌区，包括两山、两塔和两街区一平方公里范围，已成为历史文化名城保护和发展的重要组成部分。三坊七巷作为核心风貌区保护、再生的先导，其经验必然成为后续发展的基础，作者为此运用类型学的研究，总结三坊七巷，乃至闽都文化区的建筑及其组成的类型，不仅适用在本身的修复、再生和创造中，而且也会为福州历史文化名城的建设和发展提供经验。

当前社会的历史文化保护意识不断增强，历史保护事业已取得巨大成绩，如何更多地传承历史文化，将历史保护与城市发展结合起来，是城市可持续发展的重要课题。本书是一部将实践与理论研究相结合的作品，我相信该作不但对历史保护实践有价值，而且将为理论研究提供新的视角。

卢济威

（卢济威：同济大学建筑与城市规划学院教授，俄罗斯艺术科学院荣誉院士）

序二

福州这座有2200多年历史的沿海古城，被吴良镛院士誉为“人居山水城市之典范”。在入海口，它依托闽江，四周群山环抱，古城内水系密织如网，榕树华盖成荫，古城外大小水塘遍布。福州盆地以其完美的自然生态环境，滋养着这座传统人文山水之城。这是海洋文明与农耕文明完美融合的产物。城内古老居住时空的明珠当属“三坊七巷”，它是唐代“里坊制”的活化石。

在时代巨变面前，福州古城的命运如同中国其他古城一样，在浴火重生中寻找出路。幸运的是，福州“三坊七巷”这片完整的罕见街巷，在数十年多方合力保护之下，如今成为珍贵的历史文化街区，实乃功德无量。它使得后人有福在此乘凉与感念，也让这座古城留住虽看不见但摸得着的灵魂。

留得住，但还需修复。面对连片朽败的民居建筑，要使它再生，其实是个“瓷器活”。严龙华是我清华学弟中的佼佼者，他临危受命，担此重任。在多方关注之下，逐步完成这个修复任务，实属不易。严大师在扎实的调研基础上，通过系统的 “在地思考”，在敬畏“三坊七巷”一砖一瓦的真实性与完整性的前提下，慢工出细活，让这片街巷重获新生。其丰硕成果获得多方好评。这部沉甸甸的著作就是这个华丽转身的厚重总结。

只有了解与掌握过去，才可谈及如何新生。如书中所述，严大师首先遵循“各时期信息的完整性”，这是对历史的尊重。其次，公众所能分享的“活态文化景观”在街巷中得到有效激活，使得老街巷复活且有了深度。尤其是，街巷公共空间的“留白”处理，既化解了弃用空间的尴尬，又有机地形成新的街巷人文场所。这种点睛之笔难能可贵。总之，这种修复与再生基本实现了一种内在而动态的街坊生活氛围。

本书不但对专业建筑师如何传承营造文化带来信心和启迪，也使得广大古建筑爱好者，得以沉浸在“三坊七巷”，欣赏和回味福州这座山水古城的前世今生。

黄汉民

（黄汉民：福建省建筑设计研究院原院长，中国民居建筑大师）

序三

古老的榕城福州，从汉晋的成型、唐宋的繁盛，到明清的余晖，以逾 2000 年的历史变迁与积淀，见证了这棵华夏文明之树的根深脉广及人文荟萃。尤其是近代以来，涌现出了一批杰出的贤达才俊，对推动中国传统社会的现代转型做出了旷世贡献。由此，福州所拥有的文化遗产为世人所景仰，饱含了特有的历史价值和城市记忆，1986 年当之无愧地被遴选为第二批国家历史文化名城。

然而，在摧枯拉朽式的旧城改造浪潮洗礼下，本已衰落的福州古城发生巨变旧貌换新颜，今昔两重天，成就中也带着遗憾。幸运的是，如清末名士陈衍“谁知五柳孤松客，却住三坊七巷间”的存世名句所喻，福州以北起杨桥路口、南至吉庇路长达千米的南后街为纵轴，适应性地保存了其两侧“三坊七巷”所在地段近 40 公顷的古城肌理，包括其中逾 200 处文物建筑及古旧民居标本。

在 20 多年来的福州古城保护过程中，同济大学阮仪三教授团队先后做过古城整体四版及三坊七巷街区的保护规划；清华同衡张杰教授团队继而做了该街区保护规划的优化及实施方案设计；由严龙华教授领衔的福州规划院设计团队，则完成了该街区古建筑群的修复及街区整体再生工程设计。他们以普适的遗产价值观，勤勉的敬业精神和一流的专业水准，实现了这一著名历史文化街区的存续与活化。研究及设计成果可圈可点，对我国建成遗产保护与再生领域具有典型示范意义。

严龙华教授所著的这部《在地思考：福州三坊七巷修复与再生》，以实存历史环境的史料研究和详测实录为基础，以空间再生和文化复兴为愿景，既坚守原则，又讲究策略，悉心探索了建成遗产的活态化路径，是值得学习借鉴的保护工程类专题参考书。特以此短文为序。

（常青：同济大学建筑与城市规划学院教授，中国科学院院士）

序四

我第一次考察三坊七巷大约是2000年，当时街区正处于改造搬迁的过程中，一些院落的部分居民已外迁。2005年受福州市政府的委托开始负责街区的保护规划工作，自此与福州市规划设计研究院、全国与当地很多专家一道长期合作，深入参与了街区的保护、整治、利用等一系列工程。时任国家文物局局长单霁翔先生非常重视该项目，在几个关键阶段都提出了重要建议，在地方各级党委、政府的有力领导下，三坊七巷在保护利用、推动城市文化复兴、改善民生、促进经济发展方面，创造性地为我国探索出了一条新途径，也成为我国乃至亚太地区历史街区保护实践的成功案例。

福州三坊七巷的保护历经十几年，是多领域、多团队协作推进下的持续性工程，涉及文物保护、城市规划、建筑设计、管理运营、施工等不同专业，是遗产保护传承的共同体和当地的社区共同造就了三坊七巷保护与文化传承令人瞩目的成就。

三坊七巷历史文化街区的保护历程反映了我国城市保护的总体脉络，即对历史街区的全面保护的共识是在实践中逐渐形成的。20世纪90年代，受当时城市改造大形势的影响，三坊七巷面临被基本拆除的巨大压力；其中南后街西侧、衣锦坊以北的部分地段已改造成“衣锦华庭”高层商品房“社区”。在此危急的情况下，国内很多专家、学者积极呼吁对三坊七巷历史文化街区加以整体保护，并提出了相关建议。这些建议在一定程度上促进了保护的共识。2000年左右，同济大学阮仪三教授提出，三坊七巷不仅仅要保护明清古建筑自身，还要保护整体坊巷格局环境，在他的带领下三坊七巷编制了第一版历史文化街区保护规划；随后，福建省文物局郑国珍局长主持完成了“中心城市的传统街区保护：以福州三坊七巷为例”的国家文物保护科学和技术研究课题，沈葆桢故居等二十多处历史建筑相继被确定为全国重点文物保护单位或省级文物保护单位。这些都为三坊七巷文化遗产保护规划与维修方案的进一步优化编制及其全面付诸实施，奠定了坚实基础，赢得相应的法律法规保障。

2005年，在国家文物局的指导下，福建省与福州市将三坊七巷的全面保护提上重要的议事日程，正式开展规划与修缮工程设计等重点工作。在此期间，先后编制了一系列规划和设计方案，包括《福州三坊七巷文化遗产保护规划》（下称《保护规划》）《南后街沿线与澳门路片区修建性详细规划》《三坊七巷历史文化街区保护规划》等。

《保护规划》的重点是对三坊七巷古建筑群作为全国重点文物保护单位提出保护要求与措施。该规划由我和吕舟教授分别带领的团队和福州市规划设计研究院合作完成。规划在街区整体保护思想的指导下，全面分析了街区内的古建筑群、历史建筑及街区整体价值特色，凝练了三坊七巷古建筑群与街区的科学、艺术、文化价值，并以此为统领开展各项工作。该规划提出，三坊七巷是士大夫文化集聚与传承的重要空间、中国古代城市里坊制的活化石、福州城市历史文化精华的集中承载地，其特色是坊巷历史与城市商业并存等历史文化价值要点。规划将古建筑群文物的保护拓展到整个街区的历史环境，乃至非物质文化遗产的整体保护。

这版《保护规划》进一步明确、细化了街区价值与保护对象及范围，大量新认定的历史建筑与传统风貌建筑使整个街区大多数建筑成为保护对象，为整体保护打下了坚实的基础。同时，规划对街区的整体历史环境提出了保护要求，比如将街区南面的安泰河列为保护对象。另一方面，规划在国内率先提出了物质文化遗产与非物质文化遗产协同一体保护的理念，成为国内第一个综合的文化遗产保护规划实践，其中文化空间的保护成为重要抓手。期间，当地民俗文化研究的学者倾注了大量的心血，系统挖掘了以三坊七巷为代表的福州非物质文化遗产资源，极大丰富了街区文化遗产保护的内涵。新的保护规划还进一步加强了保护力度，提高了街区整体保护的效果。

为了推动保护规划的实施，我带领清华大学团队与福州市规划设计研究院共同完成了《南后街沿线与澳门路地块修建性详细规划》（详规）。这一修建性详细规划（详规）对街区如何开展分类保护整治、保护，延续街区风貌等，进行了系统性探索。详规针对南后街独特的建筑风貌和问题，坚持保护历史环境完整性的原则，提出“柴栏厝”建筑是三坊七巷乃至福州名城重要历史记忆载体、是城市风貌多样性的重要体现的观点，并建议加以保护与传承。详规提出，三坊七巷作为福州拥有千年历史的城市中心，应延续和提升地区的活态功能。

详规还对南后街沿线和澳门路多个更新、整治地块提出了实施设计方案，包括林则徐纪念馆扩建、则徐小学、安泰河沿河地块、南后街沿街建筑分类整治改造与街巷环境提升整治等。该规划秉承《保护规划》的原则，提出了延续坊巷与街道空间格局与风貌的具体要求，在设计中总结福州民居的平面、立面、细部特点，在整治设计中予以分类传承与运用，并针对不同地块开展以院落单元类型为基础的分类整治建设，进而推动街区的活化利用，形成三坊七巷历史文化街区保护修复系统的技术路径。

在《保护规划》的指导下，先期开展的是重要文物等重点保护院落的修缮设计研究工作。修缮设计及相关研究由清华大学吕舟教授团队与福州古建筑研究所等多个单位共同或分别完成。在对三坊七巷古建筑的修缮设计研究中，研究团队对重点保护建筑进行了详细勘察和研究，对文物建筑进行了细致的测绘和复原设计、历史街区管理数据库和重点文物建筑的 3D 模型数据库等工作。以上工作对于深入认识街区内的古建筑的价值内涵、技艺特点等提供了重要的支撑，为后续的修缮工作打下了坚实基础。

福州市规划设计研究院规划设计团队按照修建性详细规划深化了南后街及主要街巷的市政、消防基础设施及环境改善设计，并在规划确立的基本原则与试点工程探索的经验的基础上，对后续地块开展了建筑整治、修复、更新设计工作，成效斐然。

直至 2014 年间，保护工作先后对全国重点文物保护单位 14 处、省级文物保护单位 12 处、以及其他 100 多处历史建筑院落等实施了修缮，总面积达 7.7 万平方米；后续分期开展的修缮工作一直持续至今。建筑修缮过程十分重视福州民居特有技术的传承。比如很多施工单位与工匠，在工程中从传统样式、材料、工艺等方面，深入挖掘传统技艺，探索极富特色的灰塑、糯米墙等的修复技术，形成了很好的修复效果。与此同时，整个街区在相关规划设计的指导下开展了系统的基础设施改善与建筑院落整治工程，外迁并拆除了部分破坏三坊七巷传统肌理的不协调建筑，予以分类整治与更新，为后期的合理利用与活化奠定了基础。

在保护修复过程中，大家也在摸索保护展示与利用的有效方式。在单霁翔局长的建议下，我带领团队开展了社区博物馆的规划研究。在借鉴国内外社区博物馆的基础上，团队提出了国内第一个城市社区博物馆的规划设计方案。方案以光禄坊刘家大院作为三坊七巷社区博物馆的中心馆，将街区的众多遗产资源和整个场景环境整合在一起，并强调了社区居民参与的重要性。规划形成了“1个中心馆、37个专题馆和24个展示点”组成文化遗产展示网络，使三坊七巷作为鲜活的生活街区得以展示。2011年社区博物馆启动。

历史街区、文物的保护利用既是一个复杂的技术过程，也是一个动态的运营管理过程。从街区部分修缮、更新、整治完成后，原福州三坊七巷保护修复管理委员会及后来的福州历史文化名城保护管理委员会与三坊七巷保护修复公司等管理单位都对街区的文化活动、业态等，做了大量深入细致的策划和实施管理工作，使整个街区避免了功能同质化的问题，同时激活了街区活力，带动了更大片区的功能提升。

在以上多专业、多团队合作的成果的基础上，我们团队与福州市规划设计研究院于2015年在福州市有关部门与三坊七巷业主单位的组织下，对街区的保护工作进行了全面总结，成功将“福州三坊七巷”为对象，申报获选2015年联合国教科文组织亚太文化遗产保护奖（UNESCO Asia-Pacific Awards for Cultural Heritage Conservation）。

整个保护修复的全过程持续十余年之久，涉及多个专业、团队与部门的合作。其中遗产保护专家张之平、郑国珍等对项目的规划设计、实施都予以细心把关和指导。严龙华教授作为福州规划院的主要技术负责人之一，在三坊七巷街区详细规划之后参与大量实施设计工作，是三坊七巷历史文化街区的保护复兴历程与技术思路发展的亲历者和见证者。他在百忙之中总结三坊七巷的遗产保护的理论与经验难能可贵，为大家更好地了解福州城市遗产保护提供了一个重要的文本。

张杰

（张杰：清华大学建筑学院教授，全国工程勘察设计大师）

前言

福州三坊七巷是目前国内城市中心区保存的规模宏大、格局最为完整的历史文化街区，是福州 2200 多年建城史中最重要的历史文化遗产，也是国家历史文化名城福州的古城风貌核心区与重要标志之一。1999 年，国务院批复的《福州城市总体规划》就将其列为历史文化保护区。2009 年 6 月 10 日，这个被称为“拥有众多的唯一性，至今全国留存最好的历史文化街区”——三坊七巷，被国家文化部（现文化和旅游部）、国家文物局评为首批“中国十大历史文化名街”。

在 1000 多年的历史演进中，三坊七巷一直保持着唐末五代形成的“里坊制”街区格局，至今街区中仍保存着大量独特且原生态的明清时期居住院落。在保持整体形态格局完整的同时，三坊七巷的建筑形态随时代变化得以持续演进，形成民国与明清时期建筑和谐并存、传统性与时代性巧妙结合的有机进化的文化景观。三坊七巷的历史演进既是长期以来大自然与人类生产生活和谐平衡的展现，也是人与环境共生、可持续发展的体现。更重要的是，三坊七巷与中国近现代史紧密关联，与台湾、琉球等多种文化渊源关系密切，从而被誉为“一片三坊七巷，半部中国近现代史”。

三坊七巷的保护工作早在 1991 年即已得到福州市主要领导的高度重视。在当年 3 月 10 日于三坊七巷召开的由时任市委书记习近平同志主持的市委市政府文物工作现场办公会上，确定了 1991 年福州市加强文物保护工作要办好的七件实事，主要内容包括：加快制定《福州市历史文化名城保护规划》和《福州市“三坊七巷”保护规划》，抓紧修改《福州市历史文化名城保护管理条例》，以及落实就地保护林觉民故居等。

2005 年 8 月，福州市成立“三坊七巷保护开发利用领导小组”，同时设立领导顾问组（汪毅夫、罗哲文、郑孝燮、张之平）、专家组（严拱钦、黄汉民、郑国珍、楼建龙、黄启权、曾意丹、陈章汉、杨秉纶）、修复工程专家组（张之平、吕舟）。2006 年由同济大学阮仪三教授领衔的同济大学国家历史文化名城保护中心与福州市规划设计研究院共同编制《三坊七巷历史文化街区保护规划》，由清华大学张杰教授领衔的北京清华同衡规划设计研究院编制《三坊七巷历史文化保护区文物保护规划》，在同年 12 月的评审会上，时任国家文物局局长单霁翔提出要把“文物保护规划”升格为“文化遗产保护规划”，该规划于 2007 年 8 月获国家文物局正式批复。

2007 年三坊七巷管委会聘请张杰教授为保护修复工程责任规划师、张之平教授为责任建筑师。2008 年，由北京华清安地建筑设计有限公司承担《三坊七巷南后街保护与更新方案》设计，北京清华同衡规划设计研究院与福州市规划设计研究院共同编制《南后街沿线与澳门路地块修建性详细规划》，同年福州市规划设计研究院完成《三坊七巷历史文化街区修建性详细规划》《三坊七巷历史文化街区古建筑保护修复施工导则》的编制。2010 年 11 月，北京清华同衡规划设计研究院编制了《三坊七巷社区博物馆规划》，作为中国首个社区博物馆，规划以“地域 + 传统 + 记忆 + 居民”的模式对街区文化遗产进行保护与展示。2015 年 7 月，由北京清华同衡规划设计研究院与福州市规划设计研究院共同完成的《三坊七巷历史文化街区保护规划（修编）》获福建省人民政府批复，保护规划（修编）主要结合多年来保护活化的需求，对部分土地利用功能进行了调整。

特别感谢福州市委、市政府和时任市长郑松岩先生的信任，将三坊七巷保护修复实施工程交由福州市规划设计研究院负责设计，并由我担任项目负责人。在三坊七巷街区保护与再生设计的过程中，保护实施设计团队不断深入认知历史文化街区遗产价值，自觉地将世界文化遗产保护与修复准则作为思考问题、探讨保护实施策略的理念方法，保证全过程准确把握其真实性和完整性，并响应以更为理性的方法与方式解决过程中出现的新问题。通过十余年的保护与再生实践，我们逐渐形成并梳理出具有三坊七巷街区价值特征的保护理念与设计策略。

首先，在保护与再生过程中，不仅关注其信息的真实性，而且强调其各时期信息的完整性。历史街区是文化遗产最为丰富和多样的表现之一，是一代又一代人所缔造的不同时期建筑的集合体，是通过空间和时间来证明人类对文明的不懈追求与抱负的关键证据。诚如《威尼斯宪章》所指出："各个时代为一古迹之建筑物所做的正当贡献必须予以尊重，因为修复的目的不是追求风格统一。"

其次，历史文化街区是一种活态的文化景观，它仍然是当今城市功能组团的重要组成部分。保护街区的原有功能，鼓励并延续原有的使用方式，保持其特有的文化氛围是体现历史真实性的重要方面。

再次，保护与再生设计依循保护规划原则，对街区功能进行有效管控与适度梳理，强调了街区内各坊巷以居住为主体的功能延续，令坊巷内仍保持原有小巷深幽、恬适且具有深厚人文气息的生活氛围。为了让再生后的街区具有活力与磁力，我们在强化街区周边地段商业功能的同时，亦关注街区内的功能混合多元。

保护不是要将街区风貌固定在某一时间点上，而是要有序管控其发展变化，关注其历史演进的文化多样性层积。在强调街区整体风貌的统一性、历史特征感的同时，注重文化景观的多样性表达。对街区内各类保护建筑的修缮，尽可能以原形制、原结构、原材料、原工艺进行科学而严谨的精心修复，体现最少干预的原则。而各类风貌建筑、更新改造建筑则针对其不同的现存状态与地段特征，制定适应性的设计策略。

历史文化街区保护与再生是一项持续、动态的过程，需树立整体、动态的可持续保护与再生理念。随着社会经济的发展与保护工作认识的深入，以及街区中新的历史信息的不断发掘，需要制定适宜的保护再生策略并对保护规划、设计、业态等进行不断地调整与完善。

持续多年的三坊七巷保护与再生实践获得了社会的肯定。正如2015年联合国教科文组织对三坊七巷历史文化街区获评亚太地区文化遗产保护奖时对项目给予的高度评价——福州三坊七巷历史街区的保护振兴，使得这片古街区免于被城市现代化建设蚕食和破坏，也使具有历史意义的三坊七巷街区得到了广泛的认可。保护修复依照国际准则，进行了大量文献研究与实地调查，无论单体建筑还是整体景观都展示了细致而全面的保护策略。采用传统的建筑技艺和材料使历经沧桑的老建筑得以修复，加之组织有序的旅游战略和恰当的用地管控，延续了历史街区的宁静。十年以来街区保护的持续实施，直接促进了社区生活的复兴，并使三坊七巷成为中国历史街区的典范。

1991年，林觉民故居保护的实施拉开了三坊七巷历史文化街区保护的序幕，福州由此迈向了历史文化名城的整体保护与发展之路。我们遵照习近平总书记“保护古城是与发展现代化相一致的，应当把古城的保护、建设和利用有机地结合起来”的要求，三十年来持续努力，使福州城市的文化个性与城市精神得到逐步彰显。2021年3月24日，习近平总书记时隔三十年专门考察调研三坊七巷时再次强调：“三坊七巷是个很好的历史文化载体，现在保下来了，修复好了，还要深入挖掘它厚重的内涵，把优秀传统文化弘扬好，把文化遗产活化好。”而于我们这些致力于中国优秀建筑文化遗产保护的工作者而言，历史文化名城的保护与传承、其文化个性的彰显与复兴，责任重大，意义深远。

目录

3 三坊与七巷保护修复

4 南后街文化性修复

1　三坊七巷历史沿革与价值特征

1 三坊七巷历史沿革与价值特征

福州简称榕城，别称三山，地处中国东南、闽江出海口，其东面临海，与台湾省隔海相望；是福建省省会、国家第二批历史文化名城和海上丝绸之路的重要成员城市。

自汉高祖五年（公元前 202 年）闽越王无诸建冶城至今，福州已有 2200 多年建城史，秦代即为郡治所在。自古以来，福州就是我国对外贸易的重要口岸，鸦片战争后成为 5 个通商口岸之一，改革开放后成为全国首批 14 个对外开放的沿海城市之一。

"福州派江吻海，山水相依，城中有山，山中有城，是一座天然环境优越、十分美丽的国家历史文化名城。"2002 年，福建人民出版社出版的《福州古厝》一书的序言中，时任福州市委书记习近平曾形象描述了福州的山川形胜。福州作为我国历史文化名城，具有中国传统城市选址的典型特征，城市发展建设过程中又契合自然山水环境构造出天人合一、独具中国传统城市特色的城市整体空间景观结构体系，这种人工建筑结合自然条件的空间布局"堪称绝妙的城市设计创造"[注1]。

福州在西汉早期为闽越国国都、唐末五代为闽国国都、南宋末为宋端宗行都、明末为隆武帝行都，民国二十二年（1933 年）发生"闽变"，中华共和国人民革命政府在福州成立。从闽越国始，福州就濒海筑城，东汉起东冶港（福州港）成为东南沿海的重要港口，《后汉书 · 郑弘传》曰"旧交趾七郡贡献转运，皆从东冶泛海而至"[注2]。唐代，福州港除东南亚航线，还开辟了新罗、日本、印度、大食等航线。明代，郑和七次下西洋的庞大船队，六次驻泊于闽江口。明清两朝，福州是琉球国来华朝贡的唯一口岸。清代，特别是太平天国运动之后，福州港更成为全国最重要的茶港，港口贸易更趋繁荣。因此，福州古城是既属古都型，又具海港型的国家历史文化名城[注3]。

1.1 福州古城形态演进与空间格局特色

传统中国城市城郭形态，无论是都城，还是各州府县城，大多体现《周礼 · 考工记》的营国思想，"匠人营国，方九里，旁三门。国中九经九纬，经涂九轨。左祖右社，面朝后市，市朝一夫"[注4]。

注 1　吴良镛 . 寻找失去的东方城市设计传统：从一幅清代福州图所展示的中国城市设计艺术谈起 [J]. 中国名城，2007(2):30.

注 2　（南朝宋）范晔 . 后汉书 [M]. 李贤，等注 . 北京 : 中华书局，1965:1156.

注 3　罗哲文 . 罗哲文历史文化名城与古建筑保护文集 [M]. 北京 : 中国建筑工业出版社，2003:44.

注 4　贺业钜 . 中国古代城市规划史 [M]. 北京 : 中国建筑工业出版社，1996:206.

“匠人营国”思想展现了传统礼制思想与追求象天法地的设邑理念，即非受制于自然环境，多追求方正城郭，中轴统领全城，宫城或官衙居中，强调中轴序列空间塑造，低层尺度的规整街坊、棋盘式路网、主次分明，形成水平延展的独特城市整体景观意向。如明清北京城，更是作为一个完整的艺术哲学体被构成，是我国封建都城礼制规划思想最典型、最完美的体现，也是传统文化与城市规划思想的完美结合；它以气势恢宏的城市中轴与皇城为统领，周围分布以小尺度、均质的灰色民居所构成的街坊，规模宏阔，结构严密，形成主从有序、层次分明的有机整体，体现出高度的“理性美”[注5]，是哲学与艺术的高度统一体，成为世界城市史上独一无二的辉煌城市，“北京可能是人类在地球上最伟大的单一作品”[注6]。

中国传统城市在布局上追求严整的空间形态，以中轴对称的布局、方正式的城郭与规整式的路网结构体现出简洁与秩序，它所呈现出的礼制等级与理性秩序美是中国传统城市营建的主流。同时，城市总体布局还注重与大自然山水环境有机契合，讲求“枕山、环水、面屏”的城市选址，从整体层面注重山水要素与城市营造的结合，人工与自然融为一体，追求与大自然同源、同构，达成和谐有机的整体。地方各州、府城，即使受限于自然，不能形成方正城郭，也要巧妙利用独特的地理环境资源，为城市建构壮阔的中轴线，体现“营国制度”理想；宫廷府第、宗教建筑居于轴线偏北位置，主要道路（十字）交汇点设谯楼（钟鼓楼），城市中轴线以钟鼓楼为最高点，四周围以城墙并设城门楼，周边辅以低层尺度、水平绵延的街坊。以“院落 + 对称轴线”[注7]为建筑类型排列组合，形成从王宫、衙署直至民居的一脉相承的建筑形态肌理，通过城市中轴线串合衙署、宗庙、钟鼓楼、寺塔等公共建筑，最终构筑出我国古代城市独特的城市整体形态与景观意象。正如私家宅第追求宅园一体的生活方式，城市营建更体现了这种人工与自然相融合的理念，在给城邑带来浓厚的山水园林特色的同时，亦体现出礼乐并重的整体布局匠心。“礼者，天地之序也；乐者，天地之和也。序，故群物皆别；和，故百物皆化。”[注8]礼乐既赋予城市空间序列以严整、仪式般秩序，又形成整体如自然流畅、和谐欢快的音乐般城市韵律。我国古代这种追求理性与天人合一的整体艺术构图的城市规划，“成为世界上封建时代最独特的城市规划模式，为世界城市发展作出了巨大贡献”[注9]。福州城市亦然，从西晋确立城市格局起，就谋取与大地理山形水胜的整体层面相契合，以取得天人合一、宛自天成的

注 5　汪德华 . 中国城市规划史纲 [M]. 南京：东南大学出版社，2005:90.

注 6　埃德蒙 · N. 培根，等 . 城市设计 [M]. 黄富厢，朱琪编译 . 北京：中国建筑工业出版社，1989:207.

注 7　庄林德，张京祥 . 中国城市发展与建设史 [M]. 南京：东南大学出版社，2002:172.

注 8　汪德华 . 中国城市规划史纲 [M]. 南京：东南大学出版社，2005:42.

注 9　同上书，第 19 页 .

和谐整体，历数千年不变。

“闽在周为荒服，自无诸建国，都冶为城，是为冶城，设险守国，自汉始也。”[注10]福州古城城市空间格局由西汉冶城始至西晋子城确立，经唐罗城、梁夹城、宋外城至明清府城演进而来。古人利用“环山、沃野、派江、吻海”的形胜，顺应自然环境进行城市布局。公元282年，西晋太康三年，郡守严高避开西汉闽越国冶城，于冶山之南建新城，曰晋子城，奠定了福州城市千年空间格局：以城北越王山为负扆（屏山），城南于山、乌山为双阙，契合山水形胜，形成一条亘古不变的城市南北中轴线。晋子城时，城南壕外的广大地区还是人烟稀少的城郊，于山、乌山周边更是“城下长江水漫流”[注11]。随着沙洲不断成陆，晋永嘉年间中原板荡，大批中原人士入闽，子城南门外逐渐廛居成市。至唐末五代十国，公元901年，节度使王审知于“子城外”筑罗城，将城池向南拓至安泰河畔，把城南业已形成的街市与居民区（含三坊七巷街区）扩入罗城内；至此，三坊七巷成为城区，福州城亦具有了“双套城垣”。七年后，后梁开平二年（908年），因城市防卫的需求，王审知又筑起了南北夹城，谓之“南月城、北月城”[注12]，城垣北越过汉冶城拓至屏山南麓，南将于山、乌山包在夹城中，城池外郭依山就势，更利城池防卫；于是，包括今澳门路片区在内的安泰河、东至今五一路西、南至乌山路与古田路北、西至白马路东的城南地区皆括入南夹城内。宋初，福州地区为吴越国据，钱氏出于防卫需求，又进行了新一轮“东进南下”的拓城，南扩至今东西河畔、东南拓至晋安河西，谓之宋外城。但明洪武四年（1371年）筑府城时，南界城垣重新退回梁夹城的位置，清沿袭明府城；至民国初年（1919年）开始拆西南城墙为止，南界城垣位置几无变化。

历代城垣的演变，层积了古城内丰富的内河水系，构造了独具个性特色的城市水网、路网肌理形态特征。不同于苏州古城水陆并行的双棋盘式城市路网骨架，福州“城内之河，萦回缭绕，与大江潮汐通，皆唐宋以来旧城濠故迹也”[注13]；随各代城郭轮廓呈环状分布，逐步向外圈层式扩展并有沟渠互连，设四水关防洪排涝，同时为城市日常生活“控清引浊，随潮去来”[注14]。晋子城筑建之时，郡守严高于城北东西两侧浚拓了东、西湖，纳北部诸山之水。“省城水法：龙腰东北诸山之水汇于溪，送入汤水关（东水关）；龙腰西北诸山之水汇于湖，送入北水关；此二送龙水也。最妙洪、台二江

注10 （清）林枫．榕城考古略[M]．福州市地方志编纂委员会整理．福州：海风出版社，2001:1.

注11 同上书，第4页．

注12 （宋）梁克家．三山志[M]．福州市地方志编纂委员会整理．福州：海风出版社，2000:34.

注13 （清）林枫．榕城考古略[M]．福州市地方志编纂委员会整理．福州：海风出版社，2001:5.

注14 （宋）梁克家．三山志[M]．福州市地方志编纂委员会整理．福州：海风出版社，2000:43.

之水，挟潮绕入西水关，环注而东；而海潮又自水部门直入，环注城中，与送龙水会，进以钟其美，退以流其恶，最为吉利。”[注15] 从水部门南水关引潮水至古仙桥分为二脉，一脉向西接安泰河，经秀冶里段、过津门桥至朱紫坊段、过安泰桥至三坊七巷段（桂枝里、玉山涧），在仓角头过通湖桥折向西北，绕光禄坊至文儒坊西口，过唐罗城金斗门桥向北到观音桥，与引洪塘江潮从西禅浦而入城的西水关之水汇于文藻山河。另一脉则在古仙桥折北过德政桥、澳桥（罗城东门海晏门桥）到永安街口“甘棠闸”[注16]，又分二支脉，东北通旧东湖，谓之汤水关（东水关）；另一支脉折西经庆城寺前继续西行，过开元寺前子城定安门桥西接于玄坛河，过子城南门外到任桥至虎节河（此两段均为旧子城护城壕）；再西行过南后街北之子城清泰门外“雅俗桥”[注17]（杨桥），于文藻山河合潮汇于合潮桥，俗呼双抛桥。合潮处是三河交汇节点，向北有直通西湖的水道（即今元帅、卧湖路），于入西湖处设有北水关，引西湖水入城。子城虎节河与罗城文藻山河、安泰河北、西、南三面环绕三坊七巷，使三坊七巷成为半岛。无论是西水关、南水关水道，都“萦回于民居前后，舟航随潮汐往来”[注18]，“百货所通”[注15]，是兼具航运功能的内河。唐罗城壕——安泰河是城内最重要的运河，为闽江外港进入城内的漕运水道，也是城内最重要的“河街桥市”。《榕城景物考》云：“唐天复初，为罗城南关，人烟绣错，舟楫云排，两岸酒市歌楼，箫管从柳荫榕叶中出。”[注19] 到了宋代，安泰河沿岸更成为福州城内最为繁华的商埠及街市，以罗城利涉门外的安泰桥为核心，其两岸呈现出“城绕青山市绕河，市声南北际山阿”[注20] 的“河街桥市”[注21] 繁荣景象。宋代诗人龙昌期曾曰：“百货随潮船入市，万家沽酒户垂帘。”[注22] 宋曾巩知福州时也有诗云：“红纱笼竹过斜桥，复观翚飞入斗杓。人在画船犹未睡，满堤明月一溪潮。”[注22]

经晋子城至明清府城历代不断垒筑完善，福州古城形成北以屏山镇海楼为端点，于山、乌山为阙，白塔、乌塔东西相峙，以南街为中轴之“三山两塔一轴一楼”的城市总体景观格局，构筑了既讲究中轴对称布局，又契合山水形胜、人工与自然相融合的可持续发展的城市格局形态，充分体现了我国古代城市居中为正、象天法地

注15 （清）林枫．榕城考古略 [M]. 福州市地方志编纂委员会整理．福州：海风出版社，2001:4.

注16 （宋）梁克家．三山志 [M]. 福州市地方志编纂委员会整理．福州：海风出版社，2000:44-45.

注17 同上书．

注18 （明）喻政．福州府志 [M]. 福州市地方志编纂委员会整理．福州：海风出版社，2001:108.

注19 （清）林枫．榕城考古略 [M]. 福州市地方志编纂委员会整理．福州：海风出版社，2001:5.

注20 黄启权．三坊七巷志 [M]. 福州市地方志编纂委员会编．福州：海潮摄影艺术出版社，2009:166.

注21 林徽因．你爱这里城墙：林徽因建筑精选集 [M]. 武汉：华中科技大学出版社，2017:130.

注22 （清）林枫．榕城考古略 [M]. 福州市地方志编纂委员会整理．福州：海风出版社，2001:5.

的营国理念；又反映了管子“因天材，就地利，故城郭不必中规矩，道路不必中准绳”[注23]的因地制宜营城思想，呼应了大地理山川，形成“三峰峙于域中，二绝标于户外，甘果方几，莲花现瑞；襟江带湖，东南并海；二潮吞吐，百河灌溢，山川灵秀”[注24]的“宝城福地”。至近代，福州城市进一步演进出独特的“三山两塔一轴一楼的一轴串两厢”的城市空间结构形态。

福州古城总体格局的演进是因循一条亘古不变的传统城市中轴线由北往南逐次递进的过程，古城核心区东有朱紫坊历史文化街区和于山历史文化风貌区、西有三坊七巷历史文化街区和乌山历史文化风貌区；而于中轴南端闽江北岸有上下杭历史文化街区和苍霞历史地段、闽江南岸有老仓山近现代历史文化风貌片区。福州古城通过中轴线串起了各历史时期的不同特征的历史文化街区与风貌区，并辅以东侧晋安河、西侧白马河城市水轴以及东西河、安泰河等古城内丰富的水系网络，建构出历史文化名城总体空间网络结构体系，呈现出独特的城市图画：“城里三山古越都，楼台相望跨蓬壶。有时细雨微烟罩，便是天然水墨图。”[注24]

注23　汪德华 . 中国城市规划史纲 [M]. 南京 : 东南大学出版社，2005:47.

注24　（明）王应山 . 闽都记 [M]. 福州市地方志编纂委员会整理 . 福州 : 海风出版社，2001:5-6

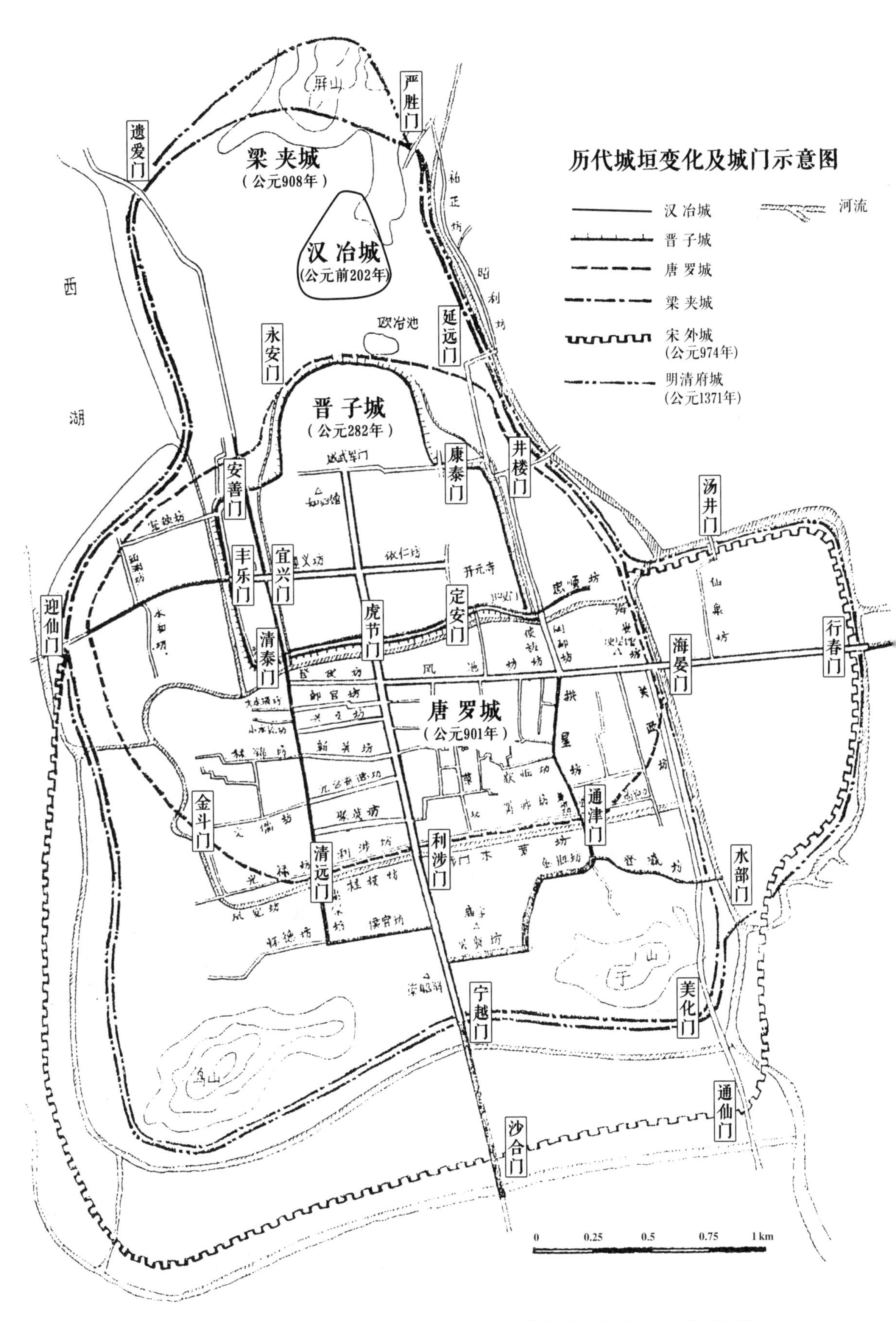

历代城垣及内河水系（摘自刘润生主编的《福州市城乡建设志》上卷 P23 改绘）

1.2 三坊七巷历史沿革

三坊七巷自晋代发轫，形成于唐末五代，成熟于两宋，臻善于明清，于清末民国走向辉煌；街区整体至今仍存续着唐五代以来形成的坊巷格局及其古街区特征。晋太康三年（282 年），晋安郡从建安郡分立而出，首任太守严高因嫌原冶城过小，遂在冶山南择新址建子城，子城内为衙署及官吏居所，城外为居民区和商埠区；城南门位于今虎节路口，城门外即为大航桥河。

三坊七巷街区亦始于西晋。据宋淳熙年间梁克家修纂的《三山志》记载："新美坊，旧黄巷。永嘉南渡，黄氏已居此。"[注25]黄巷为七巷之一，此时三坊七巷也有了雏形。晋永嘉年间，诸多北方官绅显贵、文人名士聚居于晋安郡治子城南门外，是子城外坊巷兴起的佐证。

至唐天复元年（901 年），为了"守地养民"，王审知修筑罗城环子城外，"设大门及便门十有六，水门三"[注26]，其正南门为利涉门（今南街安泰桥北），城池南城垣扩至安泰河河沿，将已发展成形的三坊七巷等街区纳入城内。唐罗城的功能分区以大航桥河为界，形成"市南宫北"的布局形态，城北子城为政治中心及王公贵族居住区，城南（包括三坊七巷地区）为平民居住区及商贸区。罗城类似于同时期唐代城市布局，以衙署正门前的大道为中轴，主从分明，城北中轴大道两侧为官署，城南中轴大道两旁及其他城区分段筑高墙成坊设置居民区。梁开平二年（908 年），王审知再次拓城，筑南北夹城，夹城南城门拓至今南门兜，谓之宁越门（登庸楼）。此时，三坊七巷格局已基本形成，也有了一些名人居住，如居于黄巷的唐崇文阁校书郎黄璞等。

宋开宝七年（974 年），福州刺史钱昱增筑东南夹城，称宋外城；城池南扩，其南门合沙门在今东西河北河沿[注27]，三坊七巷地区遂成为城市的中心区。宋《三山志》的罗、夹城坊巷中，就明确记述了"三坊七巷"中的"三坊六巷"，"后街"[注28]的地名也出现了，说明宋时三坊七巷的格局已完备。1993 年 8 月，结合三坊七巷的保护改造，福州市政府委托福建省、福州市考古队联合普查了整个三坊七巷地区地下文物分布情况，并于先期开发的用地衣锦坊西北缘的柏林坊进行探查性质的考古发掘，出土了大量唐、宋时期生活用品的瓷片等实物，实证了相关文献的记载。2011 年，通湖

注 25　（宋）梁克家 . 三山志 [M]. 福州市地方志编纂委员会整理 . 福州 : 海风出版社，2000:39.

注 26　同上书，第 34 页 .

注 27　同上书，第 37 页 .

注 28　同上书，第 39-42 页 .

路文儒坊段西侧之金斗桥地段拆除了垃圾站，此地块规划作为三坊七巷街区消防站及商业配套功能，规划设计了地下空间，于是进行了考古发掘。省市联合考古队于2011年、2014年、2015年进行了三次全面考古发掘。考古人员在此发掘出唐末以来的丰富遗迹，尤其是发掘了唐末五代罗城城墙遗址、木质护岸和文儒坊巷走向位置及其南北两侧成组的宋代房基等遗迹[注29]。这些发现为研究福州早期城市变迁、唐罗城城垣西南位置及三坊七巷格局形成提供了重要的实物佐证。据相关文献记载，宋朝时，三坊七巷各坊巷中都陆续有了名人居住，如郎官巷的陈烈、塔巷的陈襄、安民巷的余深、文儒坊的郑穆及衣锦坊的陆蕴、陆藻、王益祥和吉庇巷的郑性之等，由此，三坊七巷已成为名流显贵、士大夫的聚居地。南宋著名理学家吕祖谦，有一首描绘福州的诗，亦是对三坊七巷书香人家的生动写照："路逢十客九青衿，半是同袍旧弟兄。最忆市桥灯火静，巷南巷北读书声。"[注30]

明清时期是三坊七巷发展的鼎盛时期，街区内现存各级文保单位和历史建筑多为这一时期的存续。此时，三坊七巷周边也成为闽县衙、侯官县衙、孔庙、学政衙署、抚院使署等行政与文化机构集中地。清道光年间进士刘心香一首七绝诗第一次将三坊与七巷连称："七巷三坊记旧游，晚凉声唱卖花柔。紫菱丹荔黄皮果，一路香风引酒楼。"[注31] 清道光年间，林枫（1798—1867年）在《榕城考古略》卷中坊巷曰："郡西南隅，自杨桥直南至鸭（澳）门桥，皆曰南后街。其街东经杨桥巷、郎官巷、塔巷、黄巷、安民巷、宫巷、吉庇巷，凡七巷。西口皆达于此，俗有三坊七巷之名。"[注32]"三坊七巷"名称由此俗成。其实，不仅西三坊称"坊"，东七巷历史上亦称"坊"：杨桥巷为登俊坊，郎官巷为郎官坊，塔巷为修文坊、兴文坊，黄巷为新美坊，安民巷为锡类坊、元台育德坊，宫巷为仙居坊、聚英坊、英达坊，吉庇巷为利涉坊、魁辅里、魁辅坊[注33]。民国初年，著名诗人陈衍之名句"谁知五柳孤松客，却住三坊七巷间"，更使"三坊七巷"脍炙人口。区位的优越使其一贯以来成为达官贵人、文士名流聚居地，正如郭白阳在《竹间续话》中所述："会城内有'三坊七巷'之称，皆缙绅第宅所在也。"[注34]

新中国成立后，三坊七巷街区则成为各政府机关单位的办公场

注29　杨凡．叙事：福州历史文化名城保护的集体记忆[M]．福州市政协文史资料和学习宣传委员会编．福州：福建美术出版社，2017:429-434.

注30　（明）王应山．闽都记[M]．福州市地方志编纂委员会整理．福州：海风出版社，2001:6.

注31　（民国）郭白阳．竹间续话[M]．福州市地方志编纂委员会整理．福州：海风出版社，2001:28.

注32　（清）林枫．榕城考古略[M]．福州市地方志编纂委员会整理．福州：海风出版社，2001:61.

注33　（宋）梁克家．三山志[M]．福州市地方志编纂委员会整理．福州：海风出版社，2000:39.

注34　同注31.

所及宿舍区、招待所；同时不断有企业、工厂入驻，不断地拆除大宅院改建为多层单元住宅楼。改革开放后，街区成为来榕工作各类人员聚居之大杂院。

依据2004年福州市勘测院的现场调查信息系统统计，保护规划范围内用地38.35公顷(1公顷=1万平方米)，总居住户为4197户，总人口为15674人[注35]。2005年7月，南街派出所户籍统计，常住人口5577户，总人口为15093人，总居住面积241584平方米，人均居住面积16平方米，平均每平方千米居住密度为37545人。而三坊七巷所在鼓楼区人口密度2万人/平方千米，福州市人均居住面积为25.7平方米。街区内居住条件差，基础设施更为落后，改善街区居住环境势在必行。

2007年三坊七巷历史文化街区保护规划确定的保护范围总占地面积38.35公顷。保护区内各类居住用地面积为22.17公顷，占总用地面积57.8%，反映了三坊七巷以居住为主导的街区用地特征。商业用地面积3.8公顷，占总用地面积9.9%。商业用地仅次于居住用地，说明三坊七巷由于其区位关系，商业较为发达。商业用地主要呈线状集中分布于南后街及南街沿线；此外，吉庇巷、光禄坊路、通湖路等沿线还分布有连续的沿街店面（包括前店后居住形式）。街区内现有工业用地面积为1.7公顷，占总用地面积4.43%，呈现了用地功能相冲突的混合用地特征。街区内绿化主要为道路绿化及院落内私家小园林，占总用地面积约0.16%。

历史上，除三坊七巷东侧的南街，安泰河两岸一直是城市的繁荣商业区。清代至民国，杨桥巷也一直是繁华的商业街市，沿街巷建筑以前店后宅为主，主要经营手工业制品，如“马总铺”“万福来”皮箱店、沈绍安脱胎漆器店及家具店等，民国时期因为有中国银行、福建银行等多家银行在此营业，杨桥巷曾一度被称为“银行区”。因商业发达，杨桥巷内人员拥挤，道路狭窄不堪，1929年福建省政府决定拓宽杨桥巷，拓宽后即称为“杨桥路”。新中国成立后的1973年，杨桥路向西延伸至工业路，1989年再次拓宽，由13—16米拓宽为32米的城市主干道[注36]。西三坊由于新中国成立初期通湖路的修建、拓建，切断了与其西临的安泰河的历史联系，三坊已不再完整。从民国至今三坊七巷街区格局遭受不断改变，杨桥巷消失、衣锦坊西北部被切除，郎官巷、塔巷由于1990年代末建设东百大厦而被缩短变得不完整，衣锦坊、文儒坊失去了与安泰河的联系，吉庇巷、光禄坊民国时期被拓为路。1990年代末衣锦华庭小区的建设又对衣锦坊造成严重破坏；而同时正因为三坊七巷是

注35　福州市规划设计研究院，同济大学历史文化保护中心.福州市三坊七巷历史文化街区保护规划[Z].说明书，2007:12.

注36　刘润生.福州市城乡建设志[M].北京：中国建筑工业出版社，1993:158.

以整体作为旧城改造对象与外商签订协议，十余年来，通过户籍和房产的冻结，三坊七巷在大规模旧城改造中得以基本保存下来。现今三坊七巷仍保留有 28.58 公顷的街区规模，主体格局基本完整、历史积淀多元丰富，并以其众多的文物古迹、名人故居，以及林则徐、沈葆桢、严复、林旭、林觉民、郑孝胥、陈宝琛、林纾、陈衍、林徽因、冰心等诸多与中国近现代史有紧密关联的人物皆出于此，而不愧为近现代中国名人聚居地、人文荟萃地。国家文物局原局长单霁翔认为："福州三坊七巷是保留至今国内最好的、最有特色的、最有文化底蕴的历史文化街区。我还认为，三坊七巷是福州历史文化的根与魂。三坊七巷总体布局完整，文物建筑数量众多，规模宏大，建筑工艺精湛，蕴含着深厚的历史文化底蕴，有着极高的历史艺术与科学价值。"注 37

注 37　杨凡 . 叙事：福州历史文化名城保护的集体记忆 [M]. 福州市政协文史资料和学习宣传委员会，福州市历史文化名城管理委员会编 . 福州：福建美术出版社，2017:29-31.

三坊七巷 1995 年屋顶肌理

1.3 三坊七巷价值特征

三坊七巷地处福州传统历史文化中轴线西侧古城核心区内，与朱紫坊历史文化街区、于山和乌山历史文化风貌区相连，共同构筑了约 1 平方千米的传统风貌特区。三坊七巷历史文化街区保护区范围西、南至安泰河，东至南街（八一七路），北邻杨桥路，以南北向中轴（南后街）为纽带，串接起西三坊（衣锦坊、文儒坊、光禄坊）、东七巷（杨桥巷、郎官巷、塔巷、黄巷、安民巷、宫巷、吉庇巷）。街区内坊巷纵横排列规整，结构肌理生动有序，呈现出鱼骨状街区整体路网结构。

三坊七巷街区内存续的众多深宅大院连续毗接，几字形上扬的马鞍墙阵列其间，曲线优美、流畅舒展，状若大地的山脉走势又似碧水波浪，契合于福州地景特质。沿坊巷的门罩、牌堵墀头门头房错落有致，石板铺就的巷道古朴、深幽、恬静，极富书香人家氛围。其整体风貌与格局独特，文化内涵深厚，集中体现了我国唐宋时期成熟的城市规划建设思想与居住区模式，反映了福州历史上典型的坊巷格局、院落建筑布局与地方雕饰文化等艺术特色，更“以其众多的文物古迹、名人故居和民居为载体，成为福州人文荟萃的缩影，凸显了历史上多元文化之交融而形成的丰富多样的地方文化以及独具特色的名人文化”[注38]；它被誉为中国“江南古建筑的艺术宝库”和“明清古建筑的博物馆”[注38]，并被单霁翔先生称为“一片三坊七巷，半部中国近现代史”[注39]；且因其所具有的里坊制遗痕而又成为研究“中国城坊历史的活化石”[注40]。

1.3.1 街区形态与肌理特征

里坊是我国封建社会城市聚居组织的基本单位，是中国古代统治者对居民的一种管理制度。这种城市管理方式顺应了当时社会经济和历史发展，被逐渐固定下来并成为宋之前历朝历代城市布局和管理的规制。隋唐时期的长安城是里坊制兴盛时期的代表作，白居易著名的《登观音台望城》所载“百千家似围棋局，十二街如种菜畦”中整齐划一的棋盘式路网格局，正反映了“经纬涂制”的街道路网纵横组织方式。

注 38　福州市规划设计研究院，同济大学历史文化保护中心 . 福州市三坊七巷历史文化街区保护规划 [Z]. 说明书，2007:9.

注 39　杨凡 . 叙事：福州历史文化名城保护的集体记忆 [M]. 福州市政协文史资料和学习宣传委员会，福州市历史文化名城管理委员会编 . 福州：福建美术出版社，2017:41.

注 40　黄启权 . 三坊七巷志 [M]. 福州市地方志编纂委员会编 . 福州：海潮摄影艺术出版社，2009:2.

居住街坊是我国传统城市的主体部分，居住部分以里坊制（宋中期之前）或坊巷制组成连片的城市居住街坊。唐中期以前，城市内部实行封闭的“坊市制”[注41]，城市中居住区与商业区独立分设，各自由四面设坊墙的封闭的坊构成，居住部分称为“里坊”，商业部分称为“市坊”，四面或两面各设一个坊门，由官吏管理以控制居民及市场活动，定时启闭，实行宵禁。大的里坊内设大小十字街，小些的里坊只设横街，坊外自然形成方格网式的街道网。“城内街道两侧只看到行道树后的坊墙，仅少数贵官才可在坊墙上开门，街景整齐壮阔而略失单调”[注41]。

到唐中后期，里坊制已成为城市经济发展和城市生活的巨大障碍，破墙开店、侵街设店已为普遍现象。到北宋中期（约公元11世纪中叶），城市经济更加繁荣，“商业首先突破了市的束缚，出现了商业街，随后出现夜市，使宵禁不得不取消，最后拆除了坊墙，居住区以东西向横巷为主，可以直通干道，城市的封闭性大为减弱。这种城市后世称之为街巷制城市”[注42]。由“里坊制”转向“街巷制”，“在我国城市发展史中具有转折性的意义，它标志着我国城市内部空间结构由这之前的封闭型向开放型转变，美国学者施坚雅在其主编的巨著《晚清中国城市》一书中，将此称之为‘中世纪中国的城市革命’”[注43]。

注41　傅熹年．傅熹年建筑史论文选[M]．天津：百花文艺出版社，2009:34.

注42　傅熹年．傅熹年建筑史论文选[M]天津：百花文艺出版社，2009:22.

注43　庄林德，张京祥．中国城市发展与建设史[M]．南京：东南大学出版社，2002:89.

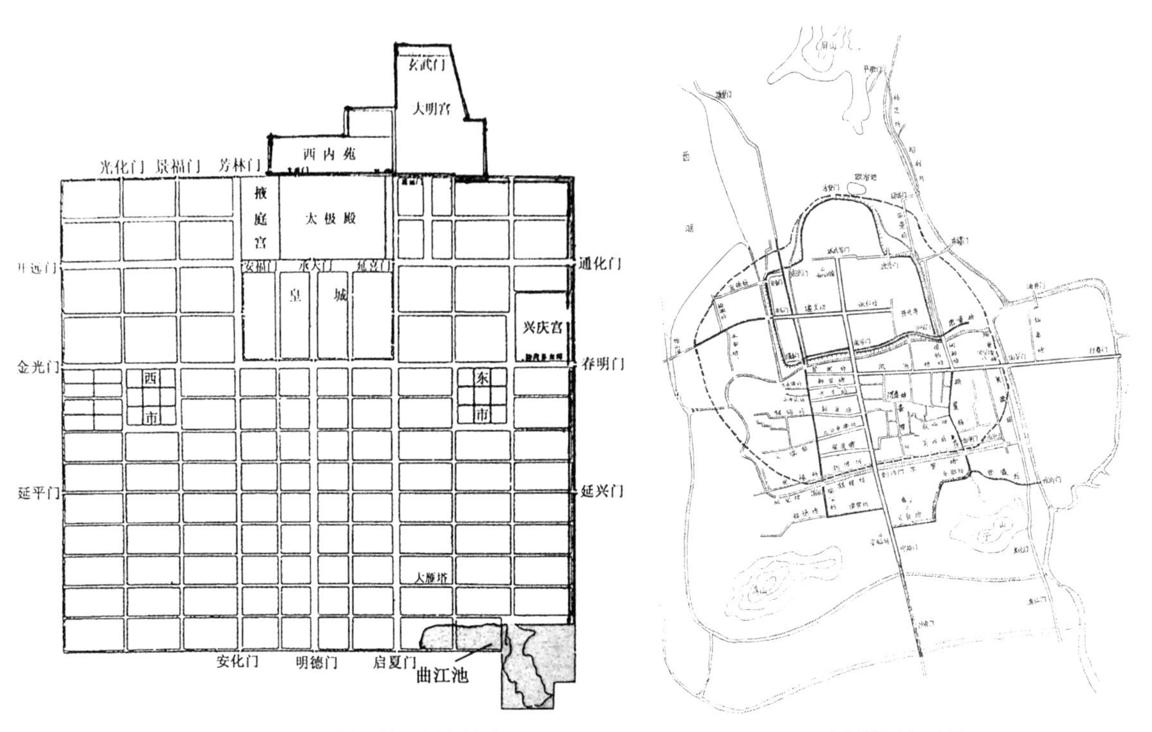

唐长安城示意图（摘自汪德华《中国城市规划史纲》P67）

唐福州罗城示意图

但由于社会制度没有变革，城市结构形态变革也不彻底，开而不放。直至清末民国时期，“北京居住区的横街——胡同两端通街处仍设有栅栏，以控制居民夜出”[注44]。福州近现代城区，如台江及仓山上滕路街区等巷口，亦还设有可启闭的坊门。

据宋《三山志》中罗、夹城坊巷卷记载，在唐罗城、梁夹城内，共有 80 个坊名，三坊七巷是其代表，至今仍较为完整地保存了古代里坊制遗痕的坊巷格局。坊巷内以居住功能为主体，坊巷的出入口最初均设置了封闭的高墙与坊门，并立碑约束居民的行为。

三坊七巷的坊巷肌理，整体上呈鱼骨状的结构特征，以南北向中轴——南后街为脊椎，东西走向的坊内主巷道连接南后街，构成街区的骨干路网；坊巷内、坊巷间则以南北走向的支巷弄相联系，进深大的坊里（如三坊），又以纵横相接的巷弄再次划分坊里用地，街、坊巷、支巷构成了枝系发达如树枝状的街区道路网络，历经千年而不衰，恰似有机的生命体，繁衍不息。

南后街是古城西部的次轴线，而位于街区东侧的南街则是整个城市的中轴线，贯穿城市南北，为城市公共功能的聚居带。南后街既是整个三坊七巷街区的公共空间，也是城市的街道空间；东西向的巷道则为坊巷内居民的领域空间。

南后街总长约为 640 米，宽度 11—12 米不等，两侧建筑界面自然进退，生动有序。现状存续的临街建筑基本为二层木构鱼鳞板建筑，檐口高度为 6—7 米；部分建筑为民国时期的砖石木构建筑，女儿墙高度约为 6.9—7.5 米。街宽与街墙高度比约为 2：1，空间疏朗、尺度宜人。主巷道大至呈东西走向，长 330 至 400 米不等；巷道宽度最窄者不足 2 米，最宽处不超过 7 米，宽窄变化自然有序、

注 44　傅熹年 . 傅熹年建筑史论文选 [M]. 天津：百花文艺出版社，2009:22.

仓山上藤路坊门

文儒坊公约碑

曲折生动。最窄坊巷宽度如郎官巷为 2.0—4.0 米，较宽者如宫巷为 3.0—6.4 米不等，其巷墙高度一般在 4.2—4.8 米，巷道宽高比都略小于 1，巷道宽度为两侧界墙高度的五分之三至五分之四，围合感较强；宽窄过渡自然，巷道幽深曲折，儒雅宁静，意趣生动。

支巷弄宽度则更小，南北直巷一般宽度在 1.5—2.5 米，甚至有的不足 1.5 米，如黄巷南侧喉科弄宽仅 1.2—1.5 米。衣锦坊、文儒坊之闽山巷巷宽为 1.5—2.5 米，光禄坊之早题巷平均巷宽仅 1.8 米。而再次划分坊内用地的东西向横巷宽度则为 2.5—3.0 米，如大光里巷，巷宽与巷墙高之比最大约 0.75，更显深幽、静谧。虽有狭长感，但不时出现的凹入式户门入口前庭，打破了单一的线型空间，令巷道空间变得生动有趣。整个街区仅南后街空间为开敞型，其他巷道、巷弄均呈狭长状，宽高比多小于 1。街区内公共空间基本为带状巷弄空间，仅有部分巷道转折变化处形成扩大的邻里节点空间；呈点状分布的户内庭井、庭景园林则属私有空间，此为三坊七巷街区空间肌理的最基本特征之一。里坊间间距也较小，80 米至 120 米不等，与同时期北方城市里坊、街巷空间尺度尤其与唐长安城里坊尺度相比，少了都城的阔气，却呈现出亲切静雅的人性化空间特质氛围。

唐长安城最小的坊为 350 步 ×350 步（514.5 米 ×514.5 米）、最大的坊为 650 步 ×550 步（955.5 米 ×808.5 米），普通型的长方形坊 650 步 ×350 步（955.5 米 ×514.5 米）[注45]。唐长安城“里坊内部是由十字街和沿墙街、十字巷（小十字街）、曲组成的三级道路体系。十字街宽为 15 米，沿墙街宽度小于 15 米，十字巷宽 5—6 米，曲宽 2—3 米，整个路网呈方格网形。”[注46] 与唐长安城相比，三坊七巷街区整体相等于长安城一个普通型坊，尺度规模、路网层级及宽度基本相仿。三坊七巷街区占地面积历史上最大时为 49.6 公顷，南北最长为 780 米、东西最宽为 735 米，路网由街、巷道、巷弄三级结构组成。

历史上，三坊七巷三面绕水，北为旧子城南城壕、南与西为唐罗城护城壕，以半岛状伸向西侧白马河，形成水陆交融的街区路网体系。严整的街区骨架路网，与滨水地段灵动的街巷网络相叠加，相映成趣，既给街区带来园居特色，又赋其礼乐并具的意趣。由东而西的安泰河，在仓角头处略呈西北向折北而行，于金斗门桥处向西凸出，后又呈东北向逶迤北行，以 S 弯形走势在衣锦坊北侧与北水关南行的卧湖、元帅河和旧子城南城壕之虎节河汇合于双抛桥。双抛桥南接衣锦坊中南北走向的雅道巷，东通大、小水流湾巷。安泰河与西水关水道汇接处有桥，称观音桥；观音桥以北段之城壕称为文藻山河，林则徐故居就位于通湖路东文藻山河北岸河沿。观音

注 45　王晖，曹康 . 隋唐长安里坊规划方法再考 [J]. 城市规划，2007，31(10)：74-78；1 步 =1.47 米 .

注 46　郑卫，李京生 . 唐长安里坊内部道路体系探析 [J]. 城市规划，2007，31(10):81-87.

桥之南有馆驿桥（旧称驿前桥）接衣锦坊巷，其西接驿里巷。馆驿桥之南的东侧河沿曰打线营河沿，连接衣锦坊巷、文儒坊巷及金斗桥。金斗桥至仓角头段河沿，曰仓前河沿，其东侧光禄坊内有仓前后巷，仓前后巷南接光禄坊巷，北接东西走向的大光里（旧称三官堂），再北接文儒坊巷。大光里西通仓前河沿，并接于二桥亭桥。历史上，二桥亭与仓角头之间还有一座桥，西通明清两代的常丰仓大门前街，称仓门口；旧洋尾园（亦称西园、官园及中使园）等就在附近，即今道山路官园里以西。此处宋时还是城内低洼地，有成片的水塘，为历代名人构园创造了良好自然条件。由于水陆变迁和用地功能的变化，逐渐演变成坊，其坊巷肌理也不同于南后街东七巷的规整式形态，呈现出更为细密、更为自然曲折的巷弄结构特征；尤其是衣锦坊西北部巷弄体系，南北走向的有柏林巷、黄朱园里、大营里（呈L形）、潘安巷等，东西走向的有浔湾弄、酒库弄、舍人弄等，且多为尽端弄；此部分巷弄及其东侧的大小水流湾巷在2000年前后的旧城改造中皆被铲除，使三坊七巷街区整体街巷肌理少了历史的多样性与意趣性。在三坊七巷格局、风貌整合及其与安泰河历史关联性再造的过程中，我们直面客观现实，并以积极的态度探寻出妥帖有效、具可读性的历史再连接和格局完整性再造的方法。

支巷弄又分南北向直巷与东西向横巷的辅助交通系统，横巷多出现在三坊，如衣锦坊洗银营、文儒坊大光里等。七巷之间由于间距较小，历史上坊巷间的院落大多南北贯通两坊巷间，通过院落内部纵向暗弄，可实现坊中的巷与巷间的联系。三级路网结构宽度亦由宽到窄，空间由公共属性向秘密性过度，构造了层级分明的空间

二桥亭

序列。坊巷格局及其空间特质是构成三坊七巷街区最重要的肌理与空间特色，是体现其真实性与唯一性的重要物质载体。三坊七巷由于总体坊巷格局基本得以保留，存续着浓厚的里坊制居住氛围，而被誉为“城市里坊制度的活化石”。

“坊巷格局始于汉代至宋代，国内很多地方都拆了，只剩下名称，而三坊七巷保存有大量明清古建筑和众多深宅大院、名人故居。坊口有高大的券门，坊门立有石碑，上刻有坊规，在巷头、巷尾立有土地菩萨壁龛、古树、古井，保持着完整的历史风貌。我对学生说，要看坊巷格局，全中国只有福州一处。”注 47

注 47　汪娟珺 . 知名文保专家——阮仪三的福州情结 [N]. 福州晚报，2020-01-08.

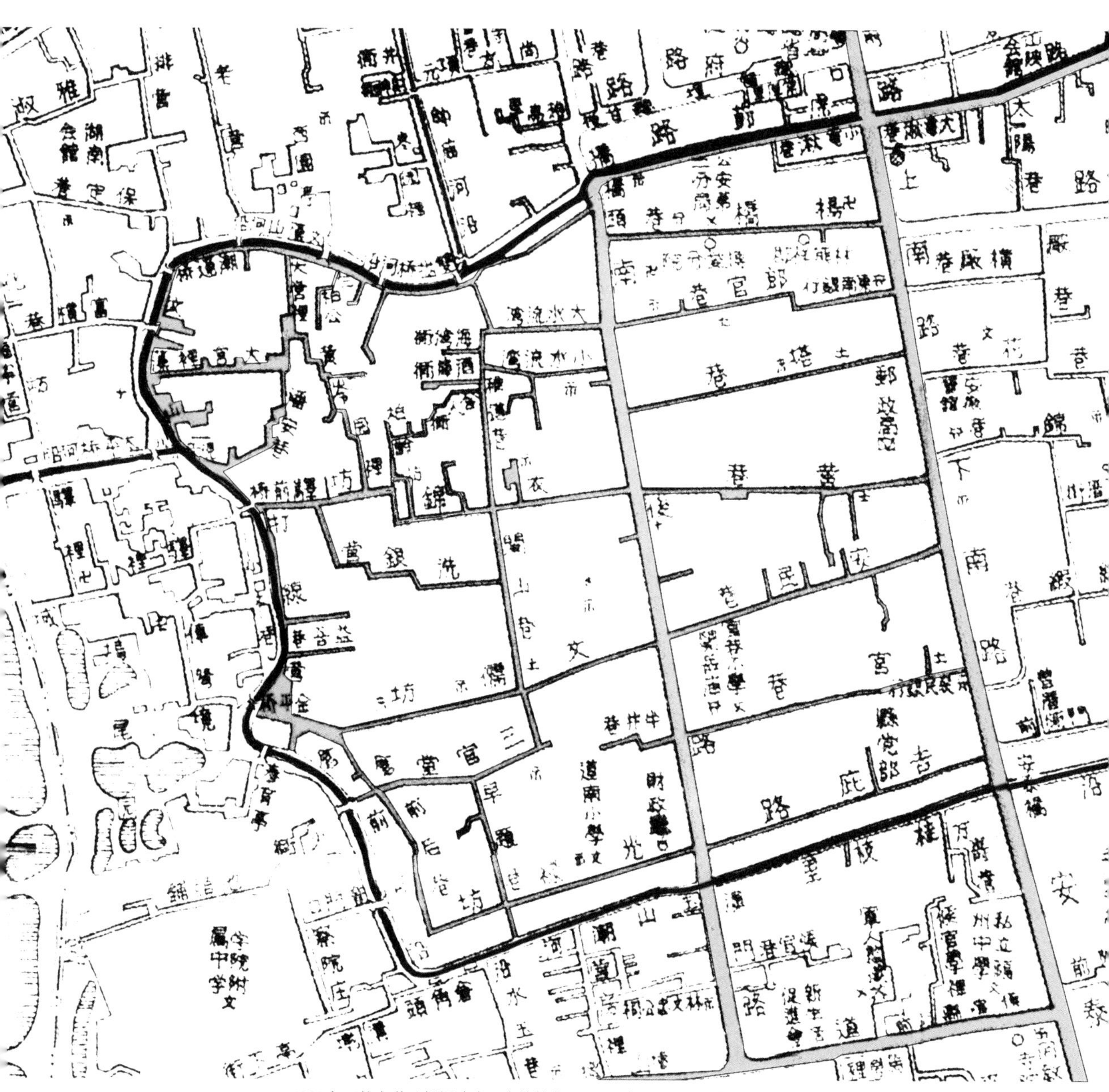

1937 年三坊七巷（据福建省图书馆馆藏 1937 年《福州市街图》改绘）

1.3.2　传统民居建筑与园林特征

三坊七巷堪称福州古代官绅、硕儒、望族的聚居地，大院比肩，深宅林立。历千年光阴荏苒，有机演进，现存建筑大多为明清时期的宅第花厅园林，数量达 200 余座，进落宏规，粉墙黛瓦，占地面积比例占整个街区的 64.73%（其中明代建筑占地面积比例 15.95%、明末清初建筑占地面积比例 6.98%、清代建筑占地面积比例 34.82%），加之民国时期的历史建筑（占地面积比例 10.2%），文保单位及历史建筑占地面积比例高达 74.93%。民国时期建筑主要分布于南后街两侧、吉庇巷、光禄坊巷以及大宅院内的花厅及民国式阁楼。街区中占地面积在 2000 平方米以上的大宅院 20 余幢，并多为名人故居。各类文物保护及历史建筑 159 处 300 余“落”，街区中有各级文物保护单位 28 处，其中国家级重点文物保护单位 15 处，包括林觉民冰心故居、水榭戏台、严复故居、二梅书屋、小黄楼、林聪彝故居、刘家大院、欧阳氏花厅、沈葆桢故居、陈承裘故居、鄢家花厅、刘冠雄故居、叶氏民居、王麒故居、郭柏荫故居；省级文物保护单位 7 处，有尤氏民居、新四军福州办事处、谢家祠、刘齐衔故居、陈元凯故居、天后宫、陈衍故居；市区级文保单位 6 处，有光禄吟台、琼河七桥、张径故居、何振岱故居、黄任故居及程家小院；未定级文保单位 134 处，主要有郑孝胥故居、甘国宝祠堂、陈季良故居、蒙学堂、梁鸣谦故居、王有龄故居、杨庆琛与吴石故居等；历史建筑 15 处。凭借其独特的居住原生态和极高的历史价值、建筑艺术与美学价值，三坊七巷被誉为“明清建筑博物馆”。

保护及历史建筑分布

林觉明、冰心故居
郎官巷36号
陈氏祠堂
蓝氏祠堂
严复故居
天后宫
郎官巷7号
陈宝琛故居
吴氏宗祠
电灯公司
王麒故居
二梅书屋
长汀试馆
塔巷16号
叶氏宅
塔巷57号
塔巷55号
塔巷53号
王有龄故居
塔巷37号
塔巷29号
塔巷81号
塔巷75/77号
葛家大院
萨氏祖居
小黄楼
陈君耀故居
黄巷20 22 24号
黄巷18号
黄巷16号
黄巷6/8/10号
郭柏荫故居
南后街147号
南后街148号
水榭戏台
董执谊故居
衣锦坊10号
李氏试馆
衣锦坊8号
衣锦坊2号
黄巷71号
李馥故居
黄巷51号
黄巷49号
黄巷45号
黄巷21号
喉科弄1号
2号
3号
回春药局后院
安民巷2号
衣锦坊5号
戴氏民居
衣锦坊19号
南后街174号
欧阳氏花厅
闽山巷1号
孝胥故居
叶氏民居
麒麟弄3号
麒麟弄4号
1/2号
5号
安民巷19号
立本弄3号
汀州会馆
安民巷14号
安民巷62/63号
八一七路134-6号
洪家小院
南后街184号
安民巷41号
曾氏民居
程家小院
新四军福州办事处
安民巷56号
安民巷61号
刘氏民居
梁鸣谦故居
蔡襄良故居
陈氏祠堂
文儒坊6/8号
安民巷49/50/51号
谢万丰糕饼行
安民巷45 46号
鄢家花厅
沈葆桢故居
林聪彝故居
刘齐衔故居
张氏试馆
南后街196号
南后街198号
杨庆琛、吴石故居
蒙学堂
陈季良故居
尤氏民居
南后街205号
南后街32号
南后街211号
宫巷3号
宫巷19号
宫巷15/17号
宫巷13号
刘冠雄故居
宫巷9号
陈承裘故居
孙翼谋故居
文儒坊41号
大光里3号
大光里25号
听雨斋
宫巷41号
宫巷37号
宫苑里
宫巷29号
宫巷31号
南后街21号
南后街10/11号
吉庇巷12号
甘氏祠堂
大光里9号
陈衍故居
光禄吟台
吉庇巷66号
谢家祠
吉庇巷44号
大光里20号
何振岱故居
阮襄理宅
陈元凯故居
南后街228号
南后街229号
吉庇巷90号
吉庇巷82号
吉庇巷80号
蓝建枢故居
黄任故居
早题巷8/9号
刘家大院
早题巷10号
许厝里
光禄坊50号
光禄坊33号
光禄坊79号
国家级重点文物
省级文物
市区级文物
历史建筑

• 建筑布局特征

街区内明清建筑多为一层穿斗木构双坡顶建筑，个别院落的后一进在清末民国时期改建为二层木构建筑，花厅园林也出现了二层木构建筑。明代双坡顶建筑脊高为5.9—6.5米，清代建筑脊高6.6—7.3米；民国时期阁楼及花厅两层建筑脊高一般为8.0米左右，封火墙最高处的高度在9米以内。街区中一层建筑基底占63.43%，二层建筑占24.22%，整体仍保持街区旧有的形态肌理。

街区内各类建筑依据其历史价值及其与历史风貌协调情况分为五类。（1）文物保护建筑：经区级以上人民政府核实公布应予以重点保护的文物古迹。（2）有文物价值的保护建筑：具有较高历史、科学和艺术价值，应按照文物保护单位保护方法进行保护的建（构）筑物。（3）历史建筑：有一定历史、科学、艺术价值的，反映街区历史风貌和地方特色的建（构）筑物，包括院落式民居及民国砖石木构建筑。（4）联排式商住建筑：主要为二层木构鱼鳞板建筑，俗称柴栏厝。（5）与历史风貌有冲突的建筑：指新中国成立后尤其改革开放后新建的多层建筑，从体量、色彩、尺度、风格上均不符合历史风貌的建筑。从评定结果看，保护区范围内仍然存在较多的不协调建筑，约占街区建筑面积总量的37.60%。

中国传统民居建筑最基本的特征是以“间”为单位组成多种形态合院，并向纵深方向递进而构成多进的合院建筑，北方称为“路”，福州地区称为“落”。多进合院形成的“落”又通过横向组合形式构成“群落”，“群落”通过一定组织结构秩序，形成不同规模、不同等级的街坊聚落。无论院落规模大小，皆讲求中轴对称，主要厅堂布置于中轴上，围绕庭院四周的房间门窗均开向庭院，仅入户大门开向街巷。“院落+对称轴线”的布局形式是“中国古代城市居住建筑的基本组合模式，这种内聚、围合的居住形态反映了中国传统文化内敛性的总体特征和宗教礼法的基本理念，从皇宫建筑到一般民居基本是一脉相承的”[注48]。入户大门作为唯一呈现于街巷的宅院形象代表，是宅院主人的身份体现。“门”是形象，院内的“堂”则是主体，“‘门堂分立’是中国建筑构成的一个主要的特色，历来所有的平面布局方式都是随着这个基本原则而展开。”[注49]由门、堂、厢房（披舍）、廊、墙形成中国式各类院落建筑的组合要素，加之以木构架为主的结构体系，构成了我国传统建筑独特的平面形态与组织秩序。

注48　庄林德，张京祥．中国城市发展与建设史[M]．南京：东南大学出版社，2002:172.

注49　李允鉌．华夏意匠 中国古典建筑设计原理分析[M]．天津：天津大学出版社，2005:62.

三坊七巷古民居，既传承了中原合院住宅特征，又结合地域文化，演变而生成具有独特个性的地方民居布局特色。讲求中轴对称，入户大门多居于中轴上，总体布局主次分明、主从有序，遵循礼制与宗法规制，以合院式单元相串合，沿纵深方向展开，层层递进。每进以封闭式院落为单元，四周用高大的封火墙围合形成独立的合院，每进均设有前后天井。前天（庭）井三向绕以游廊，少有厢房或披舍；后天井多狭窄，与后一进合院以石框门加覆龟亭相连通，进深大些的后天井则左右加以披舍围合。第一进合院，由坊巷进入门头房或仅在墙垣上开石框门加门罩作为入户大门，墙内设插屏门，三面设廊与主厅堂形成廊院式合院。为了减少太阳辐射，庭院一般呈东西横向的矩形，不同于北京四合院的矩形方院或山西等北方民居南北狭长形的庭院。正如冰心在《我的故乡》一文中描述其杨桥巷旧居："我们这所房子，有好几个院子，但它不像北方的'四合院'的院子，只是在一排或一进屋子的前面，有一个长方形的'天井'，

院子里的井

一线天

廊院式合院

带披舍合院

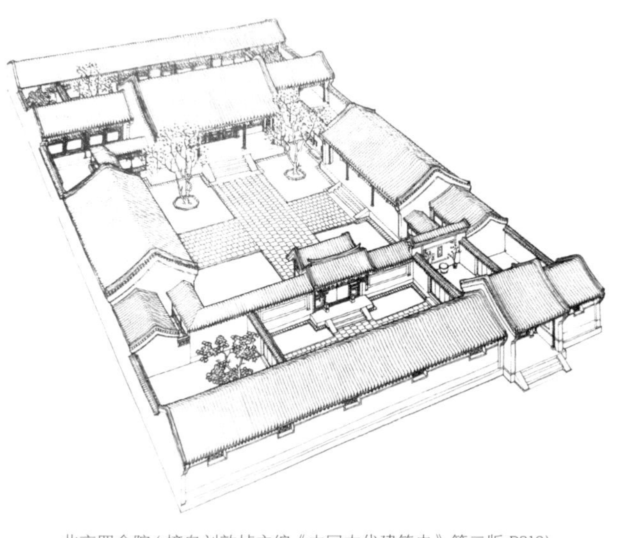

北京四合院（摘自刘敦桢主编《中国古代建筑史》第二版 P319）

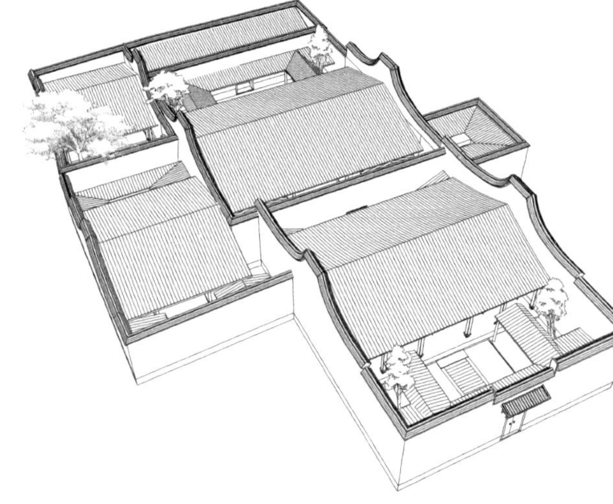

三坊七巷典型民居

每个‘天井’里都有一口井，这几乎是福州房子的特点。这所大房里，除了住人的以外，就是客室和书房，几乎所有的厅堂和客室、书房的柱子上墙壁上都贴着或挂着书画。”注50 前天（庭）井宽高比多大于1，空间疏朗，尺度适宜。后天井则较狭窄，甚至呈“一线天”景象，仅满足双坡屋顶屋面排水和室内通风采光的需求。后进合院前天（庭）井的进深一般比第一进前天（庭）井小，但宽高比都大于1。大宅邸还布置有左右侧落（跨院），侧落或同主落中轴对称布局、左右毗接，或以较为灵活、生动的花厅别院布局形式与主落毗连。落与落之间的组合方式，不同于福建其他地区民居采用火巷（壁弄）分隔的组织关系，而是直接以共墙方式并联组合，于各院落内的封火山墙与穿斗排扇间留有暗弄联系前后进；侧落与主落通过封火墙上的门洞进行连通。侧落花厅别院的园林极富人文与自然气息，其空间尺度上虽不及江南私家园林，但也能在方寸之间注重并实现“小中见大”的园林空间意趣表达，亦充盈着文人宅园的诗情画境，体现出中国古典园林的基本特征和浓郁的地方文化特性。

在建筑剖面设计上，三坊七巷古民居亦颇具独特性：前檐口高过后檐口，前坡面短于后坡面，厅堂空间高敞，在冬季可让室内拥有更好的日照。中轴线上的“厅堂”，仅在后冲柱（金柱）处，以屏门（太师壁）将厅堂分为前后厅，前后厅门柱处一般不装设门窗隔扇，成为敞厅，与庭井空间相融合，厅堂室内外空间互为渗透，呈一体化效果。黄汉民先生将此空间称之为“厅井”注51 空间，厅堂轩敞，厅井相融。庭井其他三面则以高墙围合，墙内绕以U形游廊，

注50　黄启权．三坊七巷志[M]．福州市地方志编纂委员会编．福州：海潮摄影艺术出版社，2009:241.

注51　黄汉民．福建民居的传统特色与地方风格[J]．建筑师，1984(6):194.

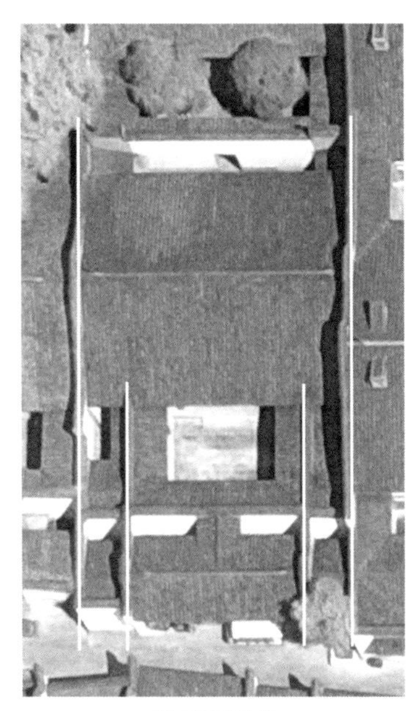
明三暗五做法

檐下墙体多外饰以白粉墙，瓦屋顶上的封火墙则饰以乌烟壳灰墙，整体空间敞亮而不晃眼，舒适性极佳，成为接待宾客及家庭生活的中心。正所谓“传统中国建筑的最中央，照例都没有房屋。传统房屋里最重要的房子，照例都不住人。没有房屋的中央部分是‘庭’，没有人住的房子是‘堂’”[注52]。“厅井”形成一个可以让家人与自然相融的“房间”，体现出我国传统人居环境天人合一的审美取向。结构形式以木构穿斗式为主，结构构件少有雕饰，注重体现结构的力学逻辑美学；加之不饰雕琢、尺度巨大的地面条板石，更让“厅井”空间透析出材料本真的震撼力和自然质朴之美，折射出文人士大夫浓郁的书卷气息和儒雅的审美情趣。

三坊七巷以士人们为居住主体，其宅院等级充分反映了我国传统封建礼制与宗法制度。历代统治者均制定了严格的住宅等级制度，如明朝：“一品二品厅堂五间九架，……三品五品厅堂五间七架，……六品至九品厅堂三间七架……不许在宅前后左右多占地，构亭馆，开池塘；庶民庐舍不过三间五架，不许用斗拱，饰彩色。”[注53]明清两代等级规制基本相同。三坊七巷传统民居中，出现了不少“明三暗五”或“明三暗七”布局形式的宅院，为避逾制，多以院墙和主座前轩廊处设门墙，将五开间或七开间的建筑及其庭井分隔为中间三开间、东西两侧二个单开间或两开间的跨院，从而形成“明三暗五”或“明三暗七”的宅院格局，既避免僭越，客观上又形成一种独特而富意趣的院落类型。

三坊七巷宅院主落大门多设于中轴线上，入门处内再以插屏门区分户内、外空间。大宅第多设三开间、进深三柱屋宇式门头房，普通人家则为单开间门头房或仅于墙垣上开设石框门、门顶上方加设三出跳丁头拱做挑檐的木构披檐。清末民国时期还出现了垂花柱加卷棚的入户门罩（如严复故居）。受地形限制或出于风水考量，亦有部分宅院大门不设在中轴线上，依据用地情况，设置于主落一进前庭的不同方位上，灵活多样。三坊七巷古民居，甚至整个福建地区的古民居主入口绝大部分均位于主落中轴线上，不像北京四合院等民居多设于东南角或西北角，福建古民居应是一种更古老的做法，“这可能是保留了早期的形式，未受到宋代以后出现的先天八卦谬说的影响”[注54]。

注52　赵广超．不只中国木建筑 [M]. 北京：生活 · 读书 · 新知三联书店，2006:145.

注53　刘敦桢．中国古代建筑史．[M]. 2 版．北京：中国建筑工业出版社，1984:316.

注54　黄汉民．福建民居的传统特色与地方风格 [J]. 建筑师，1984(6):201.

屋宇式门头房

单开间

三开间

五开间

凹入式

石框门

不带门罩

带门罩

带灰塑

带灰塑门罩

民国式

垂花柱门罩

民国砖石拱门

入户边门

内门

多进间 1

多进间 2

多进间 3

两落间 1

两落间 2

明三暗五

• 结构与室内特征

三坊七巷古建筑皆以富有地方特色的穿斗式木构架为结构形式，明间多采用抬梁式（明代）或减柱式，室内不做吊顶，结构构件少有雕饰，并与装饰相结合，注重展现木结构本身的材料与力学特征，充分体现结构自身的美学，主座轩廊门柱上方还以丁头拱承挑檐檩，仅轩廊装饰有卷棚顶，强调主体建筑的庄重感与重要性。木作部分一般不施油漆，采用清水做法，仅在主厅堂灯杆托和屏门（太师壁）等部位饰以彩金。清水作穿斗木构架，墙裙部分不似乡村或其他地方的民居做木板堵，多辅以简素的灰板粉壁，以勾勒意韵无穷的木结构线条美，呈现出木构架线条之美学构图。这种具有“图底”关系的线条美学，充分体现出中国传统文人士大夫对线条美学的“敏感、悟性、迷恋及其运用的天赋”[注55]。因此，洁雅的室内空间整体上所呈现出的独特书卷气质，亦具有了隽永的美学意韵。建筑室内地面多为架空木地板，设地垄承托，以避南方多雨潮湿气候；廊沿与天井则采用地产花岗石条板敷设，明间廊沿条石板多为通长式，长而宽厚，质朴且富艺术震撼力。

注 55　朱力 . 中国明代住宅室内设计思想研究 [M]. 北京：中国建筑工业出版社，2008:152.

三坊七巷老宅院用“材”讲求“顺其性而为之”的造物观，不仅追求简素精雅的居住美学，还体现出阔朗超俗的精神锻造和审美情趣。生活讲究“顺天理、宜自然”；建筑材料讲求保持材质的天然“真趣”，体现其“真”，掩去人工雕削的矫俗，复归于朴；把“精”“雅”“简”“真”表现得出神入化；“把对于材质的自然属性、天然质感和纹理的充分表达，上升到一种审美趣味，直至哲学高度”[注56]。什么是精雅生活，什么是道法自然，品读一座三坊七巷古宅院就能体会到。“如山的银子肯定堆砌得出华丽，却造不出精致，精致是一种诗意的生活态度，是一种睿智的生存选择。”[注57]

三坊七巷中的古民居皆可以明显感受到明、清、民国各时期的一脉相承的强大遗传关系，即使到清末民国时期，也仅个别院落内出现二层民国式的木构阁楼建筑。商业建筑则呈现出更多近代化演进感与多元性。街区内现存续的商业类历史建筑主要分布于南后街、吉庇巷、光禄坊巷、澳门路等沿街两侧，坊巷里则几乎无商业建筑，仍保持着宁静的居住氛围。商业建筑主要有二层传统木构建筑（如南后街 21 号青莲阁裱褙店、南后街 32 号米字船裱褙店）、一层或二层传统院落式建筑（如南后街 198 号、南后街 228 号、南后街塔巷 81 号）、二层传统院落式“洋脸壳”砖木结构建筑（如南后街郎官巷口 36 号永嘉玻璃店、澳门路蒋源成石雕铺）、大量质量较差的二层鱼鳞板（柴栏厝）木构建筑以及二层走马廊或封闭式走马廊商业建筑等。总体而言，三坊七巷街区内各类商业建筑多由民居建筑演变而来，院落式建筑一般前为店、后为作坊或居室，二层多作为居住使用。与居住建筑唯一不同的是一层的店门形式，一般为插板式木板门，“为多扇可抽取式的板门，并在其背面写上安装顺序，板门内视经营业态设为各类柜台，或者柜台和板门相结合作为商铺的立面”[注58]。清末民国时期，在“西风东渐”的影响下，三坊七巷的古民居建筑在立面及装饰部分也出现了一些中西合璧的做法，如改石框门为砖砌拱券门并饰拱形叠涩出檐、常见“车子”式走马廊木栏杆、室内装饰有天花板等作法，木结构形式出现了三角桁架和缓坡直线形四坡屋顶形式等。但与台江、仓山地区的中西合璧式建筑、各类西式建筑相比，存在着较大的差别，此亦实证了古城区内传统文化仍具有强大的影响力与控制力。

明代木构架

明末清初木构架

清代木构架

民国时期木构架

注 56　朱力 . 中国明代住宅室内设计思想研究 [M]. 北京 : 中国建筑工业出版社，2008:47.

注 57　北北 . 城市的守望：走过三坊七巷 [M]. 曲利明摄影 . 福州 : 海潮摄影艺术出版社，2002:25.

注 58　阮章魁 . 福州民居营建技术 [M]. 北京 : 中国建筑工业出版社，2016:52.

• 屋顶肌理（街区第五立面）特征

屋顶肌理是构成“三坊七巷”景观风貌与个性特征的最重要的组成要素，其所呈现出的肌理特质是福州古城肌理的典型代表，更是区别于其他城市历史街区的最重要的个性特征。

三坊七巷至今仍保持着“里坊制”街区的独特风貌，以主街“南后街”为中轴，各坊内院落式宅院连片，屋顶肌理形态随巷道自然有机生成，但整体上仍呈现出较为均质的肌理特征。各院落多沿南北向纵深发展，以南北向双坡屋顶为主导，小尺度天井呈“孔洞”形态并有节奏地随院落纵深分布。大宅院花厅园林空间则在街区整体肌理上呈自然、随机分布，在屋顶上空透出些许绿意。从第五立面“图底”关系看，若以实体的屋顶为“底”（黑色），街巷及天井、庭园空间为“图”（白色），则“底”为主体，“图”是点缀，基本上没有集中的、大面积的“白”。现状“图底”关系中出现的多处较大尺度的“黑”与“白”均为新中国成立后改建的不协调建筑及其周边空地。严整有序的坊巷格局、南北纵深递进的院落分布

第五立面图底关系（修后）

令其呈现出整体独特的屋顶景观，成为三坊七巷街区肌理景观最显著的特征之一。

坊巷建筑外观中，最富个性的是一片片高出屋顶的“几”字形马鞍状封火山墙，随各宅院以南北向纵深连续排列，依屋顶高度呈曲线形起伏，端部似“马首”[注59]高昂，外挑前扬，曲线优美，富有动感。从高处俯瞰，层层涌动，似万顷波涛，此起彼伏，若三山盆地绵延不断的山丘地势，巍峨壮观，波澜壮阔，给人以独特而深刻的地方文化景观印记，“试看福州那山脉的奔腾蜿蜒与民居建筑生动的曲线是何等的统一”[注60]，此为三坊七巷屋顶肌理景观最显著的特征之二。

“三坊七巷”从晋代起，历经一千多年沿革与发展，各时期都留下了不同的历史烙印，构造了街区风貌的独特多样性特征；尤其清末民国时期，坊巷景观、建筑风貌均发生了变化。从第五立面特征来看，出现了二层民国建筑，打破了原有均质、连续、单层建筑相对统一的轮廓线，一定意义上丰富了原有第五立面，构筑了丰富生动的屋顶景观，主要变化在：一是宅院中部分花厅建筑改建为二层民国式阁楼，在保持整体统一性的同时，丰富了屋顶天际线景观；二是沿坊巷界面出现了一些二层民国建筑（青砖、粉墙或木构鱼鳞板建筑），虽改变了原有的统一风貌，却亦为坊巷的巷墙立面及轮廓线景观带来了多样性和各时期建筑有机融合的趣味性，令三坊七巷的坊巷空间及第五立面更富意趣，形成三坊七巷屋顶肌理景观最显著的特征之三。

注59　楼建龙．古代建筑的艺术宝库：坊巷格局与建筑特色 [N]. 中国文化报，2009-03-31.

注60　吴良镛．寻找失去的东方城市设计传统：从一幅清代福州图所展示的中国城市设计艺术谈起 [J]. 中国名城，2007(2):30.

东七巷屋顶肌理

• 花厅园林特征

福州古典园林既具有中国古典园林基本特征，又富地域个性与艺术独特性。福州古典园林的端倪可追溯至闽越王无诸时代（公元前202年），据宋梁克家《三山志》记载，无诸曾在福州东郊桑溪“流杯宴集”[注61]，在桑溪之畔建有禊游亭，比王羲之在绍兴兰亭的“曲水流觞”还要早500多年[注62]。福州东郊桑溪，曲水幽壑。但至北宋，景物多有荒废，而“流杯宴集”之修禊活动一直延续至清末。桑溪“流杯宴集”，可谓是福州古典园林之滥觞。唐末五代十国闽王王审知次子王延钧继位称帝后，整饬了晋代用于水利的西湖，改作“御花园”，在湖东岸筑室百余间称“水晶宫”，设“复道”与子城内府邸相连[注63]。园中设亭台楼阁，并在湖中置舫船舟楫，使西湖成为一处具有自然山水与人工建筑相融合的皇家园林。南宋词人辛弃疾有诗赞曰：“烟雨偏宜晴更好，约略西施未嫁。……陌上游人夸故国，十里水晶台榭，更复道横空清夜。”[注64]而于城中，唐宋以来，“坊巷格局渐成，私家园林遂盛。官绅宅第、士人居室，多有园林布置”[注65]。

宋代时期，我国园林已发展到鼎盛时期，园林与山水诗画相融合，其营造更加讲求诗情画境。此时福州，也从秦汉时期的东南荒芜之地，随西晋“衣冠入闽”，大量中原官绅、富贾不断入闽，至宋代转入全盛时期，“奇迹般在短期内跻身于全国发达地区的行列，并在经济、文化的某些领域执牛耳于全国”[注66]。此时福建，文化发达，人才辈出，一扫宋以前文化落后的面貌。作为八闽首府的福州，更是“绝顶烟开霁色新，万家台榭密如鳞”[注67]。宋代福州知州曾巩在《道山亭记》中描述：“麓多桀木，而匠多良能。人以屋室巨丽相矜，虽下贫必丰其居。”“乌石、九仙两山，下多前贤园林第宅，亦人杰地灵所聚。”[注68]

宋代，福州园林也迎来繁荣时期，出现了州园、光禄吟台以及朱紫坊芙蓉园等大量宅园。州园（遗址现为新民路以西福州三中一带），建于北宋，因在州衙之西而得名州西园，专供官绅们游览；但每年二、三月亦对市民开放，让老百姓自由入园游览，“岁以二

注61 （宋）梁克家．三山志[M]. 福州市地方志编纂委员会整理．福州：海风出版社，2000:641.

注62 李敏．福建古园林考略[J]. 中国园林，1989，5(01):12-19.

注63 （明）王应山．闽都记[M]. 福州市地方志编纂委员会整理．福州：海风出版社，2001:60.

注64 同上书，第134页．

注65 卢美松．福州名园史影[M]. 福州：福建美术出版社，2007:1.

注66 邱季端．福建古代历史文化博览[M]. 福州：福建教育出版社，2007:66.

注67 卢美松．福州名园史影[M]. 福州：福建美术出版社，2007:1.

注68 郭白阳．竹间续话[M]. 福州市地方志编纂委员会整理．福州：海风出版社，2001:31.

月启钥，纵士民游赏，阅月而止”[注69]，诚如唐长安的皇家曲江苑。朱紫坊内的芙蓉园，又称“芙蓉别岛”“武陵园”等，原为宋参知政事陈韡别馆，因遍植芙蓉故名，是福州最著名的古典私家园林之一；其占地规模大，庭景空间开合变幻无穷，景致丰富，深得中国传统园林真谛，极富福州地域文化景观特征。

明清，福州园林进入全盛时期，尤其宅第式园林，以城中三坊七巷和朱紫坊历史文化街区及周边地区为胜，“会城宅第，负园林之胜者，有沈氏‘涛园’，龚氏环碧轩，吴氏半野轩。涛园为沈文肃公祠，乃明许豸之石林址。后地废为荒圃，光绪间沈氏就址建祠。”[注70]半野轩位于今北大路136号，清乾隆年间在晋代寺庙绍因寺旧址上修建，为围棋大师吴清源出生地。石林园（涛园）位于乌石山南麓，明末清初为许氏别业。三坊七巷内著名宅园有衣锦坊水榭戏台、清梁章钜所筑小黄楼与东园、光禄坊光禄吟台（玉尺山房）、早题巷黄任香草斋、大光里陈衍匹园、丰井营听雨斋、郎官巷二梅书屋、塔巷王麒故居花厅、宫巷林聪彝故居、刘冠雄故居东花厅、文儒坊尤氏花厅等。

三坊七巷园林以“宅园合一”为主，多属文人园。潘谷西先生在《从“园林”到“理景”》一文将我国传统园林概括为理景艺术，并按其规模与特点分为四个层次：庭景、园林、风景点和风景名胜区[注71]。“庭景”是指建筑物的外部附属空间——庭院，人为创造的自然景色，依附于其建筑物，没有单独对外的使用功能。“园林”则指有一定范围、可独立使用的自然景观区域。园林与庭景区别不在于规模大小，而在于“园林”可独立使用，而“庭景”没有独立性。依此，我们可将三坊七巷、朱紫坊街区的私家园林划分为独立园（园林）与附属园（庭景）两类，独立园有衣锦坊水榭戏台、光禄吟台、黄巷小黄楼东园、文儒坊尤家花厅（现9号花厅）、光禄坊刘家大院花厅、黄巷郭柏荫东跨院花厅、安民巷鄢家花厅等；其他宅园均可归为附属园，如文儒坊尤氏民居花厅、南后街叶氏民居花厅、王麒故居花厅等。除光禄吟台外，其他多为宅院中庭景小花厅，以供主人读书、会友、游乐等；占地面积均不大，小者不足100平方米，大者亦不超两亩地（如文儒坊尤氏花厅、黄巷小黄楼东园等）。花厅园林，惯称“花厅”，多为主落的跨落别院，或位于主落一侧的跨落（侧园式）或位于宅院之后（后园式），以门洞与主落连通。不同于主落讲究中轴对称、主从分明的严谨布局，跨院花厅的布局则灵活生动，情趣盎然。园林空间作为宅第严谨布局的一

注69 （明）王应山．闽都记[M]．福州市地方志编纂委员会整理．福州：海风出版社，2001:58.

注70 郭白阳．竹间续话[M]．福州市地方志编纂委员会整理．福州：海风出版社，2001:29.

注71 刘先觉，张十庆．建筑历史与理论研究文集(1997—2007)[M]．北京：中国建筑工业出版社，2007:70.

种反衬，更多体现“道法自然”的哲理。“这就从一个侧面说明了儒、道两种思想在我国文化领域内的交融，也足见中国园林艺术在一定程度上通过曲折隐晦的方式反映出人们企望摆脱封建礼教的束缚、憧憬返朴归真的意愿。”[注72]三坊七巷的宅园在造园总体理念上，亦讲求“可居、可游、可观”，能日涉成趣。平面布局以四周封闭的封火墙围成独立空间，“隔凡”“隔尘”，“围出一方净土”[注73]；主体花厅建筑置于园北部，坐北朝南，强调“当正向阳”[注74]，一层或二层木构建筑，屋顶或为双坡顶式或为歇山顶式。歇山屋顶形式在三坊七巷整个街区内也仅在园林花厅中运用。用地南部多为园林山池空间，三面均为壳灰粉墙，“藉以粉壁为纸，以石为绘也”，为筑山、理水、植物配置、园林小品营构留下充分的空间。但由于园林占地面积小，园林亭榭等设置皆惜墨如金，大多采用一面建筑、三面高度写意的山水自然营构的布局手法，讲求小巧、精雅，宛若自然之趣。

如何在“壶中天地”中“小中见大”、在“咫尺山林”中体悟山水园之诗情画意以及令空间具有幽远感，是造园的关键所在。三坊七巷构园都采用欲扬先抑的手法，庭景园均与主厝相连。从主厝进入庭景的路径是重点，以小门洞接福州园林中独有的“雪洞”，游导至园林主体空间；以强烈的空间尺度与明暗对比获取豁然开朗的艺术效果。若为独立园，则从巷弄进入园林入口空间，入园内以假山或景墙为屏构筑意趣狭窄的小空间，再转入主庭景。庭景中，多设有可登高远眺的平台，“沿小桥进入假山，怪石重叠，曲径盘旋，

注72　周维权．中国古典园林史[M]．2版．北京：清华大学出版社，1999:16.

注73　曹林娣，许金生．中日古典园林文化比较[M]．北京：中国建筑工业出版社，2004:220.

注74　（明）计成．园冶读本[M]．王绍增注释．北京：中国建筑工业出版社，2013:30.

雪洞

三坊七巷园林意境

径宽0.7米。沿石登上坪顶……”注75。“蹊径盘且长，峰峦秀而古”注76登上坪顶，让视线越出园垣，远眺于、乌两山，可获造园意境之高潮。从入园小门洞、狭长廊道或幽暗雪洞至主庭景，平视、穿洞、越涧，再登高远眺，可“远借、邻借、仰借、俯借、应时而借”注77，通过借景与联想，完成一系列园林组景之诗情画境体悟。

叠石构筑山峦是造园的重要活动，三坊七巷宅园中，规模再小的庭景，都要垒筑下可穿洞、上可登高的山石景观，并成为园中主景；山石为池水环绕，形成山嵌水抱之格局，正所谓“阶前石畔凿一小池，必须湖石四周”注78。花厅建筑与池水则以平台衔接，平台前多为较大的池水，侧以小尺度的石桥与假山雪洞相接，构筑完整的游览导线。宅园虽小，却也通过构园四要素——筑山、理水、植物配置和建筑进行营造。三坊七巷宅园亦以“本于自然与高于自然、建筑美与自然美的融糅、诗画的情趣和意境的蕴涵”注79为造园理念，将“大自然的概括和升华的山水画又以三度空间的形式复现到人们的现实生活中来”注80，从而营造出士人园居的情境。

注75 卢美松．福州名园史影[M]．福州：福建美术出版社，2007:52.

注76 （明）计成．园冶读本[M]．王绍增注释．北京：中国建筑工业出版社，2013:171.

注77 （明）计成．园冶读本[M]．王绍增注释．北京：中国建筑工业出版社，2013:196.

注78 （明）文震亨．长物志[M]．胡天寿译注．重庆：重庆出版社，2008:67.

注79 周维权．中国古典园林史[M]．2版．北京：清华大学出版社，1999:13-18.

注80 同上书，第17页．

王麒故居壁塑

除以上特征，三坊七巷宅园在获取“小中见大”的园林空间艺术情境中，形成其独具地方特色的造园艺术手法。

（1）以山水画理手法，构造平远感与悠远感的空间层次：由于用地限制，近水近山采用真石真水理筑，远处则以独有的“壁塑”方式，塑造远山远景，写实与写意相结合，利用透视原理，加强深远感并与真石真水共同构筑高度概括写意的自然山水画，把画家的笔墨丘壑、掇石家的土石皴擦融糅为一体，虚实相衬，勾勒出独特的三维画卷。借助“小中见大”从而形成无限联想空间是三坊七巷古典园林中最为独树一帜的造园手法。

“壁塑”“雪洞”常以粉墙为纸，利用石灰、糯米、红糖、矿物质颜料等，通过缩移摹写大自然峰峦、岭岫、悬岩峭壁，呈现“壁上山水”的艺术效果，在极小的用地内，突破咫尺山林格局的限制，幻化出“太华千寻”之气势。典型案例有塔巷王麒故居、鳌峰坊宦贵巷黄氏民居等。

（2）园林中花厅建筑是主体，常置于园内一隅；典型的庭景园布局方式是花厅在北，池山园景在南，并于山石池水间点缀尺度小巧的亭、榭、廊等。“廊”多用作划分景区或组景串合，在三坊七巷的小尺度宅园中并不多见，仅出现于较大的宅园（如朱紫坊芙蓉园、黄巷小黄楼东园、澳门路林文忠公祠等）。“榭”在三坊七巷的宅园中多作为主体建筑出现，即花厅，如朱紫坊芙蓉园、文儒坊尤家花园等。形态玲珑的“亭”，反复出现于宅园中，但多以半亭形态甚至四分之一角亭倚于墙角，以小巧的亭榭以及缩小了尺度的石桥等构筑物达到“小中见大”的效果。植物栽植，则如陈宝琛笔下陈衍匹园之情形：“地小花栽俭，窗虚月到勤”[注81]，体现“以少胜多”的造园理念；乔木也多孤植，以衬托庭景空间的“大”。

注 81　黄启权 . 三坊七巷志 [M]. 福州市地方志编纂委员会编 . 福州：海潮摄影艺术出版社，2009:211.

宦贵巷黄氏民居

（3）皇家园林规模宏大，追求真山真水之真趣，江南私家园林虽不及皇家园林的规模，但亦有数亩，甚至数十亩。若说江南私家园林是“壶中天地”“咫尺山林”，那么三坊七巷宅园则只能是“芥子纳须弥”，空间更为狭小，但仍具备中国传统园林的基本特征：可观、可游、可居，亦将诗情画意表达得淋漓尽致。

三坊七巷街区内，古典园林最显著的特征是精巧、玲珑、雅致，通过巧妙把握造园各要素的尺度与关系，以抽象、比拟、联想手法，再现写意山水园画卷般的情境；以精巧、素雅的园林建筑（亭、廊、轩、榭）与池水、假山雪洞共同理景，创造出一系列旷奥变化、明暗对比、曲折盘旋、高低错落、层次丰富的序列空间，组织出完整的游赏体验路线并不断引趣，创造出城市园居生活的诗画意境。不同于日本枯山水园林讲求坐观求空寂之“禅味和涩味”[注82]，三坊七巷宅园追求静观有诗意画境和“禅悦”，动观能日涉成趣的都市隐居生活园境。

注 82　曹林娣，许金生．中日古典园林文化比较 [M]. 北京：中国建筑工业出版社，2004:77.

半亭

四分之一亭

二层半亭

二层四分之一亭

1.3.3 一片三坊七巷，半部中国近现代史

三坊七巷街区从其肇始就有名人居住。“福建的文化，萌芽于唐，盛极于宋，以后五六百年，就一直传下来，没有断过。理学中的闽派，历元明清三代而不衰。”[注83] 宋代，随着福州成为“海滨邹鲁”，三坊七巷亦成为名彦硕儒的聚居地，北宋福州“海滨四先生”中陈烈、陈襄、郑穆三位皆居于此。衣锦坊，旧名通潮巷，因福州、泉州知州陆蕴和陆藻两兄弟以及南宋江东提刑王益祥居于此而改其名为棣锦坊、衣锦坊。此外，还有居于安民巷的宋太宰余深、居于文儒坊的理学家林之奇及居于吉庇巷的朱熹学生、状元、参知政事郑性之等。为纪念杨时“程门立雪”“吾道南矣”，南宋宝祐六年（1258 年）于光禄坊北侧、光禄吟台西侧建起了“道南祠”，以弘扬理学。明成化年间，三坊七巷林氏出现官宦奇观——有四位同朝为官，为以示区别，皇帝按其老家在福州城的不同方位分别将其称为东林（兵部尚书林瀚）、西林（户部尚书林泮）、南林（工部尚书林廷选）、北林（都御史林廷玉）。同是在明朝，吏部尚书林瀚（1434—1519 年）与刚烈而具浩然正气、文经武略的抗倭名将、兵部尚书张经（1492—1555 年）都居于文儒坊。同在文儒坊，张经故居南向斜对面，就是甘国宝的故宅。甘国宝（1709—1776 年）是一位充满传奇色彩的清乾隆年间的武将，曾两次任台湾总兵，抗倭戍台，“兵安其伍，民乐其业”，为开智台湾作出了积极贡献。其虽为武官，但工文墨，“常以指墨画虎，能传威武之神”[注84]。

清晚期至民国初年，国内外局势风起云涌，许多影响中国历史走向的重大事件中均有福州人尤其是从三坊七巷走出的人物之伟岸身影，涌现出大批在中国近现代史上具有重要影响的人物，三坊七巷更成为闽都文化思想的发源地与创新地。

清道光十九年（1839 年），林则徐受命为钦差大臣于广东虎门销毁鸦片，并领导了震惊中外的严禁鸦片的抗英运动。鸦片战争的爆发开启了中国近代史，林则徐亦成为“我国近代史上，首先带头反抗西方资本主义势力侵略的第一位民族英雄”[注85]。林则徐领导抵抗侵略，但他不反对与西方国家的和平贸易，注重了解和研究外国文明，也当之无愧地被称为近代中国“睁眼看世界的第一人”。林则徐出生于福州中山路的左营司巷，其故居位于衣锦坊北侧的文藻山河北河沿，并不住在三坊七巷，但其母亲陈帙的娘家就在文儒

注 83　黄启权 . 三坊七巷志 [M]. 福州市地方志编纂委员会编 . 福州：海潮摄影艺术出版社，2009:239.

注 84　同上书，第 351 页 .

注 85　曾意丹，徐鹤苹 . 福州世家 [M]. 福州：福建人民出版社，2002:71.

坊 19 号，亦即陈季良故居。陈季良是民国海军名将、林则徐四舅陈兰泰的曾孙，而林则徐次子林聪彝与三个女婿刘齐衔、沈葆桢、郑葆中的家则都在宫巷。

抗英斗争中，家住黄巷小黄楼、时任广西巡抚的梁章钜，是林则徐的师兄兼挚友，他积极配合林则徐抗英及查禁鸦片，“歌颂三元里人民抗英斗争，又第一个向朝廷提出以‘收复香港为首务’的主张”[注 86]。

鸦片战争后，清政府“师夷长技以制夷”，终于在 19 世纪 60 年代开启了一场引进西方科学技术、机器生产设备、军事装备以自强救国的“洋务运动”。对三坊七巷街区而言，1866 年在福州掀起的“洋务运动”则是其成为“半部中国近现代史”的重要根源。时任闽浙总督的左宗棠，奏请清朝廷创办福建船政，开厂造船，以建海军、固海疆。获朝廷准予后，其立即着手筹建工作。但此时西北回民起事，慈禧太后急调左宗棠赴任陕甘总督进行平叛。于是，左宗棠奏荐林则徐的外甥兼女婿、在宫巷家“丁忧”的时任江西巡抚沈葆桢，出任清廷第一任船政大臣，总理福建船政事务。1866 年 10 月，沈葆桢接管船政事务，在马尾购地，建起了当时远东最大的造船厂，办起了有“中国西点军校”之称的福建船政学堂。

左宗棠、沈葆桢创办船政不仅在于造船，更注重人才培养。正如沈葆桢所说：“船政根本在于学堂；海防根本，首在育人。”[注 87] 沈葆桢办船政，不仅引进英、法等国人才，而且派遣学堂毕业生分赴英、法等国留学深造。1877 年 3 月，第一批留学生启程赴英、法等国留学，开启了中国政府公派留学生的先河。福建船政为清末

注 86　黄启权 . 三坊七巷志 [M]. 福州市地方志编纂委员会编 . 福州：海潮摄影艺术出版社，2009:357.

注 87　曾意丹，徐鹤苹 . 福州世家 [M]. 福州：福建人民出版社，2002:187.

林文忠公祠

刘齐衔故居

梁章钜故居（小黄楼）

民国培养了一大批政经、科技人才和海军将领，造就了一大批对中国近现代历史有着重要影响的人物，如严复、刘步蟾、罗丰禄、邓世昌、林泰曾、萨镇冰、詹天佑、林永升、刘冠雄、方伯谦、叶祖珪、魏瀚、陈季同等。尤其严复，更是近代中国在精神层面上唤醒国人自救自强的重要代表人物，是为“洋务运动”最重要的文化遗产。

沈葆桢除了为国家培养人才做出贡献，“还有个主要历史功绩是奉命巡视台湾与日本侵略军坚决斗争，维护国家统一、领土完整”[注88]。1874年，日本在侵占琉球国后，又动了侵占台湾的野心，借口“牡丹社事件”，进犯台湾。沈葆桢奉命率其亲自督造的四艘军舰戍台，到台后，制定了“联外交”“储利器”“储人才”“通消息”的对日斗争方略，困敌于海中。但软弱的清廷受迫于日、英两国压力，最终以50万两银子换取日军撤出台湾。沈葆桢在台一年多时间，赶跑日军，开发台湾，建设各要塞炮台；至今在台南安平炮台正门楼的前后门额上还存续着沈葆桢手书的“亿载金城”和“万流砥柱”遒劲大字。同时，他还采纳了得力助手梁鸣谦（1826—1877年）的改革台湾地方建置建议，在得到朝廷批准后加以施行，改台湾道一府三县二厅为二府十县。但将福建巡抚移驻台湾因受阻未施行，后又上奏改福建巡抚“冬春驻台，夏秋驻省”，得到了清廷批准，遂闽台两地从属福建巡抚管辖。家住闽山巷的梁鸣谦是沈葆桢的船政幕府，负责进口机器设备和零部件的汉语定名及其使用说明和性能的翻译工作，被称为“近代西洋机器汉语定名的先驱者”。其曾孙梁守槃，为中国科学院院士、中国战术导弹事业的重要奠基人。

2009年，台北市为纪念沈葆桢功绩，将市府大厅命名为“沈葆桢厅”。正是由于在洋务运动中的杰出作用，并被称为台湾地区

注88　曾意丹，徐鹤苹．福州世家[M]．福州：福建人民出版社，2002:190.

台北市沈葆桢厅

近代化的开拓者，沈葆桢成为中国近代史上一位不可或缺的重要人物，“其改革实践和思想已经不再是传统的儒家‘经世致用’，已经超越了尽忠朝廷的局限而趋向于近代的民族主义”[注89]。

沈葆桢开发建设台湾，进一步加强了福建以及三坊七巷与台湾人缘、姻缘的密切联系。而家住文儒坊的陈承裘（陈宝琛之父）将二女儿陈芷芳嫁给了曾捐建过台北府城的新北“板桥林”的后裔林尔康。1895 年，清政府签订割让台湾等予日本国的《马关条约》，林尔康不受此辱，举家回迁祖籍地福建，于杨桥巷购入宅院定居，并在文儒坊为其岳父修葺宅第。1918 年，陈宝琛牵红线，让其外甥女（林尔康和陈芷芳的女儿）林慕兰与挚友严复的三儿子严叔夏成亲。后来，严叔夏的长女严倬云则成为台湾海基会董事长辜振甫的夫人。

1894 年，中日甲午战争惨败，我方海军牺牲的众多将领中，大多是福建人或马尾船政学堂毕业的学生，如邓世昌、刘步蟾、林永升，以及沈葆桢外甥、林则徐胞弟孙林泰曾等。中日甲午海战的北洋水师，如同在 1884 年马尾中法海战中由沈葆桢艰辛经营的福建水师一样几乎全军覆没。

甲午战争之后，从郎官巷走出的沈葆桢的孙婿、刚烈血性的青年林旭（1875—1898 年），积极参与康有为、梁启超的“公车上书”行动，成为光绪皇帝 103 天维新变法的重要人物。变法失败后，他与谭嗣同、杨深秀、杨锐、刘光第、康广仁被慈禧太后斩首于北京宣武门外菜市口，年仅 23 岁，为“戊戌六君子”最年轻的英烈。就义时，他仰天长啸、声若洪钟：“君子死，正义尽！”而年龄大林旭 21 岁、晚年亦入住郎官巷的严复（1854—1921 年），面对国

注 89　郑芳 .16 个福州家族的百年家史 [M]. 福州：福建教育出版社，2017:34.

沈葆桢故居

陈承裘故居

难当头，选择了别样的怒吼方式，“从八股文中解脱出来，斗士一样跃上战场了”[注90]，将英国生物学家赫胥黎的《进化论与伦理学》及其按语翻译成《天演论》——“物竞天择，适者生存；弱肉强食，优胜劣汰”希冀从精神层面上唤醒处于最危难之中的国人。严复也因此被誉为“中国西学第一人”，成为中国近代思想文化史上里程碑式的巨人，伟大的启蒙思想家、社会改革家和教育家。正如严复故居展厅前言所书：“一卷《天演论》，拨开大众迷雾，唤醒中国睡狮；八部译著涵盖世界观、方法论，涉及经济学、政治学、社会学等诸领域。严复倡导‘自由为体，民主为用’，探求社会改革路径。……强调中华传统文化可以扬弃，但必不可叛，体现了对中华文化的高度自信；严复以一颗拳拳爱国之心，成为汲取和传播西方现代文明之火的‘普罗米修斯’！”

严复系统地介绍传播了西方资产阶级哲学与社会政治学说理论，亦成为近代中国著名的翻译家，并首次提出“信、达、雅”的翻译标准。梁启超曾高度评价严复在翻译方面的贡献：“自1895年至1919年的24年中，从事翻译事业者虽多，但最主要的，而且贡献较大者，第一当推严复。严复于中西学者皆为我国第一人物。”[注91]与严复同为首批船政学堂派出的留学生、福州人陈季同则把《红楼梦》《聊斋志异》等中国古典文学译成法文，于巴黎刊行，在西方影响广泛。而另一位近代文坛著名人物、家住光禄吟台

注90　北北．三坊七巷[M]．长春：时代文艺出版社，2006:26.

注91　黄启权．三坊七巷志[M]．福州市地方志编纂委员会编．福州：海潮摄影艺术出版社，2009:271.

严复故居

陈衍故居

玉尺山房的林纾，于 1897 年由王寿昌口述，用古文译成了《巴黎茶花女遗事》，“以独特方式走上了翻译道路”。他用古文共翻译了 170 多种欧、美等国小说，林纾的古文“以意境、韵味见长，善于用简洁、平淡的言语来表达真挚感情”[注92]。除在近现代译坛上，晚清民国时期，三坊七巷还形成以陈衍为倡导者和领袖的“同光体”诗派，林纾、郑孝胥、王寿昌、何振岱等都是重要成员，何振岱还培养出福州八才女。有“当代第一博学鸿儒”之称的钱钟书，曾受福州严复、林纾、陈衍等教诲，学诗方面尤其受益于陈衍。诚如郁达夫所述：“……前清一代，闽中科甲之盛，敌得过江苏，远超出浙江。所以到了民国二十五年（1936 年）的现代，一般咬文嚼字，之乎者也的风气，也比任何地方还更盛行。闻名全国的诗人，直到现在还有一位巍然独存的遗老陈石遗先生（陈衍）。到了福州之后……，你若去冷街僻巷去走走，则会在裁缝铺的壁上，或小酒店的白锡炉头，都看得到陈太傅、萨上将的字幅。海滨邹鲁，究竟是理学昌明之地。”[注93] 所以，一条南后街，会同时走出三位近现代中国文坛的著名才女，有表现 20 世纪二三十年代中国女性知识分子觉醒精神与寻找新生道路心境的作家庐隐，其代表作如《海滨故人》《玫瑰的刺》《灵魂可读么？》《女人的心》等；有才情横溢的著名女建筑师、诗人和作家，参与人民英雄纪念碑和国徽设计的林徽因；有点亮《小橘灯》、温暖人世间的儿童文学家、现代作家——冰心。

注 92　黄启权 . 三坊七巷志 [M]. 福州市地方志编纂委员会编 . 福州：海潮摄影艺术出版社，2009:373.

注 93　同上书，第 239 页 .

何振岱故居

儒雅、婉约的三坊七巷时刻弥漫着一种血性与骨气，风起云涌的清末民国时期，发生在华夏大地上的任何大事件都与之紧密关联。写下中国最著名的绝笔情书《与妻书》的革命斗士——林觉民率领包括他堂弟林尹民在内的几十名福州热血青年，参加广州辛亥革命起义，最终壮怀血洒黄花岗。其故居就位于南后街北广场西侧杨桥路 17 号的宅院，林长民、林觉民、林尹民共同的曾祖父于清中叶迁居于此。出生于杭州的林长民，自日本留学归国后，在福州任公职并住在此地。在榕期间，他还与林则徐长女的孙子、家在宫巷的刘崇佑一起创办了福建私立法政学堂（福建师范大学前身）。那时，他的女儿林徽音（后改名林徽因）刚刚在杭州出生。与此同时，比林长民小 11 岁的堂弟林觉民、林尹民和家住华林坊的沈葆桢孙媳的弟弟林文，正在日本东京同盟会慷慨激昂。就在母亲于杭州去世，林长民离榕奔丧之际，林觉民回到了福州，秘密选拔志士、运送军火、策动响应黄兴筹划的广州起义。1911 年 4 月，林觉民、林尹民、林文和他们的 20 位福建籍敢死队员一起英勇就义，葬于黄花岗。林觉民的岳父、陈宝琛的侄子陈元凯当时在广州任职，事发后托人连夜赶回福州给女儿报信。林家七房兄弟匆忙将祖屋变卖，林觉民的妻子陈意映身怀六甲惶恐地搬到光禄坊早题巷中一座偏僻的小房子租住。而那座小房子其实亦大有来头，是康熙年间著名诗人黄任的故居；后来过了二十多年，著名作家郁达夫偕夫人王映霞也在此租住过。也是在这座小屋子里，陈意映收到了林觉民起义前写给她的《与妻书》。买下杨桥路 17 号的那户人家姓谢，他的孙女谢婉莹，即冰心。因此，杨桥路 17 号这座老院子既是林觉民故居，亦是冰心故居。“一座房子衍生出这么多的故事，与这

林觉民、冰心故居

与妻书

么多名人相关联，在其他地方算得上奇迹了，在这里却不足为奇，这就是三坊七巷。”注94

林长民（林徽因之父、林觉民堂兄）则在1919年将“巴黎和会”内幕首先公布于众，并于《晨报》和《国民公报》上发表了《外交警报敬告国人》，以警示国人“国亡无日”，直接点燃五四运动熊熊烈火。世居三坊七巷光禄坊及宫巷的福州著名近代民族企业“电光刘”家族的刘齐衔孙、工商企业家刘崇伦（1886—1937年）于“九一八”之前，得到了臭名昭著的“田中奏折”，托上海印刷局印刷，并秘密散发，以警示国人：“日本侵华战争即将开始。”抗日战争爆发后不久，刘崇伦就被绑架杀害注95。

1937年7月7日，“七七卢沟桥事变”，打响了全国抗战的第一枪。从三坊七巷黄巷走出、行伍出身、与李宗仁和白崇禧等为保定陆军军官学校同学的王冷斋，于当年1月刚兼任河北省第三区行政督察专员、宛平县长。作为宛平的军政长官，在民族危亡时刻，王冷斋准确判断时局发展情势，正如他在当时写下的一首诗：“长虹万丈跨卢沟，胜地流传七百秋。桥上睡狮今渐醒，似知匕首已临头。”于是，他一边组织守城军队严阵以待，一边与日军进行寸土不让的谈判，体现了大无畏的民族气节。“而历史铭记王冷斋，不仅仅是因为他临危不惧的气度与大义凛然的民族气节，更是他在关键时刻写下了大量的纪录性诗文，以及在战争发生后有意拍摄的重要图片，为战争结束后的审判保留了重要证据。”注961946年5月3日，远东国际军事法庭审判日本甲级战犯，王冷斋成为这次东京审判的第一人证。

抗日战争中，三位福州人，其中两位与三坊七巷有直接关系的海军将领又悲壮演绎了一场被德国人端纳惊叹为“这是第一次世界大战以来，我所亲眼看到的最激烈的海空大战”注97的“江阴阻塞战”。为了阻止日本军队在攻占上海后沿沪宁线和长江而上、水陆空进攻首都南京，海军部长陈绍宽（福州仓山胪雷人）受命组织海军部常务次长兼第一舰队司令陈季良以及后继参战的海军总司令部参谋长、第二舰队司令兼长江江防副总司令曾以鼎，以破釜沉舟、背水一战的决心与敌寇决战，并亲自上舰指挥构筑阻塞线，有效阻击了敌舰沿江而上，让日本人“用三个月时间灭亡中国”的美梦破灭。陈季良则在“平海”旗舰上指挥各参战军舰作战，在敌机狂轰滥炸中，始终不降司令旗示弱；当“平海”舰受重创后，他转移到“逸仙”舰，挂起司令旗，依旧继续指挥作战。被日军炸成重伤后，他才退出战

注94　北北．三坊七巷[M]．长春：时代文艺出版社，2006:198.

注95　曾意丹，徐鹤苹．福州世家[M]．福州：福建人民出版社，2002:239.

注96　陈功．抗日县长王冷斋[N]．福州晚报，2015-07-08.

注97　曾意丹，徐鹤苹．福州世家[M]．福州：福建人民出版社，2002:40.

场，由曾以鼎接替他继续指挥与敌对战。江阴阻塞战持续了52天，重创日本军队。陈季良（1883—1945年）原名世英，家居文儒坊，毕业于南京江南水师学堂，曾任第一次世界大战后组建的黑龙江江防舰队——“江亨”舰舰长，因同情俄国十月革命，资助武器予苏联红军与日本作战，遂发生轰动中外的中日“庙街事件”，因而得罪日本遭免职，后受同仁保护而改名季良。曾以鼎（1891—1957年）则是居于安民巷的曾晖春玄孙，曾晖春与林则徐为姨表亲，在清道光年间因“五子登科”而荣耀榕城；其曾孙曾宗彦与林旭等人曾组建维新变法组织之“闽学会”。在“戊戌变法”期间，曾宗彦上奏光绪帝，建议全国陆军改练“洋操”，以适应新时代作战要求，故有“近代中国陆军之父”[注98]称誉；曾以鼎为曾宗彦胞弟之次子。

同为清道光年间“五子登科”、居于黄巷的郭阶三，其长子郭柏心玄孙郭化若（1904—1995年）则是“一代儒将”。郭化若于1925年考入黄埔军校，为第四期学生，同年加入中国共产党，参加过北伐、南昌起义、第一至第三次反“围剿”作战和二万五千里长征、解放战争，曾任毛泽东军事教育顾问。新中国成立后，郭化若任上海警备司令部政委、南京军区第一副司令员、军事科学院副院长等职务，受中将衔，是著名军事理论家、军事教育家、诗人和书法家[注99]。

鸦片战争、洋务运动、中法马江海战、中日甲午海战、戊戌维新变法、辛亥革命、五四运动、卢沟桥事变、江阴阻塞战……，许多影响中国近现代历史走向的重大事件中均有福州人、三坊七巷人的强大身影，正所谓“一片三坊七巷，半部中国近现代史”。三坊七巷是一部生动而鲜活的历史人文教科书，百多年来在中国的历史上留下了浓墨重彩，深深镌刻在华夏沉重的近现代历史的丰碑之上。

注98　李厚威．漫读曾晖春四代人与翁心存父子的世谊[N]．福州晚报，2019-02-24．

注99　黄启权．三坊七巷志[M]．福州市地方志编纂委员会编．福州：海潮摄影艺术出版社，2009:417．

陈季良故居

曾氏故居

郭柏荫故居

意會

2 三坊七巷保护再生设计策略再思考

2 三坊七巷保护再生设计策略再思考

历史文化街区是一种处于不断演进发展状态的“活态”文物古迹，是属于文化遗产亚类的文化景观，是城市历史文化的主要物质载体，在过去、今天及未来也都是一座城市与城市生活密不可分的、鲜活的功能街区。历史文化街区的保护“不仅涉及不同类型建筑的保护，还涉及对不同时代建筑的保护，亦包括街道、水系、景观环境”[注1]等构成街区整体环境与氛围的各类要素，以及对仍保有活力或潜在影响力的文化传统的保护。不同历史文化街区应据其核心价值、所处地域和存续的历史文化特征，制定有针对性、适应性的保护再生策略与方法。基于对三坊七巷价值与特征的全面、深入认知，我们从宏观、中观、微观三种不同尺度和层级，提出以真实性、完整性为根本原则的针对该历史文化街区的保护活化策略和具体设计实践方法。

2.1 从规划层面确立居住为主体功能，保护“里坊制”街区独特氛围

“里坊制”所呈现出的独特居住氛围是三坊七巷历史文化街区最为重要的个性特质，因此延续并管控好其以居住为主体功能的现状，成为保护再生的重要前提。正如《中国文物古迹保护准则（2015）》所指出的：“特别是这些功能已经成为其价值组成部分的文物古迹，应鼓励和延续原有的使用方式”[注2]。三坊七巷之所以被誉为“里坊制”的活化石，正因其存续上千年至今仍保持有可关闭的坊门且坊巷内几无商业店铺存在，还立碑禁破墙开门。“从城市规划史看，衡量一个封建城市的坊制是否瓦解，主要就两个方面来考察。一是坊墙已否突破，二是市肆已否入坊”[注3]。三坊七巷内至今充溢着宁静古雅、书卷气的居住生活气息。街区保护再生不仅针对存续的历史建筑，还包括坊巷内的再建建筑，规划主要策略是延续三坊七巷以居住为主体的社区功能，营造适应当代城市生活的宜居环境——保留适量的原住民，改造提升宫巷内的幼儿园，重新配置安民巷内的社区居民委员会及相关社区设施，还全面提升了街区内的市政设施及消防等安全设施。通过保持坊巷内的居住功能，延续了里坊制的独特氛围，让继续生活在街区内的原住民以及迁入的新居民共同、

注1 国际古迹遗址理事会中国国家委员会．中国文物古迹保护准则 [S]，2015:28.

注2 同上准测，第 30 页．

注3 贺业钜．中国古代城市规划史 [M]．北京：中国建筑工业出版社，1996:533.

接续演绎独属于三坊七巷的文化性居住社区文化，进而持续创造其辉煌历史。同时，作为旅游与文化遗产体验地，三坊七巷需要让当地社群和原住民都参与诠释地方文化遗产，而不是进行简单的、表演性的传统文化展示。“对文化遗产真实的、身历其境的整体式体验是通过旅游进行跨文化交流的关键性内容；旅游者与当地社群的双向交流也能够激发好奇心，使诠释的多元文化成为可能”[注4]。但我们也需看到修复再生后的三坊七巷，作为城市精神纪念物，有力地促进了福州城市旅游发展并已成为外地游客的重要文化遗产体验地，极大地提升了其自身的社会经济价值。有鉴于此，坊巷内仍旧保持纯粹的居住性质已几无可能。为了适应这种变化，我们适时对三坊七巷保护规划进行修编，一方面强化南后街及街区周边界面地段的商业等旅游配套功能（如安泰河沿线、街区北侧雅道巷、东侧南街地段及其沿线延伸而入的传统院落再利用等）；另一方面对各坊巷内原居住用地采用兼容性土地利用规划，在保持其居住为主体功能的同时，适度引入当代城市生活功能，如文创工作室、特色书吧以及不同类型、档次的客栈等，让外地游客能身临其境、深度地体验文化遗产地的历史文化内涵，同时让街区内各坊巷在夜间也具有居住社区的生活气息，保持城市街区 24 小时的生机与活力。

2.2 以整体而积极保护理念，将三坊七巷街区塑造为城市活态纪念物

福州作为古都型的国家历史文化名城，自西晋（公元 282 年）确立以屏山为屏、于山与乌山为阙和“市南宫北”[注5]的城市格局之后，经历代发展，城市总体格局与整体风貌臻至完善，官署居北，城市中轴串起七重城楼，中轴两侧分布严整有序、成片低平的居民区，构筑起建筑结合自然条件的、特色鲜明的城市整体空间结构。

福州古代城市，其通过一定组织关系形成的成坊成片的城市肌理，是人工与自然的集合体，更是一件整体的艺术品。如前文所述“坊巷建筑外观中，最富个性的是一片片高出屋顶的‘几’字形马鞍状封火山墙，随各宅院以南北向纵深连续排列，依屋顶高度呈曲线形起伏，端部似‘马首’高昂，外挑前扬，曲线优美，富有动感。从高处俯瞰，层层涌动，似万顷波涛，此起彼伏，若三山盆地绵延不断的山丘地势，巍峨壮观，波澜壮阔，给人以独特而深刻的地方文化景观印记”。这种独树一帜的城市肌理景观是福州古城最具特

注 4　林源 . 关于作为人类价值的遗产与景观的佛罗伦萨宣言（2014）：促进和平与民主社会文化遗产和景观价值的原则与建议宣传 [J]. 建筑师，2016(2): 63-66.

注 5　贺业钜 . 中国古代城市规划史 [M]. 北京：中国建筑工业出版社，1996:14.

色的文化景观，但至今仅存三坊七巷和朱紫坊两片街区。由于三坊七巷历史悠久、规模宏大，且在历史上一直是名贤硕儒的聚集地，因此这里在近代涌现了一批对中国历史产生重要影响的人物，成为福州古代居住街坊的活化石和历史文化名城的表征。“居住建筑的形式及其类型特征与城市形式密切相关，住房体现人们生活方式和文化，它的变化是极其缓慢的。”[注6] 居住建筑是城市特征的重要组成之一，成规模、真实存续的居住街坊，由于演进相对缓慢，积淀了丰富的历史发展信息，成为一个地方、一座城市、一定历史时期长期积淀的社会文化集合体和非凡的城市建筑体，最终成为承载城市集体记忆的场所，甚至是城市文化景观独特而重要的纪念物。诚如维奥莱·勒·迪克所说：“在建筑艺术中，住房无疑最能体现人们的风俗、趣味和习惯；住房的秩序就像其组织一样，只有经过相当长的时间才会发生。”[注7]

在罗西的《城市建筑学》一书中，建筑是建造，而城市被理解为城市建筑体，“城市的历时建设”[注8] 即后者具有集合的“特征”，因此需要以建筑类型学理解、分析和研究城市。“我想将类型概念定义为某种经久和复杂的事物，定义为先于形式且构成形式的逻辑原则”[注9]。罗西以主要元素与次要元素区分类型，主要元素是指构成城市特征的、经久性的材料构造要素，包括纪念物与区域。区域即城市平面中的路网结构形态、街道平面和建筑类型，它们都相对经久。城市的历时性则是通过经久性的纪念物与城市平面布局来展示、延续和显现，令现今仍能体验部分往昔，由此建立记忆对场所的认同，形成特定的、地方社群独有的文化景观。人们通过了解经久物的今昔差异认识城市的历史，“城市中的经久物就像孤独和异常的建筑物，它们使城市带有过去形式的特征，从而使我们在今天仍然能够体验到过去的形式。”[注10]

三坊七巷街区作为一个整体演进千年，具有罗西所说的“纪念物”特性，具备经久的城市建筑集合体属性，其实体与文化意义亦在城市中延续下来，反映其构成城市、城市集体记忆及城市历史、艺术与科学价值的意义，因而成为闽都文化[注11] 的典型代表地。基于此，三坊七巷的保护再生不仅是政府、专家的事，更融入了社会各

注6 ［意］阿尔多·罗西．城市建筑学 [M]．黄士钧译；刘先觉校．北京：中国建筑工业出版社，2006:70.

注7 同上书，第 70 页．

注8 同上书，第 23 页．

注9 同上书，第 42 页．

注10 同上书，第 59 页．

注11 总结黄启权先生所述：所谓闽都文化，是以汉文化为主体融合了闽越文化的一种具有浓郁地方特色的文化体系；其实质是以文人士大夫的雅文化为主流的都会文化、省城文化，是中原文化与海洋文化相融合的一种地方文化。

界、市民的情感与力量；不仅是专业技术问题，更需要平衡理性与情感、历史存续与当代创造间的关系，从而建立起整体、真实、科学的保护再生理念与策略。在保护再生中，我们以持续研究、认知并揭示其核心价值为基础，以遗产保护规划及相关保护准则为依据，以整体、积极保护为理念，保护街区格局与整体风貌的完整性以及生活的连续性，重构街区与城市地区的历史关联性，强调街区与当代城市日常生活的紧密联系，使三坊七巷继续成为城市经久的“纪念物”和城市活态社区博物馆，更成为城市中“一册打开的史书”。

2.3 以真实性与完整性为准则，强化街区独特性与唯一性

真实性是“一个多维度的集合”[注12]，不仅指向文物古迹本体，还涵盖区域、环境、场所、工艺、功能、形式与设计、材料与质感以及与之相关的“无形”的文化传统等内容。当街区中文物建筑周边的一般性历史风貌建筑或当代建筑被清除留作广场或绿化用地时，文物建筑的文化语境就会遭到破坏；出于发展旅游的目的，将不相干的、背离所属地的传统文化植入历史街区中，亦是对文化真实性表达的一种破坏，从而沦为表演性行为。我们关注社群传统文化与日常生活活动的融合，强调遗产地持续创造独有的地方性文化。1964 年《威尼斯宪章》指出：历史古迹“真实性”的全部信息传递下去是我们的职责。真实性即指文物古迹本身及其“环境和它所反映的历史、文化、社会等相关信息的真实性。对文物古迹的保护就是保护这些信息及其来源的真实性。与文物古迹相关的文化传统的延续同样也是对真实性的保护。”[注13] 因此，真实性也包含对文物古迹尤其历史街区类的文物古迹在其历史演进过程中所积淀下来的各时期特征以及一切具有文化价值和社会价值的物质遗存的尊重。

由于真实性概念还具有“文化相对性”[注14] 属性，因此，对真实性的理解与判断存在文化差异性。1994 年出台的《奈良真实性文件》就延伸了《威尼斯宪章》的精神，“使得我们在遗产保护实践中赋予文化与遗产多样性更多的尊重。”[注15] 历史文化街区作为活态的文化遗产，不论旧的、新的，对其一切有价值的遗存与相关信息可信

注 12　联合国教科文组织世界遗产中心，中国国家文物局，等 . 国际文化遗产保护文件选编 [M]. 北京：文物出版社，2007:347（会安草案：亚洲最佳保护范例 /2005）.

注 13　国际古迹遗址理事会中国国家委员会 . 中国文物古迹保护准则 [S]，2015:10.

注 14　联合国教科文组织世界遗产中心，中国国家文物局，等 . 国际文化遗产保护文件选编 [M]. 北京：文物出版社，2007:349（会安草案：亚洲最佳保护范例 /2005）.

注 15　同上书，第 141 页（奈良真实性文件，1994）.

度的认知与甄别更是存在着文化差异性，“即使在相同的文化背景内，也可能出现不同。因此不可能基于固定的标准来进行价值性和真实性评判。反之，出于对所有文化的尊重，必须在相关文化背景之下对遗产项目加以考虑和评判”[注16]。所以在历史街区的保护与修复过程中，需要随时、不断地通过认知、研讨和评判，达成对相关遗产及信息来源的真实性和完整性的共识；但“几乎在整个亚洲，对专业保护人员和遗产地管理人的教育都不足。遗产地管理人员对于保护本地区的遗产充满了热情和良好的意愿，但缺乏足够的专业背景和培训。”[注17]至今，我国大部分城市在历史文化街区保护再生中，对真实性与完整性理解都存在偏差，其过程极为复杂和艰辛，需要专业工作者有足够的耐心与忍劲。

完整性概念的内涵则更加丰富，强调文物古迹在其存续的整个历史过程中所产生的和被赋予的“价值、价值载体及其环境等体现文物古迹价值的各个要素的完整保护。”[注18]历史文化街区作为活态文化景观，其历史完整性更需关注和尊重在空间与时间二维演进过程中所层累下来的物质与非物质文化遗产，并保持其自身可持续演进的能力。因此，在三坊七巷的保护再生过程中，我们尊重所有时期有价值的遗产，关注其历史信息的真实性，强调其历史信息的完整性。“不能为了再现一个时期的文化层而抛弃其他时期的文化层”[注19]。“各个时代为一古迹之建筑物所做的正当贡献必须予以尊重，因为修复的目的不是追求风格的统一。”[注20]如我们在修复小黄楼、光禄坊刘家大院、南后街叶氏民居与蓝建枢故居等古建筑时，无论是明代、清代，还是民国时期的历史信息均加以尊重与保护。

南后街叶氏民居，始建于明，清至民国屡有修葺，是三坊七巷中典型的古民居。它保留有明、清及民国时期典型的福州民居形制及特征，虽然各时期建筑风格鲜明，但各年代衔接处理巧妙，和谐共融，反映出不同时代的建筑特征。几乎每个历史文化街区都由成百上千年层累而成，都具有不可复制的独特性与环境氛围特质，是各城市独特的文化景观资源，其保护修缮需要强调各时期历史信息的完整性。三坊七巷整个街区肌理演进了一千多年，其格局形态基本没有变化并呈现出良好的适应力，因此保护和维持其“里坊制”独特肌理形态，是保持三坊七巷街区唯一性的重要方面。

因史之故，三坊七巷在民国时期发生明显变化，杨桥巷变成杨

注 16　联合国教科文组织世界遗产中心，中国国家文物局，等．国际文化遗产保护文件选编 [M]. 北京：文物出版社，2007:142（奈良真实性文件，1994）.

注 17　同上书，第 353 页（会安草案——亚洲最佳保护范例，2005）.

注 18　国际古迹遗址理事会中国国家委员会．中国文物古迹保护准则 [S]，2015:10.

注 19　陆地．《历史性木结构保存原则》解读 [J]. 建筑学报，2007(12):86-88.

注 20　联合国教科文组织世界遗产中心、中国国家文物局等编．国际文化遗产保护文件选编 [M]. 北京：文物出版社，2007:53（威尼斯宪章，1964）.

桥路，光禄坊巷变成光禄坊路。及至当代，旧城改造亦使衣锦坊、郎官巷等变得不复完整。在实施保护再生的过程中，我们在遵循街区保护规划的前提下，扩展保护区范围，织补部分缺失的巷弄，尽最大可能将三坊七巷恢复至相对完整的格局。为此，我们意向性修复了杨桥巷部分段落，使其与杨桥路上的双抛桥遗迹建立历史联系，并使历史上杨桥巷里的林觉民与冰心故居重新纳入南后街；将衣锦坊巷修补至通湖路，恢复其历史长度；拓展了原保护规划中安泰河休闲带的功能，以里坊式商业街区形态，衔接安泰河南侧、澳门路西侧的街区，意向性修补了光禄坊格局的完整性。而对于 1990 年代已被改造为多、高层建筑的吉庇巷南侧地带，在近期无法拆除更新的情况下，我们结合环境综合整治行动，改造其外立面，通过沿街添加近人尺度的裙房，改善街巷空间尺度，使其与路北侧的历史街区沿街建筑的界面、尺度和风貌相呼应。

此外，在强调街区整体风貌统一性、历史感的同时，我们亦注重文化景观的多样性保护。保护不应将街区风貌固定于某一时间点上，而是据其发展变化加以管理，充分尊重其历时过程所形成的文化景观多样性。基于风貌、格局、肌理、尺度、巷墙虚实关系、空间氛围及其形成的幽静、浓郁的生活气息都是构成三坊七巷真实性与独特性的重要内涵。我们在充分尊重地段历史禀赋、保持坊巷原有历史氛围与真实历史信息的基础上，设计审慎而严谨地修复坊巷界墙的平面和立面肌理关系特征。如在文儒坊的保护过程中，按文物建筑保护修缮的准则与标准对沿巷道两侧的文物保护单位与历史建筑院墙、门头房、民国时期砖拱券门等进行保护性修缮，采用传统材料、传统工艺与构造进行修复。而对于更新地块建筑设计，我们在充分认知、研究其整条坊巷界面虚实关系、巷墙与巷道高宽比关系的基础上，以类型学方法提炼演绎，并结合当代功能需求与生活方式的变化，进行响应性再设计。同时，在传继文儒坊连续界墙的历史情境下，以适当“留白”的方式，丰富坊巷空间的层次感，以适应当代人居环境诉求。

1937 年路网肌理

1995 年路网肌理

2005 年路网肌理

2.4 以类型学为再生设计理论方法，再造街区独特性场所内涵

各历史城市及其街区的差异性，既在于它作为整体艺术品所呈现出的独特社会形态，更在于其中大量存续的相似性历史建筑所形成的个性化建筑类型，而独特的建筑类型及其所构成的形态肌理为城市和街区赋予了地方特性。这种建筑类型与城市形态的密切关联性是建筑类型属性的体现，二者“之间存在着一种具有揭示意义的双重关系”[注21]。所谓类型学就是“按相同的形式结构对具有特性化的一组对象所进行描述的理论”[注22]。当相似的类型以一系列相似的规则联合起来时，它们形成有特征的肌理结构，成为类型学[注23]（Typology）。因此，可以说建筑类型是城市肌理与形态的“基本根源”[注24]。成片传统院落式民居所构成的街区肌理形态，与现代多、高层板式或点状住宅所形成的住区肌理形态完全不同，即不同类型的居住建筑构筑了不同的街区肌理形态。现代主义规划思想及其伴生而来的多、高层板式或点状建筑所构成的城市形态和居区模式与传统东、西方城市都截然不同，它改变了传统城市的空间结构和肌理特征，也割裂了与历史城市、历史街区的联系。基于对现代主义割裂历史的反思与批判，1960 年代意大利新理性主义学者阿尔甘、罗西等西方类型学研究的中坚力量，继承发展了 19 世纪初法国建筑理论学家德・昆西和迪朗等人系统研究并建立的类型学理论，使类型学重新成为当代城市保护更新的重要理论和设计思维、方法。

类型学在城市形态与历史类型分层分类研究、历史建筑保护、历史地段更新、建筑创作等方面的指导与实践，可归为两个层面：一是从历史存续的形式和原型中发现其类型及组合关系，并通过分析归类与概括抽象，形成具有普遍性和通适性的、尺度从大至小的类型谱系；二是将抽象出的类型层级与类别进行“类比设计”[注25]。归纳、概括、抽象出历史类型，是一套必要的逻辑思维过程，类似于语言学中的“元语言”（Meta-language）。所谓“元语言”就

注 21　［意］阿尔多・罗西．城市建筑学 [M]. 黄士钧译；刘先觉校．北京：中国建筑工业出版社，2006: 64.

注 22　沈克宁．建筑类型学与城市形态学 [M]. 北京：中国建筑工业出版社，2010:19.

注 23　［英］乔治娅・布蒂娜・沃森，伊恩・本特利．设计与场所认同 [M]. 魏羽力，杨志译．北京：中国建筑工业出版社，2010:158.

注 24　同上书，第 136 页．

注 25　［意］阿尔多・罗西．城市建筑学 [M]. 黄士钧译；刘先觉校．北京：中国建筑工业出版社，2006: 10.

是用于描述的语言，而在某一层次上研究另一层次语言时引发的逻辑问题称为“元逻辑”（Meta-logic），二者应用于类型学上，也可分出“元”“对象”及“元设计”“对象设计”的层次[注26]。简单地说，类型学的“元语言”就是从历史存续中归纳抽象出的各层级尺度的类型，其抽象逻辑过程就是“元设计”；而具体的更新项目设计就是“对象设计”。类型是从大量存续的历史建筑中抽象出的不可再缩减的形式构成元素，它不可能只反映一种具体的建筑形式，也不同于可被模仿或复制的“原型”，因此，类型既具有创造的潜力又联系着历史，可作为一种设计思维方法。罗西更把类型作为城市与建筑设计中重要、有效的设计方法，应用于历史城市和历史地段的设计。尽管类型随时空变化，但相对于具体的建筑形式，它又是相对经久的元素。类型的经久性令文化具有了持续性，并总是与历史还有城市集体记忆联系在一起，所以说，类型是一种文化与记忆合体共存的要素。特定社群地区对应的特定类型是“根据需要和对美的追求而发展；特定的类型与某种形式和生活方式相联系，尽管其具体形状在各个社会中极不相同”[注27]。因此，类型学作为一种设计思维方法，有助于强化设计与场所认同，也能重构历史、当下与未来三者的联系。

对类型学在三坊七巷历史街区的应用方面，我们不仅关注既有建筑尺度层级和各类环境要素等细节尺度，而且注重研究与揭示固有城市尺度层级的地景、街区整体形态的特征类型和意义：思考街区整体与周边乌山、安泰河等地形地貌的关系，并从城市水陆变迁、城池地图演变等历史文献资料中，挖掘分析城市地理与形态分层，以此理解三坊七巷中具有强烈地域特征的独特、成片的马鞍墙所构筑的第五立面文化景观意义及其产生的整体有机律动特征。同时，我们还注重研究街区形态肌理与建筑类型的互动关系，并以此作为大尺度更新地块类比设计的类型参考。

类型是形态的根源。在街区形态尺度层级上，我们首先分类、分解研究其中存续的历史建筑，寻找发现并归纳抽象出不同的类型和组合关系；从建筑平面类型的组合关系中，挖掘组织秩序和组织方式，梳理归纳成片的形态特征类型和街巷空间在二维平面、外立面上的关系和类型，研究不同建筑立面形式构成的不同街巷环境的特质与文化意义。在研究建筑尺度层级的类型要素时，我们将类型分为平面要素、立面要素、室内要素、建筑形式及小尺度细节构造等多方面，分类列表并形成各层级尺度的类型谱系。

注26　尼跃红．北京胡同四合院类型学研究[M]．北京：中国建筑工业出版社，2009:35.

注27　[意]阿尔多·罗西．城市建筑学[M]．黄士钧译；刘先觉校．北京：中国建筑工业出版社，2006: 37.

2.4.1 传统宅院的平面类型与组合秩序

在完成全面测绘街区内存续的大量历史建筑的基础上，我们进行了类型学的系统研究、分析与归纳，梳理出三坊七巷、朱紫坊两个历史文化街区及古城区内存续的历史建筑类型及组织关系：三坊七巷街区（也包括古城区）中的传统院落式住宅皆可归纳为——由四面封闭的封火墙所构成的基本单元。该基本单元称之为“院”，“院”沿纵向中轴组合成多进院，称为“落”（“路”），再由“落”左右并列组合成多“落”宅院；可以是一户多落或是一户一落的多户并列组合，“落”与“落”之间的组合关系与秩序基本相同，由此构筑起成片的坊，并聚集为一片街区；又结合城市路网骨架构造出传统城市集合体。受北京四合院的相关类型学研究启发，我们将三坊七巷为代表的福州古城区传统宅院建筑概括抽象出其基本组成要素和组织秩序关系[注28]：基本要素、组合要素与组合构成秩序。

第一，基本要素。构成一个基本宅院不可简化或缩减的应有基本要素，或者说是不可或缺的组件，包括四面围合的封火墙、双坡顶穿斗式木构架建筑、回廊、入户石框门和户内插屏门（屏风）。

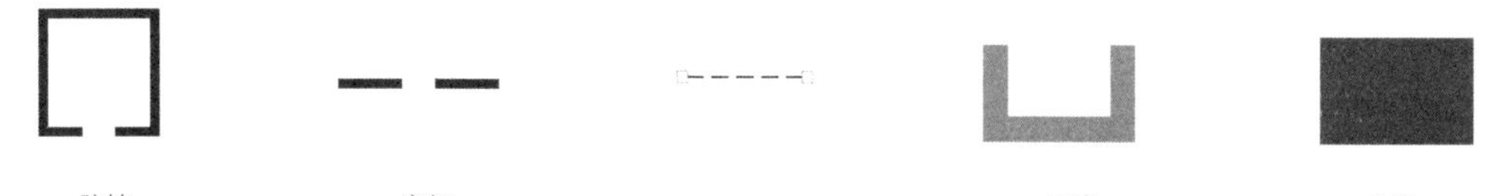

第二，组合要素。组合要素并不是一座宅院必备的要素，主要包括：门罩、屋宇式门头房、覆龟亭、披舍、倒朝房、后罩房及花厅园林等。随着这些组合要素的增加，单进院变成多进院，建筑功能更加完备，仪式空间与形式系统更加完善，建筑规模与身份等级愈发突显。

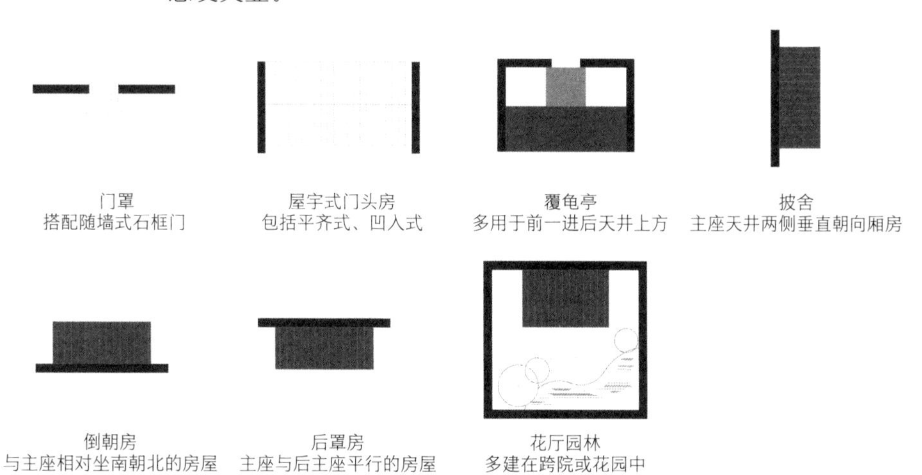

注28　尼跃红．北京胡同四合院类型学研究[M]. 北京：中国建筑工业出版社，2009:42.

第三，组合构成秩序。基本要素按中轴对称、主从有序的结构秩序，构成厅堂居中、左右厢房、主座分隔前后庭井的基本型单进宅院，前院设 U 形回廊，形成疏朗的前庭空间和狭窄的后天井空间。这种回廊与建筑组合形成的庭院形式，可称之为“廊院”[注29]，是一种更为古早的庭院形式。唐代后期，“廊院”开始逐渐演变为更为实用的“廊庑”四合院，“廊院日少，到明清两代几乎绝迹”[注29]。但在三坊七巷中俯拾即是，历历可考。厅堂由太师壁划分为前后厅，前后门柱皆不设门扇，形成厅庭合一的厅井一体化空间，构成普适、典型的基本宅院类型。借由基本类型变异，可演化出多种变体类型，或是将左右回廊改为功能房的披舍，又或是在前后天井的左右两侧另加披舍，形成多种更为实用的宅院平面，但这些变体皆不是三坊七巷街区中的主导宅院类型。基本类型的堂屋一般为四扇三间（一明二暗），身份等级高的人家则演变为六扇五开间，此格局多采用“明三暗五”做法，设院墙将两侧尽间作为别院，中轴上仍维持“一明两暗”的基本布局形式。

基本类型沿中轴纵向组合，构成多进院，进与进之间在后院墙的中轴处开设石框门洞相串合，讲究者则在前一进后天井上方加覆龟亭联系，亦有将最后一进布置为后罩房或园林式花厅的布局形式。

注 29　刘敦桢 . 中国古代建筑史 [M]. 2 版 . 北京：中国建筑工业出版社，1984:11.

覆龟亭

廊院

覆龟亭（过雨亭）

官绅、大户人家则更讲究入户门厅的处理，在基本类型的基础上，于其院墙前加设屋宇式牌堵门头房，最阔的有五开间门头房（如黄巷郭柏荫故居、光禄坊刘家大院等），但以三开间或单开间门头房居多。民国时期还演变出楼宇式门楼，如宫巷民国海军总长刘冠雄故居、南后街叶氏民居等。

基本类型沿纵深组合形成多进院，每进院均四面围以封火墙，中轴对称，主从有序。多进院落横向并联组合构成成坊的街区肌理，一户多落或一户一落。横向组合的结构秩序皆相同，落与落之间以共墙相拼接，不设火巷，于廊沿处开门洞连通。一户多落间的门洞连通实为功能需求，户与户间的连通则是为了消防逃生的需求。此组合关系是三坊七巷院落组织中最基本的结构秩序特征。

“院”— 四扇三间（一明二暗）
单进基本型

石框门 + 回廊 + 主座

“院”— 四扇三间（一明二暗）
单进演变型

带门罩石框门 + 回廊 + 主座

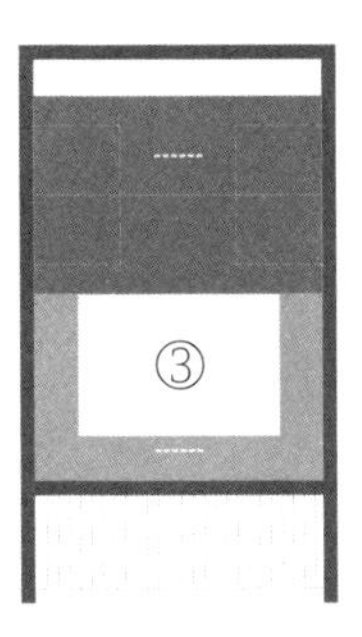

单坡门头房 + 回廊 + 主座

双坡门头房 + 回廊 + 主座

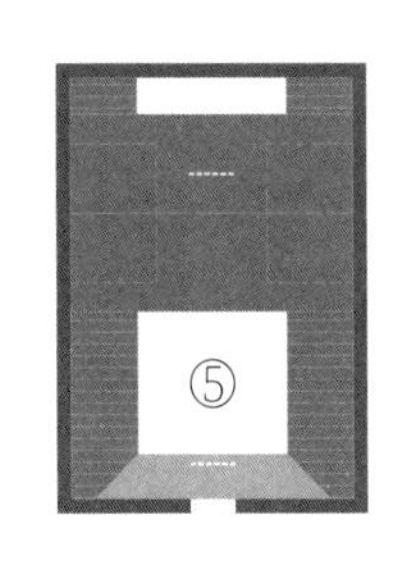

石框门 + 披舍 + 主座

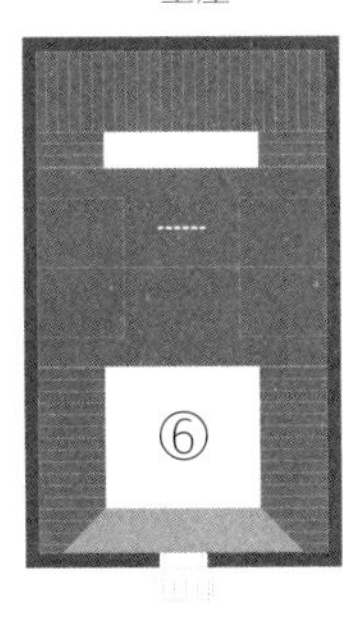

带门罩石框门 + 披舍 + 主座 + 后罩房

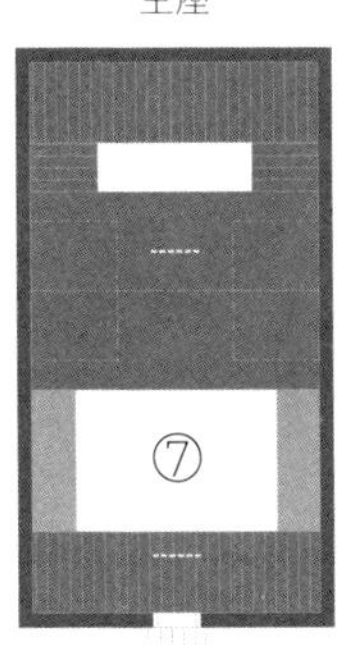

单坡倒朝房门宇 + 回廊 + 主座

双坡门头房 + 回廊 + 主座 + 覆龟亭

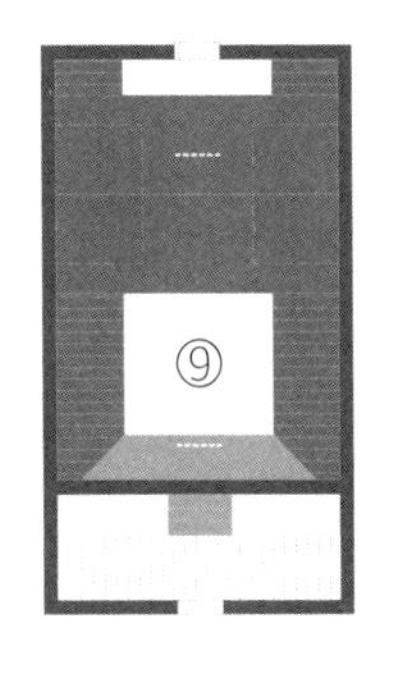

石框门 + 倒朝房门宇 + 覆龟亭 + 披舍 + 主座 + 后天井披舍

“院”一六扇五间

单进基本型

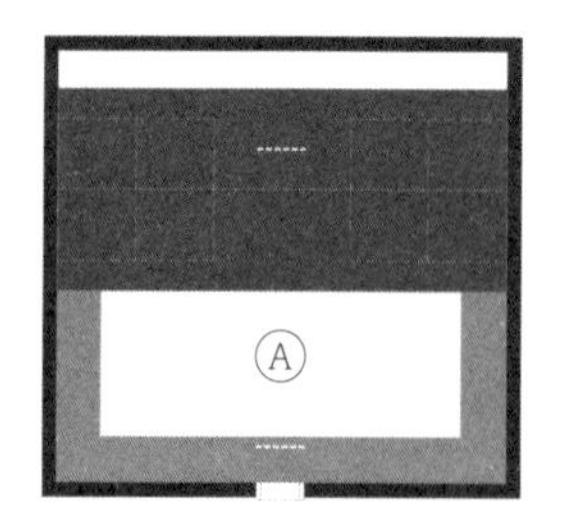

石框门 + 回廊 + 主座

“院”一六扇五间

单进演变型

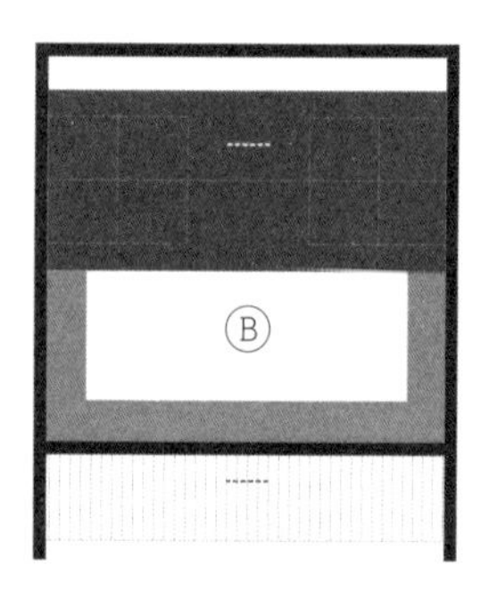

单坡门头房 + 回廊 + 主座

石框门 + 披舍 + 主座

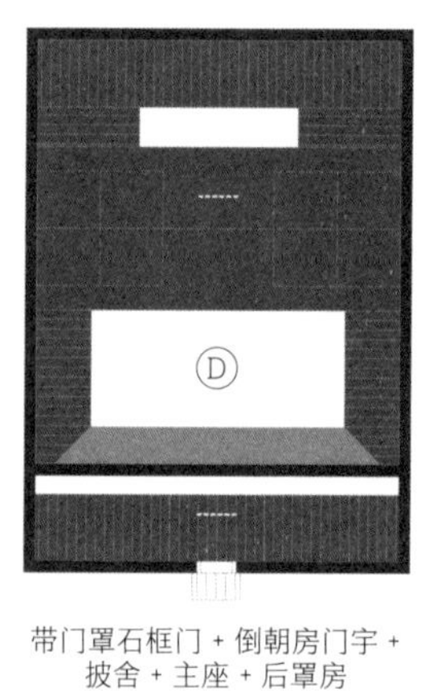

带门罩石框门 + 倒朝房门宇 +
披舍 + 主座 + 后罩房

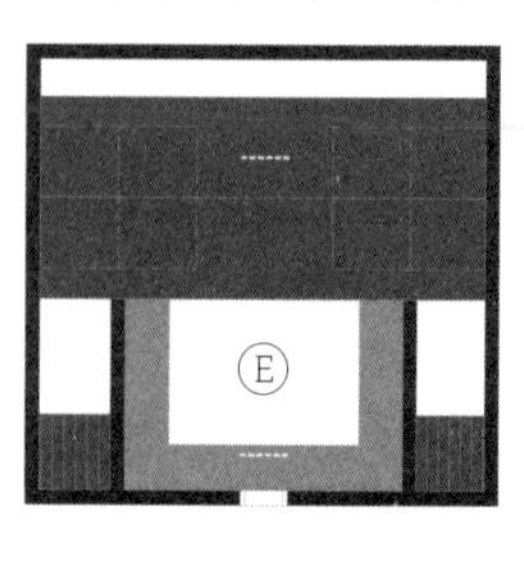

石框门 + 回廊 + 主座（一明两暗）+ 别院

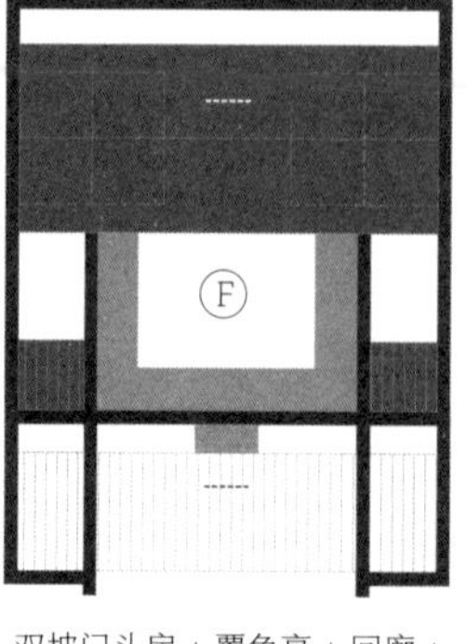

双坡门头房 + 覆龟亭 + 回廊 +
主座（明三暗五）+ 别院

"落"— 多进院纵向组织
单落两进三开间宅院

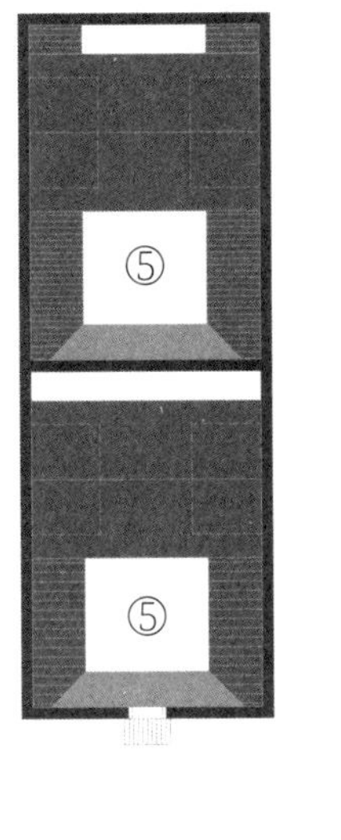

光禄坊 72 号　　吉庇路 80 号

"落"— 多进院纵向组织
单落两进三开间接五开间

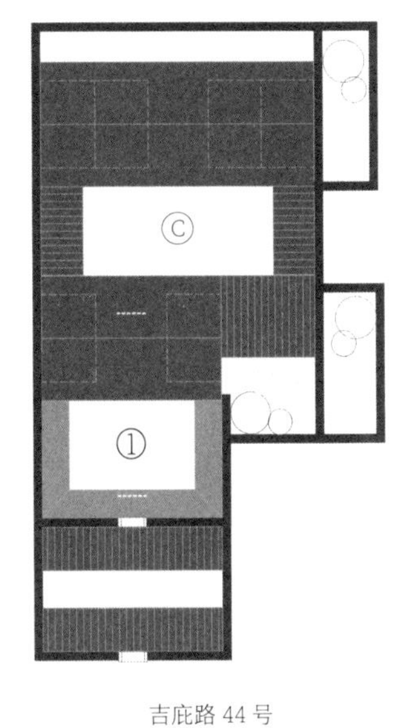

吉庇路 44 号
砖拱门 + 倒朝房 + 披舍 + 1+C+ 花厅园林

"落"— 多进院纵向组织
双落两进三开间 / 五开间
侧落为花厅园林

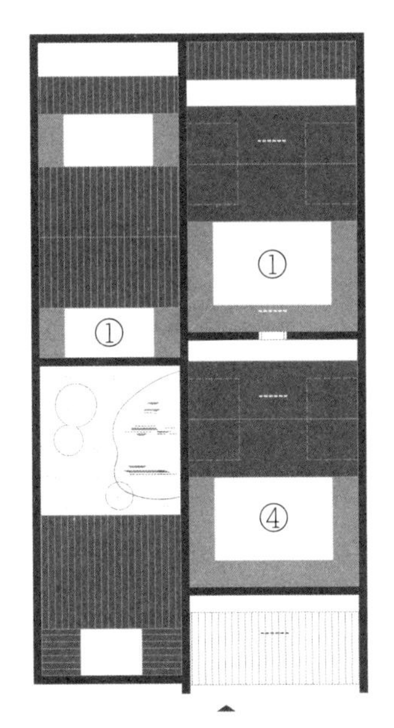

宫巷 11 号刘冠雄故居

正落：4+1+ 后罩房
侧落：披舍 + 花厅园林 +1+ 后罩房 + 天井

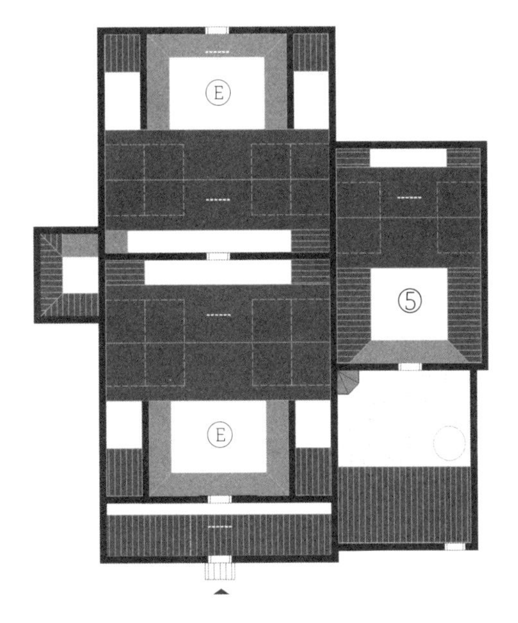

安民巷 47 号、48 号鄢家花厅

正落：石框门 + 倒朝房 +E+E
侧落：园林花厅 +5

“落”—单户多落横向组合

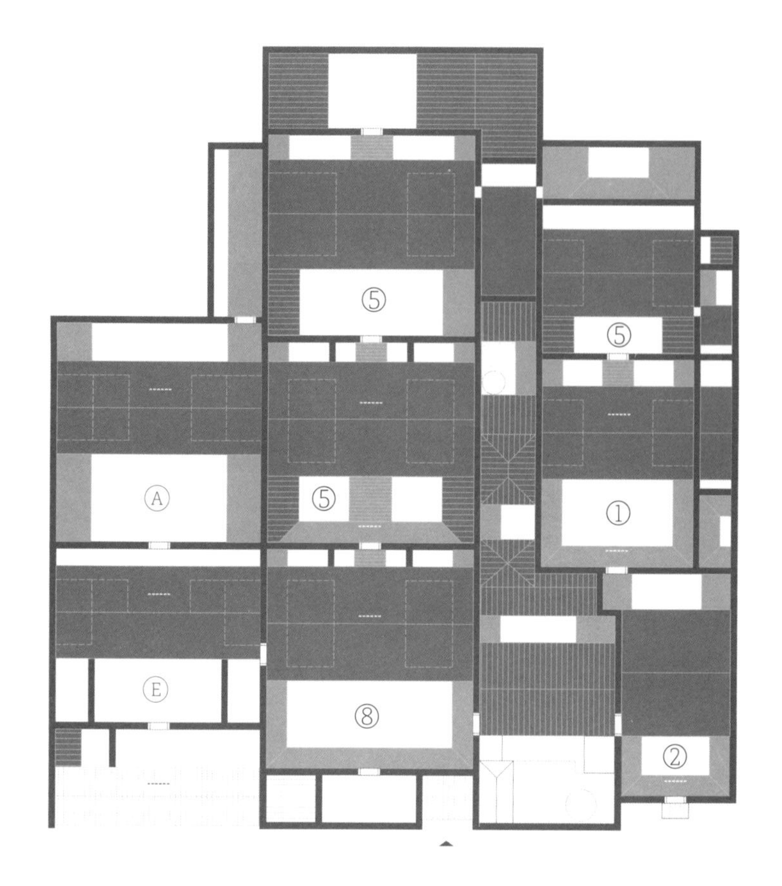

光禄坊刘家大院
正落：偏心门头房 + 天井 +8(暗弄)+5(双覆龟亭)+5(后覆龟亭)
西侧落：双坡门头房 + 天井 +E+1+ 回廊
东跨院花厅园林
东侧院：2+1(覆龟亭 + 跨院)+5（跨院）+ 回廊

刘家大院前后进覆龟亭

王麒故居

正落：偏心门头房 + 天井 +8（带暗弄）+5（带暗弄）+1（带暗弄）
侧落：门头房 +5+ 花厅园林

二梅书屋

正落（由北至南）：门头房 +3+1（后天井披舍）
中落：天井 +1(后廊)+ 东西护厝 + 花厅园林
东侧落（由南至北）：砖拱门 +1+5+ 披舍

长汀试馆

双坡门头房 + 天井 +F+1+ 后天井披舍

2.4.2 院落建筑外观及立面类型梳理与归纳

在建筑尺度层级上研究类型学问题，就是将建筑分解为基本的、不可简化的构成要素，并研究将这些基本要素构成建筑的逻辑秩序关系；在此基础上进行分析、归纳、抽象，通过分门别类的整理，分类分解研究不同建筑立面类型，包括建筑外观立面和院落内部立面的各构成元素，以表格化形式形成系列化的谱系。

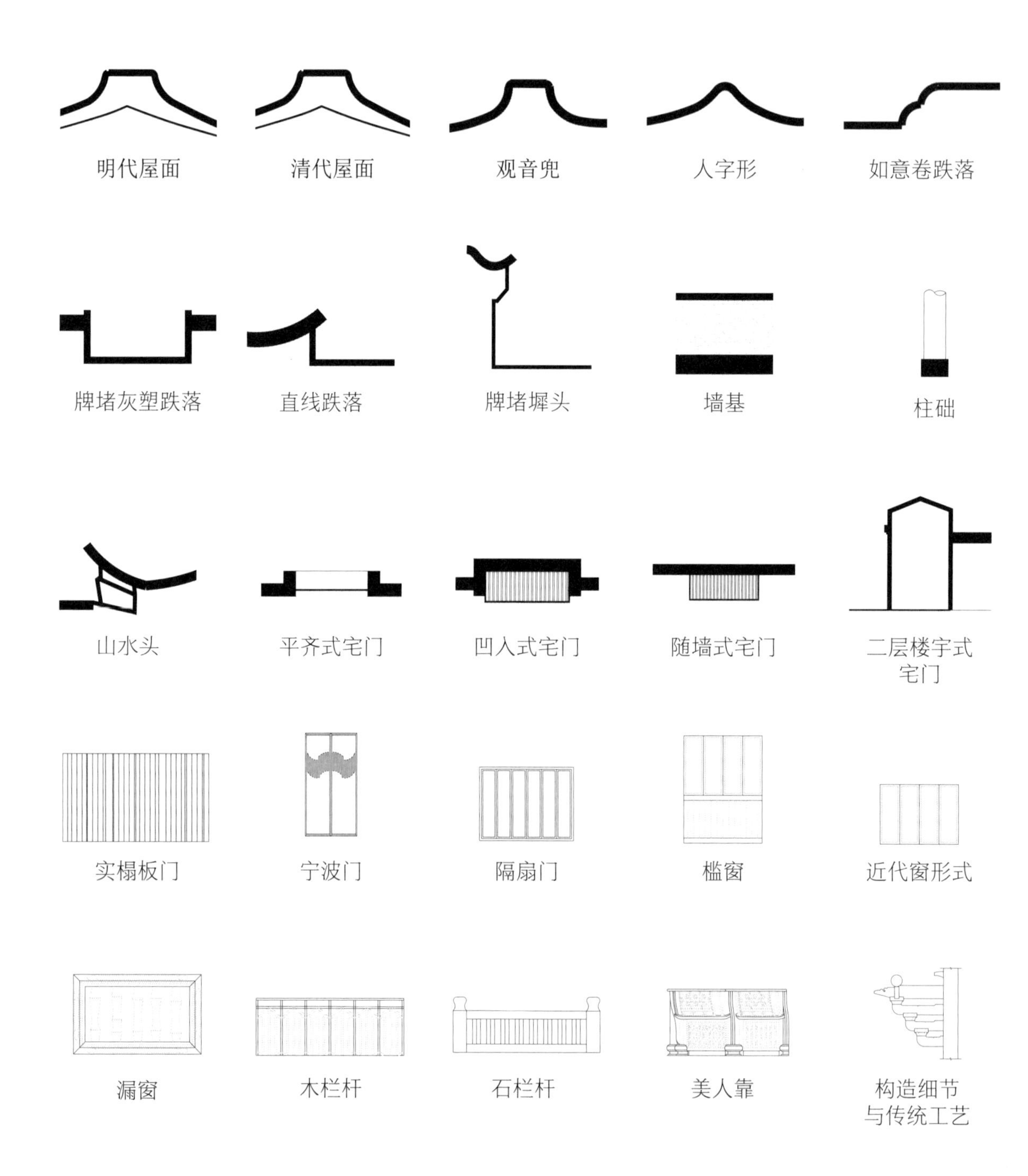

（1）院落建筑外观立面的构成要素

院落建筑外观立面可分解为屋顶、墙身、墙基、入口立面等构成要素，屋顶部分的要点在于坡度、屋脊形式、与马鞍墙的关系及各院落内屋顶间的组织秩序。

屋顶坡度和举折（举架）方式是地方传统建筑特征的重要表现，而成片化的屋顶肌理则成为地方文化景观的重要表征。关于屋顶，林徽因先生在《清式营造则例》一书绪论中提到："历来被视为极特异神秘之中国屋顶曲线，其实只是结构上直率自然的结果，并没有甚至超出力学原则以外和矫揉造作之处，同时在实用及美观上皆异常的成功。"[注30] 官式建筑如此，民间建筑亦然。为了让屋顶能呈现出优美的曲线，而非平直的斜坡，因此从檐口至正脊梁架逐渐加高，这种变直为曲的构造做法谓之"举架"[注31]（宋称"举折"）。这样形成的曲线既是美学的需求，也满足了排水的要求，正如"《考工记》所说'上欲尊而宇欲卑，上尊而宇卑，则吐水疾而溜远'，很明白地解释这种屋顶实际上的效用。在外观上又因这'上尊而宇卑'，可以矫正本来屋脊因透视而减低的倾向，使屋顶仍得巍然屹立，增加外表轮廓上的美"[注32]。福州民居在举折方面，也有其独特做法，民间工匠称为"算水"[注33]。首先确定中柱（或称栋柱、堂柱）的高度和中柱与门柱距离，即可进行加水。清代的屋面较明代相对陡些，前者一般加三三斜水，有的加三五斜水甚至加四斜水不等。所谓加三三斜水，就是每丈进深的升起高度为三尺三，角度约为18°。总之，越接近中脊则升起角度越陡，且后坡顶的坡度也略陡于前坡，是与室内前昂后低及两侧鞍形封火墙的总体趋势相一致，由此构造了独树一帜的地方建筑外观形态特征。

墙身部分重点研究两侧马鞍墙的形态类型、马鞍墙与庭院封火墙高低过渡的组织关系，以及屋宇式门头房牌堵墀头与马鞍墙山水头形成的纵墙整体形态的构成类型与组合秩序。石墙基与柱础部分，通过分析归类研究其形式、类型、高度与历史年代的关联性。院落宅门的立面形式是屋主人身份的重要表征，亦是构成坊巷空间、场所的重要特征要素，借助类型学研究可揭示其社会学背景的文化意涵。宅门可分三类：单层屋宇式、二层楼宇式、随墙式石框门。屋宇式宅门是指两侧带墀头牌堵的门头房，主要有单开间六扇门或凹入式石框木板门（如严复故居）、三开间和五开间平齐式或当心间凹入式等形式。楼宇式宅门始现于清末民国时期，采用二层建筑的形式。随墙式石框宅门则为普通人家的入户大门，有的还在木板门

注30　梁思成．清式营造则例[M]．北京：清华大学出版社，2006:17.

注31　同上书，第41页．

注32　同上书，第18-19页．

注33　阮章魁．福州民居营建技术[M]．北京：中国建筑工业出版社，2016:102.

外附设六离门，讲究者则在门楣上方出挑青瓦木披檐作为门罩，或再饰以灰塑牌匾。随墙式石门框门在清末民国时期还演变出青砖、红砖及石质拱券门等形式。

（2）商业建筑立面与群体的组织秩序

商业建筑类型可分为传统院落式、传统一至二层木构建筑和清末民国时期出现的二层砖石“洋脸壳”的木构院落式或集中式建筑。依照类型学，对三坊七巷中传统双坡和西式四坡的屋顶形式以及不同类型建筑立面的构成要素进行归纳，研究相同类型建筑之间、不同类型建筑之间的组织结构与群体秩序，分析立面集成肌理的高低、虚实与色彩构成秩序。

（3）室内外门窗类型与系列化归纳

立面门窗是体现地方独特性的重要组成元素，能充分反映地方文化和审美情趣。我们通过对其进行系统化研究与系列化归纳，形成表格式谱系，并应用于历史建筑修复和更新建筑创新性演绎设计中。

（4）构造细节与传统工艺

构造细节类型亦是地方独特性的重要体现，屋脊形式与细节构造、封火墙墙帽形式与构造做法、砖石建筑檐口形式与线脚叠涩做法、砖石尺寸规格与勾缝形式、木构建筑结构形式与逻辑关系、石砌体尺寸规格与砌筑方式、地面铺装材料规格与形式、各种地方材料肌理质感与传统工艺做法等都是细微尺度层级的类型学研究的重要内容。

明代屋面

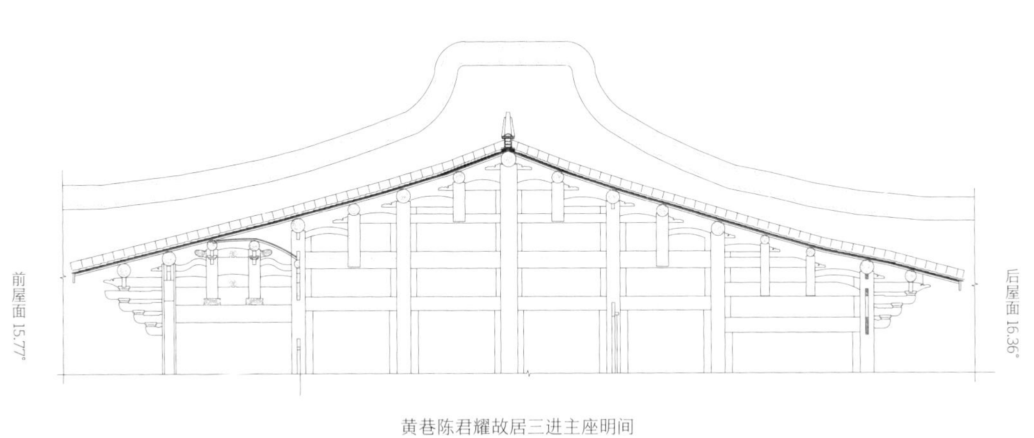

黄巷陈君耀故居三进主座明间

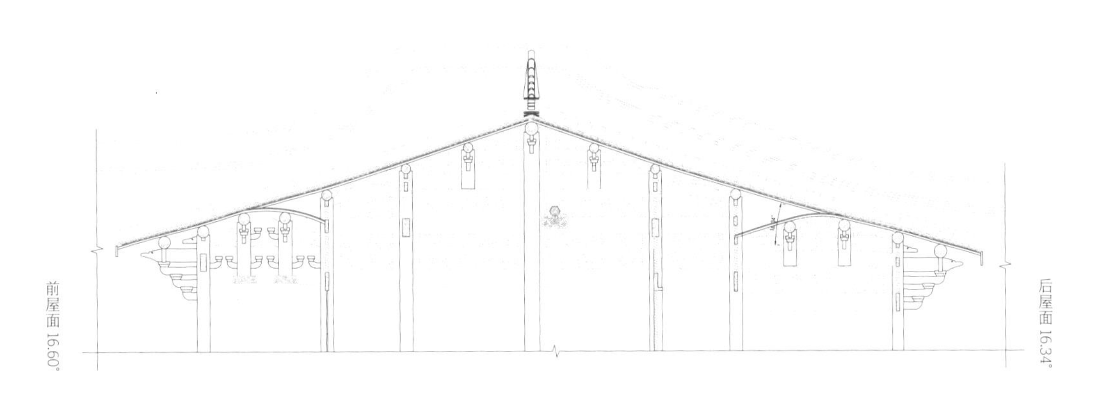

黄巷 16 号“镜中天”二进主座明间

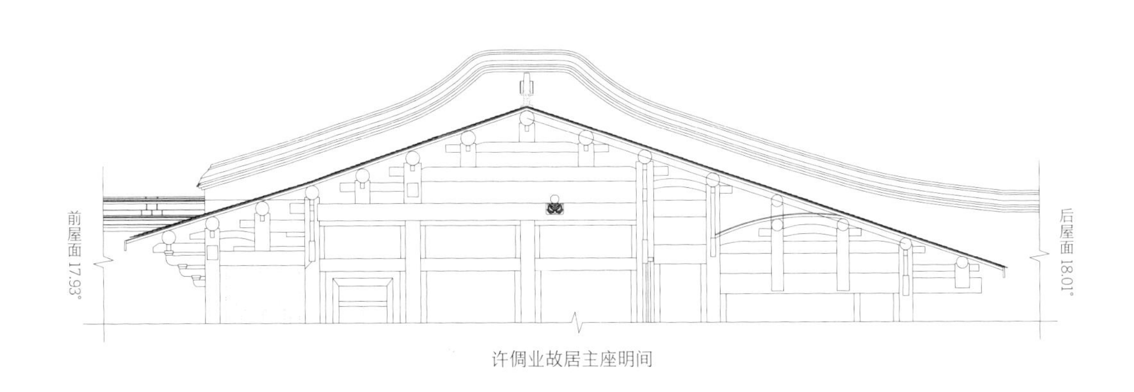

许倜业故居主座明间

清代屋面

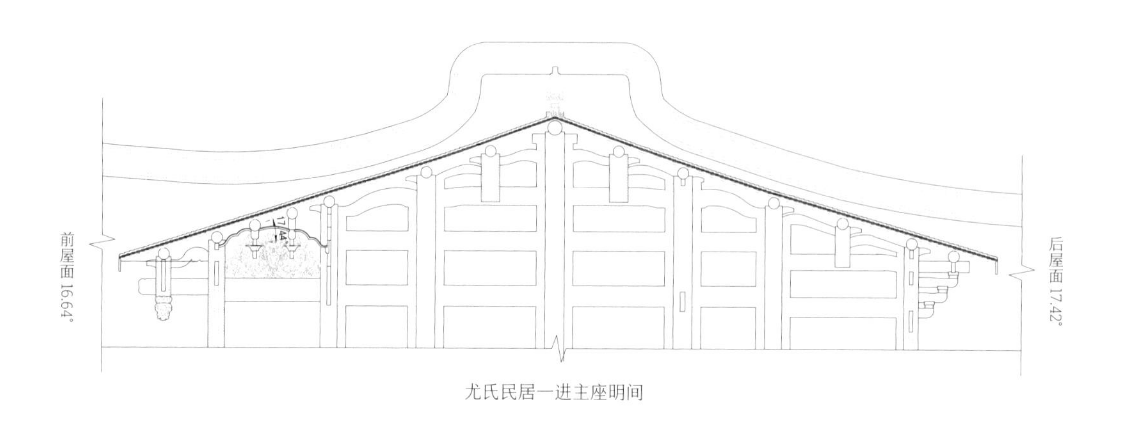

尤氏民居一进主座明间

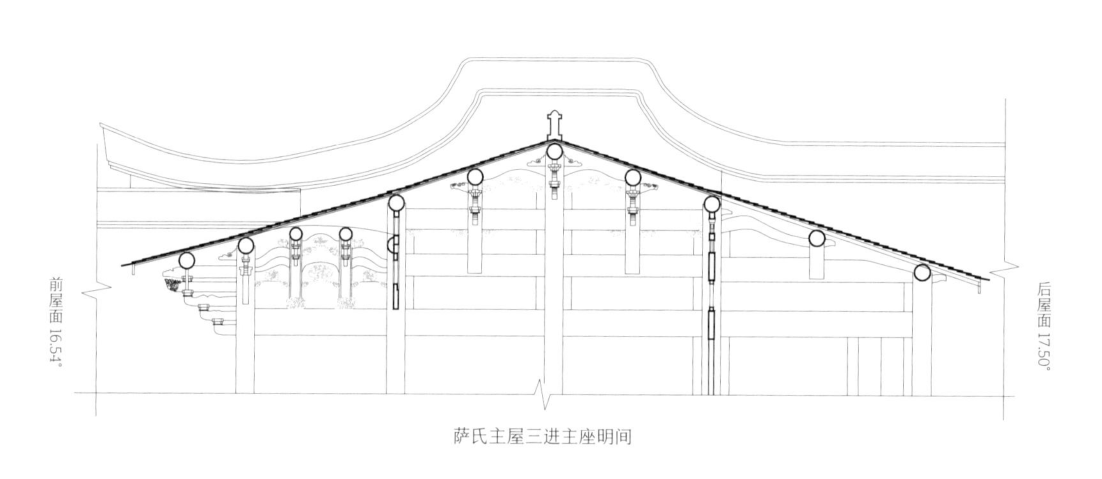

萨氏主屋三进主座明间

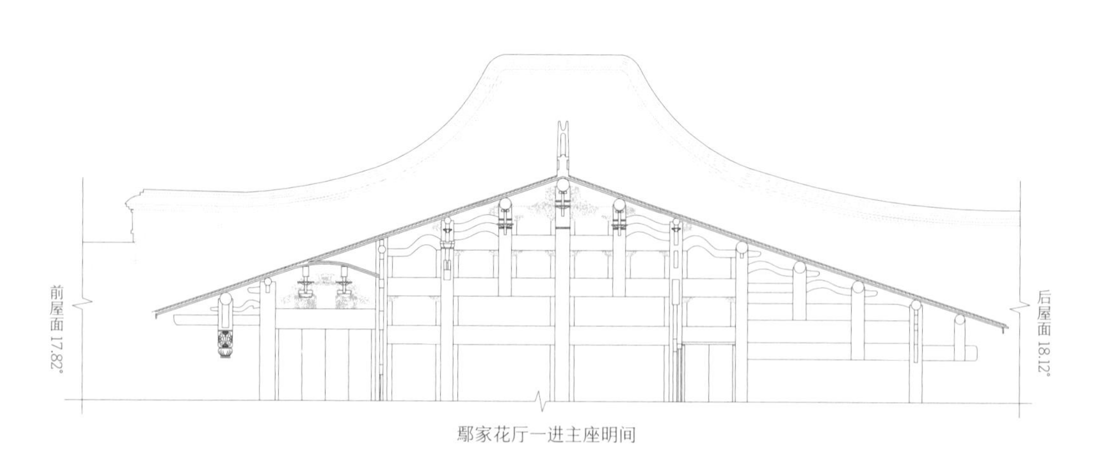

鄢家花厅一进主座明间

观音兜

人字形

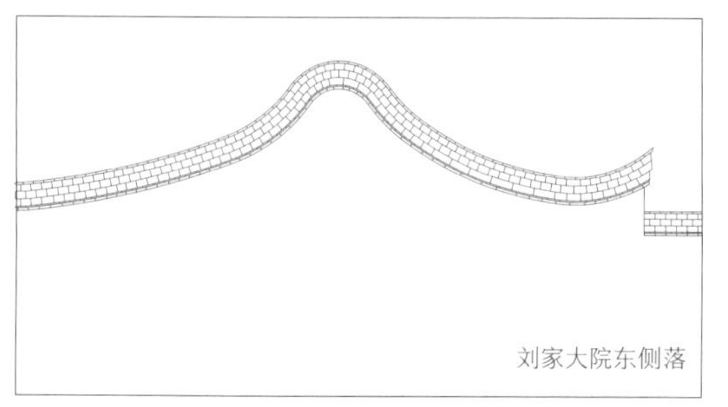

刘家大院东侧落

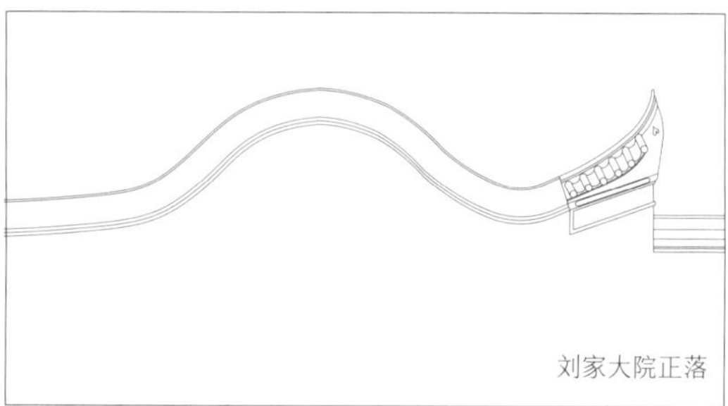

刘家大院正落

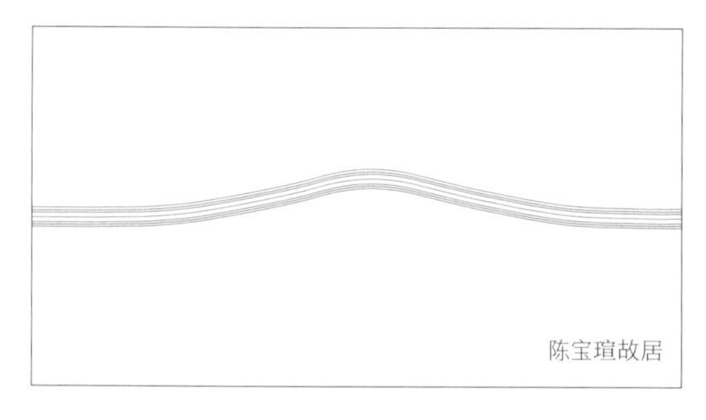

陈宝琛故居

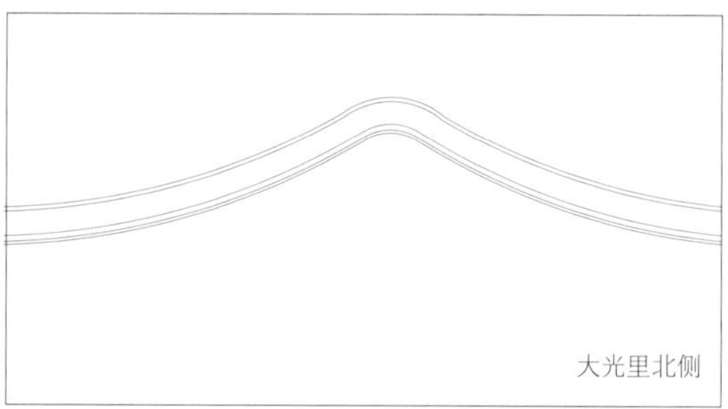

大光里北侧

如意卷跌落

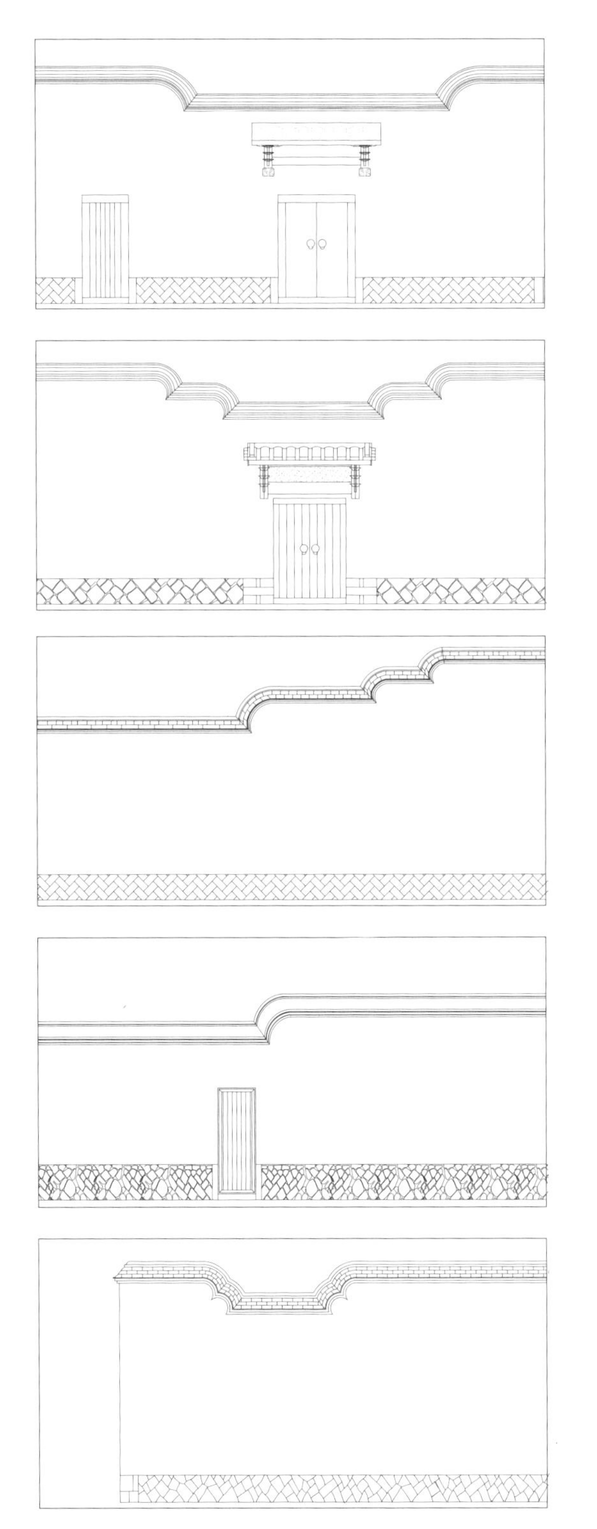

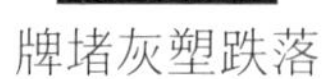

牌堵灰塑跌落

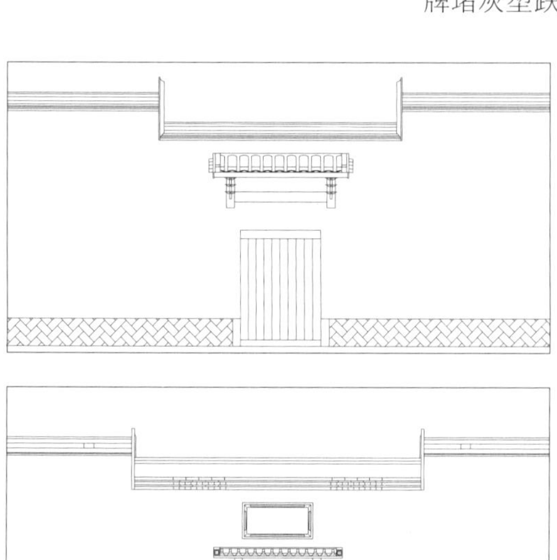

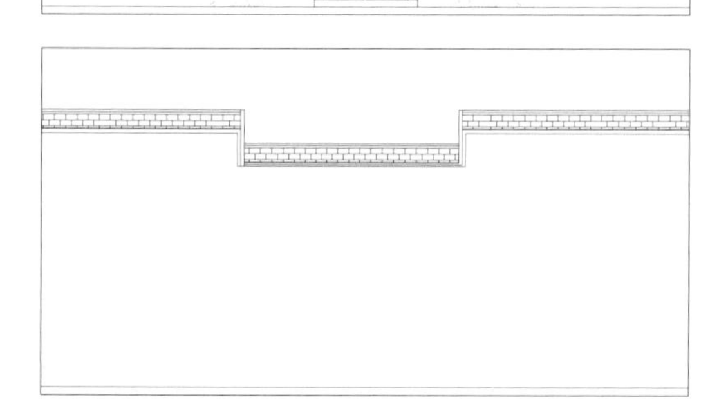

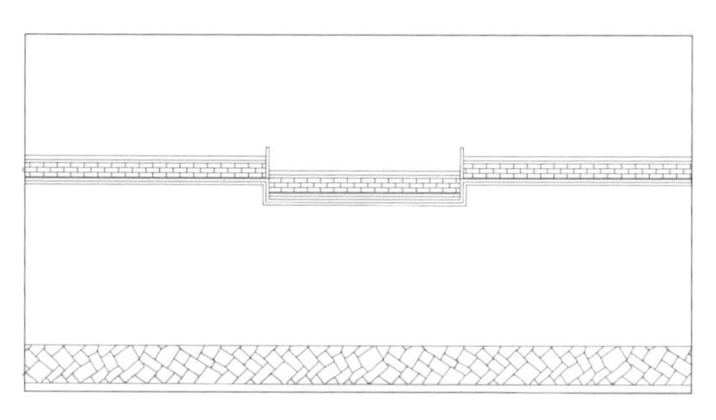

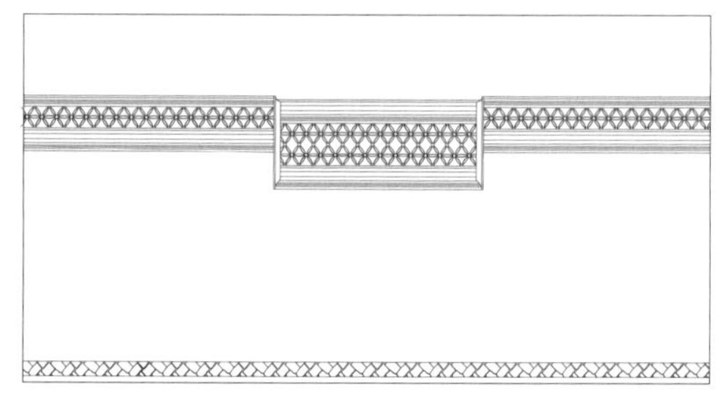

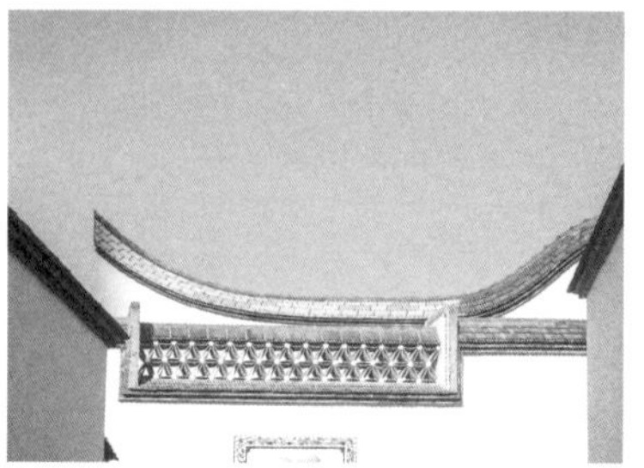

直线跌落

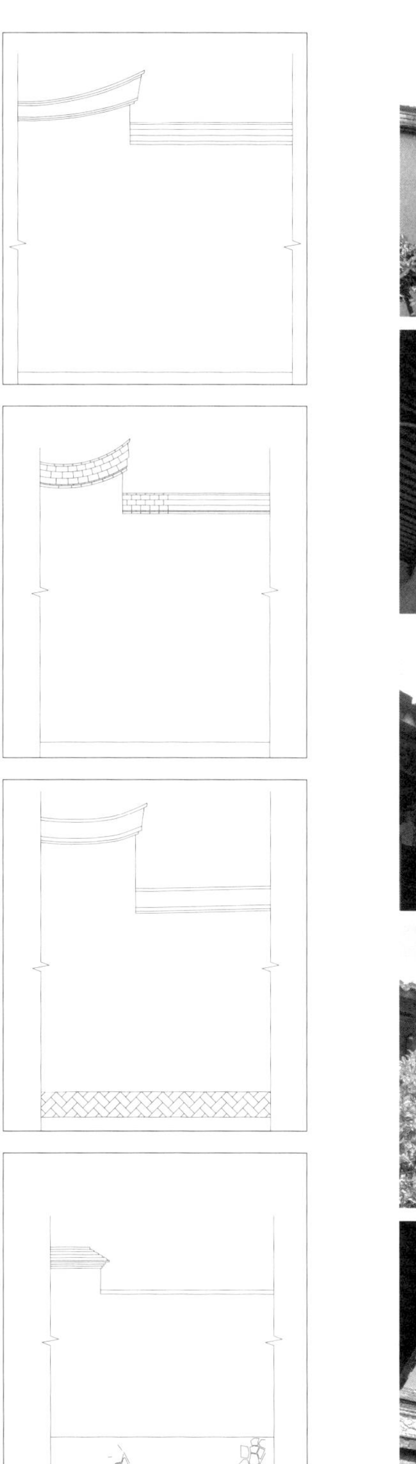

牌堵墀头

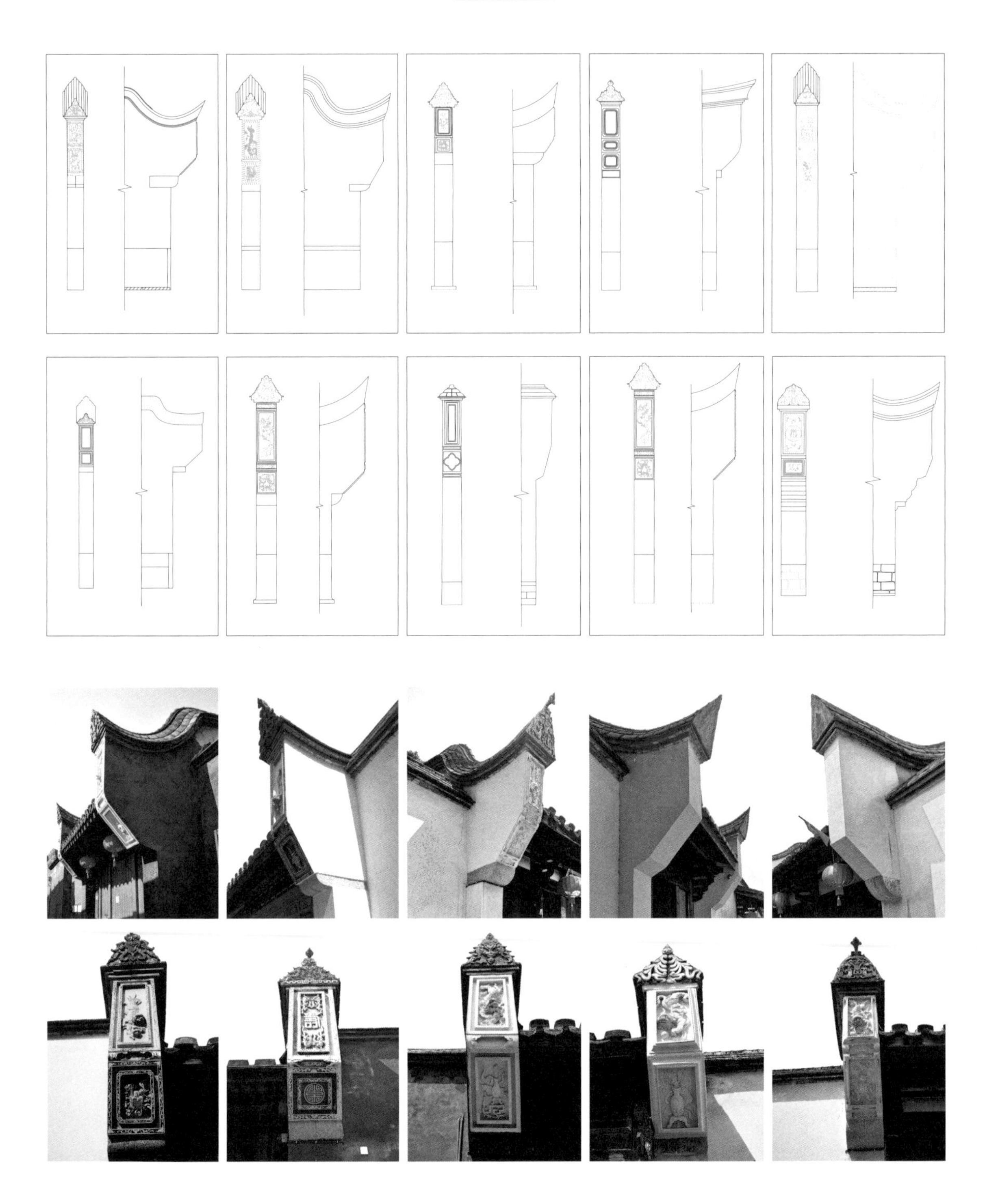

山水头

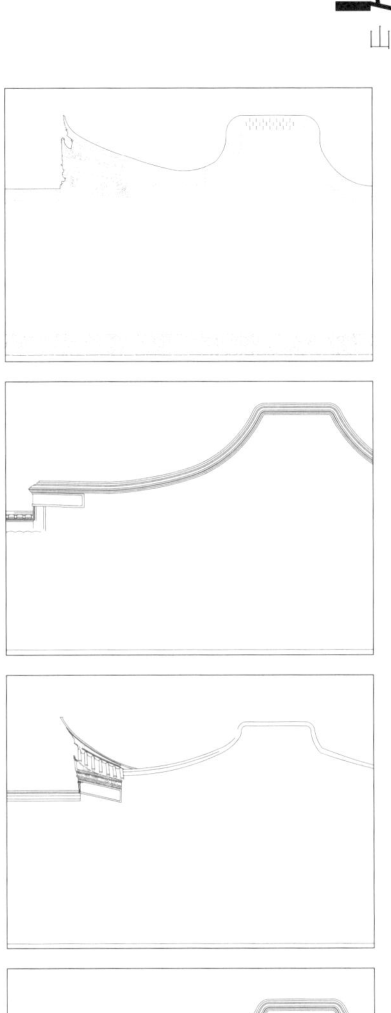

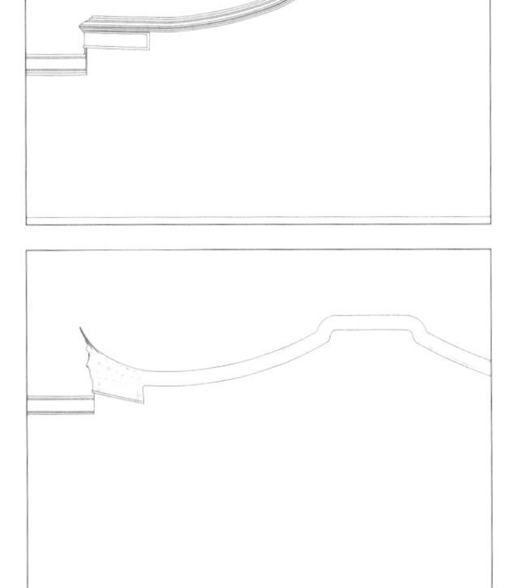

墙基

不规则墙基（花基）

规则式墙基

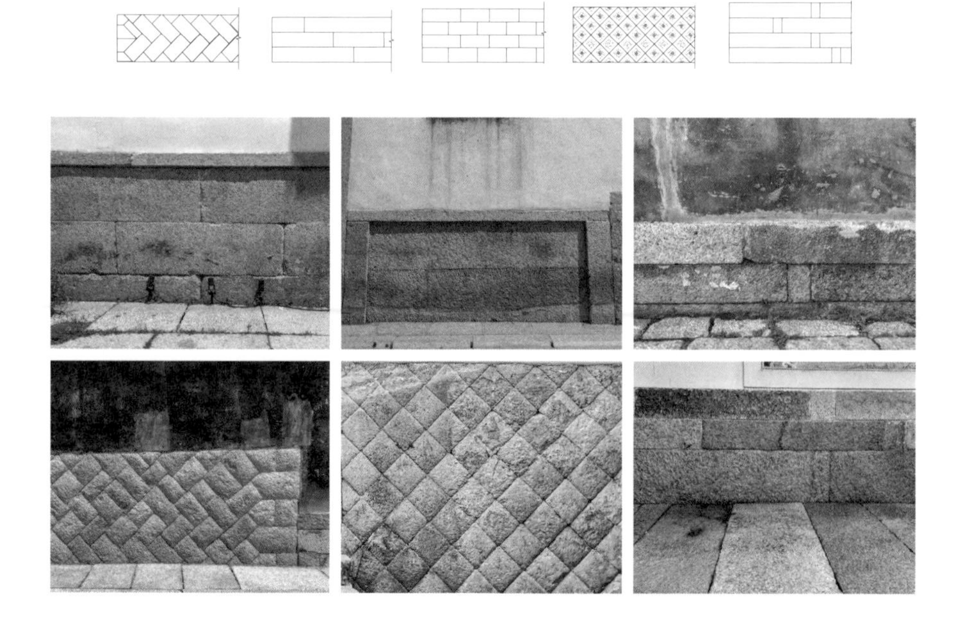

柱础

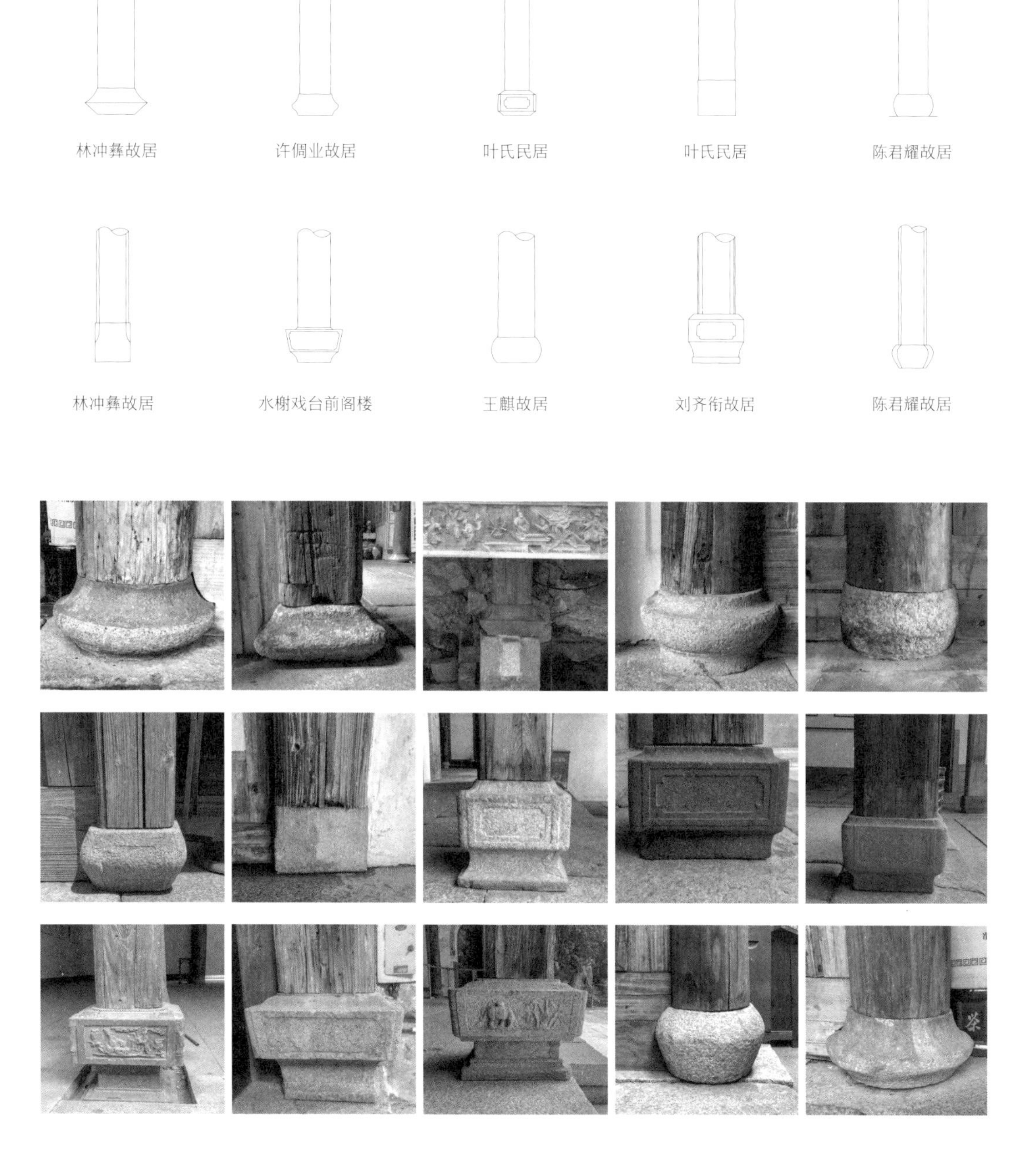

平齐式宅门

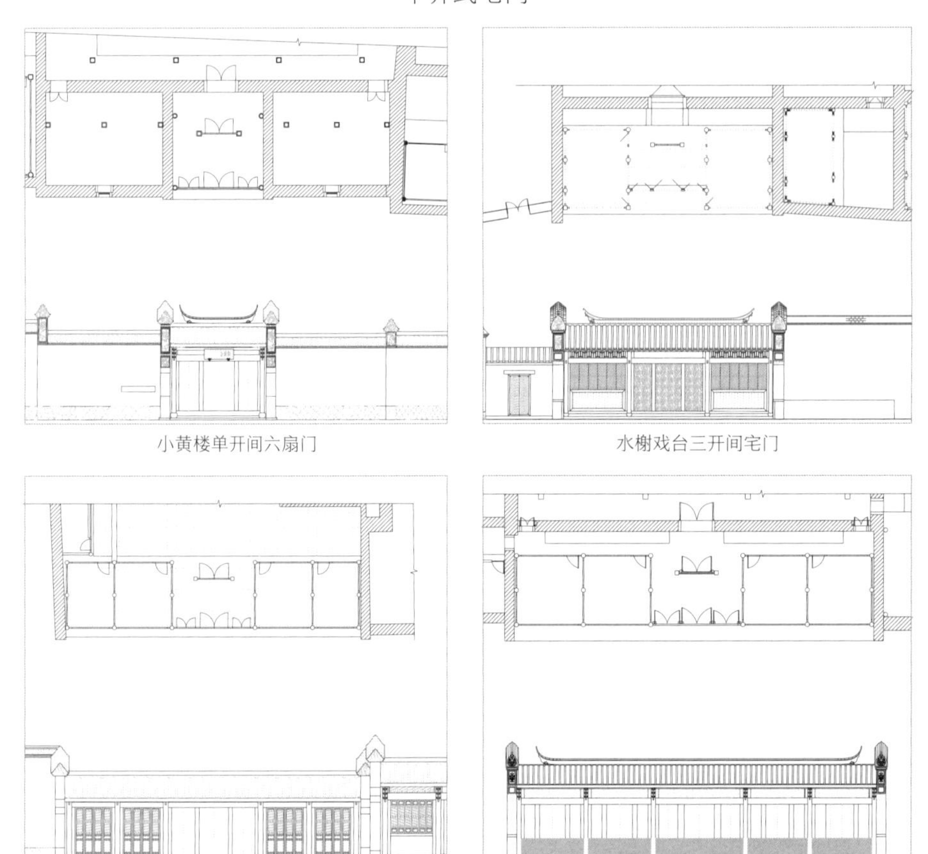

小黄楼单开间六扇门　　水榭戏台三开间宅门

李馥故居五开间宅门　　郭柏荫故居五开间宅门

凹入式宅门

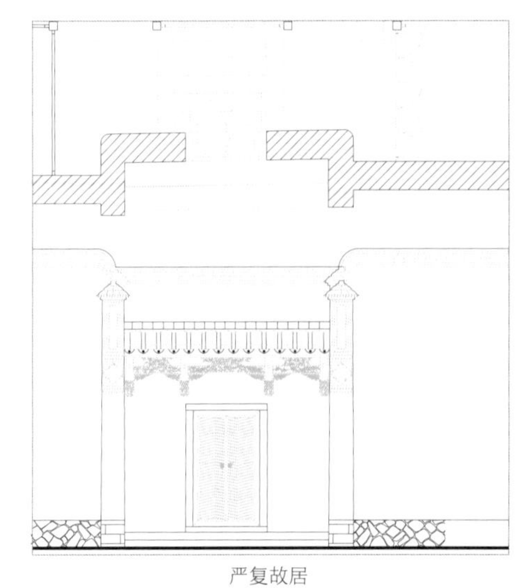

严复故居

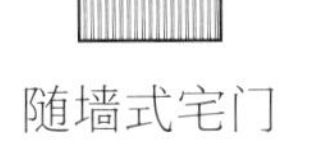

随墙式宅门

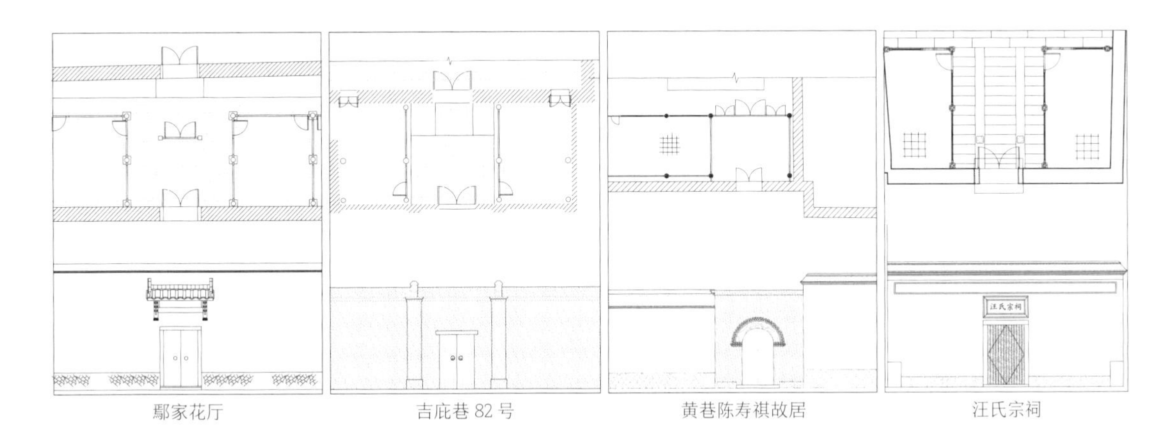

鄢家花厅　吉庇巷 82 号　黄巷陈寿祺故居　汪氏宗祠

二层楼宇式宅门

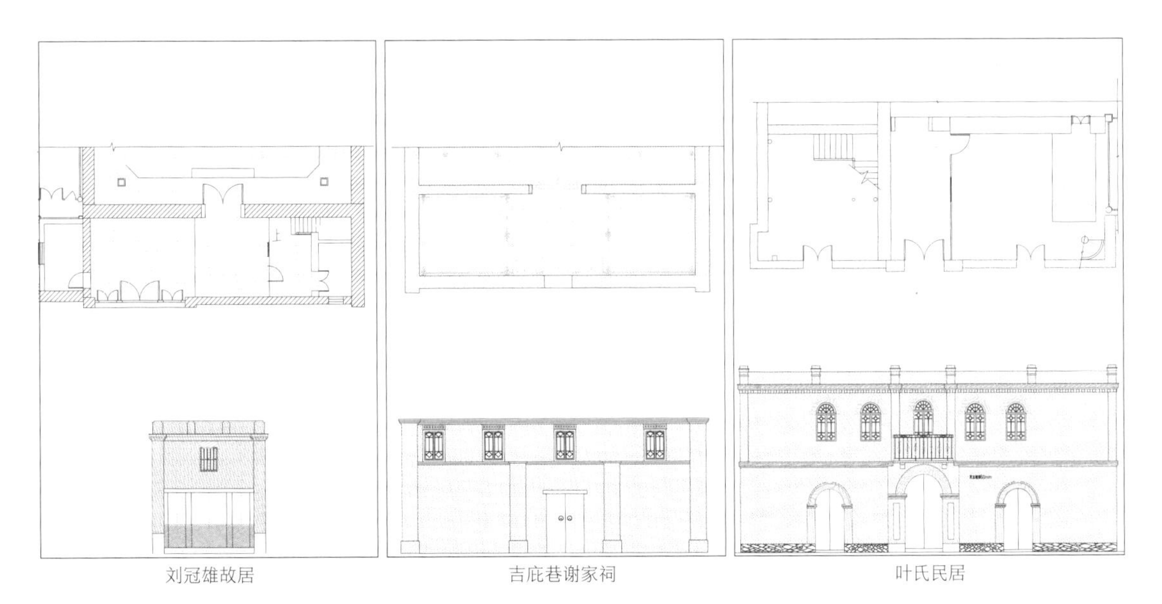

刘冠雄故居　吉庇巷谢家祠　叶氏民居

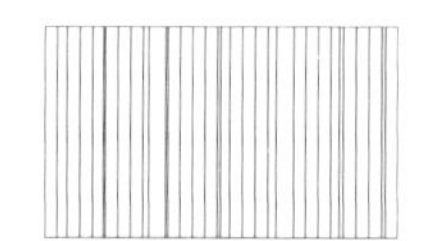

实榻板门

实榻板门多用于建筑的入户大门（门头房、插屏门等），以同一厚度的木板拼接而成，有时两侧辅以单扇平开门。除固定在上下槛的插屏门外，其余位置的实榻板门均在上下槛之后

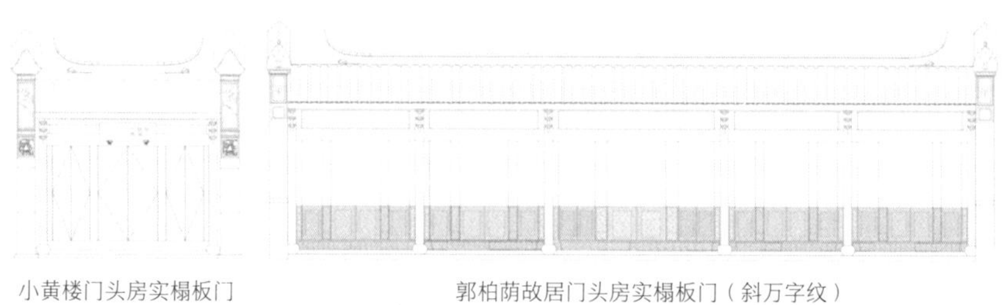

小黄楼门头房实榻板门　　郭柏荫故居门头房实榻板门（斜万字纹）

宁波门

宁波门多用于沿街面，形式简洁，多扇连续时节奏感强烈。南后街两侧更新商业建筑应用较多

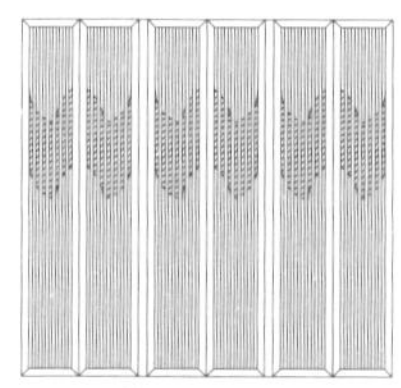

蝙蝠形图案

插板门

插板门多用于沿街面，有多块独立活动的木板拼接而成，形式简洁，商业建筑应用较多

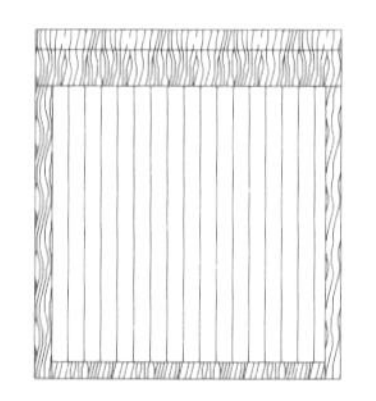

隔扇门

隔扇门即设抹头的门，常见有六抹、五抹、四抹等，多用于次间、梢间厢房开向轩廊或厅堂的门

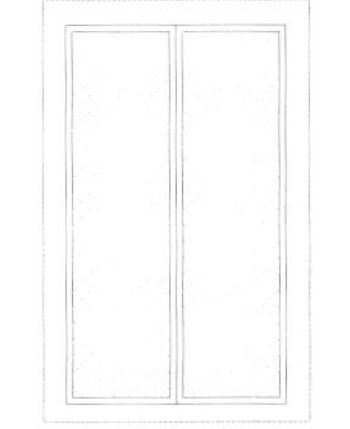

二抹隔扇门

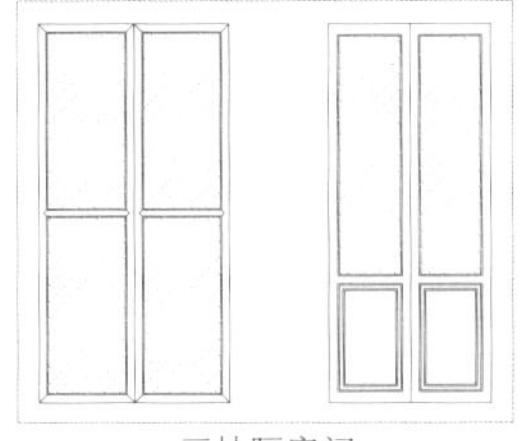

三抹隔扇门

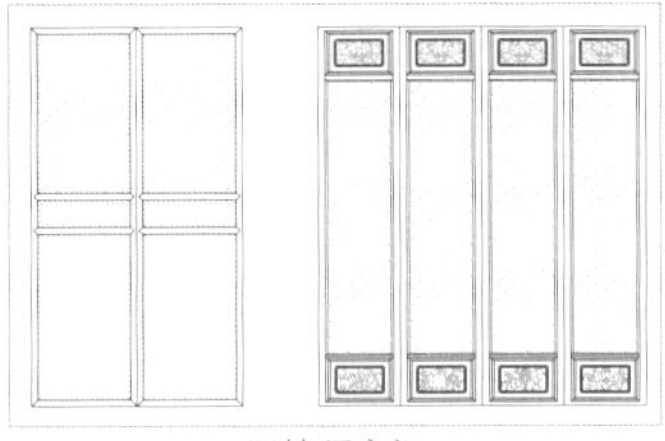

四抹隔扇门

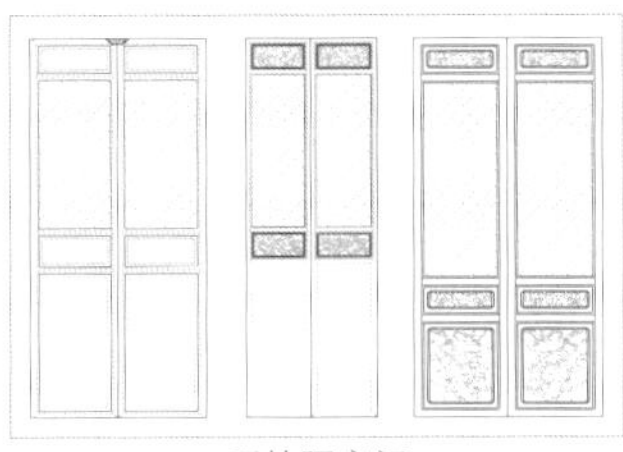

五抹隔扇门

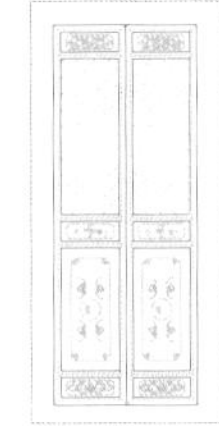

六抹隔扇门

常见传统格心

隔扇门填充实线均可用下列格心

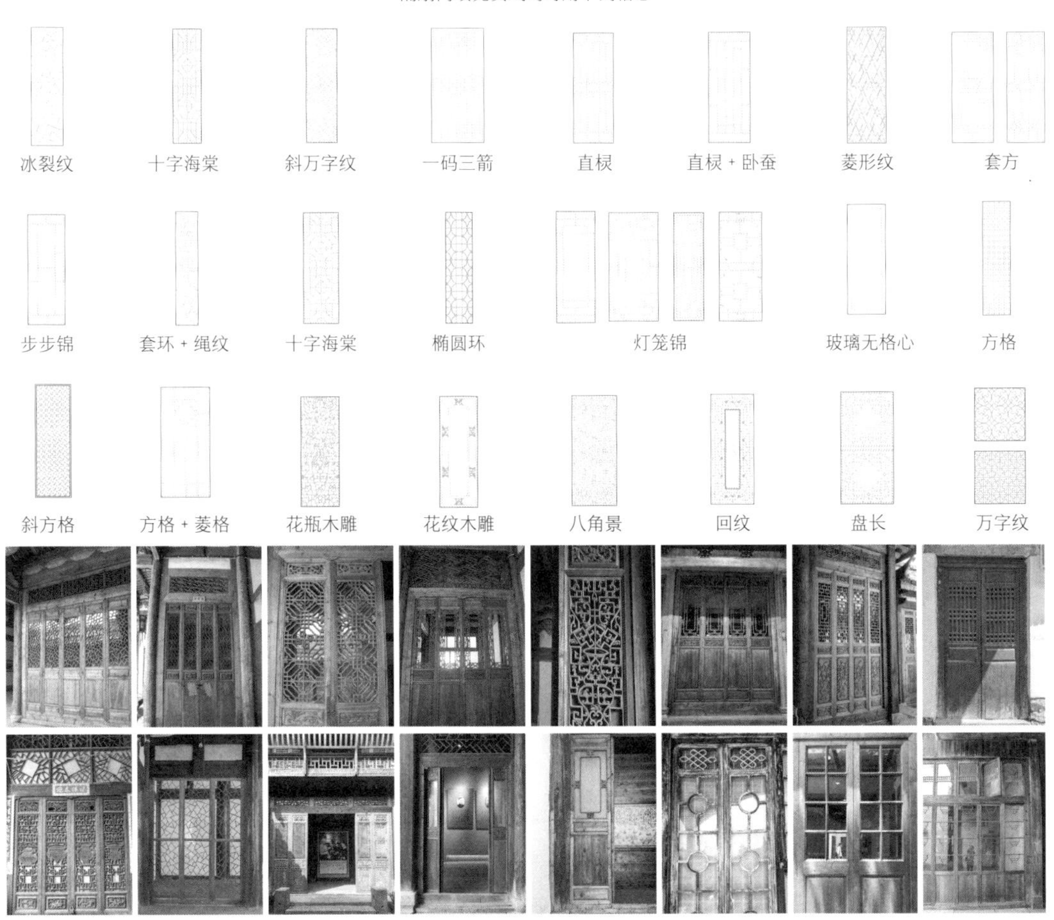

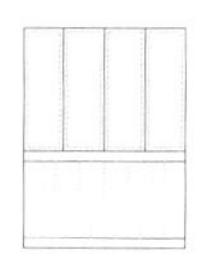

槛窗

槛窗是一种形制较高的窗扇，常与隔扇门连用

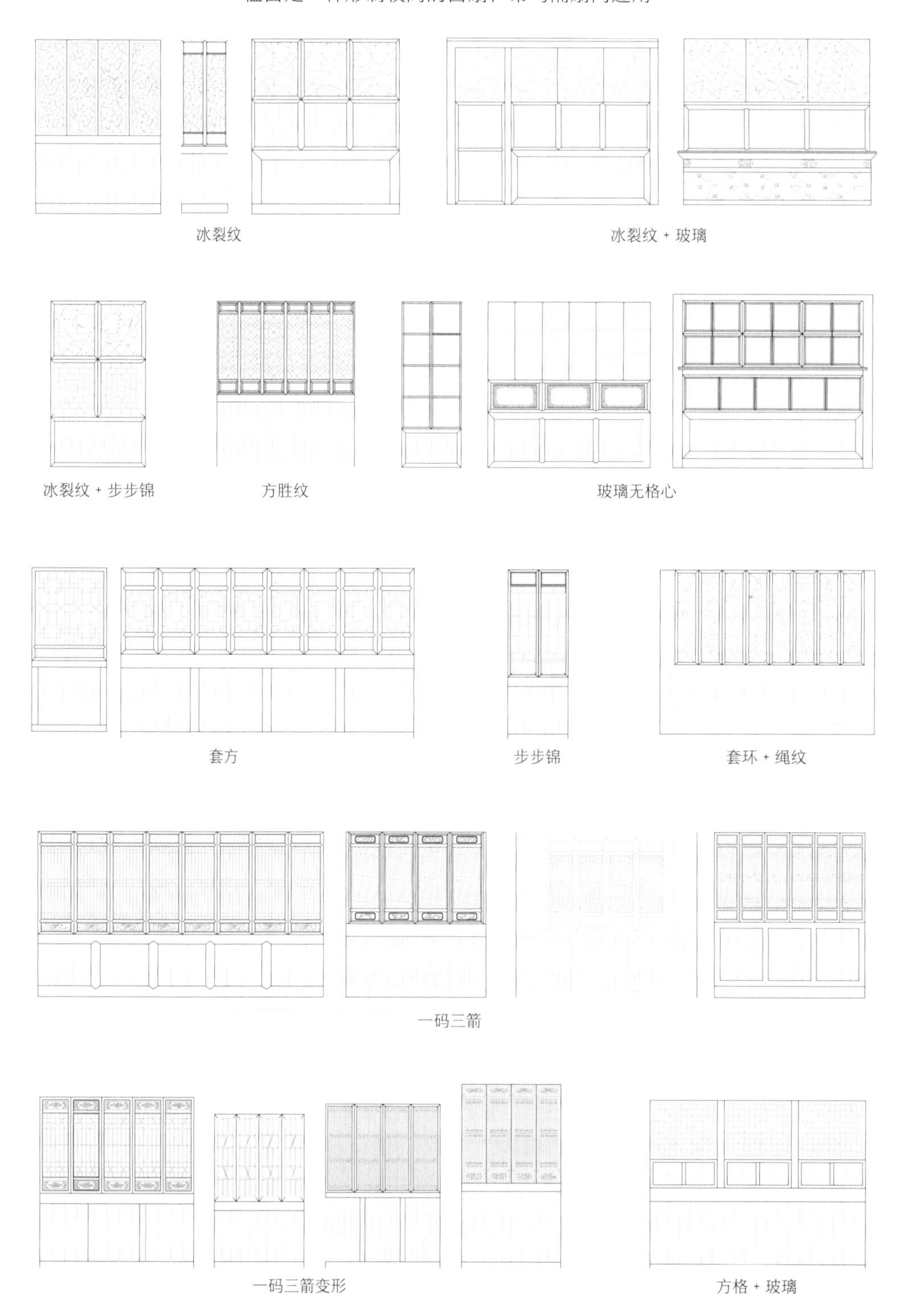

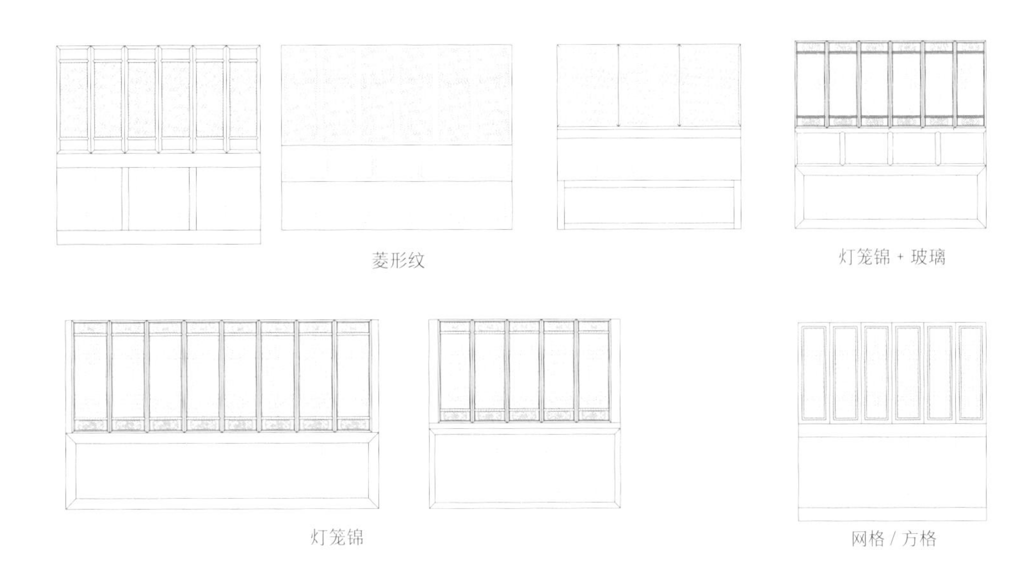
菱形纹
灯笼锦 + 玻璃
灯笼锦
网格 / 方格

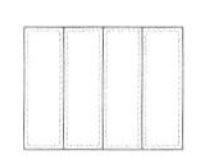

近代窗形式

主要是指清末民国时期的窗扇形式，包括玻璃窗和百叶窗等，图案多采用几何图形，西洋化风格

矩形窗

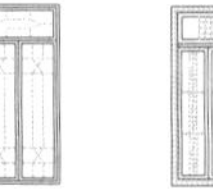
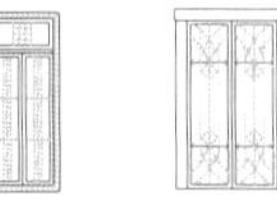
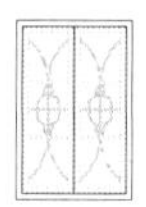
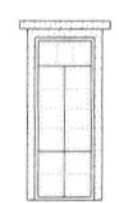
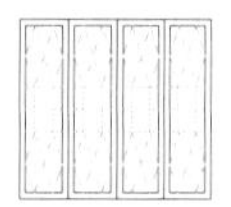
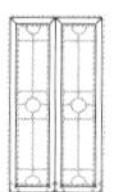
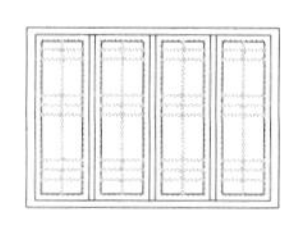
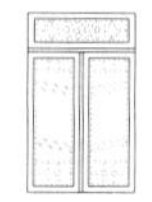

矩形窗 + 百叶

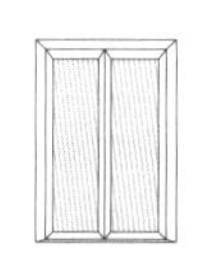
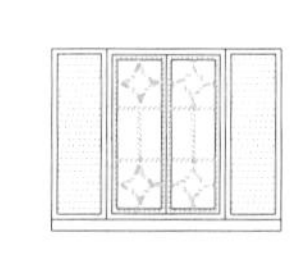
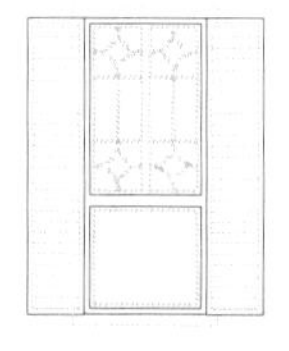

拱形窗

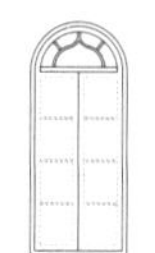

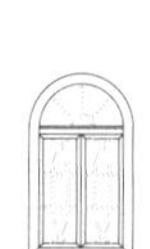

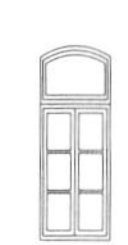
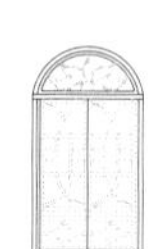

拱形窗 + 拱券

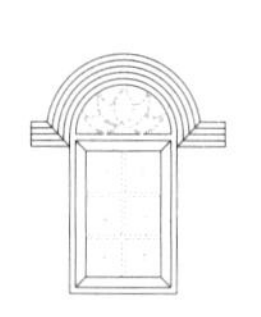
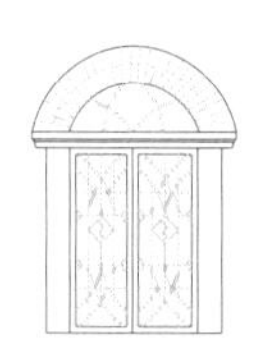
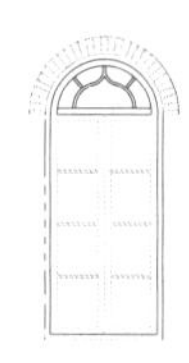

异形窗

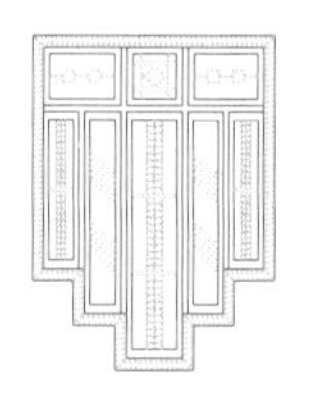

近代窗形式

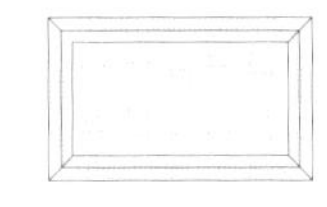

漏窗

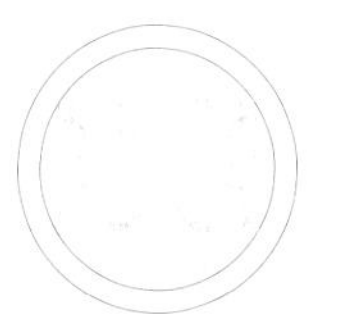

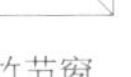

竹节窗

十字海棠

斜纹

木栏杆

民居建筑的栏杆多为木质材料，早期建筑常见直棂、如意、水波纹等，晚清及民国时期则流行竹节、盘长、旋子等。会馆建筑的酒楼，还常用大块雕花板堵或彩绘木板堵做栏板

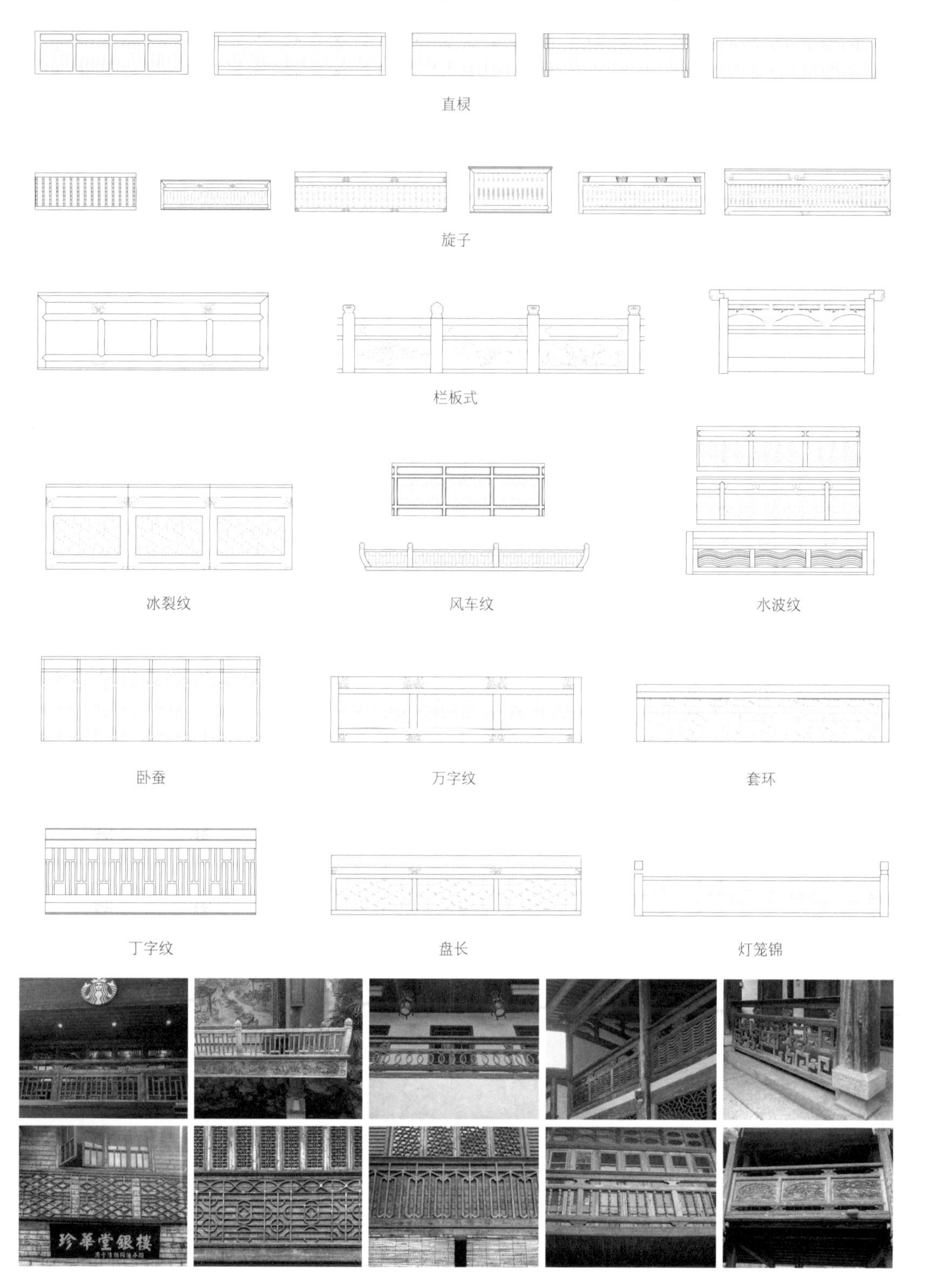

石栏杆

石栏杆多用于户外，园林花厅池边及二层廊台。柱头有宝瓶、多棱球、莲花等造型

美人靠

美人靠式栏杆多为弧形、S形，也有直线和斜线形式，讲究者采用题材多样的镂雕图案

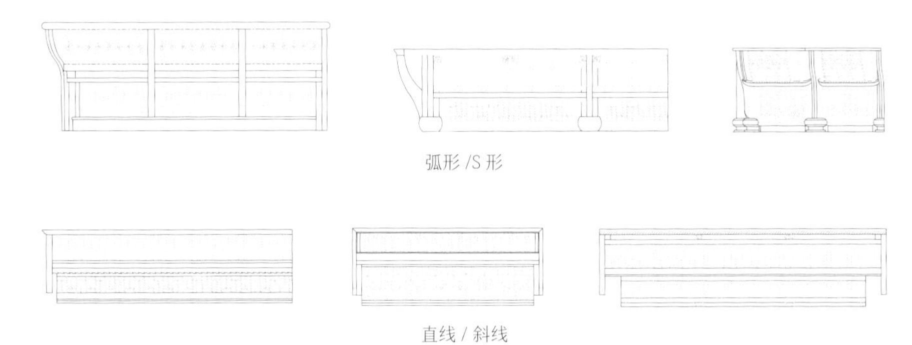

弧形 /S 形

直线 / 斜线

构造细节与传统工艺

鹊脊

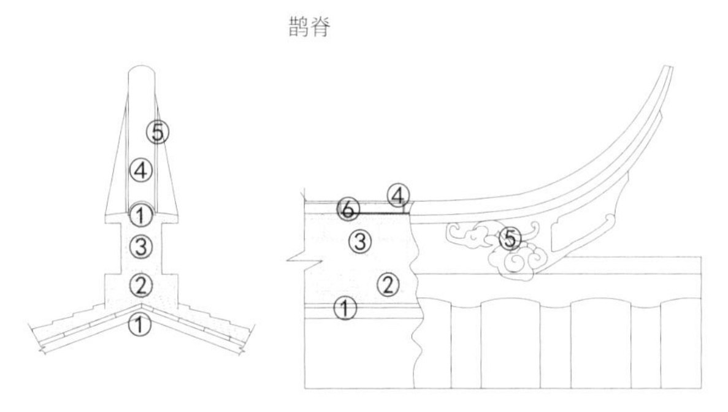

① 15 mm 厚杉木望板（望板刷桐油）
②规格为 220 mm × 200 mm 小板瓦
③青砖
④规格为 220 mm × 200 mm 小板瓦
⑤灰塑
⑥竹条

墙帽

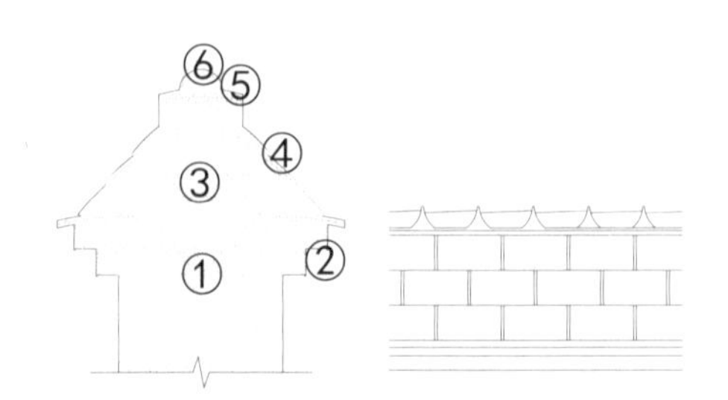

①槽砖出叠涩两层
② 2 mm 至 3 mm 厚乌烟灰面层抹面，底部不抹灰
③内砌砖胎
④本瓦作鲎页壳外形
⑤乌烟灰抹面
⑥本地筒瓦

叠涩

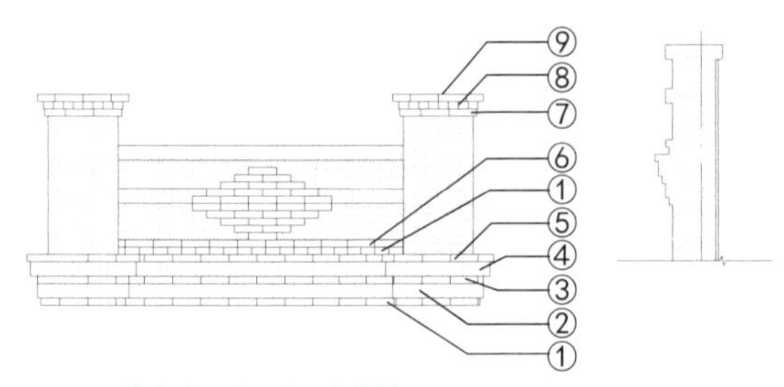

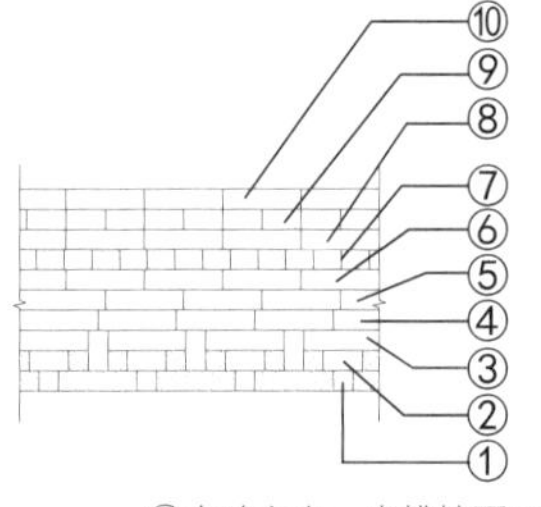

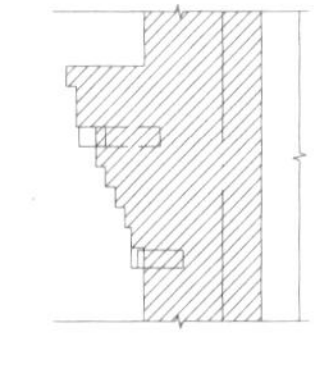

①青砖顺砌一皮，出挑墙面 30 mm
②青砖立砌，出挑墙面 60 mm
③青砖顺砌一皮，出挑墙面 90 mm
④青砖立砌，出挑墙面 120 mm
⑤青砖顺砌一皮，出挑墙面 150 mm
⑥青砖顺砌一皮，出挑墙面 60 mm
⑦青砖顺砌一皮，出挑墙面 30 mm
⑧青砖 45° 斜砌一皮，顶点出挑墙面 40 mm
⑨青砖顺砌一皮，出挑墙面 90 mm

①青砖立砌，出挑墙面 20 mm
②青砖丁砌一皮，出挑墙面 40 mm
③青砖顺砌一皮，出挑墙面 60 mm
④青砖顺砌一皮，出挑墙面 90 mm
⑤青砖顺砌一皮，出挑墙面 120 mm
⑥青砖顺砌一皮，出挑墙面 150 mm
⑦斜砌一皮，顶点出挑墙面 200 mm
⑧青砖顺砌一皮，出挑墙面 210 mm
⑨青砖丁砌一皮，出挑墙面 210 mm
⑩青砖顺砌一皮，出挑墙面 240 mm

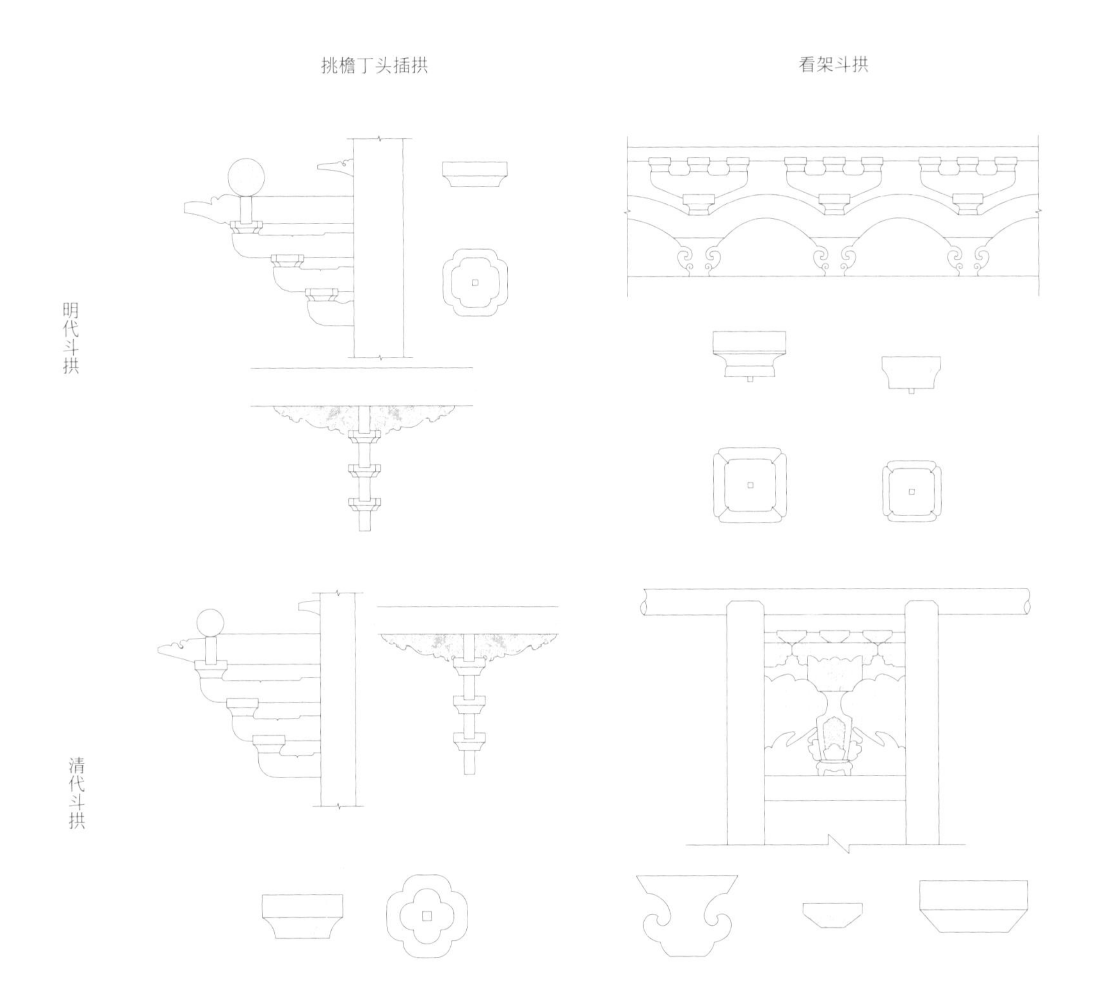

挑檐丁头插拱

看架斗拱

轩廊

悬钟垂花

2.4.3 建筑色彩与材料质感

“运用色彩并不是单纯为了装饰的乐趣。色彩具有更深刻的意义。”[注34] 三坊七巷街区内传统建筑以双坡顶为主，间缀有歇山顶及民国时期直线形四坡顶，屋面皆覆以灰色小青瓦，建筑外立面则由粉墙、木质门窗、青砖、石材组成，整体呈现以黑、白、灰与清水木材组成的总体色调。不同街巷由于自身功能不同和居者身份不同，呈现出不同的主色调。街区中轴南后街以清水木色为主色调，间缀有青砖墙与粉墙；坊巷内巷弄两侧建筑则多以乌烟灰黑粉墙为主，间以不同尺度的木构门头房、石框木板门或砖石拱券门与木构青瓦门罩，形成幽静、儒雅、书卷气的居住氛围；而在朱紫坊街区的各巷弄中亦有此体验与感受。

注 34 ［美］伊利尔·沙里宁 . 形式的探索：一条处理艺术问题的基本途径 [M]. 顾启源译 . 北京：中国建筑工业出版社，1989:228.

南后街青砖与粉墙

20 世纪 90 年代福州城市卫生整治行动将坊巷内大多数乌烟灰黑粉墙改为白色。在各坊巷修复过程中，我们尊重这种历史演变和人们审美情趣的变化，不对坊巷做过多改变或“矫正”，仅还原重要历史建筑的历史本真。由此，今天各巷弄基本呈现以白粉墙为主，间缀以乌烟灰黑粉墙的各级文保单位建筑。三坊七巷各宅院内的色彩应用亦极具地方独特性，庭井四周屋檐下均为白粉墙，坡屋顶上方的封火墙则为乌烟灰黑粉墙，各类木质构成元素采用清水作，仅插屏门（太师壁）饰油漆，明代多为黑色彩金，清代则多为红色彩金。构成建筑的各类要素材料，皆讲求天然的本性与质感，体现自然的率真。

我们对街区各级尺度构成元素进行较为全面、系统的类型与类型学分析研究并分类归纳，关注其建筑尺度层级的组合秩序和建筑集合体的秩序，并以此作为街区肌理织补、历史建筑修复和更新建筑设计的类型参照,注重大尺度的类型参考和细节尺度的类型类比。在更新建筑的类比设计中，我们特别重视不同地段（核心保护区、建设控制区、风貌协调区）类型参照的抽象度把握，于核心保护区讲求各级尺度的类型参照，于建控区则在细节尺度上加入新的材料与构成要素（如安泰河光禄坊地段），于风貌协调区则只在大尺度

南后街清水木色

乌烟黑粉墙

上进行类型参照，其他各级尺度更多讲究创新与新建筑学语言的引入，体现源于传统但不囿于传统的设计理念。如我们在设计安泰河南侧风貌协调区通湖路地段的游客中心时，只参照三坊七巷街区的屋顶肌理与形态，希冀在第五立面景观上能延续三坊七巷与乌山的历史联系并修复街区与地景的有机整体性，在立面形式、细节构造、材料应用等方面则更加关注时代的进步性。对于不同历史地段的更新建筑，设计给予不同的创新表达度。“关键问题是对文脉的参照与新的进步建筑形式要素之间有多大的跳跃。”[注35] 处理好传承和创造的辩证关系，是历史地段创作设计中永恒的研究课题。

注 35 ［英］乔治娅·布蒂娜·沃森，伊恩·本特利．魏羽力，杨志译．设计与场所认同 [M]. 北京：中国建筑工业出版社，2010:178.

黑色彩金

红色彩金

2.4.4 街区形态与院落类型组织秩序研究

作为街区内南北走向的中轴，南后街串合起东西走向的西三坊与东七巷，坊巷间则通过丰富的、南北走向的巷弄相连接，由此构筑出清晰的三级路网骨架。东西走向的主巷道宽2—6米，南北走向的支巷弄窄者则不足1.5米（如衣锦坊之闽山巷北段、黄巷之喉科弄等）。由于巷内院落基本都沿南北纵向递进延伸，落与落、户与户（一户多落或一户一落）之间皆以共墙拼接组合，因此呈现在东西走向的主巷道上的立面景观均由入户门头房、门罩、石框门和约高4米的粉墙等建筑元素构成，建筑多为一层，巷道界墙高度4—5米，形成空间舒雅、尺度宜人、宁静儒雅的居住氛围；加之不经意出现的古树、高昂且富有动势的门头房两侧的牌堵墀头，令巷道空间充满生机与活力。巷道两侧的界墙皆由宅院外墙或门头房构成，以单落宅院面宽为单元，无论是一户一落或多落，落与落间均呈直角矩形（曲尺形）沿边界进退，几无连成直线的两落建筑，形成极为丰富的巷墙组合形态。由此，亦构筑出坊巷内多样的邻里空间，营造出变幻无穷的巷道景观意象，充分反映出追求端方而居、注重睦邻友好的传统居住文化心理。即使是多落宅院的大户人家，也仅于正落设置入户门头房，其他落临巷不设门或仅设石框门，整个街区仅有黄巷西段南侧的李馥故居两落宅院临巷都设置了三开间和五开间的牌堵墀头门头房。各坊巷中门头房形式为20—30米间距出现一次，体现出以粉墙为主、低调内敛的居住氛围。每条坊巷中，都会同时呈现一至五开间不等的门头房，以及仅石框木板门上方加青瓦木门罩的宅院门户形象，映射出三坊七巷是多阶层人士和谐雅居的共同家园。身份不同，却都守正遵制，为坊巷空间带来多元而独特的文化景观。

坊巷中曲尺形进退肌理

巷道内低调内敛的居住氛围

南北走向的直巷联系着东西走向的坊巷（横巷）。直巷宽度一般为 1.8 米左右，加之坊巷内院落多具南北纵深层层递进的布局特征，形成巷弄两侧高耸且富动态感的连续马鞍形的巷墙，高宽比甚至超过 5，呈现出独特的地域性文化景观，成为穿梭三坊七巷令人产生最具艺术震撼力的空间体验。

东西走向的东七巷中，主巷道（坊巷）分布均匀，巷道间距 80—120 米，且建筑中落与落组合关系是共墙形式，几无火巷（直巷）。因此，七巷片区仅有黄巷与安民巷之间的立本弄是贯通的直巷，其他南北走向的巷弄均为尽端式（如安民巷的麒麟弄和金鸡巷、黄巷的喉科弄），仅作为坊巷深处多户小院落的共用入户通道。而三坊片区东西走向的主巷道（坊巷）仅有三条，其间腹地大，于地块内部增设三级纵横巷弄，再次划分宅基地，并与三条主巷道相贯通；由此该片区呈现出更加细密、纵横相接的巷弄结构网络。光禄坊与文儒坊间设有宽约 3 米的东西巷道——大光里，以划分大光里腹地。大光里西通通湖路与安泰河，东端在三官堂处折北连接闽山巷（贯穿文儒坊与衣锦坊的南北直巷）。

闽山巷北端连接衣锦坊北侧直巷——雅道巷。大光里东端则向南引出经二次曲尺形转折并连接中轴南后街的巷弄——丰井营巷。此外，大光里巷西段向南引出一条直巷——早题巷，既与其南侧光禄坊取得连通，又让坊内较深的用地得以更加均匀划分，建构起用地划分合理、邻里空间丰富的坊巷网络结构。

不同于东七巷中仅作为两巷间联系通道的三级巷弄，西三坊中用以再次划分用地的南北直巷，虽宽仅约 2 米，但皆为腹地内宅院入户的巷弄，其所展现的空间形态与外观景象，比东七巷的直巷更加生动多样，亦更具独特性：即为了不影响巷弄交通，于窄巷道开设入户门者，入户处设有凹入式前庭空间；而多宅院入户之处，则

窄巷内凹入式入户前庭

多宅院沿东西横向扩大空间入户

设置东西横向的扩大空间，各入户宅门沿三面墙垣设置。此处理方式既解决了狭弄的闭塞感、增加了邻里交往空间，又丰富了巷弄的空间形态与感知意象（如闽山巷、早题巷）。由南北走向巷弄入户的宅院多属小户人家，院落面宽较窄，入户门宇排列紧密，如闽山巷北段的小户人家亦采用牌堵墀头门头房，其所呈现的视觉外观和景象独树一帜。我们根据不同类型的街巷形态及其外观特征进行系统的研究与归纳，并作为地块更新设计的类型学参照，以强化各场所文化景观的独特性。

三坊七巷街巷结构

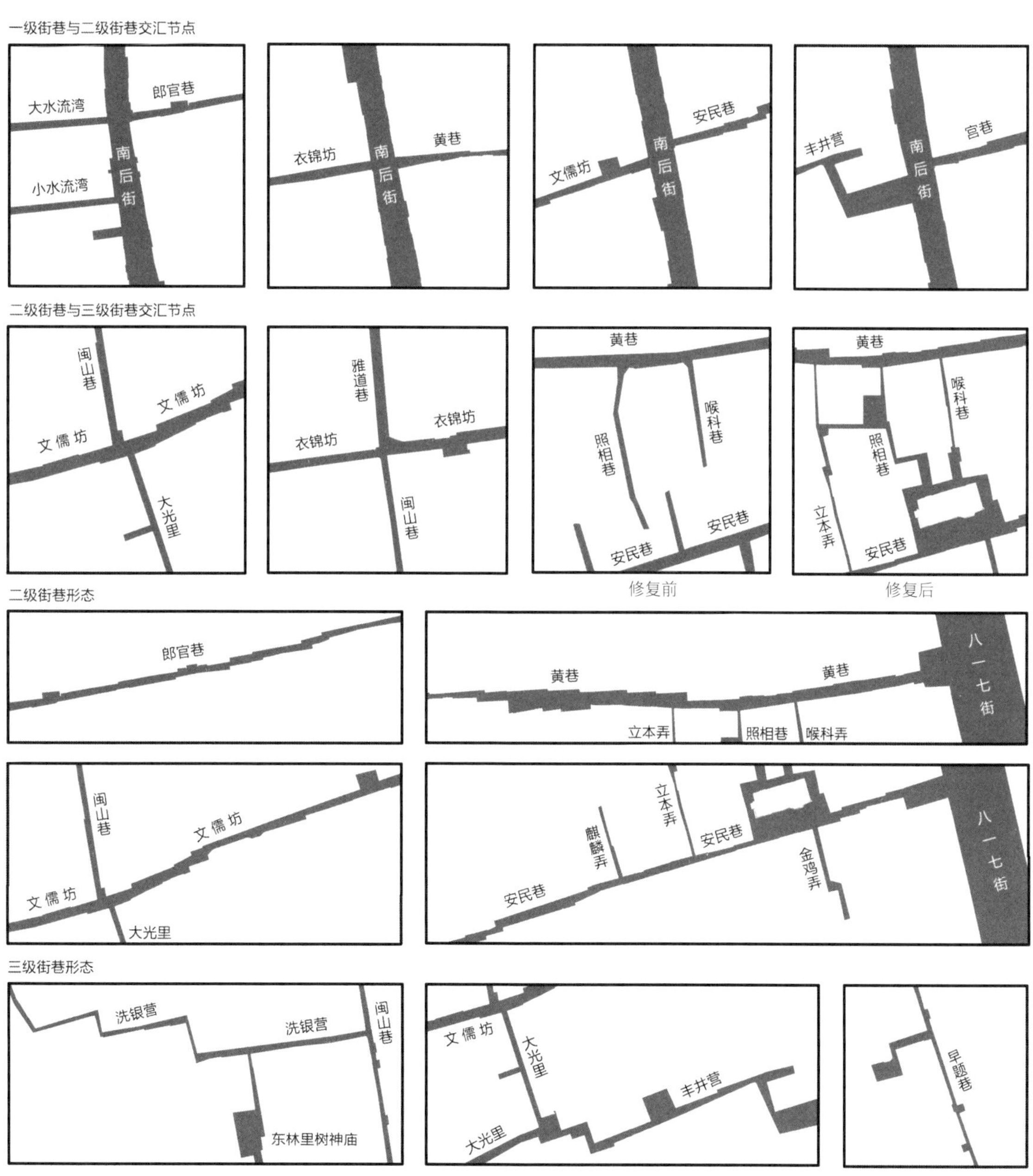
一级街巷与二级街巷交汇节点
大水流湾
郎官巷
南后街
小水流湾
衣锦坊
黄巷
安民巷
文儒坊
丰井营
宫巷
二级街巷与三级街巷交汇节点
闽山巷
文儒坊
大光里
雅道巷
衣锦坊
照相巷
喉科巷
安民巷
立本弄
修复前
修复后
二级街巷形态
郎官巷
黄巷
八一七街
立本弄
照相巷
喉科弄
麒麟弄
金鸡弄
三级街巷形态
洗银营
东林里树神庙
大光里
丰井营
早题巷

街区形态类型学

附：建筑名词解释

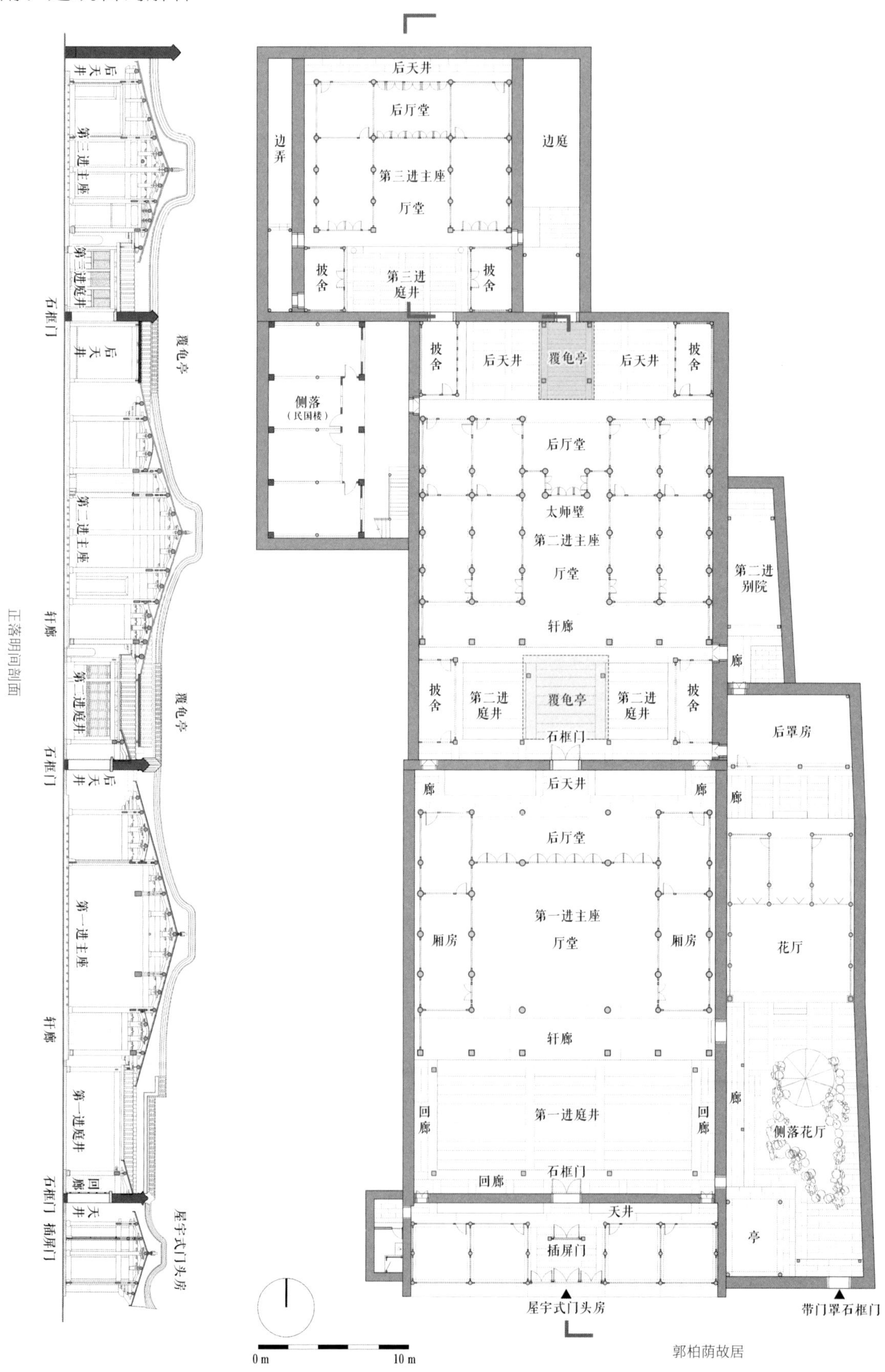

郭柏荫故居

3 三坊与七巷保护修复

3.1 衣锦坊保护与修复
3.1.1 历史建筑活化利用与更新建筑设计
3.1.2 坊巷空间意象再塑
3.2 文儒坊保护与修复
3.2.1 历史建筑特征与保护活化利用
3.2.2 更新地块设计与坊巷空间意象再塑
3.3 光禄坊保护与修复
3.3.1 历史建筑特征与保护活化利用
3.3.2 更新建筑类比设计
3.3.3 光禄吟台园林修复
3.4 吉庇巷保护与整治
3.4.1 历史建筑特征与保护活化利用
3.4.2 坊巷空间意象再塑
3.5 宫巷保护与修复
3.5.1 历史建筑特征与保护活化利用
3.5.2 坊巷空间意象再塑
3.6 安民巷保护与修复
3.6.1 历史建筑特征与保护活化利用
3.6.2 坊巷空间意象再塑
3.7 黄巷保护与修复
3.7.1 历史建筑特征与保护活化利用
3.7.2 坊巷空间意象再塑
3.8 塔巷保护与修复
3.8.1 历史建筑特征与保护活化利用
3.8.2 坊巷空间意象再塑
3.9 郎官巷保护与修复
3.9.1 历史建筑特征与保护活化利用
3.9.2 坊巷空间意象再塑

3 三坊与七巷保护修复

保护再生设计严格遵循三坊七巷历史文化街区保护规划要求，对标国际与国内相关古迹、历史地段的保护准则与标准，坚持以价值保护为核心、以研究应用贯穿保护工作全过程的原则为理念，按不同特征分类保护街区内的建筑物、构筑物：保护修缮（文物建筑）、维修改善（历史建筑）、维修整治（传统风貌建筑或不协调建筑降层改造）、翻新（有一定历史特征的质量差的建筑）、拆除更新或拆除不建作为“留白”空间。三坊七巷历史文化街区作为活态的文物古迹，其价值不仅体现于古建筑群落作为明清建筑博物馆的价值，更在于街区上千年延续下来的坊巷格局特征、第五立面（屋顶）肌理的独特性和整体格局风貌的完整性，甚至每条坊巷和巷弄独有的尺度、走势、建筑界面虚实关系、地面铺装、环境要素特征以及街区整体所呈现出的独特个性特质。因此，再生设计需从街区尺度、建筑尺度直至环境细节尺度等层级，制定出针对性与适应性的保护整治措施。更为重要的是，保护再生设计是把街区整体作为一种文化景观，不仅保护其整体环境与物质形态，还需关注其涉及的文化和社会维度，保护其所承载的非物质文化，包括建造使用过程中所经历的事件、人物、习俗，以及与物质载体互动作用而留存的城市记忆与文化意义。

坊巷格局整体呈现出的独有历史氛围是三坊七巷街区最为重要的个性特质，保持修复其格局的完整性、保持其“里坊制”遗痕本身宁静儒雅的场所特征、保持每条巷弄的独特个性气质是贯穿我们保护再生全过程的主导思想。除在规划层面上保持各自的特征和功能外，保护再生设计还针对具体的地段特征和保护要素采取了相应的针对性、适应性修复更新策略。

（1）文物保护单位、历史建筑保护与修缮

严格按照文物保护准则对各级文物保护单位与历史建筑进行保护性修缮，采用传统材料、传统工艺与构造进行修缮。参照文物建筑保护准则修缮质量较好的传统风貌建筑，精确测绘、“翻新”整治建筑质量差的风貌建筑并按照原有立面予以整修，同时采用现代材料与结构更新其内部构造，以提高其防火、节能、舒适性等性能。

（2）坊巷内更新地块设计

采用“一地一策略”方式，既要符合当代人居生活品质要求，又要传承三坊七巷的历史脉络，创造具有街区固有建筑类型特征的院落形态建筑。更新建筑以“院”为单元，沿南北向纵深组合，形成多进院落；以一层为主、局部二层，每一落建筑均严格控制其体量、高度和面宽；延续三坊七巷街区的固有肌理特征，坚持在旧有宅基地的用地规模与尺度基础上进行大地块用地再划分，让新建筑的平面组合形态与屋顶肌理有机地融入到街区整体肌理中。“特别应注意基址的面积，因为存在着这样一个危险，即基址的任何改动都可能带来整体的变化，均对整体的和谐不利。”注1 新建筑多以南北向双坡屋顶为主导，小尺度天井呈“孔洞”形态有规律地随院落纵深分布，以福州古城区极富个性特征的马鞍墙形式进行第五立面再创造，使屋顶肌理契合三坊七巷街区的整体特征。立面设计方面，归纳总结传统门头房、石框门、砖石拱券门等多种立面元素及细节类型，灵活运用于坊巷界墙立面的设计之中，并“十分注意组成建筑群并赋予各建筑群以自身特征的各个部分之间的联系与对比所产生的和谐与美感”注2。院落内部则采用现代建筑语言，创造出既与固有坊巷尺度、形态及风貌相协调的外立面形式与肌理，又富有时代性的新院落建筑类型。建筑结构形式以钢筋混凝土、钢结构为主，平面形式注重类型参照，同时强调适应当代生活方式的创新表达。“当需要修建新建筑物或对现有建筑物改建时，应该尊重现有的空间布局，特别是在规模和地段大小方面。与周围环境和谐的现代因素的引入不应受到打击，因为，这些特征能为这一地区增添光彩。”注3 新建筑与历史环境的跳跃度必须控制于视觉和谐范围内，和而不同，于地方性历史特征中富含当代创造意趣，强化其固有的场所特性。毕竟，保护再生的目的是为了“保护而非更新历史古迹，所以，需要将现代部分结合到历史部分中，使之与历史构件相协调，而非调整历史构件来满足现代一体化要求”注4。

（3）特征景观意象保护与再造

深入研究每条巷弄的巷墙立面肌理、虚实组合节奏、天际轮廓、材料编织、色彩组合等关系，发现其落与落之间平面进退与巷道空间收放的秩序特征以及巷弄整体走势、巷弄宽度与巷墙高度比例关系、地面铺装特征等，梳理并形成可识别各坊巷既有历史特征的响应性保护再生设计策略，重塑每条坊巷个性特征及环境意象的可读性，继续传递其独特人文气息的场所感染力，从而激发“对周围产生直接影响的某种微妙的辐射力量”注5。

（4）肌理“淡化”与“留白”

20 世纪上半叶，意大利历史保护方面的重要学者古斯塔沃·乔凡诺尼（Gustavo Giovannoni，1873—1947 年）发展出一套“淡化”

注 1　联合国教科文组织世界遗产中心，中国国家文物局，等．国际文化遗产保护文件选编 [M]．北京：文物出版社，2007:97（内罗毕建议，1976）．

注 2　同上书，第 94 页（内罗毕建议，1976）．

注 3　同上书，第 129（华盛顿宪章，1987）．

注 4　[芬兰] 尤嘎·尤基莱托．建筑保护史 [M]．郭旃译．北京：中华书局，2011:329．

注 5　[美] 伊利尔·沙里宁．形式的探索：一条处理艺术问题的基本途径 [M]．顾启源译．北京：中国建筑工业出版社，1989:123．

城市肌理的历史地区活化理论，“他建议在必要之时拆除一些次重要的建筑，从而为必需的服务设施腾出空间。”[注6] 此理论方法成为历史地段保护更新值得推崇且被广泛应用的理论方法。在保持街区肌理和空间格局完整性的基础上，结合不同历史地段的历史特征，将不协调建筑、无价值的危旧建筑进行拆除重建或拆后“留白”，完成街区肌理修复与空间重组，以活化街区功能并适应当代城市生活需求。“淡化”肌理是历史街区保护再生设计的重要内容。在三坊七巷的坊巷空间保护与梳理中，我们基于各坊巷与巷弄的价值、空间特征及文化重要性的不同，对部分节点空间进行特征性“留白”并给予富涵意蕴的表达，如塔巷南后街口的文化性节点、黄巷与安民巷东段几条直巷交接处所构筑的内聚性小广场、宫巷西段幼儿园前带形空间、文儒坊西段结合残墙与古树形成的邻里空间等。

注 6 ［芬兰］尤嘎 · 尤基莱托 . 建筑保护史 [M]. 郭旃译 . 北京 : 中华书局，2011:307.

衣锦坊

3.1 衣锦坊保护与修复

衣锦坊是最靠北的一条坊，原与其北侧的杨桥巷相邻接，由于民国年间杨桥巷改造为杨桥路以及新中国成立后杨桥路多次拓宽，沿线地段屡被改造，更因 2000 年前后衣锦华庭高层住宅小区的建设，使衣锦坊北侧及其巷弄如柏林坊、雅道巷、大小水流湾巷、酒库弄等全部消失，杨桥巷也仅余下林觉民故居一座二进院落。清《榕城考古略》载：“衣锦坊，旧名通潮巷，以陆蕴、陆藻兄弟典乡郡居此，名棣锦。后王益祥致江东提刑任，更名衣锦。西通馆驿桥，中通闽山巷。内有委巷，曰北林坊，有王益祥宅。”注7 陆蕴、陆藻两兄弟分别为宋宣和年间的福州知府、泉州知府，因名声在外，将通潮巷改为“棣锦坊”，后又因南宋淳熙年间的提刑官王益祥“衣锦还乡”，再更名为“衣锦坊”。

注 7 （清）林枫 . 榕城考古略 [M]. 福州市地方志编纂委员会整理 . 福州：海风出版社，2001:61.

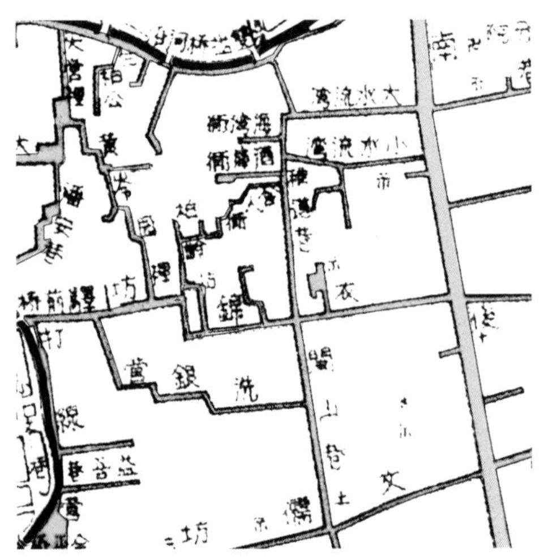

1937 年衣锦坊肌理

1995 年衣锦坊肌理

2000 年衣锦坊肌理

2020 年衣锦坊肌理

3.1.1 历史建筑活化利用与更新建筑设计

坊内东端北侧有水榭戏台、中段南侧有欧阳氏民居二处国家级重点文物保护建筑以及衣锦坊江氏宗祠、洗银营郑鹏程（郑孝胥）故居等 21 处文保和历史建筑。水榭戏台古民居是三坊七巷古宅院中最先得到修缮的一处国家级重点文保单位，对其修缮标志着三坊七巷街区保护再生的开始。水榭戏台始建于明万历年间（1573—1620 年），占地 2746 平方米，原是郑姓宅院，清道光年间（1821—1851 年）为孙翼谋家族所有，孙翼谋历官至安徽巡抚。

工艺美术博物馆与水榭戏台

建筑坐北朝南，由自西向东的三落多进院落组成：西为正落，中为侧落，东落为园林花厅，各落之间开门洞相连，中无夹道（火巷）。正落临巷道为三开间门头房，当心间（明间）内凹，为六扇板门，门厅后便为第一进石框门，入石框门后为一进前庭，三面回廊，主座面阔三间（通面宽 12 米）、进深七柱（通进深 14 米），前厅堂内无柱，三间相通，为穿斗、抬梁式相结合的木构架，厅堂阔朗轩昂，气势不凡。二进主座结合用地增为面阔五间、进深七柱、双坡屋顶的纯穿斗式木构架建筑。主座前庭以院墙将五开间转化为三开间布局形式，设三面游廊，东西游廊后侧布置小巧精雅的披舍别院，为典型的“明三暗五”做法；后天井两侧置有披舍。主落平面布局呈中轴对称，主从分明且层层递进；空间严谨，开合变化有序、层次丰富。中落通面宽仅 8 米，沿巷道不设门，前后共三进，布局灵活生动，形成三个意趣别院。第一进为东西向的别院，二进为单开间七柱木构双坡顶建筑，前后有天井。前天井南、西两侧设游廊，于端方中显别趣；后天井与披榭式后罩房相连，主座后厅与榭、廊连为一体，构筑出极为清雅的小院。东落花厅园林是郑氏宅邸最精彩的部分，亦为古人追求隐世园居生活的体现，“竟把舞台

水榭戏台航拍

歇山式四角亭戏台

假山雪洞

歌榭建到自家院子里来，而且是搭在水池之上，成为三坊七巷里的唯一水榭”[注8]。在平面布局上，花厅园林采用的是三坊七巷宅园中典型的布局手法：建筑居北，山池在南，四周以封火墙围成独立空间。主体建筑为二层歇山顶花厅，置于园北部，坐北朝南，前设平台与池水相接；南部为水池假山，池中置歇山式四角亭戏台，戏台饰有弓梁、垂花悬钟、凤凰池天花等。歇山山花饰灰塑，刻有团鹤蝙蝠，造型独特，装饰精美，别具韵味。化妆室隐于戏台后侧假山中，戏台东侧假山上点缀有六角亭，小巧玲珑。东西两侧倚墙叠石造山，置桥跨水，设石磴道上花厅二层及假山高处平台，可眺远以获取“小中见大”的园林画境。园林布局结合独具地方性的假山、雪洞等手法组景，拉长游览路线，通过增强曲折盘旋和空间明暗、开合变幻的穿梭体验感，令“方寸庭景”中也能体悟到文人山水园的诗情画意，也有了“日涉成趣”的妙境。保护修缮后的水榭戏台成为三坊七巷社区博物馆中 37 个专题馆之一，作为展示闽剧等地方戏曲的主题馆及古建筑、园林的艺术展示馆。

注 8　张作兴 . 三坊七巷 [M]. 福州 : 海潮摄影艺术出版社，2006:11.

水榭戏台三开间门头房

水榭戏台西落二进前回廊

正落二进主座前厅

设石磴道上花厅二层

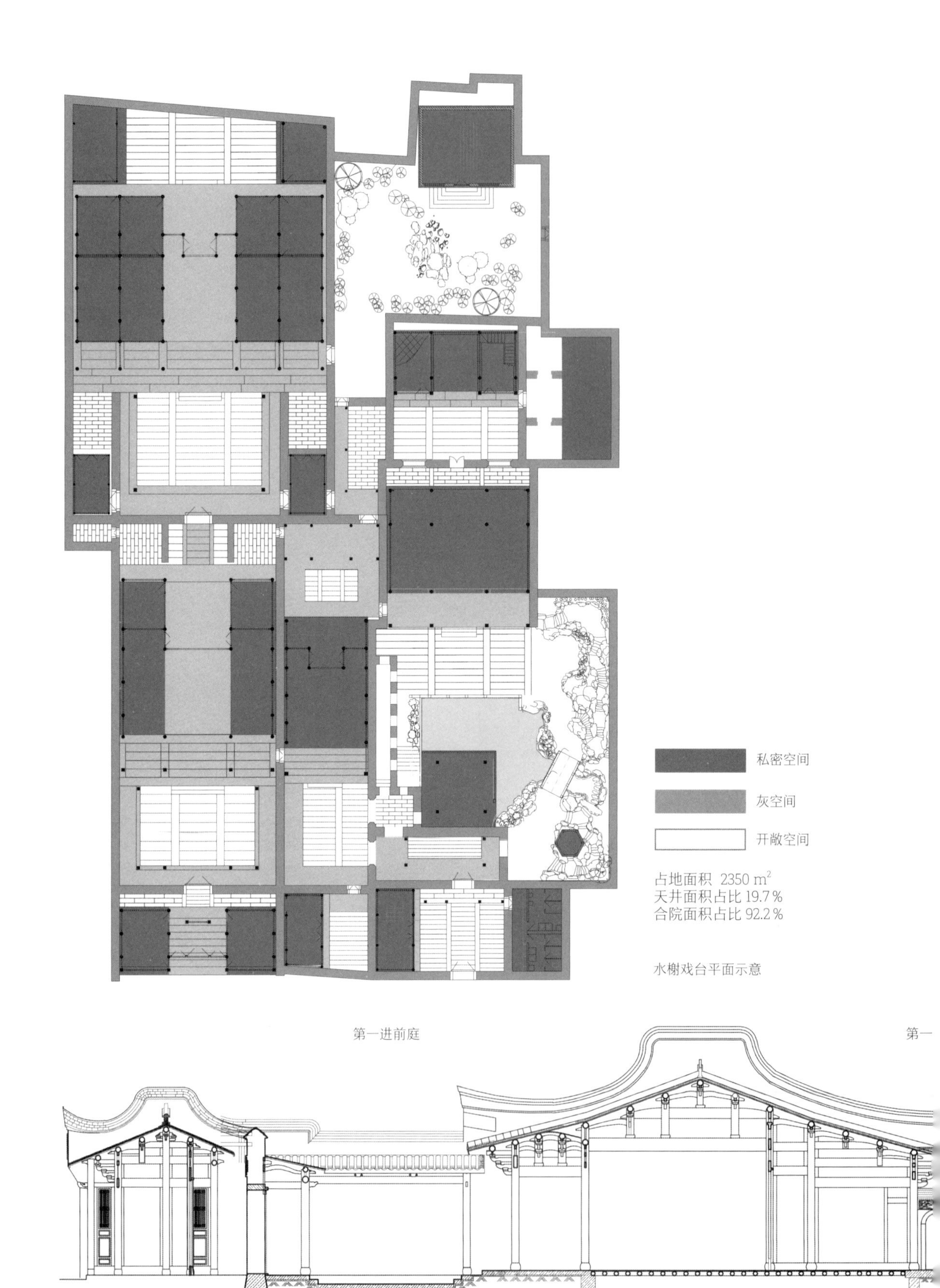
私密空间
灰空间
开敞空间
占地面积 2350 m²
天井面积占比 19.7%
合院面积占比 92.2%
第一进前庭
第一
门头房
D/H=0.66
第一进主座
D

水榭戏台平面示意

正落一进主座前厅

东落三进二层小阁楼

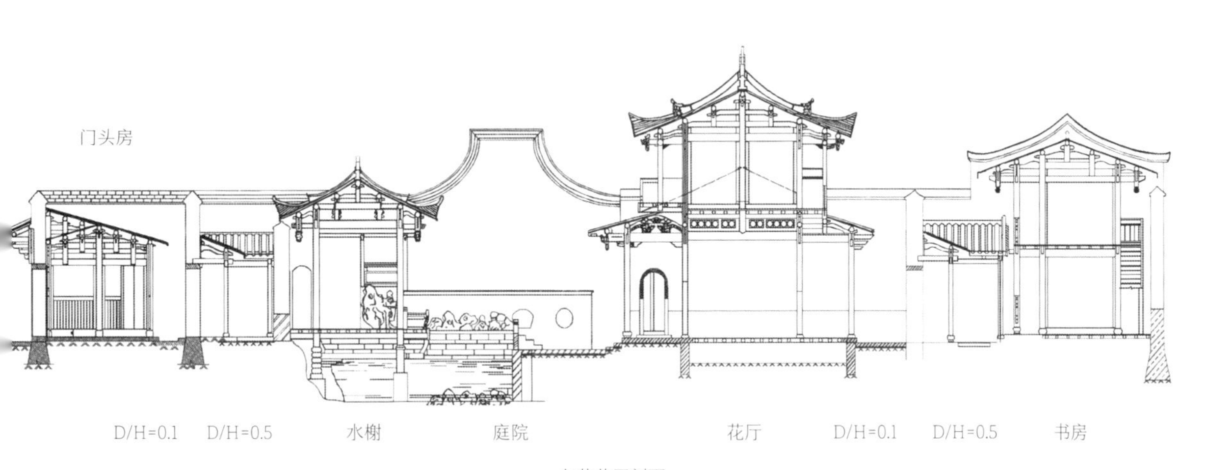

东落花厅剖面

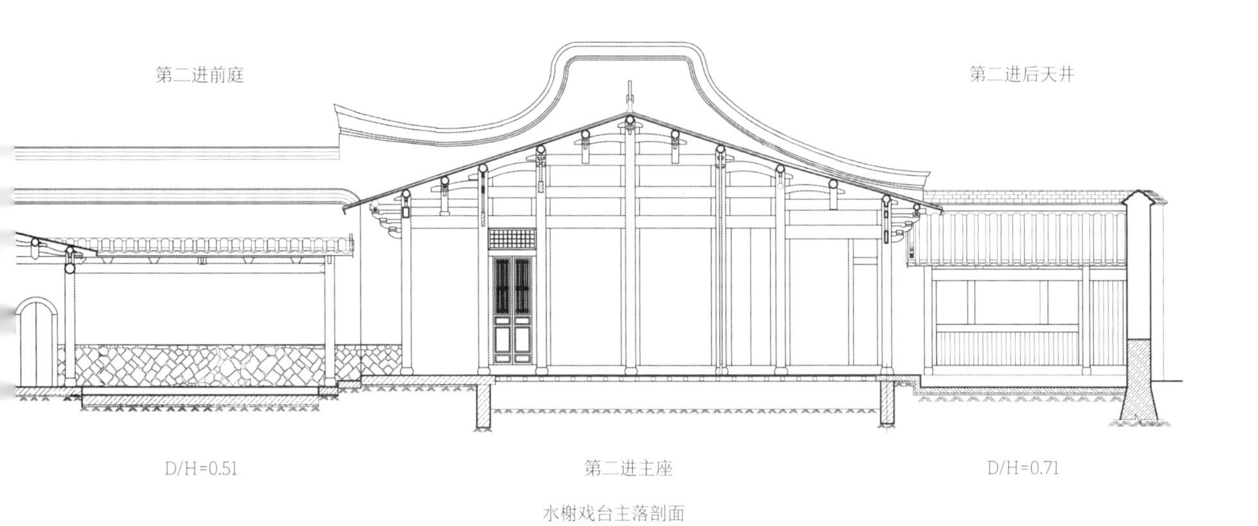

水榭戏台主落剖面

另一处国家级重点文保单位欧阳氏民居，位于衣锦坊南侧闽山巷口西侧，建于清乾隆十五年（1750 年），建筑坐南朝北，占地总面积 2350 平方米。整座大院最具特色是西落花厅中楠木门窗上的雕刻，精雕细琢，工艺精湛。保护性建筑郑孝胥故居则是衣锦坊中占地最大的院落群，位于洗银营巷北侧，北与欧阳氏民居邻接，五落相毗连，总占地面积约 3300 平方米，建于清乾隆年间。还有刘家宅院、汪氏宗祠、洪家小院、梁鸣谦故居等 5 座保护建筑以及 16 座历史建筑，这些宅院在衣锦坊南侧形成连续成片的古建筑群落。

衣锦坊的两处主要更新地块，分别位于水榭戏台西北侧及南侧。西北侧地块规划为福州工艺美术博物馆和雕刻总厂用地，其中工艺美术博物馆用地面积 2187 平方米，建筑面积 3541 平方米；雕刻总厂用地面积为 1449 平方米，建筑面积 2075 平方米。工艺美术博物馆由衣锦坊 10 号历史建筑及西侧更新建筑组成，新、旧建筑以三坊七巷固有的群落组织秩序加以演绎整合，新建筑作为其侧落（跨院）与之相连，既保持了历史建筑群南北纵向递进的院落组织肌理，又形成流线清晰、空间序列严谨且富含意趣的展示建筑个性。

历史建筑的室内空间设计方面，仅修缮其特色穿斗木构架，隔扇、灰板壁则不作恢复，天井上方覆以钢构玻璃顶棚，形成开敞、连续的陈列空间，为布展提供了最大的灵活性。富有特色的传统木构架充分展现其传统工艺的精湛，自身亦可成为展厅中重要的传统工艺展示品。新建部分设计在形成连续开敞空间的前提下，结合天井、花厅塑造具有地方韵味的特色展示空间，并于空间与形式上通过新旧对置，横生趣味。雕刻总厂位于工艺美术博物馆北侧，即旧大水流湾处，用地呈 L 形，并与南后街 148 号历史建筑相结合；它

欧阳氏民居（私宅）

欧阳氏民居西落庭井

汪氏宗祠

由陈列区、工艺展示区、大师现场创作互动区、展销厅、鉴定中心、研究中心等功能组成，作为展示寿山石（国石）悠久历史与精湛工艺的互动交流场所。质朴素雅的建筑外观成为三坊七巷街区的有机组成部分；室内空间则讲究传统性与时代性的融合，以现代建筑为“底”，传统建筑为“图”，增强了文化遗产地的体验独特性。

工艺美术博物馆与雕刻总厂平面

工艺美术博物馆与雕刻总厂

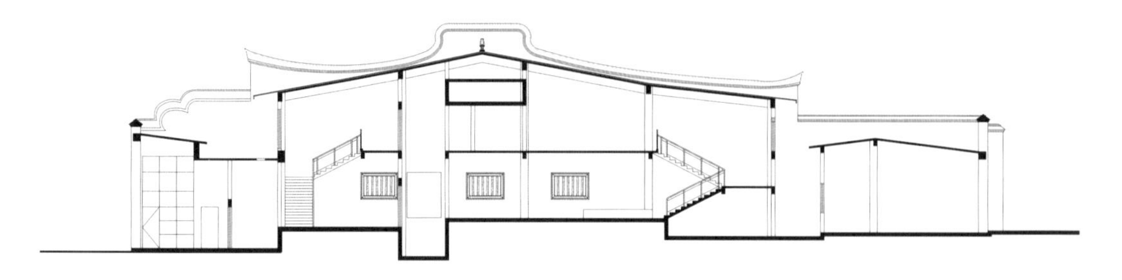

工艺美术博物馆与雕刻总厂剖面 1

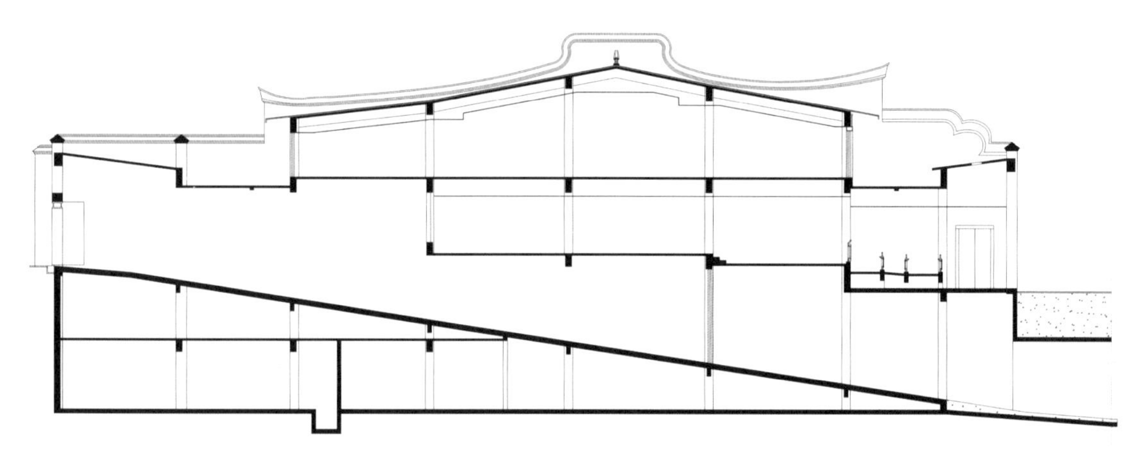

工艺美术博物馆与雕刻总厂剖面 2

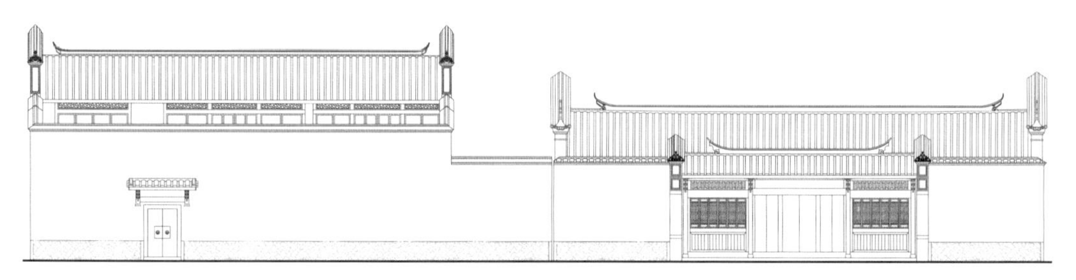

工艺美术博物馆与雕刻总厂北立面

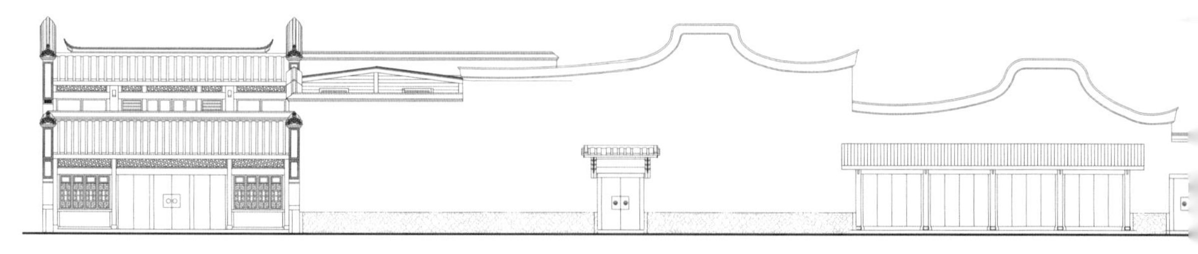

工艺美术博物馆与雕刻总厂西立面

衣锦坊东段南侧中部地段，原被改造为工厂及多层住宅，保护规划将用地恢复为院落式居住功能。设计依据此原则将大地块更新用地还原为传统宅基地尺度地块进行类型学再设计，创新性演绎低层院落式的当代地方性居住院落类型建筑，既强化街区整体的第五立面特征，又呼应现代生活诉求。设计力求保持以居住为主体的坊巷宁静氛围，延续坊巷书香人家的蔚然文风，以期实现“把衣锦坊的成套住宅拆迁后形成的净地，按照居住功能及三坊七巷的建筑肌理及风格，公开出让，希望再盖出如小黄楼、二梅书屋这样的房子，再出一批像梁章钜、林星章这样的人物”[注9]的美丽愿景。

注9　杨凡．叙事：福州历史文化名城保护的集体记忆 [M]．福州市政协文史资料和学习宣传委员会，福州市历史文化名城管理委员会编．福州：福建美术出版社，2017:90.

衣锦坊更新地块肌理原貌

衣锦坊更新地块肌理织补（设计方案）

3.1.2 坊巷空间意象再塑

衣锦坊由东西走向的主巷道划分为南北两部分，北侧地段除雅道巷以东部分还存续外，其他区段已不复存在，南侧部分则保存较为完整。坊内又以南北走向的雅道巷和闽山巷串合北侧旧杨桥巷、南侧文儒坊，并将衣锦坊、文儒坊用地划分为东、西两部分。起于闽山巷、总体呈东西走向、西端二次呈曲尺形北折接于衣锦坊巷西端的洗银营巷，又将衣锦坊南部西侧用地再次划分为南、北两部分，以此组织其腹地内较深厚的宅基地，构筑起衣锦坊层次分明、支末密接的巷弄肌理。保护再生设计在充分认知、分析、研究其特征的基础上，进行保护修复与更新织补工作。我们以类似性建筑立面与尺度的建筑，修补了衣锦坊巷西段北侧坊巷格局的完整性，修复了沿通湖路的坊门，重建其与西侧安泰河（文藻山河）的历史联系；并意向性修复其北侧雅道巷与水流湾巷，使其与原杨桥巷的双抛桥遗迹相关联，揭示并展现了已消失的地理历史变迁信息。双抛桥原名合潮桥，位于原杨桥巷雅道巷北口，因城内东西走向的两条内河合潮于此而得名；此处原是古代福州城内的商埠区，是研究福州地理变迁的重要实证。合潮桥又因民间传说——古时有一对情侣因奸人作坏不能结为夫妇而于月夜双双投入此河，故被称为“双抛桥”，亦成为永久传诵的凄美爱情故事的见证地。

从南后街北段西侧进入衣锦坊，首先映入眼帘的是以闽山巷坊门作为类型参照而修复的衣锦坊东入口青砖拱券坊门；坊门与衣锦坊 2 号历史建筑东西走向的马鞍墙共同构筑了具有强烈可识别性的坊巷入口标志。坊门作为框景，不远处，水榭戏台古民居独特的乌烟灰粉墙与牌堵墀头门头房引人入胜，巷道两侧连续排列的宅院入户石框门与门罩有序点缀其中，巷宽 4 米、巷墙 4—6 米，形成尺

水流湾空间意向性修复

双抛桥

度宜人、疏朗亲切的坊巷居家氛围，呈现出“进一步都市喧嚣，退一步小巷深深”的独特生活画卷。

继续向西不远处，几株苍虬古树提示着坊巷深处更具迷人的景致——闽山巷。闽山巷北接雅道巷，南通文儒坊，本名闽山坊，因其在闽山之北且内有闽山庙而得名。闽山庙在巷南口，临文儒坊巷，南宋端平年间诏封庙为“灵应庙”，奉祀北宋景祐元年（1034 年）进士、秀州（今嘉兴）判官卓祐之。卓祐之为人正直，为官清廉，自谓死当为神，殁后频显灵庇佑百姓，故受里人敬仰，“明崇祯间，黄巷、衣锦坊始分香火立社”[注 10]。明永乐年间，朝廷正式将其“载诸祀典”。明陈元珂在《重修闽山庙记》中记载：“每岁三月三，

注 10 （清）郭柏苍. 竹间十日话 [M]. 福州市地方志编纂委员会整理. 福州：海风出版社，2001:104.

衣锦坊坊门与南后街

水流湾

衣锦坊东眺黄巷牌坊

衣锦坊坊门框景

则聚富室珍服奇玩，竞为杂剧，前道神像，遍游于市肆；夜则奉小像于委巷，喧呼竟夕。”[注11] 每年元宵节或清明节，闽山庙都有杂剧（社戏）演出以及灯会、斗宝、看鳌山等活动。闽山庙会成为福州城内最具影响力、最为典型的民俗活动。

从衣锦坊巷转入闽山巷北口，其东侧有一单层穿斗木构双坡顶小建筑，为坊巷邻里的杂货店；巷西侧的马鞍墙中有“财福”神龛，奉祀“财福正神”，为里人祈求财福之地，显现出浓郁的地方文化特征感。小巧的木构建筑在连续的粉墙立面中别具一格，具有强烈的可读性。保护再生设计继续保持其店铺功能，使之既作为坊里的

注11 黄启权．三坊七巷志[M]. 福州市地方志编纂委员会编．福州：海潮摄影艺术出版社，2009:229.

街道监视者

牌堵墀头门头房

闽山巷坊门

卓公祠节点

闽山巷牌堵墀头

“街道监视者”[注12]，又是邻里闲聚的重要节点。沿闽山巷南行，过小店铺，空间极度收束，巷宽仅 1.3 米，不远处出现由连续密集排列的三组小开间、马首形墀头牌堵门头房构筑的独特景致，成为闽山巷独特的景观意象，更是三坊七巷街区内独此一处的别样文化景观。在闽山巷内更新地块的宅门设计中，我们不以此类型户门作类比参照，而采用内凹式的入户空间形式，以避免新的连续牌堵墀头门头房排列的景观出现，切实有效地保持闽山巷独特个性景观的真实性与唯一性。闽山巷中段巷宽逐渐变宽至 1.8—2 米，南段则更宽，宽度约为 2.5 米，与南口闽山巷坊门自然衔接。拱形坊门洞宽 2.2 米，高 3.5 米，是三坊七巷街区中存续较为完好的里坊坊门遗迹。

闽山巷中段向西有一条东西向的坊内横巷，称洗银营巷；因清梁章钜次子梁平仲有诗云“银无可洗，云尚能梯”[注13]，又被称“梯云里”。巷宽 2.8—3 米，其西段呈曲尺形向北折西与衣锦坊巷道相接。洗银营巷内有坐北朝南、五座并联的郑氏民居，巷南有梁鸣谦故居等连片历史建筑群。郑鹏程（1760—1820 年）为清嘉庆元年（1796 年）进士，其幼子郑世恭和孙辈郑守廉（郑孝胥之父）在咸丰二年（1852 年）同榜中进士后曾奉旨修建了“贞寿之门”牌坊，今废。洗银营巷内紧密分布着 10 余处保护建筑、历史建筑，多是以普通石框门加门罩作为入户大门的院落，且巷宽较之衣锦坊主巷道窄，两侧巷墙高度与衣锦坊巷相仿，更呈现出一种深巷人家清幽宁静的居住气氛。基于此，在其西段更新建筑设计中，我们也吝啬于大户人家牌堵门头房的应用，更多采用低调的石框门、或加门罩或不加

注 12　（加拿大）简・雅各布斯．美国大城市的死与生 [M]．金衡山译．南京：译林出版社，2006:32.

注 13　黄启权．三坊七巷志 [M]．福州市地方志编纂委员会编．福州：海潮摄影艺术出版社，2009:210.

闽山巷内凹节点

闽山巷南段更新建筑

闽山巷向西引出洗银营巷

门罩的入户门形式，遵循其固有组织肌理关系，以相似的小尺度面宽院落、落与落之间呈曲尺形平面进退和立面高低组合变化秩序等，保持洗银营巷特有的居家氛围。

衣锦坊巷西段折北拐角处有一幢玲珑别致的民国时期二层圆柱红砖小楼，院门亦为红砖叠涩拱券门，在一片粉墙黛瓦的坊巷中显得特别富有意趣。在坊巷的再生设计中，我们特别用心对其加以保护与活化利用，它既是城市演进与近代化发展的重要历史实证，也是对当下历史文化街区保护再生中食古不化态度的一种批判。

洗银营（修复前）

洗银营（修复后）

衣锦坊西段红砖小楼

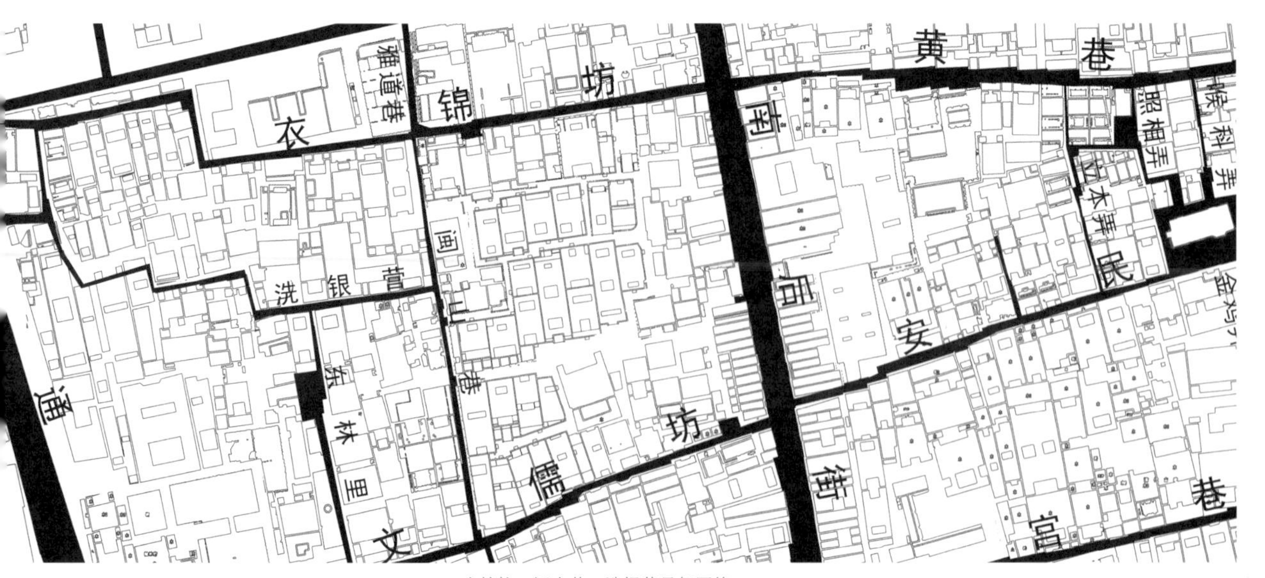

衣锦坊、闽山巷、洗银营骨架网络

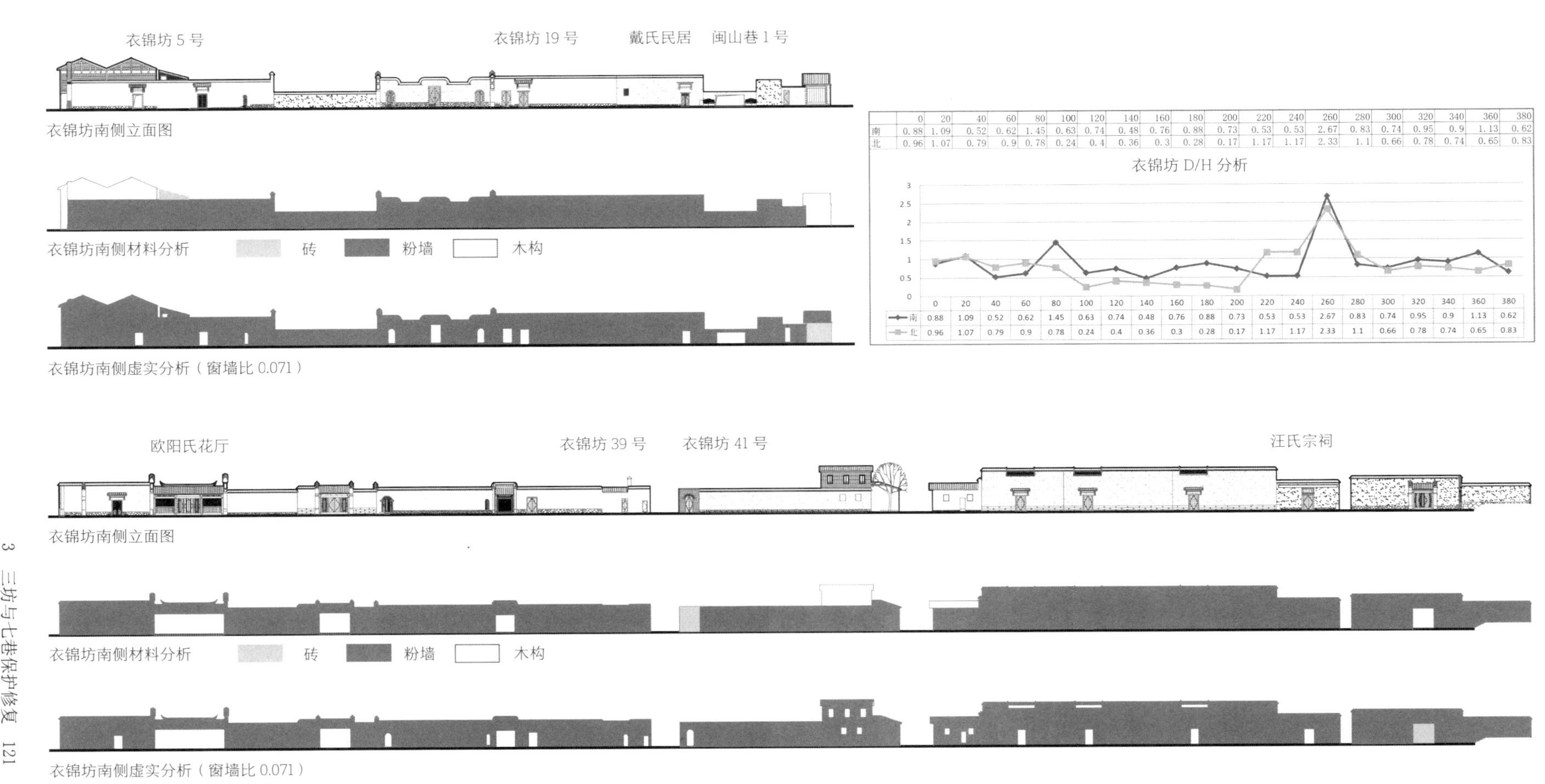

	0	20	40	60	80	100	120	140	160	180	200	220	240	260	280	300	320	340	360	380
南	0.88	1.09	0.52	0.62	1.45	0.63	0.74	0.48	0.76	0.88	0.73	0.53	0.53	2.67	0.83	0.74	0.95	0.9	1.13	0.62
北	0.96	1.07	0.79	0.9	0.78	0.24	0.4	0.36	0.3	0.28	0.17	1.17	1.17	2.33	1.1	0.66	0.78	0.74	0.65	0.83

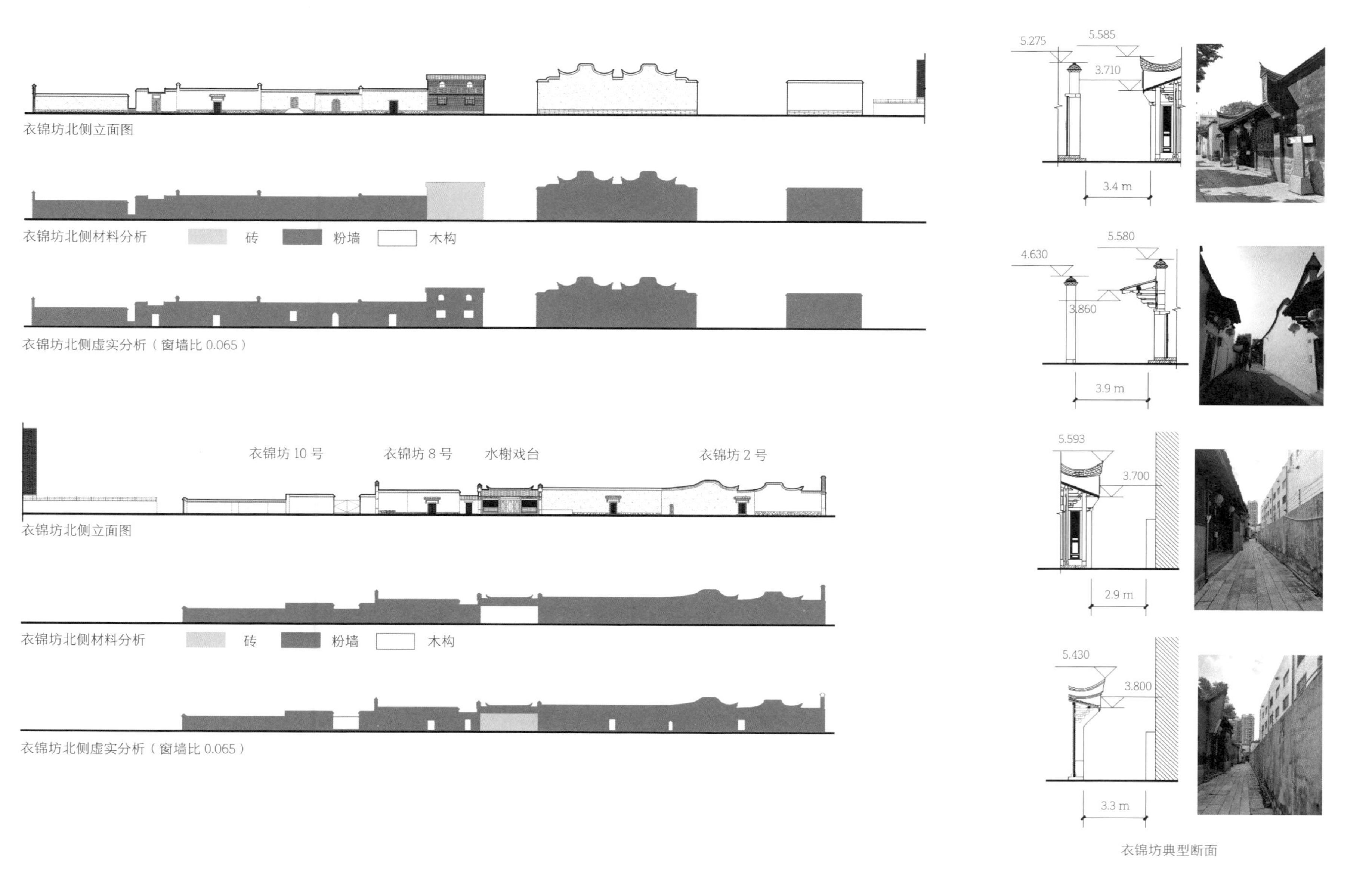
衣锦坊北侧立面图
衣锦坊北侧材料分析
砖
粉墙
木构
衣锦坊北侧虚实分析（窗墙比 0.065）
衣锦坊 10 号
衣锦坊 8 号
水榭戏台
衣锦坊 2 号
衣锦坊北侧立面图
衣锦坊北侧材料分析
砖
粉墙
木构
衣锦坊北侧虚实分析（窗墙比 0.065）
5.275
5.585
3.710
3.4 m
4.630
5.580
3.860
3.9 m
5.593
3.700
2.9 m
5.430
3.800
3.3 m
衣锦坊典型断面

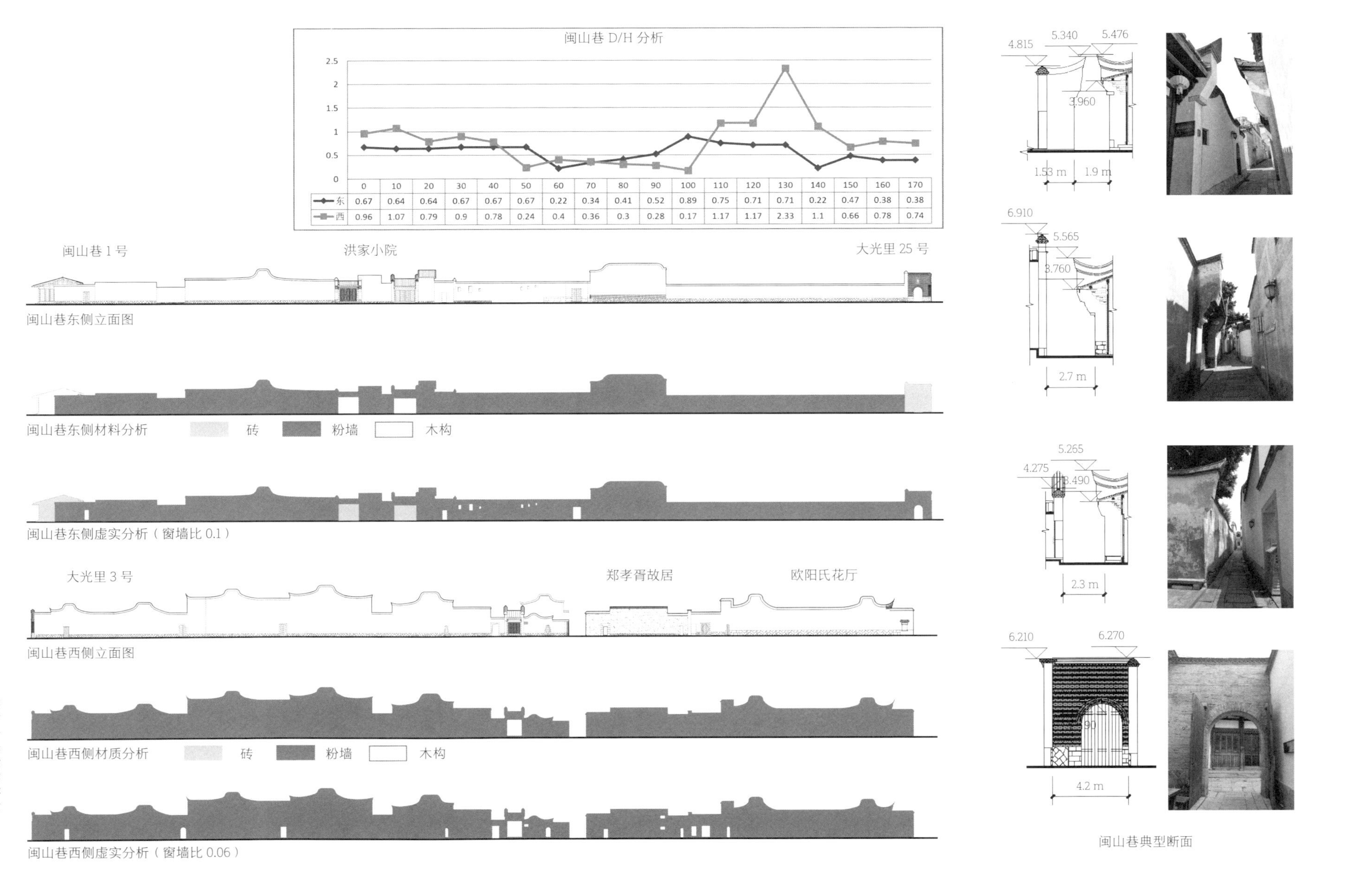
闽山巷 D/H 分析
2.5
2
1.5
1
0.5
0

	0	10	20	30	40	50	60	70	80	90	100	110	120	130	140	150	160	170
东	0.67	0.64	0.64	0.67	0.67	0.67	0.22	0.34	0.41	0.52	0.89	0.75	0.71	0.71	0.22	0.47	0.38	0.38
西	0.96	1.07	0.79	0.9	0.78	0.24	0.4	0.36	0.3	0.28	0.17	1.17	1.17	2.33	1.1	0.66	0.78	0.74

闽山巷 1 号
洪家小院
大光里 25 号
闽山巷东侧立面图
闽山巷东侧材料分析
砖
粉墙
木构
闽山巷东侧虚实分析（窗墙比 0.1）
大光里 3 号
郑孝胥故居
欧阳氏花厅
闽山巷西侧立面图
闽山巷西侧材质分析
砖
粉墙
木构
闽山巷西侧虚实分析（窗墙比 0.06）
4.815
5.340
5.476
3.960
1.53 m
1.9 m
6.910
5.565
3.760
2.7 m
5.265
4.275
3.490
2.3 m
6.210
6.270
90
4.2 m
闽山巷典型断面

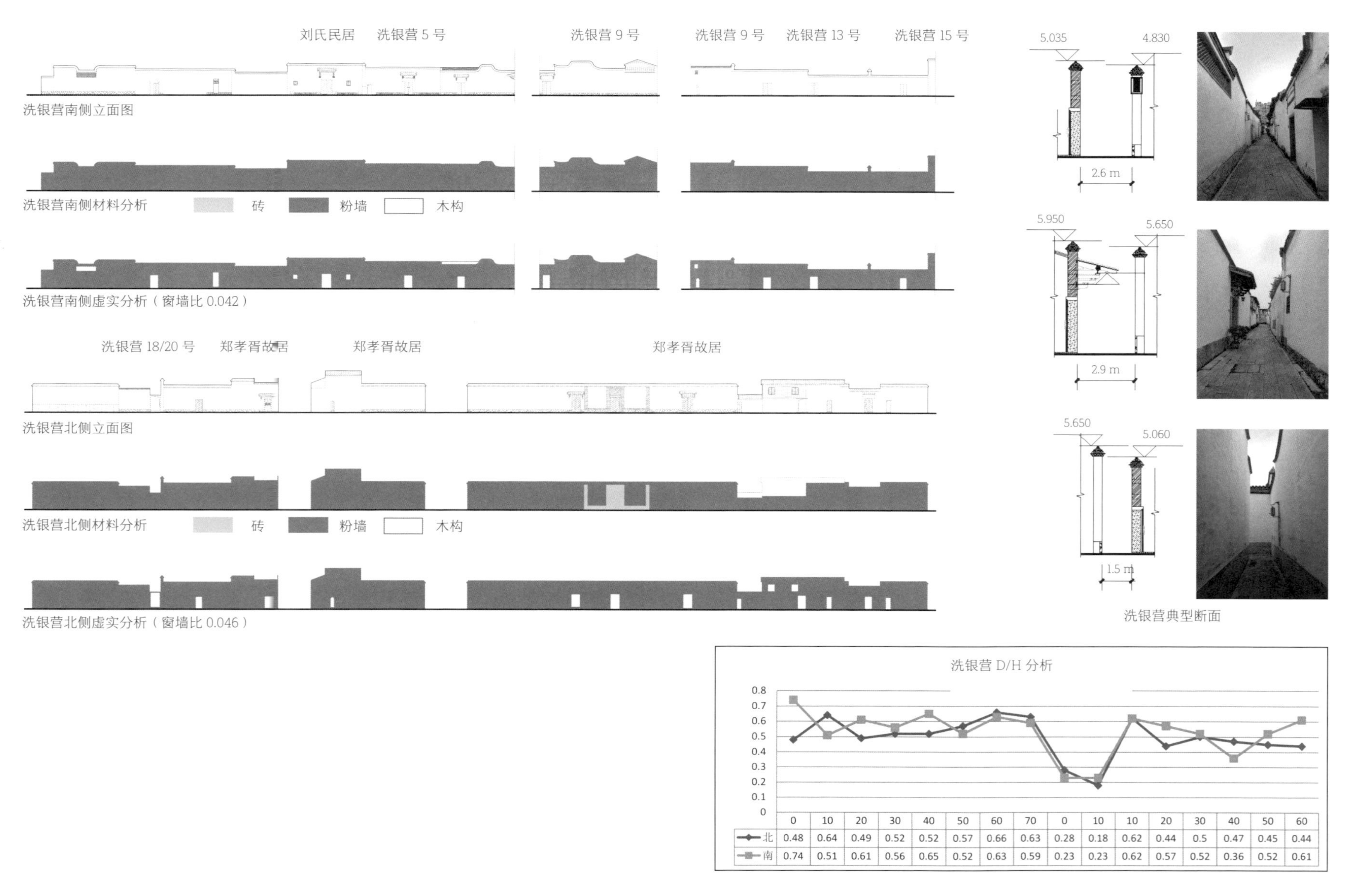

	0	10	20	30	40	50	60	70	0	10	10	20	30	40	50	60
北	0.48	0.64	0.49	0.52	0.52	0.57	0.66	0.63	0.28	0.18	0.62	0.44	0.5	0.47	0.45	0.44
南	0.74	0.51	0.61	0.56	0.65	0.52	0.63	0.59	0.23	0.23	0.62	0.57	0.52	0.36	0.52	0.61

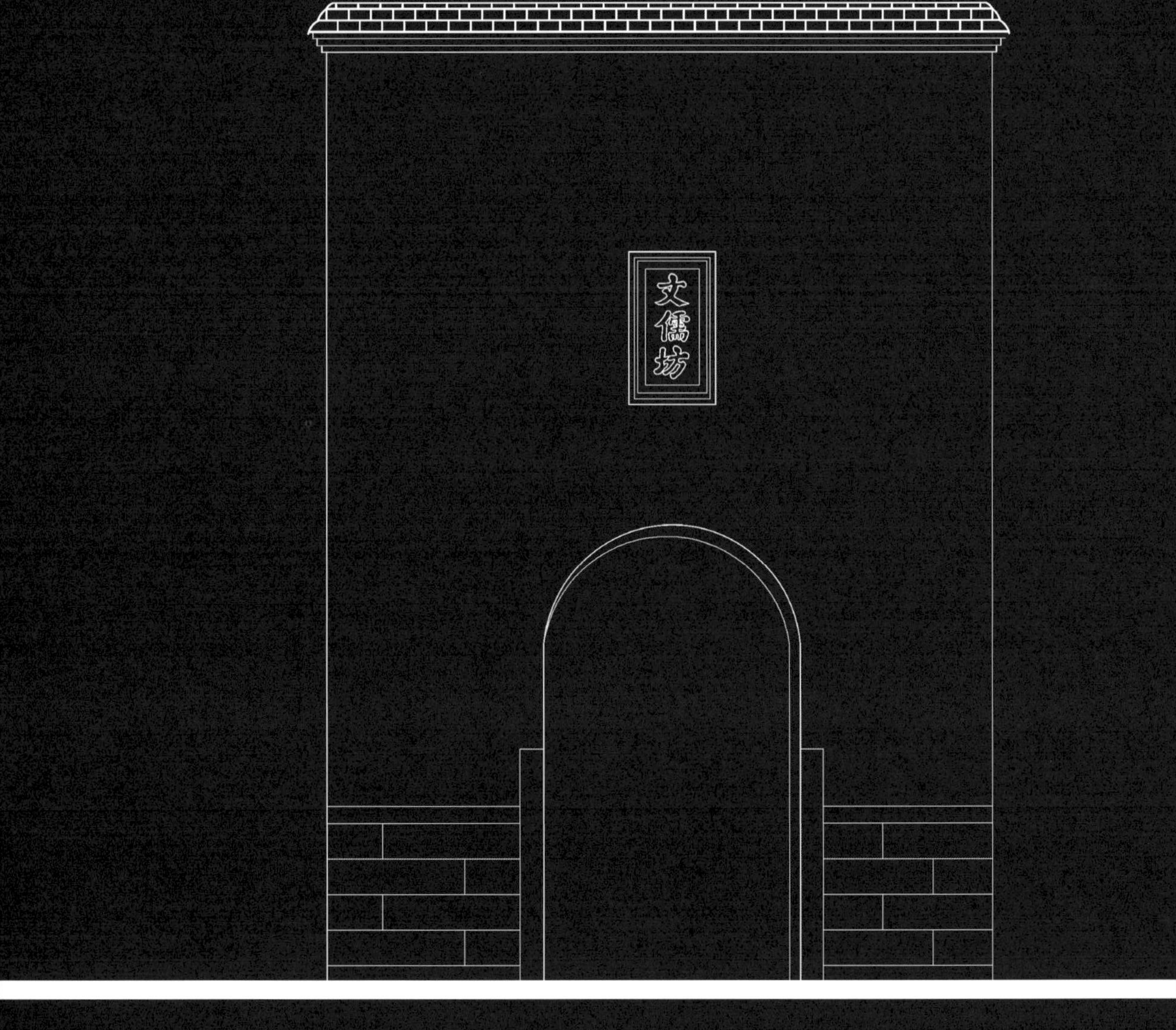
文儒坊

3.2 文儒坊保护与修复

文儒坊位于三坊之中心区，闽山巷将其划分为东西两部分，并通过闽山巷连贯北侧衣锦坊和南侧光禄坊；其南部再由东西横巷大光里划分腹地，大光里巷西接通湖路，东至三官堂处折北通文儒坊巷，并于闽山巷坊门相接，巷宽约3米，两侧巷墙4.2—5米，折北直巷接闽山巷，巷宽约2.5米。大光里西段南侧有南北走向的直巷——早题巷通南侧光禄坊；三官堂前有曲尺形巷——丰井营巷，向东通南后街及光禄吟台古典园林。文儒坊，清《榕城考古略》记载："旧名山阴巷，初名儒林，以宋祭酒郑穆居此，改今名。又以明总制张经居此，署尚书里。其西抵金斗门桥河沿。"[注14] 古老的山阴巷，随居者聚集而逐渐成坊，在宋代出了主持国家最高学府的国子监祭酒郑穆之后，儒风洋溢，士者云集，呈现一派"谈笑有鸿儒，往来无白丁"的景象。从文儒坊走出的名士还有明代成化年间林浦村的南京吏部、兵部尚书林瀚及抗倭名将张经、清台湾总兵甘国保、"世翰林"的叶观国、船政幕府梁鸣谦、陈承裘和陈宝琛父子、民国海军上将陈季良、民国海军闽江口要塞司令许倜业，以及近代文化界名人陈衍、何振岱等。

注14 （清）林枫．榕城考古略[M]．福州市地方志编纂委员会整理．福州：海风出版社，2001:61.

1937年文儒坊肌理

1995年文儒坊肌理

2000年文儒坊肌理

2020年文儒坊肌理

3.2.1 历史建筑特征与保护活化利用

文儒坊是三坊之中格局、巷弄、风貌保持最为完整的“坊”，东口沿南后街的坊门、巷中的公约碑等均是三坊七巷里坊制遗痕的重要物质实证。保护再生设计以少干预、最大限度体现其真实性为原则，让更新地块建筑以审慎介入的姿态，织补其格局的完整性，真实、可读性地再现其独特的历史特征。

文儒坊坊门（修复前）

文儒坊坊门（修复后）

文儒坊巷弄（修复前）

文儒坊巷弄（修复后）

文儒坊巷弄空间形态

文儒坊对景安民巷

文儒坊内文物建筑与历史建筑最为显著的特征是明代原构建筑保存众多，且一座宅院中能集明、清、民国三个时期建筑风格于一体，各时代特征鲜明却又衔接巧妙。国家级重点文物保护单位有陈承裘故居（占地约 1000 平方米），省级文物保护单位有尤氏民居、大光里陈衍故居（占地 835 平方米）、大光里陈元凯故居（占地 1350 平方米），市级挂牌保护单位有张经故居（占地 2000 平方米）、大光里何振岱故居（占地 528 平方米）、大光里黄任故居（占地 820 平方米），保护建筑和历史建筑有甘氏祠堂、民国海军上将陈季良故居、清开封知府蔡赓良故居、清湖南布政使、署安徽巡抚孙翼谋故居、卢氏宗祠（蒙学堂）、清多省典乡试叶观国故居、民国海军少将许倜业故居、尤家花园等 12 处。

何振岱故居

陈承裘故居入口

陈承裘故居

文儒坊文物保护单位

尤氏民居坐落于文儒坊南侧 13 号、15 号、17 号，南至大光里，坐南朝北，为清末福州商业巨贾尤贤模的宅院，坊间称其为“新尤”。先是其兄尤贤赞在文儒坊购得清四川总督苏廷玉大院加以修葺，人称“旧尤”。尤贤模发达后也在此购屋建房，规模更大，“自文儒坊、闽山巷至衣锦坊，一连串院落被称为‘新尤’”[注 15]，旧尤、新尤曾共有宅园六座十三进，屋宇百余间，连绵开来，人称“尤半街”。

现存续的尤贤模宅院自西而东三落并排，占地面积 3245 平方米。西为主落，共三进，入户大门原为木构屋宇式牌堵门头房，民国年间改为西式砖拱券门。入门厅接第一进石框门，入门有插屏门，前庭井三面环廊，一进厅堂面阔三间（通面宽 16 米）、进深七柱（通进深 12 米），为穿斗式木构双坡顶建筑；后天井封火墙中开石框门洞与二进相通。二、三进平面布置不同于一进，是三坊七巷院落基本类型的变异，前后天井东西两侧均有披舍，二、三进天井之间不设封火墙，共用天井，呈四合院形态，且于二进东侧设暗弄联通三进。第三进之特别之处是面阔四开间建筑的处理，以三开间面宽与第二进自然衔接；东侧尽间平面则后退一柱，后天井处披舍亦向西移一开间，巧妙地在东尽间前后形成两个小别院。此布局形式既保持了第三进空间与形态的完整性，又构筑出尽间前后两个别致小院，独具匠心。前别院（面宽 3 米、进深 4 米）作为与中落最后一进建筑的过渡空间，衔接自然，妙趣横生。第三进后墙设石框门通南侧巷道丰井营。

注 15　张作兴 . 三坊七巷 [M]. 福州 : 海潮摄影艺术出版社，2006:40.

尤氏民居门头房

尤氏民居入口砖拱门

尤氏民居东侧尽间缩进

中落、东落布置更具特色，南北两端为紧密排列的院落建筑，两落中部则皆为花厅园林，为宅邸的核心空间，四周环以封闭高墙并与周边院落相分割，自成一体。“涉门成趣，得景随形”注16，园中叠石造山，下洞上台，假山中以糯米、石灰等材料塑出洞深10余米的雪洞，曲径深幽；假山高处置四角亭，并以小桥、水榭连贯为完整游线，“蹊径盘且长，峰峦秀而古”注17，景致丰富，意韵隽永。中落第一进与西落一进天井相连通，其建筑为五开间出二层拱形走马廊式民国木构建筑，呈倒朝房式坐北朝南布置，北侧与临巷院墙间距仅2米，为一线天式狭窄天井，南侧则面向较为宽阔的园景。花厅二层从中部花园设楼梯附壁而上，近可俯瞰南侧园林景致，远可眺望乌山风景区。中部园林南面亦为自成一体的独立别院，坐北朝南；主座为面阔三开间二层木结构小楼，前后设天井，南天井东南侧设石框门通丰井营；后天井与后罩房形成四合院式院落。

东落为形制完整的二进式精致小院落，入户大门为三开间牌堵门头房，进门厅后是第一进石框门。一进前庭井左右设披舍，庭井空间方正；主座为明末清初穿斗式木构架，后天井也置有东西披舍，天井后墙开石框门连接第二进前天井。第二进主座为面阔三开间的二层木构建筑，前天井左右布置披舍，原后天井较为狭窄、无披舍，有石框门通南侧园林花厅。

注16 （明）计成．园冶读本[M]．王绍增注释．北京：中国建筑工业出版社，2013:10.
注17 同上书，第171页．

尤氏民居花厅走马廊

尤氏民居园林

尤氏民居的三落宅院各具特征，相对独立，相互之间又通过中部园林花厅连为一体。建筑层数以一层建筑为主、二层建筑点缀其中，天际轮廓线变化有致。空间序列组织讲求中轴对称、主从有序，各落间连接空间转换自然，明暗变化丰富，极富体验个性。风格上集明代、清代、民国各时期于一体，后一期与前一期衔接过渡巧妙，生动有趣。装饰方面，隔扇、门窗、构件等用材考究，雕刻精美；尤其是西落主座两侧厢房的楠木隔扇门，雕刻有龙凤、寿桃、宝鼎、如意、松鹤、灵芝、香橼、蝙蝠等吉祥图案，可称为三坊七巷古建筑中的艺术精品。修缮后的尤氏民居是三坊七巷社区博物馆中37个专题馆之一，并作为福州市海上丝绸之路博物馆对外开放。

尤氏民居中落阁楼

尤氏民居主落轩廊

尤氏民居隔扇

尤氏民居主落第二进

尤氏民居后天井

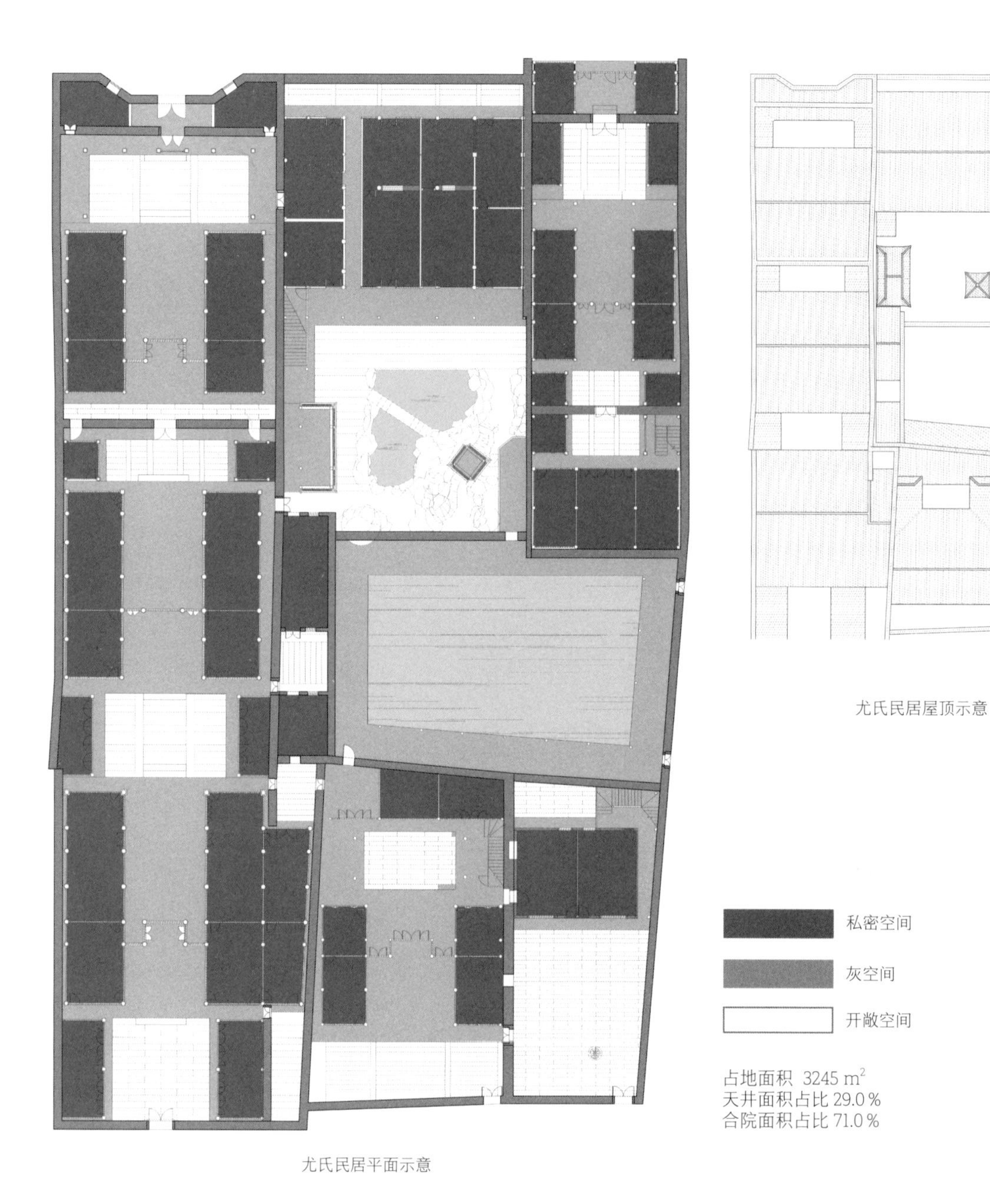

尤氏民居屋顶示意

尤氏民居平面示意

一进前天井　　一进后天井　　二进前天井

D/H=1　　一进主座　　D/H=0.8　　二进主座

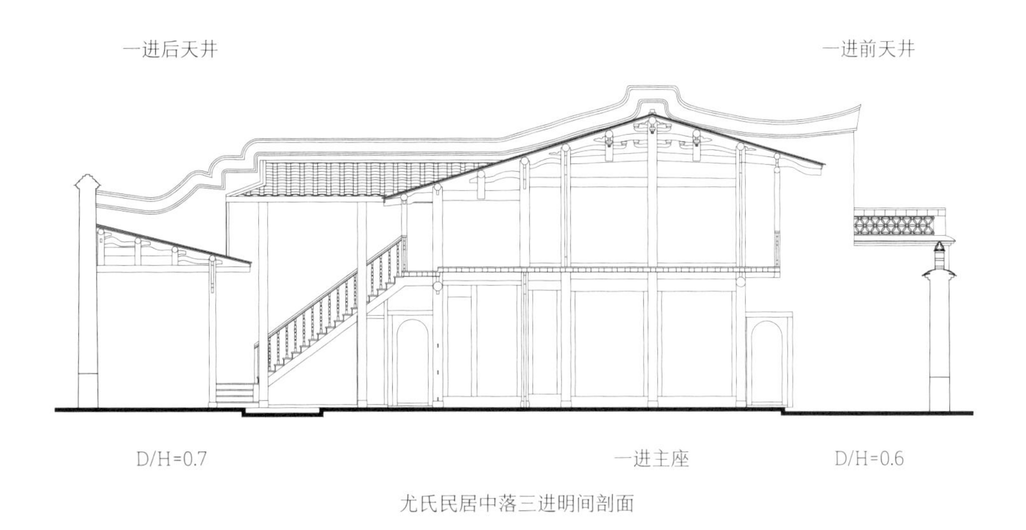

尤氏民居中落三进明间剖面

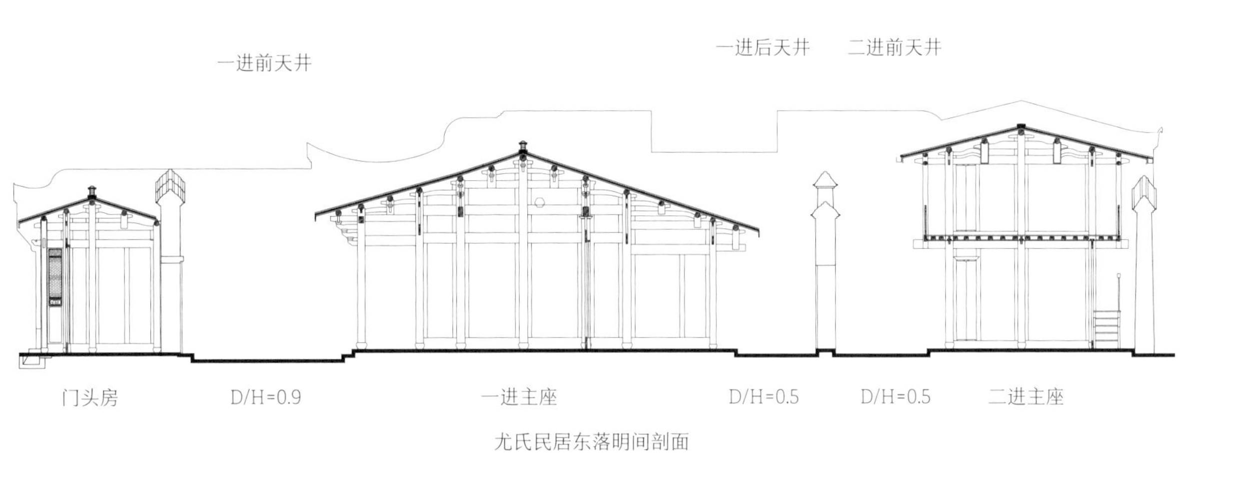

尤氏民居东落明间剖面

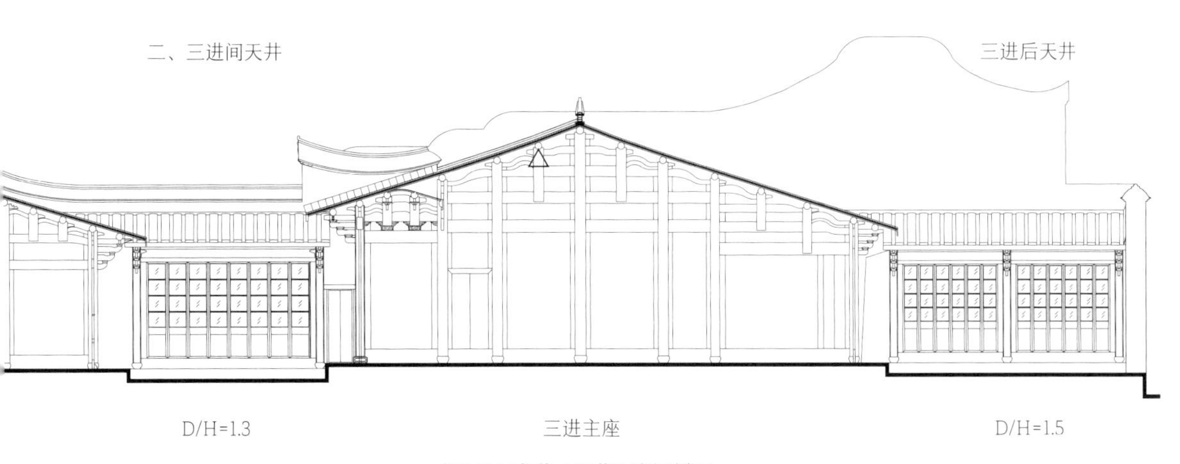

尤氏民居主落（西落）次间剖面

3.2.2 更新地块设计与坊巷空间意象再塑

在文儒坊更新地块的建筑设计中，我们以类型学与形态学互为表里的理念与方法，修复、织补坊巷肌理，保护传承街区数百年来层积而成的一种不可复制的独特性；坚持以原有“院落宅基地”规模尺度地块作为更新建筑的单元体，结合不同地段、地块的场地现状特征，将大地块场地分解成街区固有建筑尺度与特征的小地块，以自然演进的肌理特征重新集合街区肌理，重塑由紧凑、密集建筑单元体形成的坊巷、街区肌理特质，呼应街区历史结构与历史空间环境。

在大光里北段 K5 地块的更新设计中，我们将大地块用地划分为三个传统尺度的宅基地，以契合周边历史建筑的屋顶肌理尺度。设计采用庭井结合的平面方式，同时以更为紧凑的布局形态解决传统院落存在的功能性问题，从而响应当代生活的诉求。在文儒坊西段 K7 地块设计中，设计则结合基地东侧南北两端各保留一棵高大乔木的场地特征，将基地划分为主落与花厅两部分进行院落组合；汲取“水榭戏台”宅园一体的布置方式，将东侧落作为园林花厅，形成二层楼阁置于基地中部偏北、前后园林空间环抱的布局形态。西侧主落为主要功能区，采用二进院落方式布局，第一进庭井以院墙分为三个小空间，形成“明三暗五”的院落形态，中部上空覆以

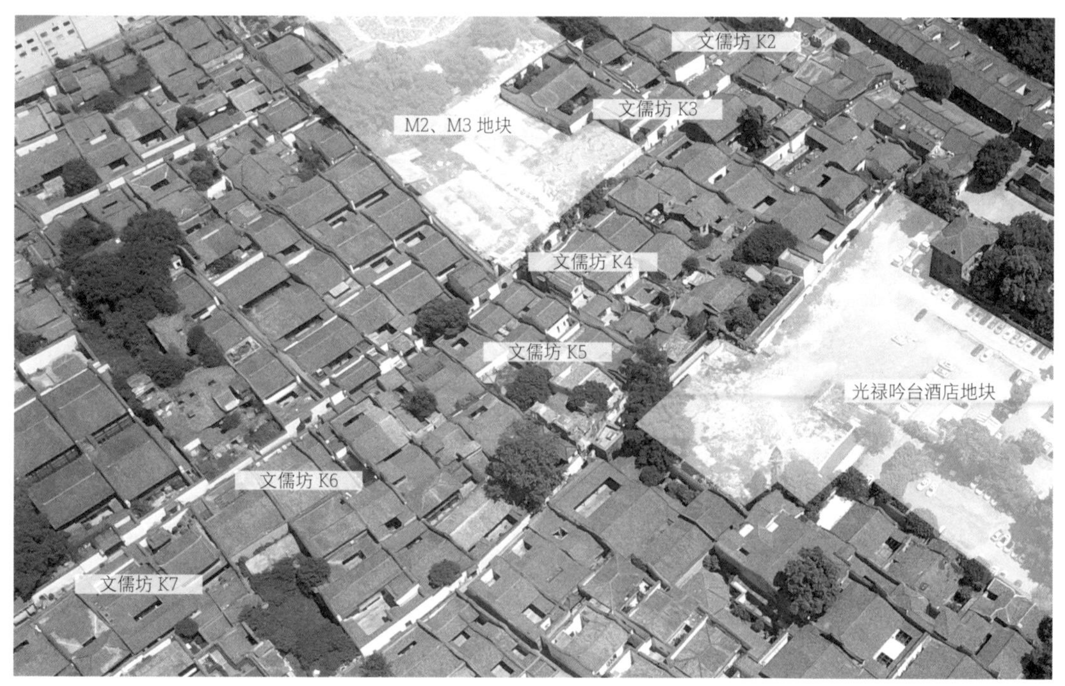

文儒坊 K1-K7 地块第五立面与三坊七巷第五立面

玻璃顶，两侧作为天井；主座则为五开间开敞式办公空间，于西侧留出暗弄联系二进院；二进采用后罩房形式，类比民国二层青砖楼，与一进共同构筑成一处较为开敞的庭井空间。整体设计既讲求传统厅井一体的空间特征，又追求具有良好使用功能的文创院落空间的独特性。

利用更新地块重新组织街区的空间肌理是街区再生设计中一项重要的工作。通过古建筑保护修缮和更新地块审慎织补，使文儒坊的巷弄格局、走势、尺度、氛围、景观意象都得以良好修复和再造。更新建筑沿巷道均为一层，二层部分皆采用后退巷墙的布置方式，巷墙高度控制皆在 5 米以下，并依据与相邻建筑关系做高度上的变化。依据旧有地形图将平面进退关系有机嵌入，并严格保持其自然走势。修复后的文儒坊巷仍呈现出平面曲折变化自然、立面起伏有致的整体独特氛围。设计同时修复了文儒坊西端沿通湖路的坊门，并以意向性手法与其西侧唐城宋街博物馆取得历史关联。博物馆内保留了原文儒坊巷的走势遗痕，通过与唐城宋街考古遗迹连接，建构起与安泰河、金斗桥的历史联系；同时通过开放式遗址展示与意向性局部修复唐罗城城墙，让历史与百姓日常生活密切连接，令遥远的城市历史印记又鲜活起来，有力地阐释了三坊七巷街区作为文化遗产地的悠久历史及其与唐罗城、宋外城的历史关联性。

K3 地块东落留白作为休憩空间

文儒坊坊门（通湖路侧）

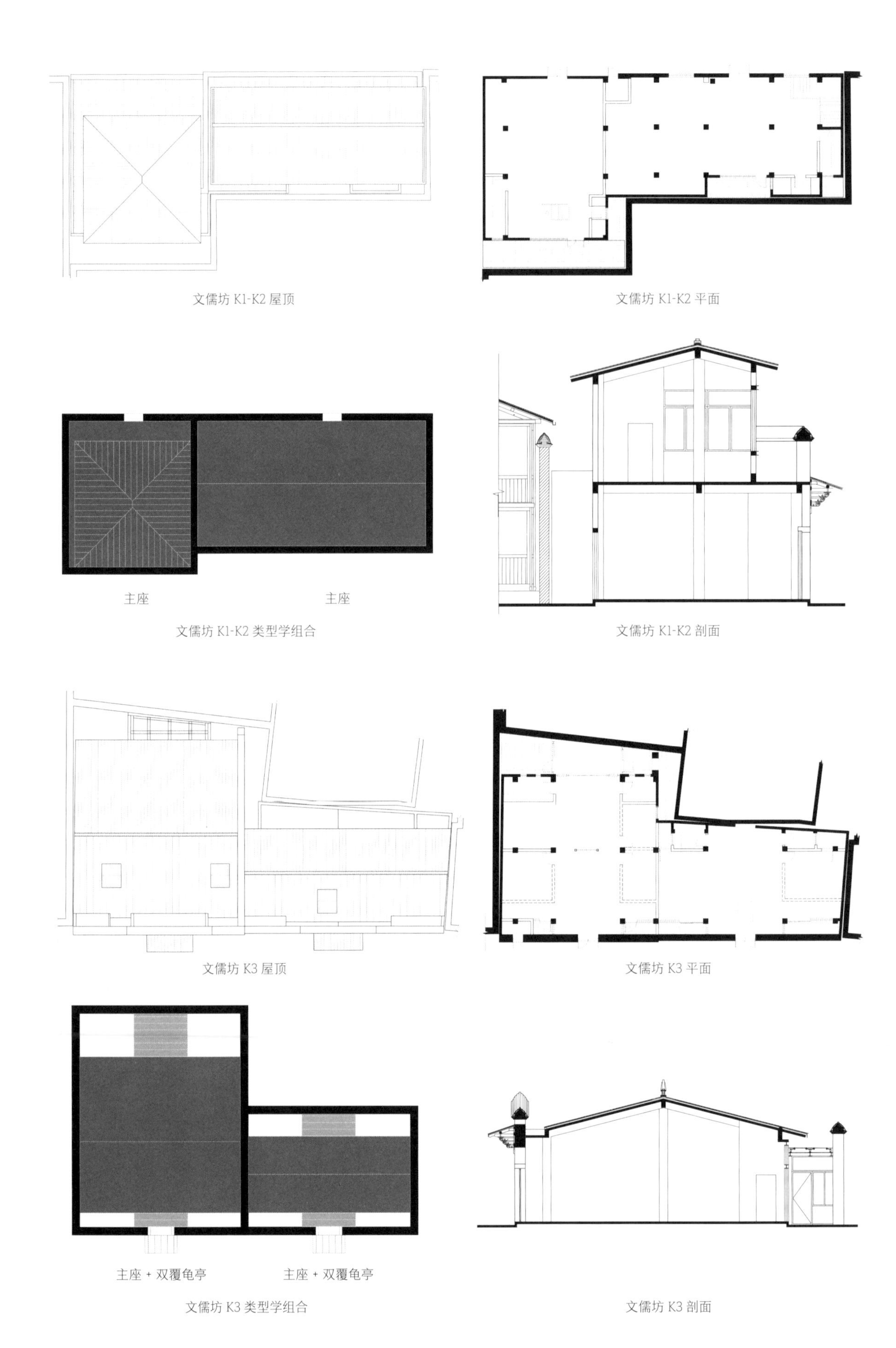

文儒坊 K1-K2 屋顶

文儒坊 K1-K2 平面

文儒坊 K1-K2 类型学组合

文儒坊 K1-K2 剖面

文儒坊 K3 屋顶

文儒坊 K3 平面

文儒坊 K3 类型学组合

文儒坊 K3 剖面

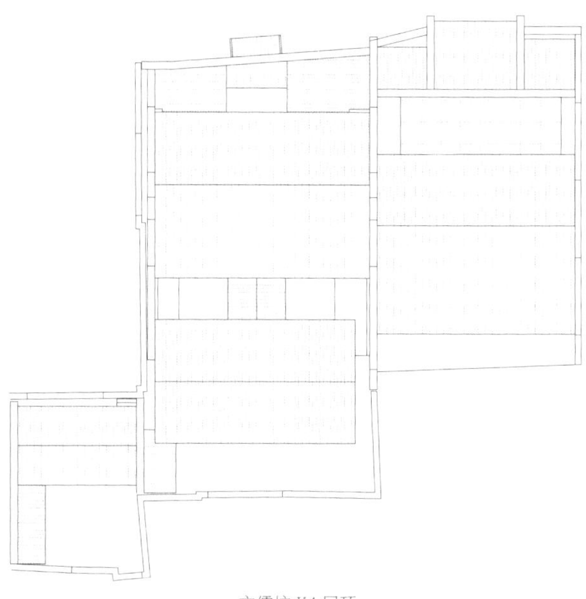

文儒坊 K4 屋顶

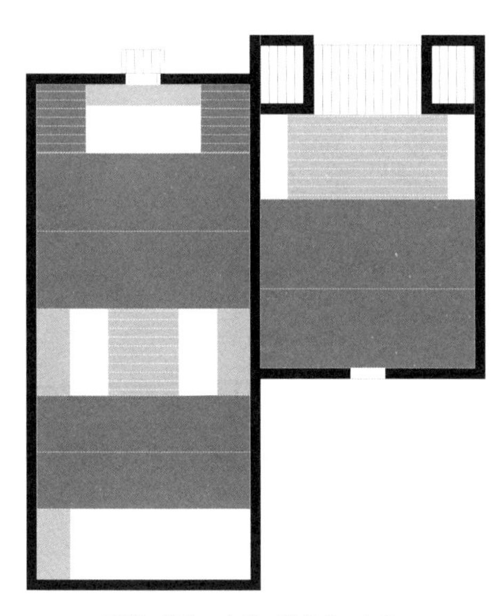

西落：披舍 + 主座 + 覆龟亭 + 主座

东落：门头房 + 覆龟亭 + 主座

文儒坊 K4 类型学组合

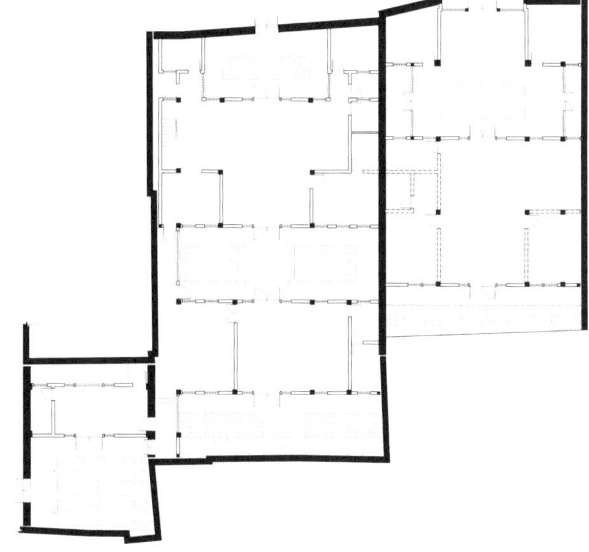

文儒坊 K4 平面

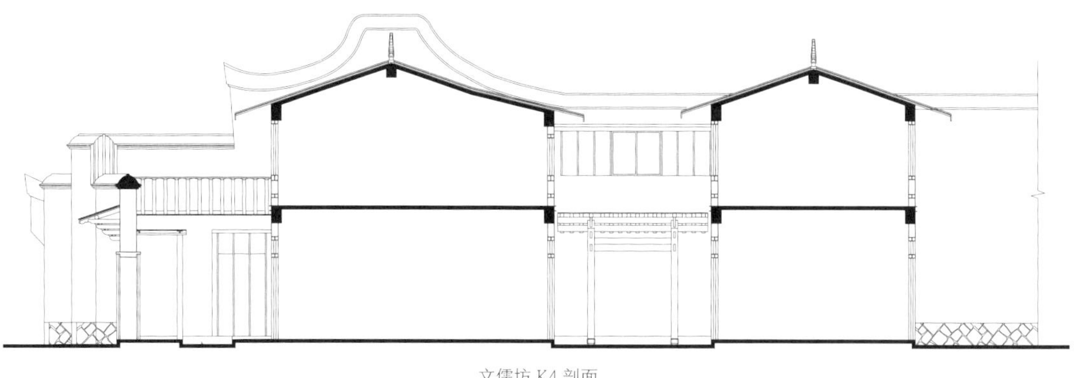

文儒坊 K4 剖面

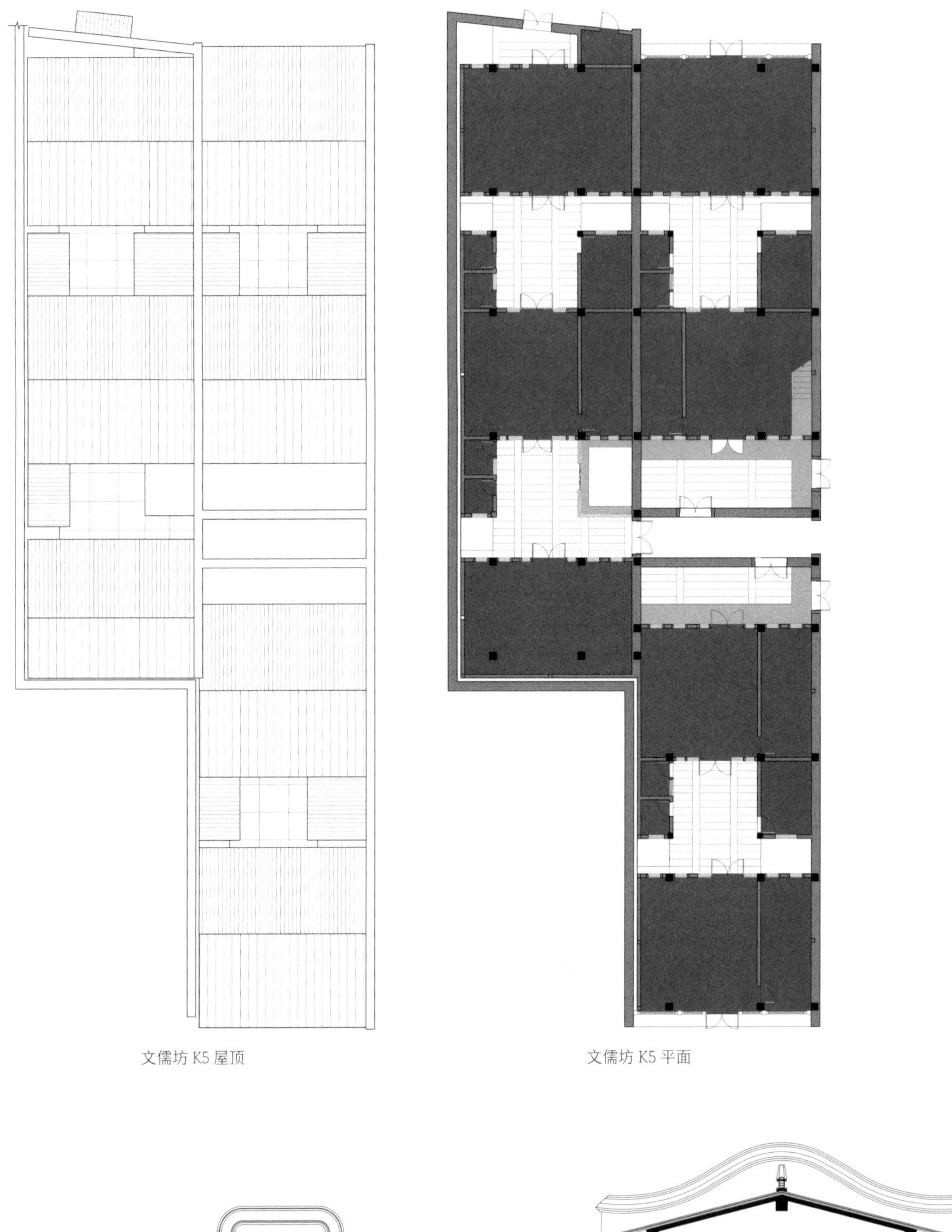

文儒坊 K5 屋顶

文儒坊 K5 平面

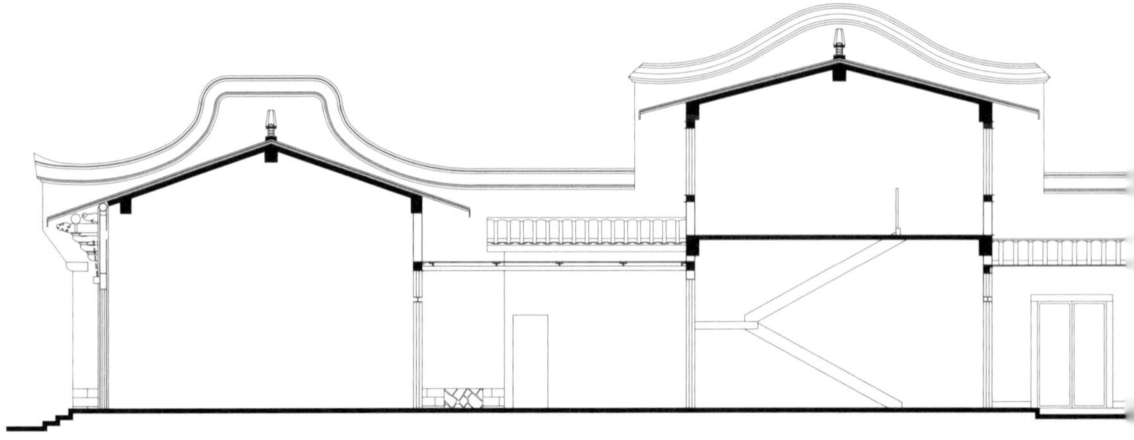

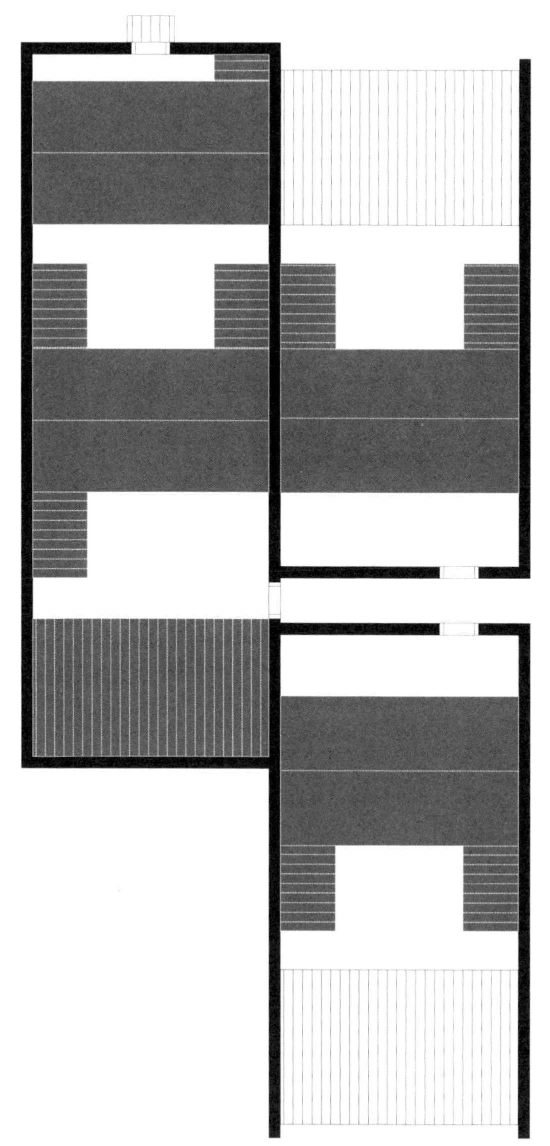

西落：主座 + 披舍 + 主座 + 披舍 + 后罩房

东落：门头房 + 披舍 + 主座

文儒坊 K5 类型学组合

K5 东落门头房

K5 多户入口空间

K5:
占地面积 914.0 m²
天井面积占比 23.2 %
合院面积占比 76.8 %

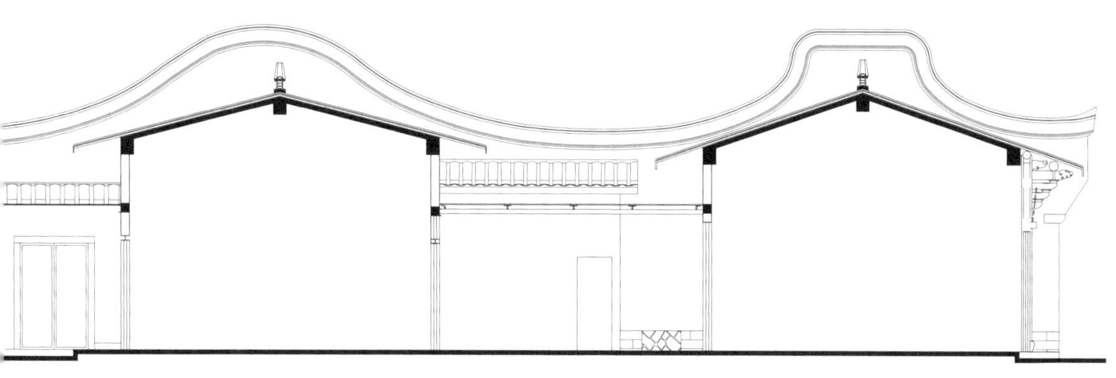

文儒坊 K5 剖面

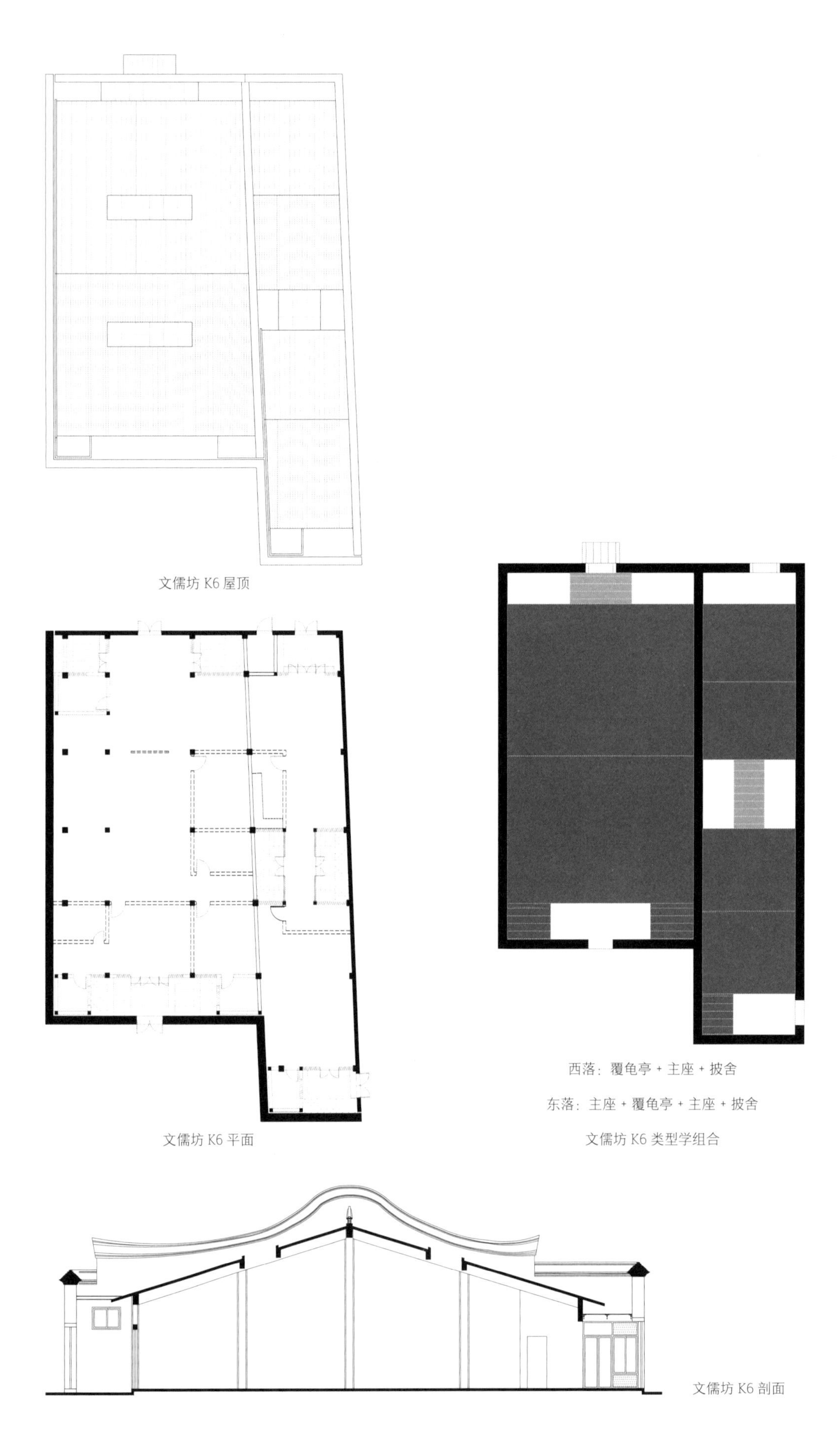
文儒坊 K6 屋顶

文儒坊 K6 平面

西落：覆龟亭 + 主座 + 披舍

东落：主座 + 覆龟亭 + 主座 + 披舍

文儒坊 K6 类型学组合

文儒坊 K6 剖面

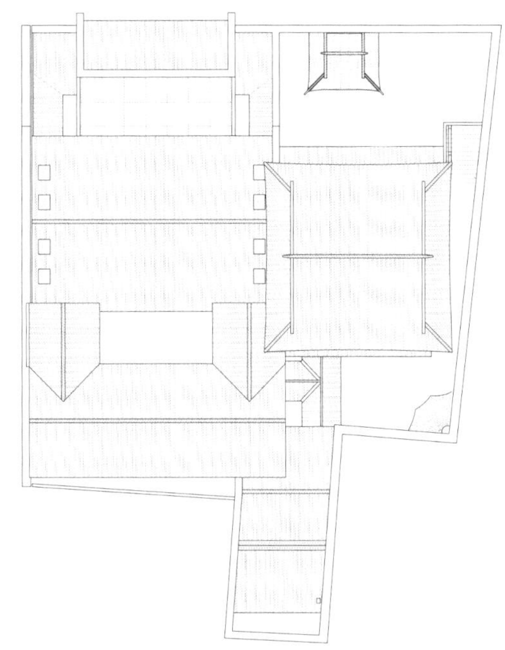

文儒坊 K7 屋顶

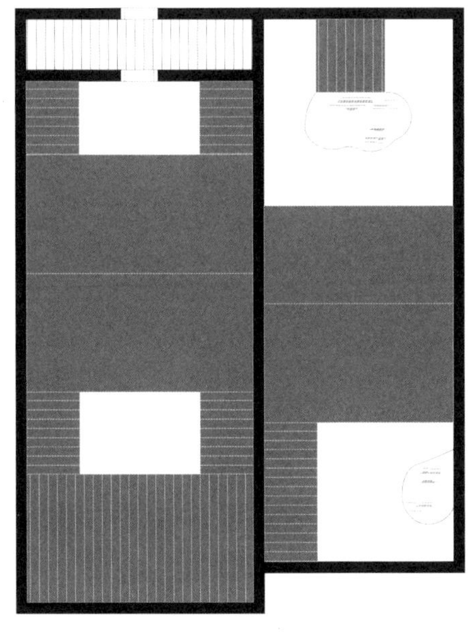

西落：门头房 + 披舍 + 主座（明三暗五）+ 披舍 + 倒朝房

东落：主座 + 花厅园林

文儒坊 K7 类型学组合

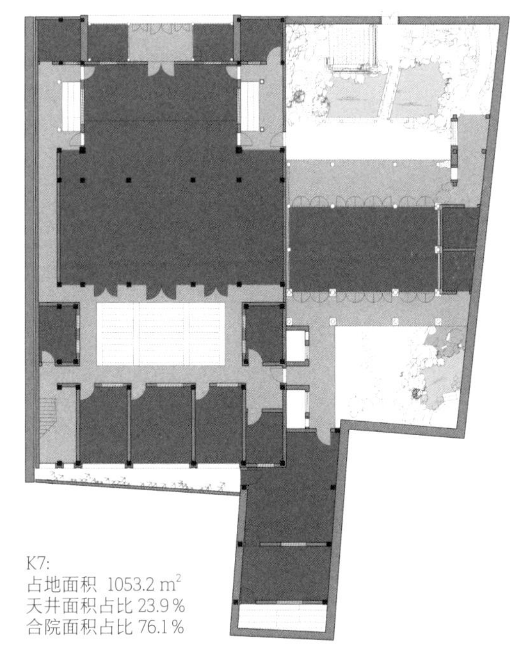

K7:
占地面积 1053.2 m^2
天井面积占比 23.9 %
合院面积占比 76.1 %

文儒坊 K7 平面

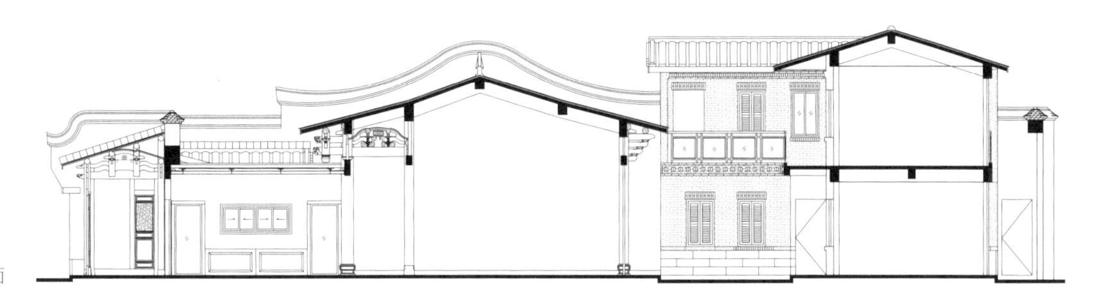

儒坊 K7 剖面

文儒坊的文化景观在三坊与七巷中是最具代表性的，虽然坊巷内面阔五间的屋宇式门头房已不存在，现仅存一处四开间（即巷最西端的许倜业故居），但三开间、单开间牌堵门头房却频繁出现，与简约粉墙、低调石框门巧妙结合，构筑了连续而强烈的空间序列体验与节奏感。宜人的尺度（巷墙高度 4—5 米、巷宽 4—6 米）和自然曲折的巷道变化，尤其中段 S 形走势所产生的一眼望不到尽端的幽深感，以及视线焦点处高昂的马首形墀头所构造的连续、奇妙的独特景致令人印象深刻，流连忘返。同时，设计本着挖掘文化内涵、传承历史文脉的宗旨，以考古学的严谨态度修复了文儒坊中段北侧一条长约 100 米、南北走向的尽端式小巷——东林里和其尽端树神庙小节点空间。“吾闽科甲盛推林氏。明成化时，福州有东西南北林之称，其宅皆在会城。尚有可考者，东林为林瀚，家连浦，所谓‘七科八进士、三代五尚书’者；西林为林泮，家在黄巷西林里；南林为林廷选，北林为林廷玉，家在水流湾、北林坊是也，太保林文安公祠今尚在文儒坊尾。四林均同时在朝者。”[注18] 东林里曾住有“四林”同朝为官的明吏部尚书林瀚，为区别于家住黄巷的林泮，皇帝称家乡在福州城东南林浦村的林瀚为东林卿家，林泮则为西林卿家。因林瀚居于此巷内，故小巷被称为东林里。据传，明弘治元年（1488 年）农历七月十三日夜，林瀚正在书房读书，屋前树神显应，起立跪拜；翌日，请高人指点，并谢神演戏。此后，每年农历七月十三日定为“树神诞”[注19]。现今，此习俗又得到里人、

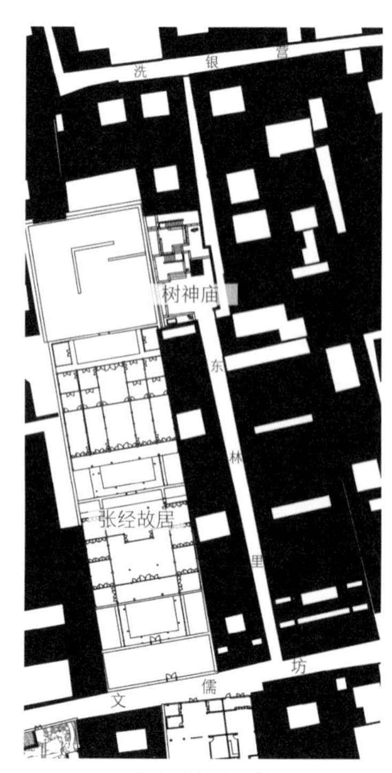

东林里平面示意

注 18 （民国）郭白阳. 竹间续话 [M]. 福州市地方志编纂委员会整理. 福州：海风出版社，2001:21.

注 19 黄启权. 三坊七巷志 [M]. 福州市地方志编纂委员会编. 福州：海潮摄影艺术出版社，2009:43.

文儒坊三开间门头房

S 形走势巷道

东林里坊门

商家的自发传承，每年结合七月“半段”宴请宾客，成为三坊七巷内一项重要的民俗活动，称之为“邻里节”。“七月半段节”是福州附近乡间独有的节令习俗，视农历七月半为一大节，称之为“半段”，“民间家祭活动，烧纸衣，供祖宗，纪念先人。‘半段’应更接近于古代的社日，如春社、秋社之类，……有些地方则与神诞结合，饮宴之外，还演戏、讲评话等”[注20]。

不同于文儒坊巷，其次级横巷大光里，则呈现出不同的空间格局与居家文化氛围。大光里巷折北接闽山巷坊门，巷道宽度与闽山巷南段相同，约为 2.5 米；于三官堂门埕一段宽度约为 6 米，形成扩大节点，成为居民日常活动场所。道教将世界分为天、地、水三层即三官，称为天官、地官、水官，又称三元。“上元天官主赐福，中元地官主赦罪，下元水官主解厄，称为三官大帝，为世人所崇奉。”[注21] 在三官堂前，我们修复了连接南后街的历史古巷丰井营，恢复了三官堂与南后街、“泔液境”的历史连接。《榕城考古略》记载：“井巷，介文儒、光禄之间，俗称丰井营。巷口有苏公井之一，在泔液境内，故名。中有纺绶堂，明孝廉曾异撰故居也。”[注22] 苏公井，为“宋提刑苏舜元所凿，凡十二井，皆在城内，俗称苏公井。……一在甘液铺，即今后街宫巷，俗名丰井营，井在巷口泔液境内”[注23]。丰井营，宋时称“甘液坊，地名方井，即苏公井也”[注24]。明代也称甘液坊，明《福州府志》曰“甘液坊巷，又名水局巷，北

注 20　黄启权 . 解说做“半段”[N]. 福州晚报，2012-08-28.

注 21　黄启权 . 三坊七巷志 [M]. 福州市地方志编纂委员会编 . 福州：海潮摄影艺术出版社，2009:144.

注 22　（清）林枫 . 榕城考古略 [M]. 福州市地方志编纂委员会整理 . 福州：海风出版社，2001:61.

注 23　同上书，第 29 页 .

注 24　（宋）梁克家 . 三山志 [M]. 福州市地方志编纂委员会整理 . 福州：海风出版社，2000:42.

东林里树神庙

大光里东西向巷弄空间形态

文儒树神诞平安宴

通文儒坊”[注25]；清代称甘液铺。“铺”是较小的地名单位，指街巷；“境”是福州道教的庙；“甘液”取“甘鱼”典故，有追悔前非之意。明末诗人曾异撰曾住于甘液坊，其父在他未出生时就已过世，其母做女红课之读，所以他对母亲很孝顺，取其书斋名为“纺绶堂”[注26]，著有《纺绶堂集》。修复后的泔液境遗迹，既是丰井营巷的入口标志，又是光禄吟台园林入口节点的空间，更成为南后街一处具有历史意涵的文化景观场所。丰井营巷宽约为 3 米，延续次级横巷大光里、洗银营等尺度等级。丰井营巷西起于三官堂门埕前，以曲尺形折东接南后街。拐点处是听雨斋园林，内有一口方池，园林主体建筑听雨阁坐北朝南，雨天可在阁内听雨打芭蕉的声音，激发诗人们的诗情，故名“听雨斋”。民国初，著名学者陈衍、林纾、王寿昌、郑孝胥等常在此聚会吟诗，相信修复后的听雨斋也能传承文人雅集之风尚，让文人聚集之地重新文风盈溢。

丰井营

在大光里、丰井营巷的再生过程中，我们特别注重文人们低调、雅逸生活方式的传承。大光里巷内现仅见大光里 18 号由郑孝胥书匾的“郑医寓”一处为单开间六扇门牌堵门头房，存续的其他宅院人家多以石框门上加门罩作为宅院大门形象，有的甚至连门罩都不加置，如大光里 8 号陈衍故居。基于大光里的景观构造特征，在更新地块设计中，我们亦仅于巷道东西两端入口段谨慎植入两处小开间牌堵墀头门头房，以丰富巷道整体景观意象。而在大光里南北走向直段的西侧地块再生设计中，我们则以独特的“几”字形马鞍墙为类型参照，强化大光里南北直巷段空间景观意象的独特性与连续性，以充分体现文儒坊内的直巷意象及其固有的文化景观特质。

注 25　（明）喻政．福州府志 [M]．福州市地方志编纂委员会整理．福州：海风出版社，2001:145.
注 26　官桂铨．甘液坊、泔液境和曾异撰 [N]．福州晚报，2012-04-03.

大光里 18 号

泔液境

类比设计的丰井营景象

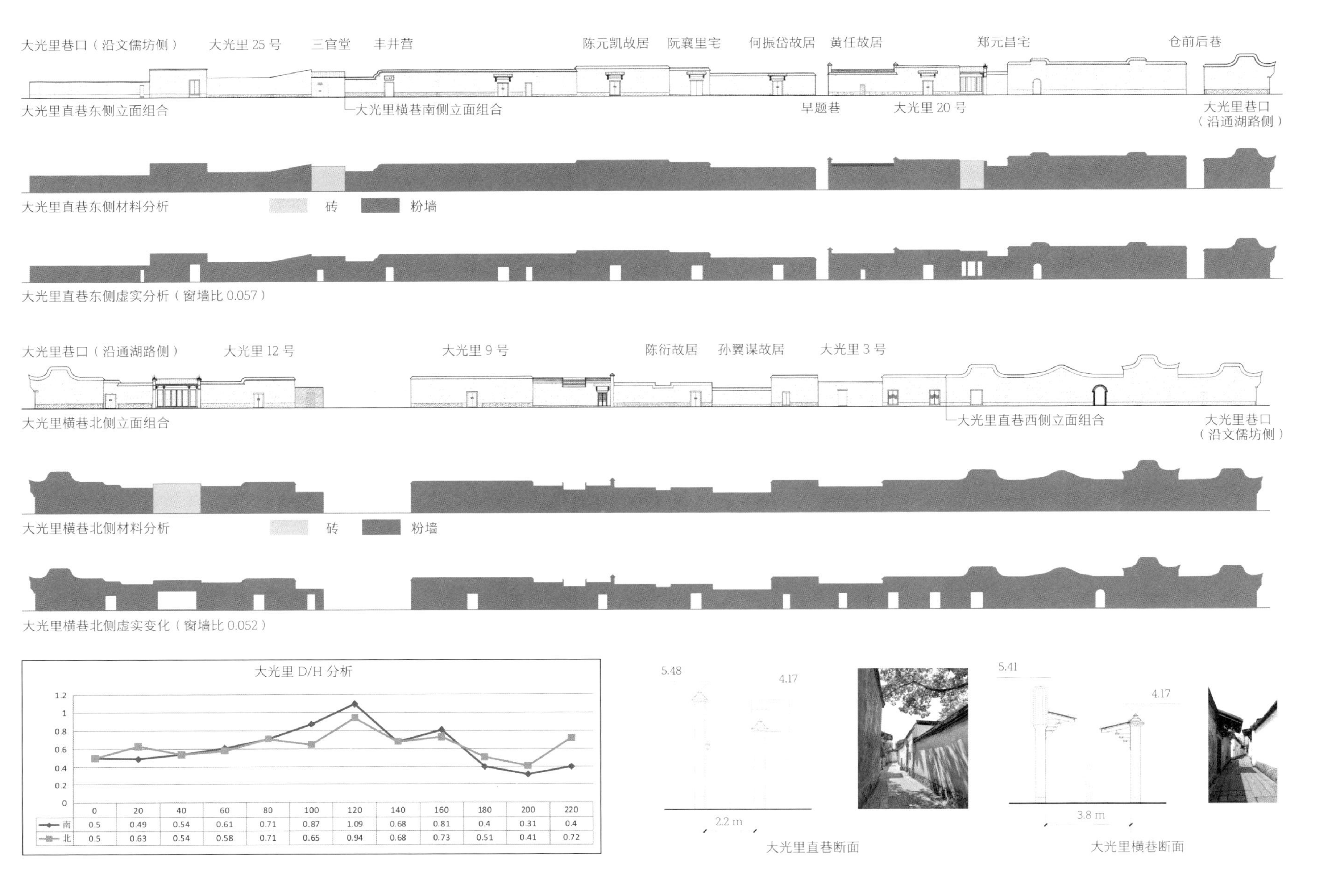
大光里巷口（沿文儒坊侧）
大光里 25 号
三官堂
丰井营
陈元凯故居
阮襄里宅
何振岱故居
黄任故居
郑元昌宅
仓前后巷
大光里直巷东侧立面组合
大光里横巷南侧立面组合
早题巷
大光里 20 号
大光里巷口（沿通湖路侧）
大光里直巷东侧材料分析
砖
粉墙
大光里直巷东侧虚实分析（窗墙比 0.057）
大光里巷口（沿通湖路侧）
大光里 12 号
大光里 9 号
陈衍故居
孙翼谋故居
大光里 3 号
大光里横巷北侧立面组合
大光里直巷西侧立面组合
大光里巷口（沿文儒坊侧）
大光里横巷北侧材料分析
砖
粉墙
大光里横巷北侧虚实变化（窗墙比 0.052）
大光里 D/H 分析
1.2
1
0.8
0.6
0.4
0.2
0
	0	20	40	60	80	100	120	140	160	180	200	220
南	0.5	0.49	0.54	0.61	0.71	0.87	1.09	0.68	0.81	0.4	0.31	0.4
北	0.5	0.63	0.54	0.58	0.71	0.65	0.94	0.68	0.73	0.51	0.41	0.72
5.48
4.17
2.2 m
大光里直巷断面
5.41
4.17
3.8 m
大光里横巷断面

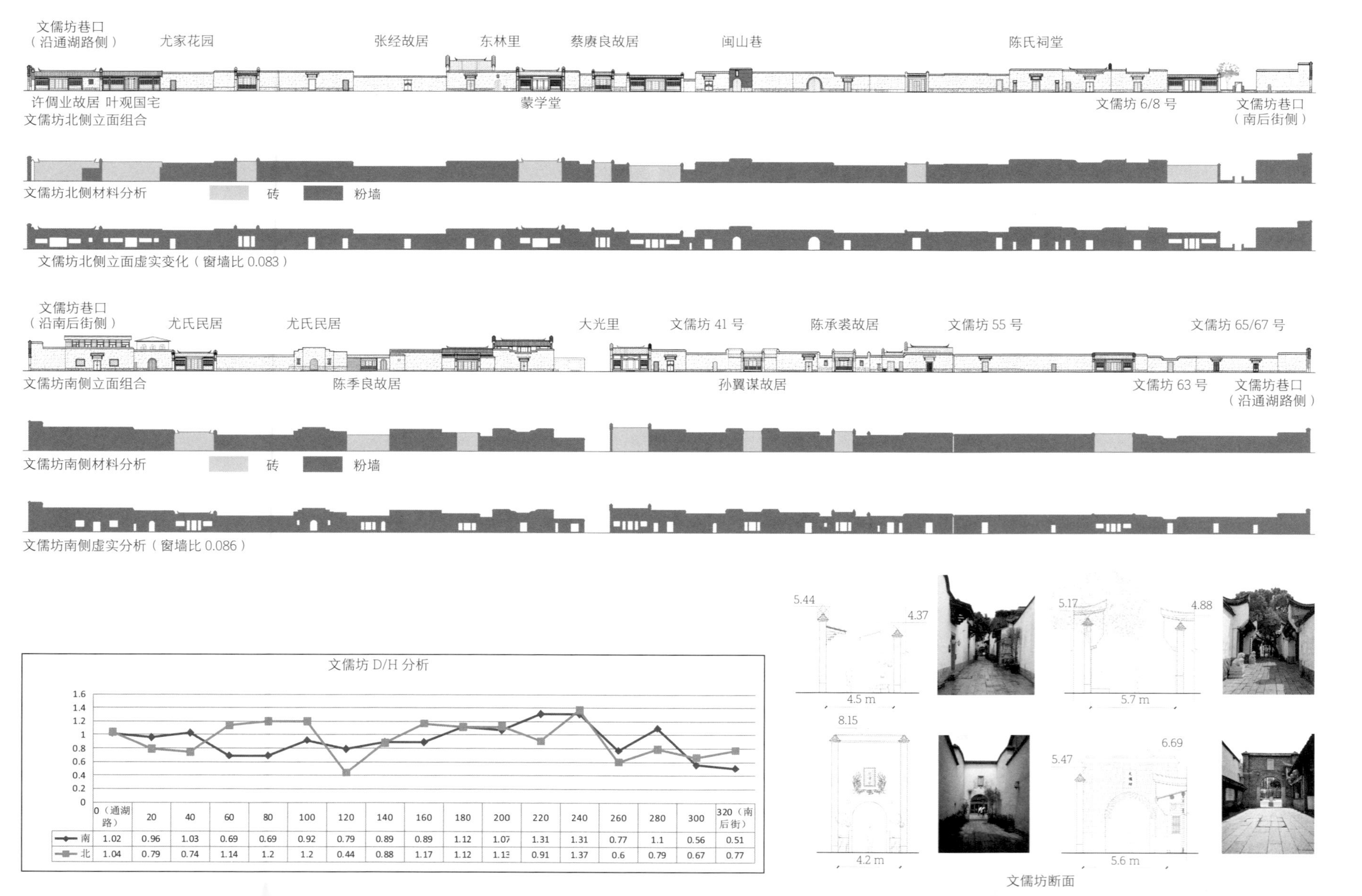

	0（通湖路）	20	40	60	80	100	120	140	160	180	200	220	240	260	280	300	320（南后街）
南	1.02	0.96	1.03	0.69	0.69	0.92	0.79	0.89	0.89	1.12	1.07	1.31	1.31	0.77	1.1	0.56	0.51
北	1.04	0.79	0.74	1.14	1.2	1.2	0.44	0.88	1.17	1.12	1.13	0.91	1.37	0.6	0.79	0.67	0.77

文儒坊断面

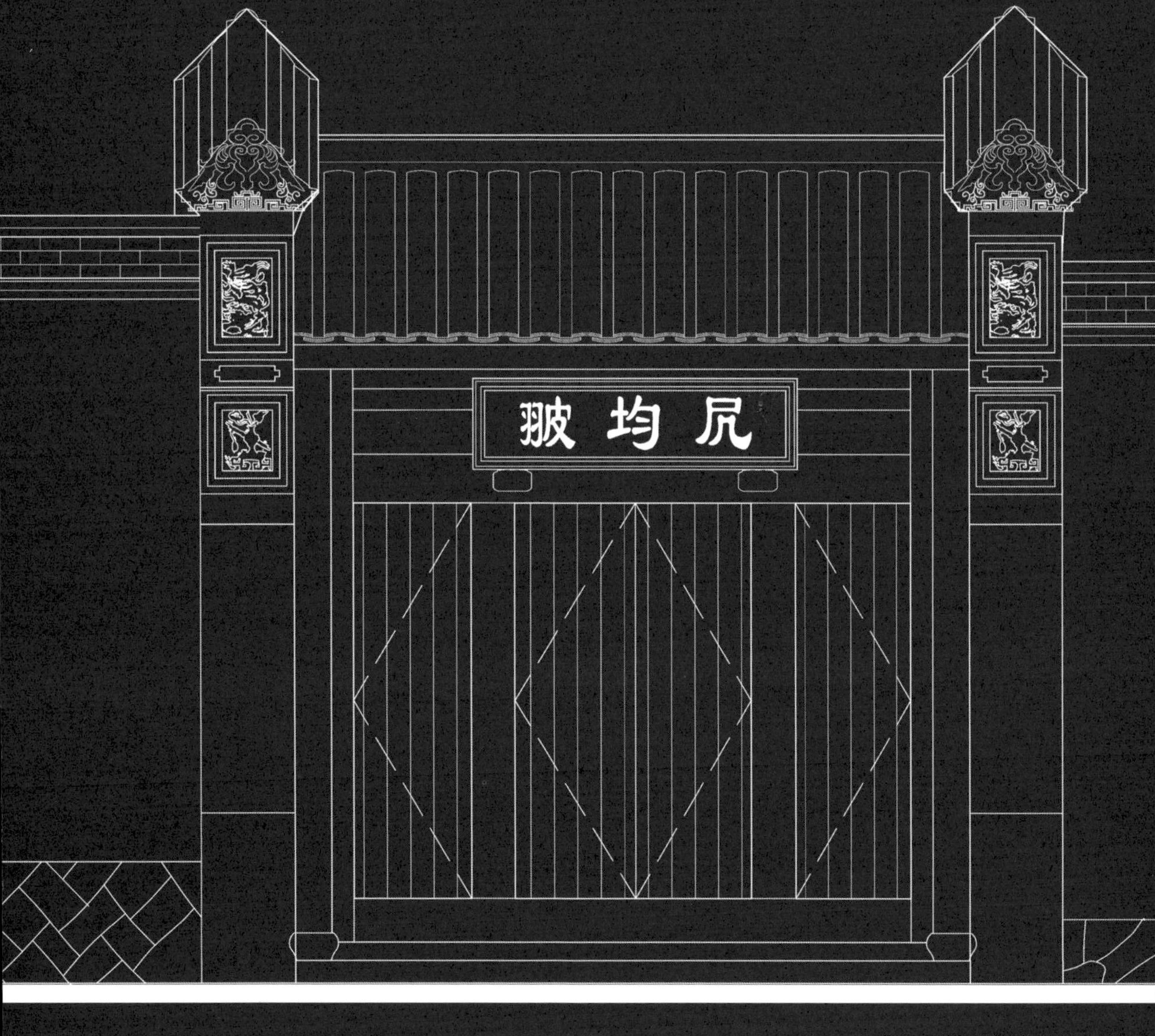

3.3 光禄坊保护与修复

光禄坊是三坊中最南面的一条坊，在南后街西侧，东接吉庇巷，西至通湖路，北接文儒坊大光里，南临安泰河，东西长306米。宋《三山志》载："旧曰闽山。光禄卿程公师孟游法祥寺，置光禄吟台，因以名之。"注27《榕城考古略》曰："旧闽山内有法祥院，宋初建。旧号闽山保福寺，中有光禄吟台，以郡守程师孟得名。"注28 巷西通仓前河沿，巷北侧西段有直巷早题巷（宽度约2米、长约132米）北通大光里，南跨板桥（虹桥）通安泰河南河沿老佛殿；北侧西端近通湖路处有南北曲巷仓前后巷，北连大光里巷，巷宽2.0—2.5米，长142米。早题巷与仓前后巷之间曾有一条南北走向的机房里巷，现已消失。

由于城市历史变迁，现光禄坊仅遗存北半部，与隔南后街相对的吉庇巷相仿，民国时期坊巷被拓为宽10米左右的路，改变了格局；更由于1990年代的旧城改造，南半部仅存续光禄坊33号、79号二幢历史建筑。街区保护规划以巷道为界线，南侧为建设控制地带，土地利用规划将其定位为绿化休闲带；北侧是核心保护区，遗产分

注27 （宋）梁克家．三山志[M]．福州市地方志编纂委员会整理．福州：海风出版社，2000:42.
注28 （清）林枫．榕城考古略[M]．福州市地方志编纂委员会整理．福州：海风出版社，2001:61.

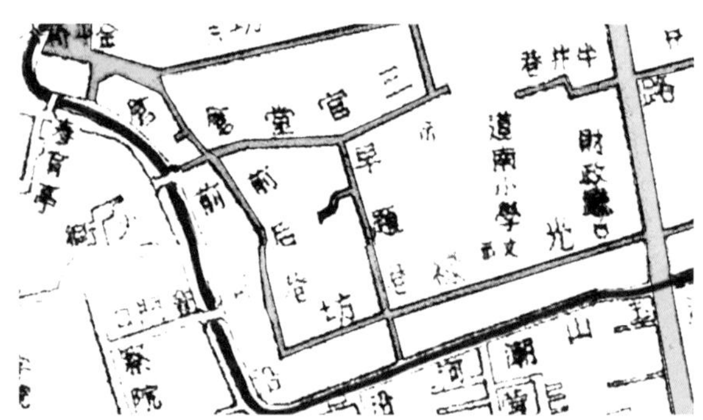
1937年光禄坊肌理

1995年光禄坊肌理

2000年光禄坊肌理

2020年光禄坊肌理

布丰富，中段有国家级重点文物保护单位刘家大院、东端为市级文物保护单位光禄吟台古典园林。保护建筑与历史建筑有早题巷 8 号、9 号民居、光禄坊许厝里、光禄坊 33 号民居、光禄坊 40 号民居、50 号鼎日有肉绒店、光禄坊 79 号民居、光禄坊 72 号民居、仓前后巷 1 号、2 号民居以及道南祠遗址等。道南祠建于宋宝祐六年（1258 年），用于祭祀程朱理学的代表人物杨时。由于杨时将宋程颐、程颢理学传入福建，开创了“道南系”理学，成为“闽学鼻祖”[注29]；后为朱熹继承发展，完成了宋代理学集大成的历史使命。

注 29　张作兴 . 三坊七巷 [M]. 福州：海潮摄影艺术出版社，2006:86.

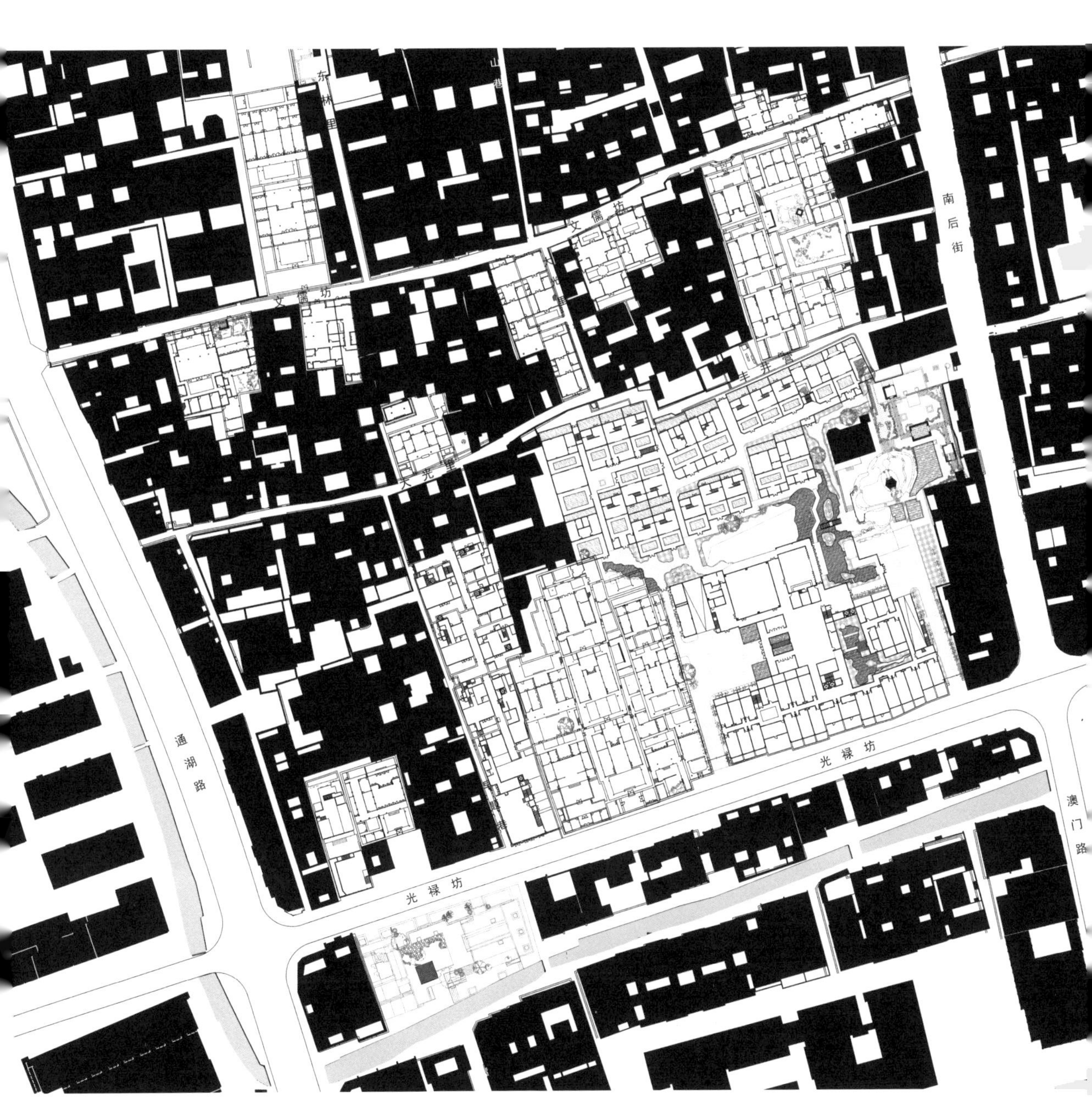

光禄坊文物保护单位

历史上，光禄坊亦是人才辈出，不少名门望族、著名人物曾居此坊或与此坊相关联，如宋代郡守程师孟以及许厝里诗书画“三绝”的明清两代的许豸、许友、许遇、许均四代父子孙曾，许友外孙、清诗人黄任，清代金石书法家、世代藏书家的林侗、林佶兄弟，清“同胞同榜两进士”的刘齐衢、刘齐衔兄弟和其孙辈们的爱国工商世家，明代浙江提学孙昌裔、民族英雄林则徐，清叶观国孙、湖北布政使叶敬昌，博物大家郭柏苍，清代册封琉球国王正使齐鲲，还有外交家罗丰禄、翻译家林纾、帝师陈宝琛及其夫人王眉寿、爱国作家郁达夫等。

早题巷公共节点空间

早题巷单户入口空间

早题巷多户入口空间

早题巷（修复前）

早题巷（修复后）

早题巷意象空间

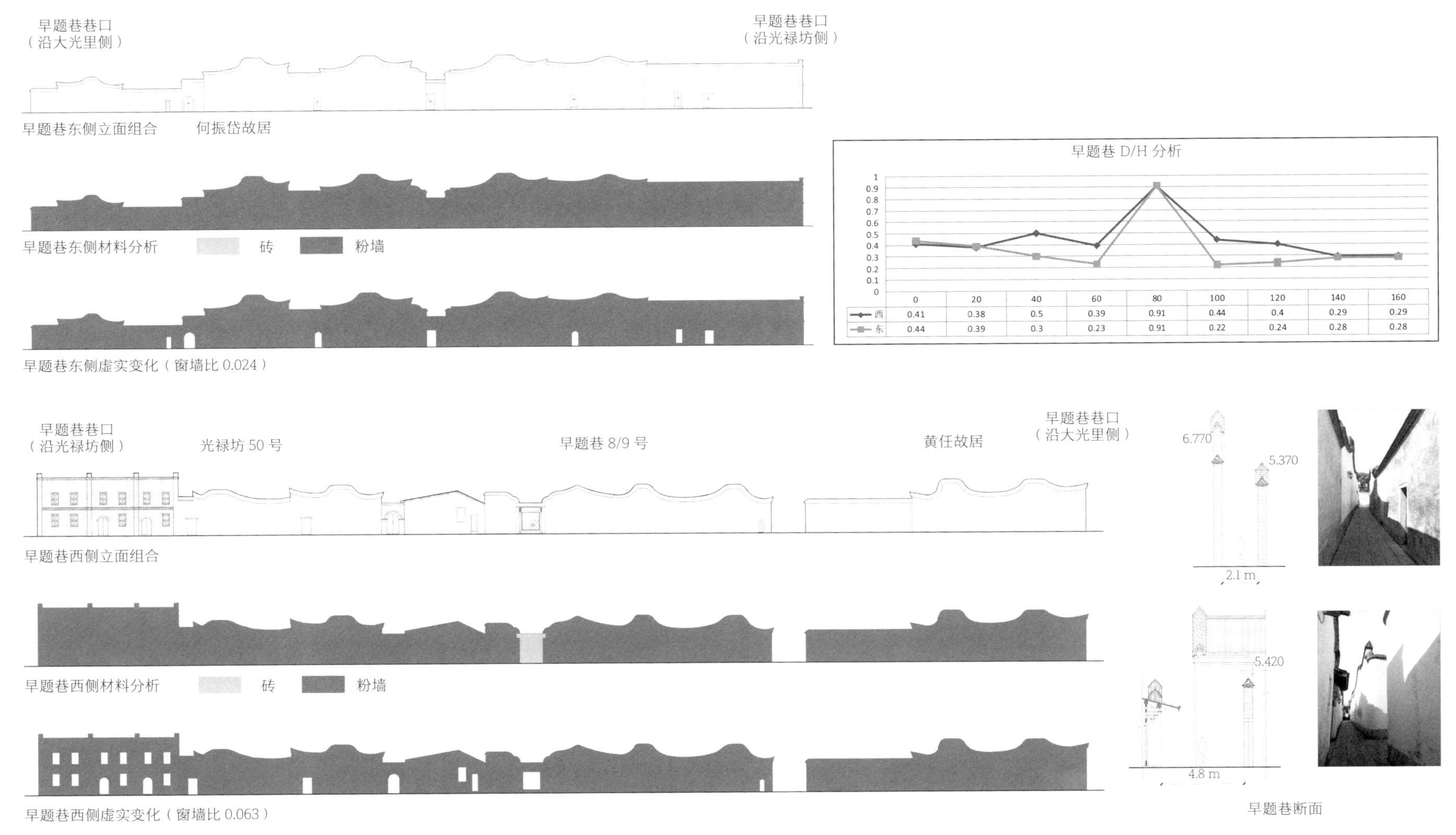
早题巷巷口（沿大光里侧）
早题巷巷口（沿光禄坊侧）
早题巷东侧立面组合
何振岱故居
早题巷东侧材料分析
砖
粉墙
早题巷东侧虚实变化（窗墙比 0.024）
早题巷 D/H 分析
0 20 40 60 80 100 120 140 160
西 0.41 0.38 0.5 0.39 0.91 0.44 0.4 0.29 0.29
东 0.44 0.39 0.3 0.23 0.91 0.22 0.24 0.28 0.28
早题巷巷口（沿光禄坊侧）
光禄坊 50 号
早题巷 8/9 号
黄任故居
早题巷巷口（沿大光里侧）
早题巷西侧立面组合
早题巷西侧材料分析
砖
粉墙
早题巷西侧虚实变化（窗墙比 0.063）
6.770
5.370
2.1 m
5.420
4.8 m
早题巷断面

光禄坊南侧立面组合

光禄坊南侧材料分析

光禄坊南侧虚实分析（窗墙比 0.152）

光禄坊南侧立面组合

光禄坊南侧材料分析

光禄坊南侧虚实分析（窗墙比 0.152）

光禄坊北侧立面组合

光禄坊北侧材料分析

光禄坊北侧虚实分析（窗墙比 0.168）

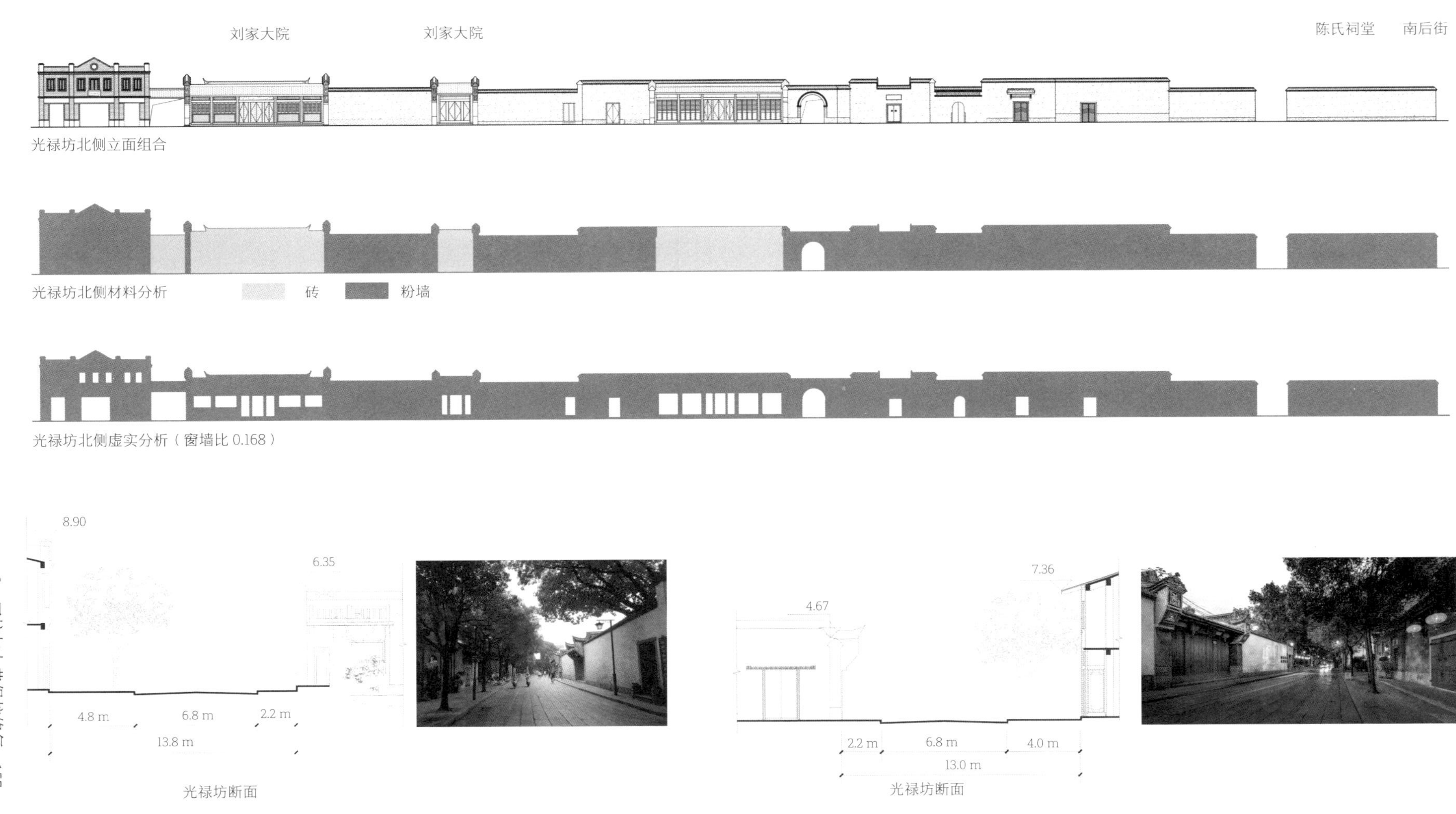

光禄坊北侧立面组合

光禄坊北侧材料分析

光禄坊北侧虚实分析（窗墙比 0.168）

光禄坊断面

光禄坊断面

3.3.1 历史建筑特征与保护活化利用

刘家大院（刘齐衢故居）是光禄坊中最宏大的古建筑群，亦是三坊七巷中存续至今规模最大的一处传统民居群，占地面积近5000平方米，坐北朝南，南临光禄坊巷，东至旧道南祠，西临早题巷，与黄任故居隔巷毗邻；北接陈元凯故居、何振岱故居，占了光禄坊北半部半个街坊，被誉为“刘半街”。现存为四落多进并联式宅院，东侧西落原为清初许友的“米友堂”，西侧两落（现仅存东侧一落）为清康熙年间进士、内阁中书林佶之“朴学斋”，后为刘齐衔祖父刘照于乾隆、嘉庆间购得。嘉庆年间，刘齐衔叔刘家镇将其修筑为“狓均尻”注30，林则徐为其题匾。道光、同治间由刘齐衢、刘齐衔兄弟继承并逐步完善，兄弟俩于清道光二十一年（1841年）“兄弟同榜两进士”。刘齐衔宫巷故居规模亦巨大，占地面积4200平方米。对“朴学斋”，民国郭白阳《竹间续话》卷二曾有记述：“林吉人（林佶）先生朴学斋在光禄坊，与许氏紫藤花庵遗址隔早题巷。先生自记谓：其师尧峰先生赠诗，有‘区区仆学待君传’句，乃以名斋。中有陶舫……，今属刘氏。”注31 最东落为郁达夫1936年至1938年应民国福建政府主席陈仪之请，任省政府参议兼公报室主任期间所租住。郁达夫在福州的近三年中，留下了《福州的西湖》《闽游滴沥》《记闽中的风雅》等丰富的文学作品，其中他在《毁家诗纪（二）》中说道：“到福建后，去电促映霞来闽同居。宅系光禄坊刘氏旧筑，实即黄莘田（黄任）十砚斋东邻。”注32

注30　黄启权．三坊七巷志[M]．福州市地方志编纂委员会编．福州：海潮摄影艺术出版社，2009:99.

注31　（民国）郭白阳．竹间续话[M]．福州市地方志编纂委员会整理．福州：海风出版社，2001:30.

注32　林国清．郁达夫与福州刘家大院[N]．福州晚报，2011-02-22.

刘家大院（修复前）

刘家大院（修复后）

刘家大院为清代建筑，坐北朝南。由于规模宏大，建筑布局除具三坊七巷民居建筑共性特征之外，还具有强烈的个性特质。它以主落为中枢，东西多组侧落相毗接。为解决多组院落各进之间联系的便捷性、保证各进厅堂的私密性，主落一、二进主座东西两侧、第三进主座东侧均采用暗弄连接各进游廊的方式来解决大进深院落的交通组织问题,由此既满足了四进院落前后进的便捷交通与联系，又为东西侧落平面布置的灵活性及各落之间联系的便利性提供了最大可能。主落沿光禄坊巷主入口宅门之布局亦富独特性，类似于北京四合院的入口布置，将单开间牌堵门头房置于东南角，入户门厅西折至东西横向展开的天井，经二道门（石框木板门）进入一进三面环廊的庭院，石框门后不设插屏门。主座面阔三间（约为 18 米），两侧设暗弄连接第二进。前庭井空间疏朗（进深约 6 米），后天井空间狭窄、进深仅 2 米；于当心间后门柱外设院墙，将狭长天井划分为三个小空间，东西两个小天井作为联系侧落的情趣小空间，靠山墙处各设有游廊；当心间（明间）天井上方设覆龟亭以联系第二进院。通过石框门入二进院南游廊，内有插屏门；前庭井两侧置有

刘家大院门头房

刘家大院主落一进

主落二进天井

披舍，中轴上方又加设覆龟亭与其主座厅堂连接，形成与一进前庭井迥然不同的空间氛围。二进主座两侧有暗弄联系第三进及东、西侧落，后天井做法同第一进划分为三个小天井，中轴上方亦设置覆龟亭，与第三进石框门相接。第三进前庭井西侧为披舍，东侧为披榭式游廊，南侧靠院墙未设游廊，空间阔朗；主体建筑为二层，庭井与主座厅堂融为一体，加之中轴上厅堂不按惯例以太师壁划分为前后厅，令主厅堂空间更显气度不凡；主座东侧也设有暗弄通第四进及东侧落，并设有上二层的木楼梯；后天井亦采用在上方加设覆龟亭的方式与第四进连通，把东西横向展开（面宽 13 米、进深 3 米）的空间划分为东西两个尺度舒适的小天井，当心间则为敞廊空间，层次丰富、意趣生动；更富创造性的是将覆龟亭向第四进延伸，并与第四进东西两侧披舍屋顶巧妙咬接，让第四进形成三合院式庭井，令小巧的别院宁静舒雅。

主落中轴这种通过偏于东隅的入户门厅转折进入中轴对称、层层递进的序列空间，并以中轴上的系列覆龟亭强化中轴序列空间感染力的布局方式，在三坊七巷存续的两百余座历史建筑中都是独树一帜的，所构筑的序列空间景象在建筑空间艺术体验上亦别具匠心——序列起点从入户门厅始，西折转入东西横向展开、由四面院墙围合的庭井，承接起中轴序列节点；由中轴处石框门进入三面环廊的第一进主厅堂前庭，空间顿感豁然，厅庭相融形成序列空间体验的第一次高潮。绕过主厅堂太师壁进入一进狭小后天井，天井由漏窗院墙划分成尺度宜人而精致的三个小空间，明间为面阔 5.4 米、进深 2 米的过渡空间，经石框门入第二进前庭空间，迥然不同于第一进的阔朗空间，二进庭井空间由覆龟亭将前庭空间划分为东西两侧庭井、中为敞廊式半室外空间，形成强烈节奏变化的空间体验节点；再绕过此主厅堂屏门（太师壁），先经空间极度收束、由覆龟

西落一进后天井

刘家大院主落厅堂

刘家大院厅堂插屏门

亭覆盖的后天井空间再进入第三进前庭，方正开敞的庭井与轩昂的主厅堂融为一体，成为中轴序列空间体验的最高潮。第三进前庭南侧无游廊，仅东西两侧设披舍及游廊，独特而大气。第四进则是轴线序列空间的延伸与结束，小尺度情趣别院丰富了序列空间景象。

刘家大院的平面布局与空间组织充分折射出古人的高妙智慧。从类型学分析角度亦反映出类型变异与类型本身具有的创造力与丰富潜能。西落现存为二进五开间院落，沿光禄坊巷设置面阔五间的屋宇式牌堵门头房，门厅后为庭院，与一进前庭相接，二者之间隔以院墙，中轴处设石框门相连通。一进以四面封火墙围合，形成相对独立的空间，主座“明三暗五”，以两侧院墙将五开间转化为中为三开间、两侧二个别院的布局形态。二进院则以两侧披榭式游廊，与五开间二层的主体建筑共同围合出阔朗的前庭。主落第三进与西落最后一进皆为二层木构阁楼，将传统民居层层递进的升起表现到极致，就总体布局而言亦呈守制与创新并举。西落后天井东西两侧结合地形布置成不等长的披榭式游廊，东披榭内设楼梯上主座二层，后墙设门洞通北侧小花园。花园为南北狭长形的不规则用地，靠主落外墙设有通长游廊，并设前后门洞连通主落三进的前后庭井。主落西山墙的马鞍形封火墙上开了许多窗洞，这在三坊七巷街区中也是少见的做法。

刘家大院漏窗院墙

刘家大院轩廊

主落西墙

东侧落布局则更体现出园林化情境，第一进为花厅园林，面阔13.3米，为三坊七巷宅园中典型的布局方式，花厅在北，池山在南，临巷设独立入口。后三进面宽11米至3.3米不等，南宽北窄，形成数个极富情趣的别致小空间；游廊穿行其间，天井分布或左或右、或前后错落，互为交融渗透，既具私密性，又成为其西侧主落与最东落的联系过渡空间。东侧落夹于主落和最东落的连续马鞍墙之间，无论在多进平面布局上还是屋顶交接处理方面，都表现出高超的设计技巧。东侧落之东为最东一落，其在平面布局上亦颇具匠心。沿光禄坊巷设置石框门入第一进前庭井，三面环廊，总面阔8.9米，厅堂为单开间无柱空间，抬梁造，前后出游廊，空间轩敞。较为宽敞的后轩廊与其东西两侧游廊形成方正的后庭井，巧妙地解决了与二进建筑轴线错位的难题，营构出精致灵巧的过渡节点空间。二、三进平面布局上也别具特色，以院墙将面阔四开间的建筑中最东一间设置为前后二进别院，主体部分则形成三坊七巷经典的二进式院落。前一进前庭三面环廊，后一进前庭井两侧设披舍，南无游廊，一大一小，前疏朗后舒雅。最后一进则为两侧置有披舍的精巧小院，通过覆龟亭与前一进后天井连通。

刘家大院为四落东西向一字排开的大型民居建筑群，无论是多进纵深组合秩序，还是落与落横向并联组织秩序都具有强烈的个性特征和独特的布局艺术，可作为大地块更新设计的重要类型参照与类比。刘家大院四落建筑集明末、清、民国多时期风格于一体，又具中西合璧多元兼容的建筑文化特征。西落第一进和最东落第一进均采用双向大扛梁、减柱造，使公共厅堂空间阔敞轩昂，廊沿石、庭井石皆用材硕大，更显非凡气势。原临早题巷的最西落一进厅堂用“南瓜悬钟，悬钟前兽嘴衔封板，刻夔龙回纹，卷棚梁上施斗拱替木；厢房楠木门窗周施回文，襻间用卷书斗拱等”[注33]，雕刻精美，

注33　黄启权．三坊七巷志[M]．福州市地方志编纂委员会编．福州：海潮摄影艺术出版社，2009:99.

刘家大院西落志在楼

花厅园林

题材丰富。精心保护修缮后的刘家大院，其本身就是一座博大精深的古建筑博物馆。2011 年 8 月 24 日全国首家社区（活态）博物馆在此揭牌，刘家大院作为三坊七巷社区博物馆的中心展馆，联同 37 个专题展馆（林则徐纪念馆、林觉民和冰心故居、严复故居等名人故居）以及 24 处展示点组成了以“地域、传统、记忆、居民”为主题的展现文化遗产保护与阐释的新形态博物馆群落，探索了将历史文化街区整体作为活态古迹遗产地进行阐释与活化传承的新模式。三坊七巷设立社区博物馆的倡议是由时任国家文物局局长单霁翔先生提出，并得到了福州市有关领导积极响应。设置此新类型博物馆群落，其目的正如张杰先生所说：“希望把三坊七巷建设成一个全方位展示本社区历史渊源、传统建筑、民间文物、民俗文化、名人古迹以及居民生活习性的城市大型历史文化街区和文化遗产教育基地。”注 34

注 34　杨凡．叙事：福州历史文化名城保护的集体记忆 [M]. 福州市政协文史资料和学习宣传委员会，福州市历史文化名城管理委员会编．福州：福建美术出版社，2017:130.

轩廊大扛梁

轩廊斗拱替木

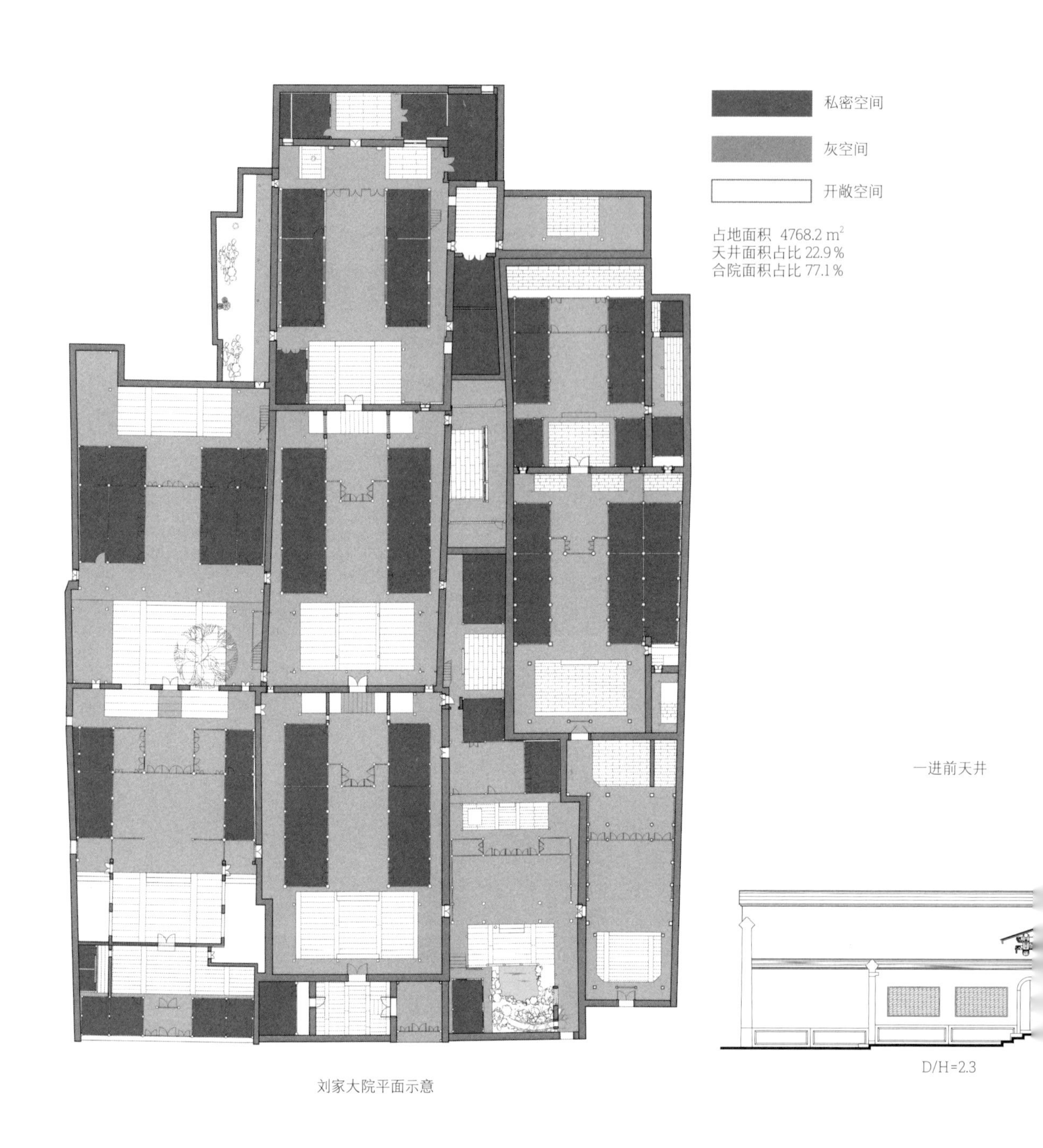
私密空间
灰空间
开敞空间
占地面积 4768.2 m²
天井面积占比 22.9%
合院面积占比 77.1%
一进前天井
D/H=2.3

刘家大院平面示意

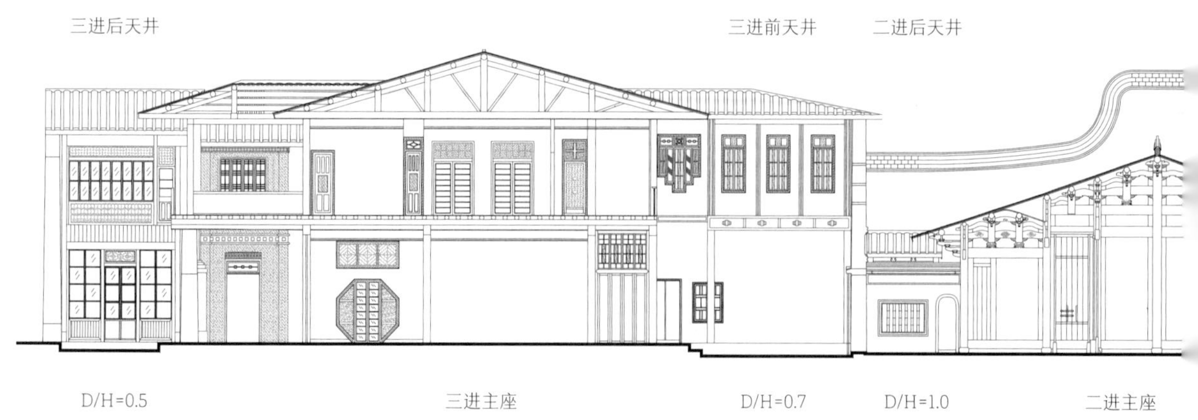
三进后天井
三进前天井
二进后天井
D/H=0.5
三进主座
D/H=0.7
D/H=1.0
二进主座

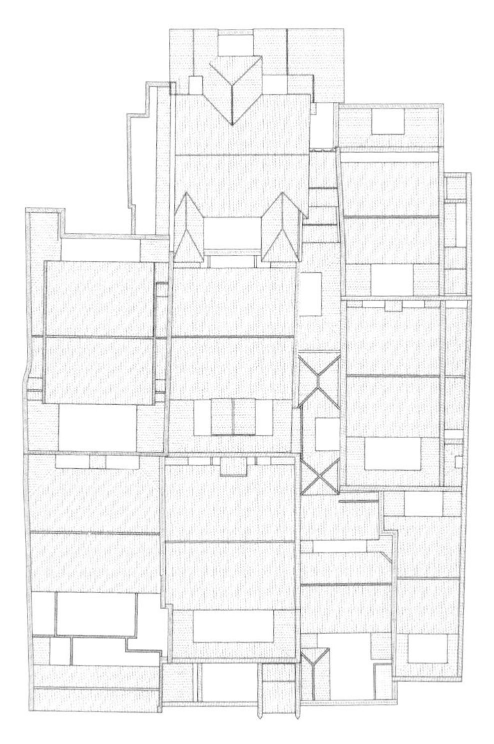
刘家大院鸟瞰示意

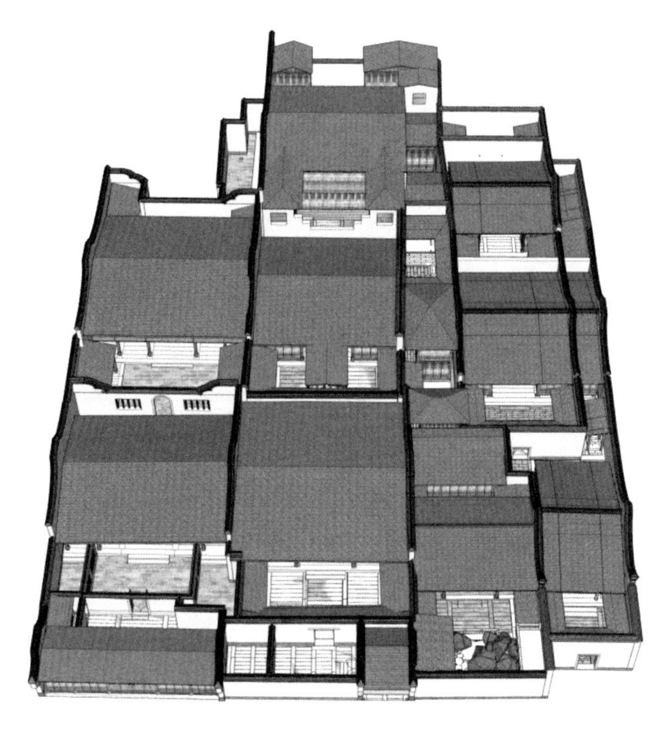
刘家大院屋顶示意

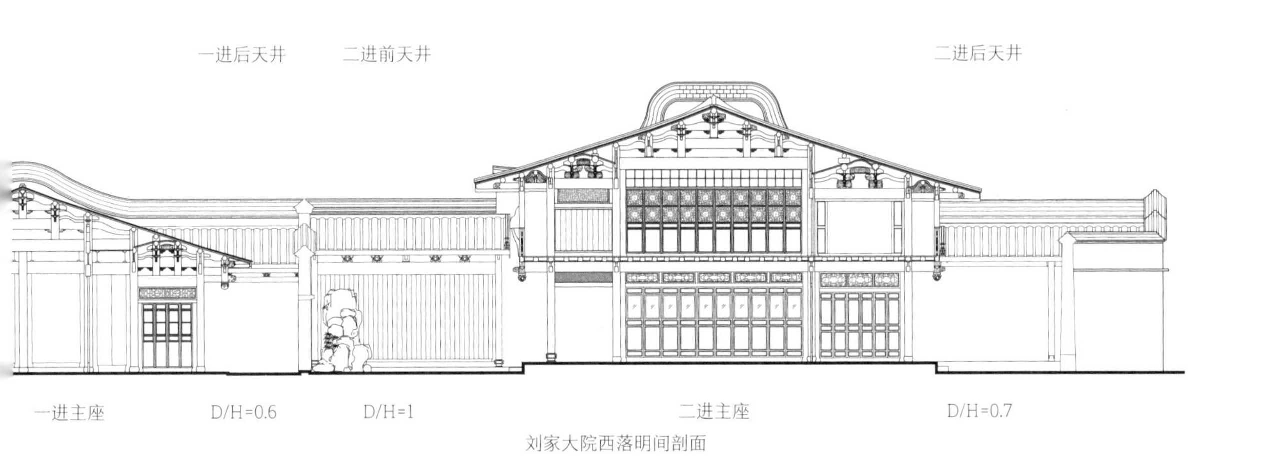

刘家大院西落明间剖面

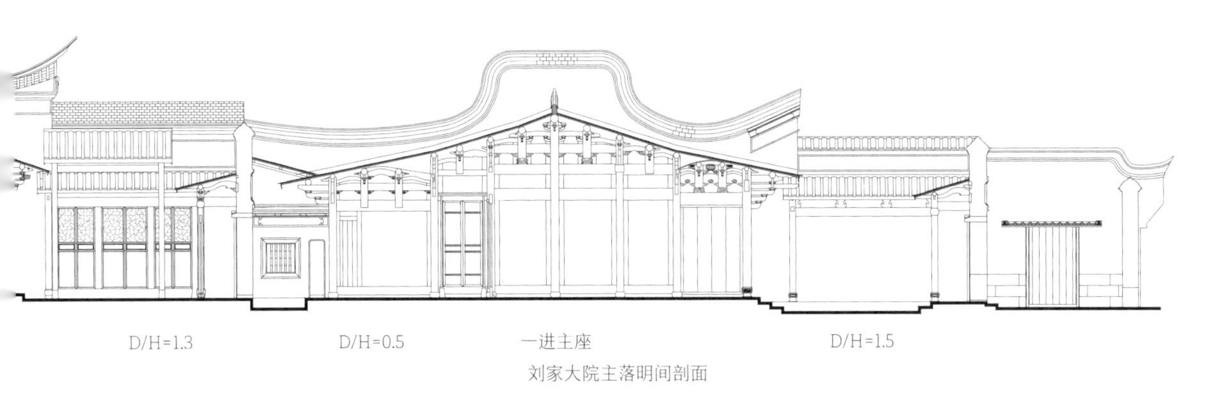

刘家大院主落明间剖面

3.3.2 更新建筑类比设计

对各级文物保护单位、历史建筑等历史存续建筑，我们均加以良好的修缮与利用。许厝里历史建筑位于光禄坊58号，原地界很大，由数座多进院落组成，但现今仅存58号一进建筑，是三坊七巷中具有鲜明明代特征的宅院。修缮后的许厝里建筑被用作三坊七巷保护再生成果展示馆，设计拆除了其沿街不协调建筑并“留白”处理成展示馆的前庭空间，现已成为光禄坊巷中一处生动别致的特色空间场所。

许厝里、光禄坊 C 地块、光禄坊 E 地块第五立面组合

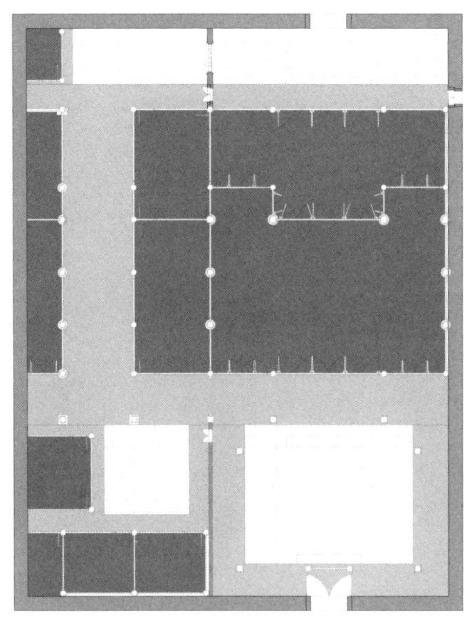

许厝里平面

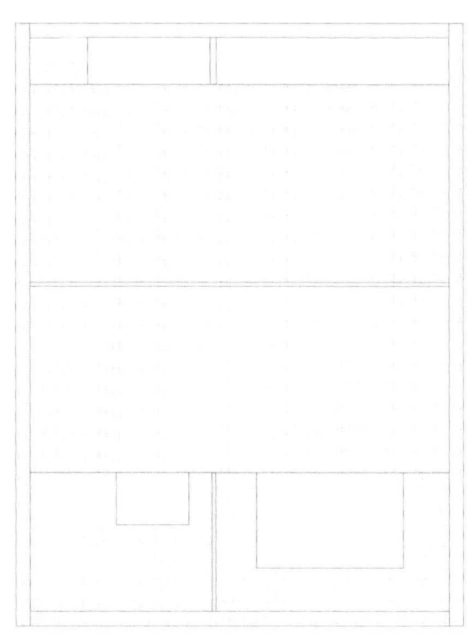

许厝里屋顶

许厝里入口

许厝里前广场

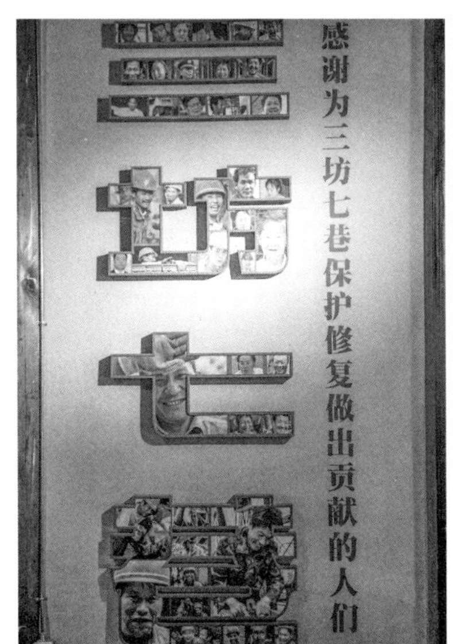

三坊七巷保护修复成果展

而在更新地块设计中，我们则结合各地块不同的特征进行不同的设计响应。如早题巷东侧狭长地块（光禄坊 C 地块），设计以街区直巷中固有的小院落组织秩序与院落类型为参照，探讨适应当代生活需求的小面积院落建筑类型。该地块占地 2672 平方米，东侧毗邻刘家大院，地块南侧临光禄坊巷面宽仅 19 米，南北进深却达 106 米。再生设计以民国砖石商业楼为类型参照，于临光禄坊巷处置一座面阔 14.5 米、进深 17 米的二层高商业建筑，其东侧设 5 米宽木构门廊作为内部人车共用出入口，既延续了光禄坊北侧建筑界面的完整性，又在此狭窄面宽内解决了建筑功能与交通的需求。地块内部则设南北曲弄，串接起或东或西两侧共 8 座小型宅院；曲弄于各宅院入口节点处作折弯与放大，并设若干跨弄连廊，于整体布局上类比大型院落。各宅院依旧保持前庭后井的传统院落布局形态，户内空间则按当代家居生活需求进行创新设计。弄院式入户空间序列是街区坊巷固有空间、肌理的延续，设计同时注重在宅院群落空间、整体屋面肌理及尺度等方面与刘家大院呼应并有机衔接。早题巷巷墙设计是本地块设计的又一关键点，为保持早题巷高墙深弄的空间氛围和尺度关系，设计以既有巷弄入口门庭为参照，采用“凹”式空间作为新院落群与巷弄的联系节点，以连续的马鞍形山墙组合形态强化早题巷的景观意象特征。

光禄坊 C 地块

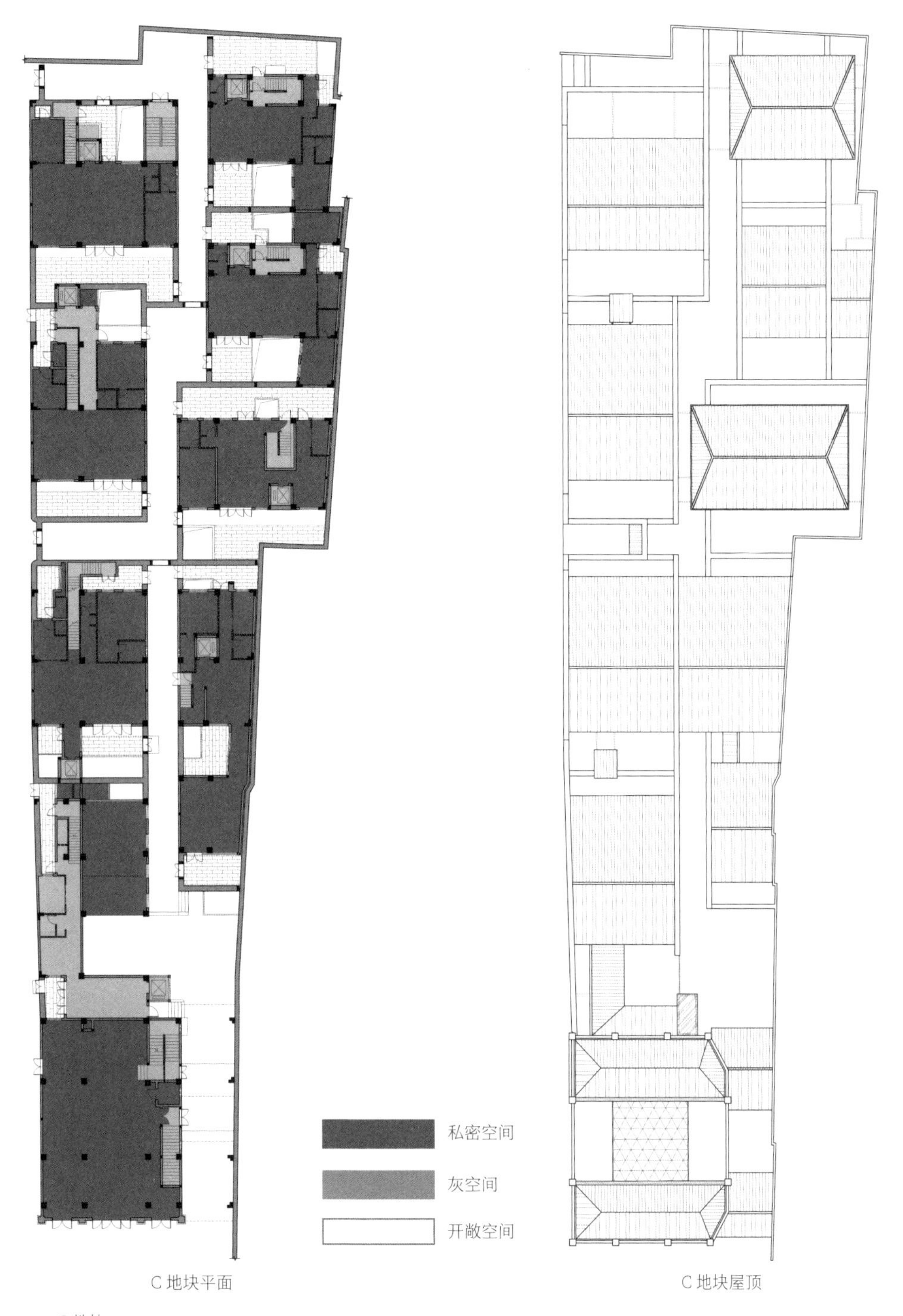

C 地块平面

C 地块屋顶

C 地块
占地面积 2554.2 m^2
天井面积占比 34.3 %
合院面积占比 65.7 %

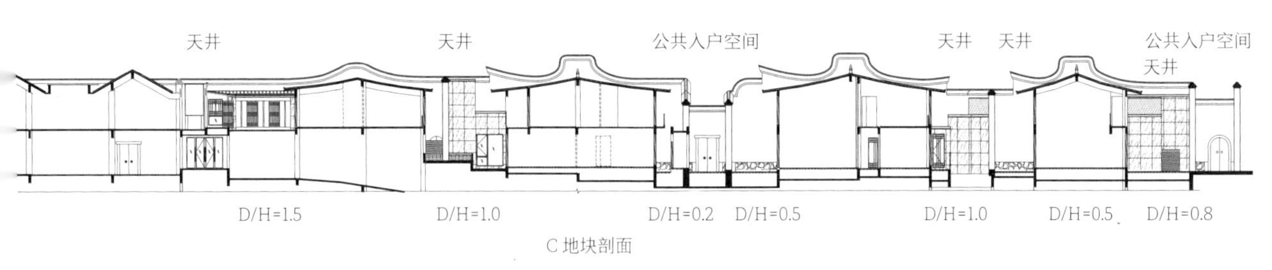

C 地块剖面

光禄坊 E 地块位于许厝里西侧，为一处小尺度更新地块，占地面积仅为 612 平方米，临光禄坊巷面宽约 14 米、进深约 45 米。设计采用南北纵深递进的三进院布局方式，呼应街区固有肌理；沿街仍为二层青砖商业楼，后两进为居住院落，商住之间由庭院过渡。家居宅院内设前庭与后天井，让小地块亦有宅院递进、高墙深院的园居氛围，于时尚中形成与街区尺度、肌理、风貌的良好的协调及关联。

光禄坊 E 地块

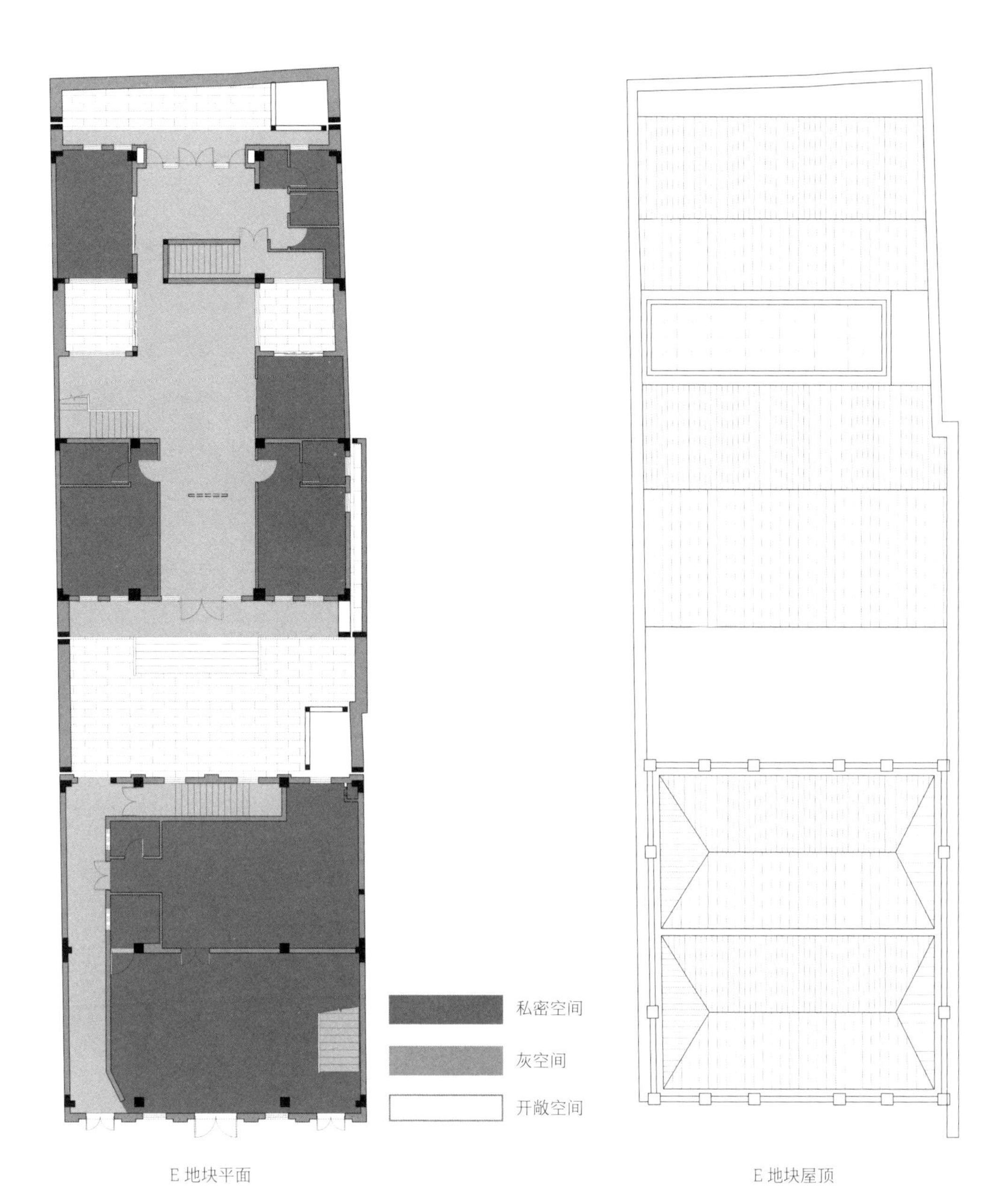

E 地块平面　　E 地块屋顶

E 地块
占地面积 550.9 m²
天井面积占比 23.9 %
合院面积占比 76.1 %

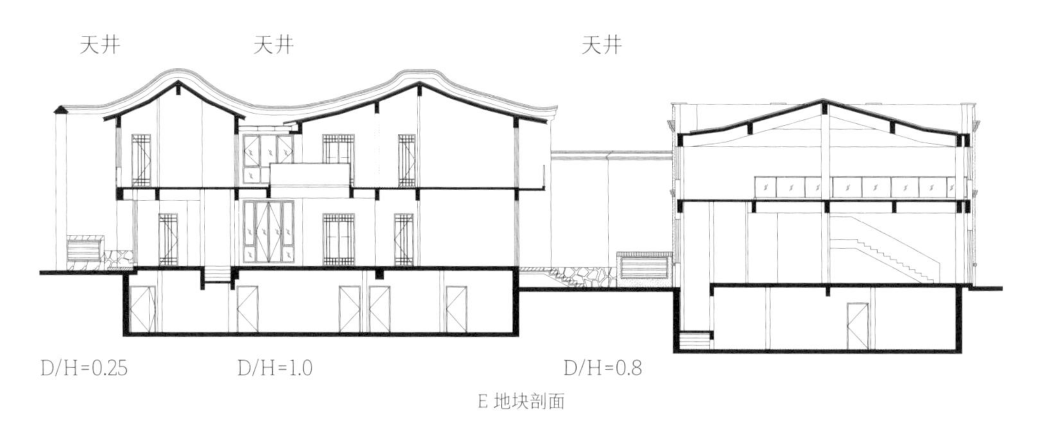

E 地块剖面

3.3.3 光禄吟台园林修复

光禄吟台古典园林位于光禄坊北侧东端，原址东临南后街，南接光禄坊巷，为三坊七巷历史文化街区内一处重要的古典园林。现遗存园址面积约为 1600 平方米，存续有闽山巨石、漾月池、古桥等古迹，池西为山阜，植被茂盛。园址西侧为原福建省高级人民法院，《三坊七巷历史文化街区保护规划（修编）》要求将法院高层建筑拆除更新为街区的配套接待酒店；其西侧与刘家大院接邻，是三坊七巷街区中较大尺度的更新改造地块，设计将古典园林的保护与当代园林式低层酒店建筑的功能相结合，探讨大尺度地块更新设计的理念与方法。光禄吟台园林有着悠久的历史，迄今园林山地的主体部分仍保存完好，是反映福州古典园林艺术特征的重要载体，具有较高的历史与文化价值，于 1961 年被公布为市级文物保护单位。

（1）光禄吟台园考

福州素有“山在城中、城在山中”之称，“三山鼎秀，州临其间。极目四远，皆巍峦杰嶂，环布缭绕，峻接云汉”[注35]。城内越王山（屏山）、九仙山（于山）、乌石山（乌山）鼎峙，故福州素有“三山”之别称。“三山之脉，蜿蜒起伏，如瓜引藤，贯于城中。”[注36] 其中，乌石山有条支脉伸入光禄坊内，称为闽山，俗名玉尺山。“乌石山又名闽山，因此，其地唐时为闽山保福寺，宋为法祥院。”[注37] 旧时其范围东至南后街英达铺，西至光禄坊早题巷东侧。而于 2020 年 10 月进行的考古勘探也印证了它曾为宋法祥园的相关遗迹。

注 35 （宋）梁克家．三山志 [M]. 福州市地方志编纂委员会整理．福州：海风出版社，2000:512.

注 36 （清）林枫．榕城考古略 [M]. 福州市地方志编纂委员会整理．福州：海风出版社，2001:19.

注 37 （民国）郭白阳．竹间续话 [M]. 福州市地方志编纂委员会整理．福州：海风出版社，2001:29-30.

原高级人民法院

原高级人民法院鸟瞰（福州市名城委提供）

中国传统寺院一般都在幽静的山水环境之中，且寺院与园林相结合，寺园一体。宋初法祥院亦然，禅寺与闽山相融合，形成一处环境幽静、林木扶疏的寺院园林空间，由此引得时任福州郡守的苏州人光禄卿程师孟常至寺内游憩，并曾赋诗云：“永日清阴喜独来，野僧题石作吟台。无诗可比颜光禄，每忆登临却自回。”[注38] 程师孟后调任广州，行前题写“光禄吟台”四个篆字，后被僧人镌刻于石上，光禄吟台便因此得名，而其所在坊巷亦被称为光禄坊。宋末法祥院废，闽山自宋时也已“铲削殆尽，所存者巨石岿然”[注39]。其地渐入民居，元明清以后更没于阛阓，成为官绅士人之宅园。

明嘉靖时，光禄吟台为郎中林有台之宅第。林有台能诗工画，著有《南山集》。明崇祯年间，浙江提学副使孙昌裔居此。清初顺治年间，成为进士、提学金镜的居所。康熙年间，金镜被流放，园归山东提督何傅所有，光禄吟台则成其别业。何傅卒后，闽山荒废。至嘉庆年间，台湾挂印总兵何勉、册封琉球国王正使齐鲲等先后以光禄吟台为宅园。

清道光二十年（1840 年），辗转数主后，光禄吟台归曾任湖北按察史、布政史的叶观国之孙叶敬昌所有，取名“玉尺山房”。叶敬昌曾邀好友林则徐游玉尺山房，放鹤于光禄吟台[注40]；后人在林公放鹤之处刻上“鹤磴”二字。咸丰二年（1852 年），著名翻译家林纾之父买下玉尺山房，林纾在玉尺山房度过了童年。清同治时，玉尺山房为员外李作梅之宅园，其孙、沈葆桢外孙李宗言与李宗祎兄弟常邀“同光派”闽派代表人物林纾、郑孝胥、沈瑜庆、陈衍等流觞题咏雅集，并在此成立诗社“福州支社”，刊印社稿结集《福州支社诗拾》[注41]。

光绪七年（1881 年），学者郭柏苍入住玉尺山房，构筑沁泉山馆，撰有《乌石山志》《竹间十日话》。光绪三十一年（1905 年），王眉寿在玉尺山房创办了第一所福建人自办的女子教育机构——女子师范传习所，冰心曾为该校学生。王眉寿是陈宝琛夫人、状元王仁堪的胞姐，故被誉为“夫门生天子，弟天子门生”。民国时期，光禄吟台被民国省政府从陈廷熙手中收购，并作为福建盐运使衙署。新中国成立后，曾作为省公安厅、司法厅、省高级人民法院的办公场所，建起高层建筑。

（2）光禄吟台园林特征

目前可查考的文献中，清叶敬昌《闽山记》、郭柏苍《沁泉山

注 38 （清）林枫．榕城考古略 [M]．福州市地方志编纂委员会整理．福州：海风出版社，2001:27.

注 39 （宋）梁克家．三山志 [M]．福州市地方志编纂委员会整理．福州：海风出版社，2000:521.

注 40 黄启权．三坊七巷志 [M]．福州市地方志编纂委员会编．福州：海潮摄影艺术出版社，2009:361.

注 41 卢美松．福州名园史影 [M]．福州：福建美术出版社，2007:23.

馆记》《闽山沁园记》所载较为翔实，从中可大体知晓玉尺山房或谓沁泉山馆时期的园林情境，清代之前的光禄吟台园景则无从查考。

清叶敬昌《闽山记》将光禄吟台的来龙去脉阐述得很清晰：“闽会城有三山，谚称‘三山藏、三山现、三山看不见’者，以三山之脉络蜿蜒起伏成为九山也。……三山，乌石山为最奇，闽山其支也。唐天宝八载，敕改乌石山为闽山，闽山之名缘此，始有巨篆‘闽山’二字，径尺许，不知为谁氏之笔。其地唐时为闽山保福寺，宋初更名为法祥院。建隆三年，镌观音像，有石刻云‘寺虽新号，山则旧名。’熙宁初，郡守光禄卿程师孟游此，僧为题‘光禄吟台’于石。……数百年来，地以人重，沦为民居，犹以‘光禄’名坊。今虽山石铲削殆尽，而巨阜巍然。阜前绵亘数石，中有曲石如尺，俗又呼为玉尺山。山背有洼，清泉注焉。……道光庚子，余从齐氏得之，清旷幽折，允称胜区。相传山涧泉声泠泠然，与天半松涛上下相答。乾隆初，为不解事者所废。”[注42]

清末，郭柏苍以陶渊明“园日涉以成趣”与杜少陵“名园依绿水”之意作园，“沁园小也，日涉而大之，又假远为近，略得依水之意，挟陶、杜二语以为园，以游园，以作记……。”[注43] 以穿池之土堆叠小阜，取顽石扼径，使游者因折而复，间之杂树，以山丘

注 42　黄启权．三坊七巷志 [M]．福州市地方志编纂委员会编．福州：海潮摄影艺术出版社，2009:232.

注 43　同上书，第 233 页．

光禄吟台

追昔亭

树林取得幽深的自然意趣；于玉尺山下凿漾月池并置三桥绕水，池水、山泉、小阜深林形成宛若自然的山林意境。堆山造阜，郭柏苍还有一层深意，在于远借，“陟其巅，乌、于及遥山皆与小阜作为宾主朝揖之势，盖用形家假远为近之法。七城烟树，他家景物，可猎而有”[注43]。

在园林建筑营构方面，郭柏苍也善于经营。“凹池之隅，使水绕屋，独西北限于方井，不得快意”；于是，“盖毁沁园之半，以其土为山也。高者种树、竹为多，低者种花、柳为多。北向连亘四丈，六楹俯水，为柳湄水榭。迤东三曲曰‘蕉雨堂’，又三曲曰‘偃月寮’；作桥于东，曰‘东杠巡栏’。南行，一亭截然，颜为‘勿屐’，游踪到此而止”[注44]。他在《沁泉山馆记》中对建筑作如下描述：“乃面东作追昔亭，祀程公辟（程师孟），使贤守永享斯山香火。”[注45] 郭柏苍对历史人文遗迹亦很重视，“所称鹤磴，乃道光庚戌夏日，林文忠公则徐在叶廉访敬昌亭台放鹤之所,后人以重其人者纪其地。吾知久之鹤磴将与吟台并传为故事矣。其他若台池、秋翠院、但寤轩、眺雨楼、霞端阁、梦鸯藤馆、日夕佳楼、仿佛沧江亭，或因或革，环列西北，皆一时兴趣所及。”[注45] 从以上所述文字可看出，郭柏苍造沁园时，既深知因势利导、因地制宜，利用原来的遗物及山泉造园，也善于通过相关园林建筑划分空间、组织游线，以取得园中有园、以小见大之情境，并以题名、楹联赋予建筑空间以诗情画意。郭柏苍还善于将自然山水、植物美景与建筑巧妙结合，营造如诗如画的美妙境界。“以山馆东西相距六丈五尺之地，忽得方广九丈之沁园，高下相接，以疏间密。东南之风月，由远空侧入林峦，萧散淡远如画。老树喜空阔，低枝下俯；新植欣欣上仰，与之离合作势，其隙处则石鼓、东山、古岭历历在墙头。”[注45]

然理水堆山、亭台楼榭之构筑，郭柏苍讲究意境画意；对园林植物应用与选择则亦然，既注重与所处环境配合，又追求与其他造园要素相映成趣，营造诗画意境。“春夏嫩柳拂堤，莺声在座，众箐压岸，竹色侵衣。”[注46] 他工于诗画，所以能既求取陶渊明的田园意境，又能获求山水诗画般的园境，将山池、建筑、花木高妙融合，形成深邃隽永的意境美，情韵悠悠，诗味恒久。

在不大的沁泉山馆中，山地园与水景园相交相融，既有天然山地园之幽远，又具池水园之胜美，如一幅淡雅超俗的山水画卷。植

注 44　黄启权．三坊七巷志 [M]. 福州市地方志编纂委员会编．福州：海潮摄影艺术出版社，2009:232.

注 45　（清）郭柏苍．乌石山志 [M]. 福州市地方志编纂委员会整理．福州：海风出版社，2001:167.

注 46　黄启权．三坊七巷志 [M]. 福州市地方志编纂委员会编．福州：海潮摄影艺术出版社，2009:232.

物配置亦注重四时有景。“花之葩，竹之芽，鸟之交噪，鱼之出没，蚓之蜕树而为蝉，蚁之穴枯而蕴卵。丽于两间，变幻而成四时者，皆与吾游衍于无尽。”注47“梅花香尚禁寒在，柳线青犹待暖催。”“梅花委地梨花放，可有新诗寄草堂。”注48郭柏苍出色地将文学意境、山水画理运用于造园艺术活动中，取得了园中有诗、园中有画的园林艺术妙趣。

注47　黄启权．三坊七巷志[M]．福州市地方志编纂委员会编．福州：海潮摄影艺术出版社，2009:233（闽山沁园记）．

注48　（清）郭柏苍．乌石山志[M]．福州市地方志编纂委员会整理．福州：海风出版社，2001:168-169.

光禄吟台广场

光禄吟台园景

（3）保护与扩建设计策略

在光禄吟台保护修缮与扩建中，我们不仅对现状情况做深入调查，而且注重考查历史，从其初始为宋法祥院寺园到清末郭柏苍的私园（沁泉山馆）的历史变迁考证中，尽可能充分挖掘各历史时期信息、遗存与文献，尤其以清末郭柏苍的造园理念作为底本，从整体上把握园林营造意境；在充分展示光禄吟台古典园林精髓的同时，体现福州古典园林尤其是三坊七巷历史街区的园林精华与地域性特征。

设计从现场测绘、考证开始，结合文献记载，明确其历史园址界线，结合考虑现实可能，确定其需恢复的园址范围：首先，将园址向东北延伸，以达南后街，并向南扩展，让光禄吟台核心保护区有更开阔的空间，于东南向形成一条从光禄坊巷入园的通道；而西侧限于用地条件，园址界线与保护区界线相重叠。通过以上园址界线的调整，将原保护范围内的1800平方米用地，扩至3500平方米，以尽可能与文献上记载的园区范围相吻合。东北部达丰井营巷与南后街相接，加之南侧通光禄坊巷之园径，形成园林两个方向的出入口，为塑造完整的园林情境游线创造良好条件。

园林立意上，传承并延续“沁泉山馆”之意境，“沁园小也，日涉而大之，又假远为近，略得依水之意”。园址范围虽扩大，但也仅约5亩（1亩≈667平方米）。在不大的园内，要取得“咫尺山林”的空间深远感，并保持原有园林意境，是设计营造的关键。

光禄吟台平面布局示意

总体设计思路方面，新扩部分通过园林建筑组织空间，以意趣小空间来衬托原有相对阔朗且峰回路转、景深幽远的自然山林胜景，并互为交糅、对比，融自然美与人工意趣美为一体，创造深邃隽永的园林意境空间。具体手法：一是新旧结合，整体营构。新扩用地位于原址东侧与南侧，呈 L 形环抱原有山林池水。设计以园林建筑划分、组织园林空间序列，并注重建筑体量与关系的妥帖，让雅致小巧的建筑与原址的山石池水良好契合，宜亭斯亭，宜榭斯榭，或使水绕屋，或“楼台围住天如井，井中忽见楼台影”[注 49]；做到园中有院，院中有井，建筑疏密得宜；或以小见大，或以疏间密，以建筑围合之空间，来突出原有山池之幽阔。二是注重四时、四季的景致变幻。讲究建筑与植物相配合，既有步移景异之谐趣，又有四时、四季景物之变幻，重构沁泉山馆的园林意境；以梅、柳、竹、梨、桂为主，并补植杏、芭蕉，池中置荷花等，高下相接，“高者种树、竹为多，低者种花、柳为多”；注重景物与诗意的融合，新增园林建筑之匾额、楹联均取材于历史文献记述，再现诗情画境的主题景象，真正做到园中有画，园中有诗。三是汲取传统园林营造精髓，塑造地域园林个性特色。三坊七巷历史街区内古典园林最显著的特征是精巧、玲珑和雅致，设计通过构园各要素的尺度把握与关系建构，以抽象、象征、比拟等手法，再现写意山水园的如画情境；采用三坊七巷精巧的古典园林建筑（亭、廊、轩、榭）及具原创性的假山雪洞、壁塑等传统造园元素，创造一系列旷奥变化、收放有致、层次丰富的序列体验空间，营构引人入胜的画意般园林景致，让修复后的光禄吟台既充满浓厚的历史文化内涵，又富地域园林强烈的个性特征。

注 49　卢美松 . 福州名园史影 [M]. 福州：福建美术出版社，2007:28.

入口广场节点（设计方案）

柳湄小榭节点（设计方案）

（4）园林布局

整体园区划分为三个部分，原有保护区为一区，新扩东、南二区与其呈嵌合关系。东区以建筑围合空间，置于漾月池东岸、北岸，池岸东为吟台轩，轩南为上亭下洞式假山雪洞，以随墙廊相连；池北为眺雨榭，榭西北为入园门亭，曰柳湄小榭；其东以曲廊与眺雨榭相接，形成半围合式庭园空间。建筑形成组群关系，绕水而构，并与西部自然山林隔水相望，呈现“近有台榭相逶迤，远与林泉争妥帖。深秋结想高于云，更看墙头山万叠”注50之景象。而南区则结合酒店公共配套功能以台接水，形成一处较为开敞的空间，可观赏闽山巨石、池沼飞桥；酒店建筑立面素雅、简约，并将其作为粉壁以衬托北侧古朴的山阜林木。

西部园区，作为光禄吟台园林的核心部分，以自然历史之池石与山阜深林为主题景致，仅追昔亭点缀山巅，为全园视觉焦点。设计不加任何新的干扰，保持其历史原真，以突显光禄吟台的浓郁历史文化氛围与主题特征。

新增部分不仅注重与历史遗存的整体有机同构，又审慎注重其与周边既有历史肌理的织补、缝合。通过园林小品建筑的植入，既改善了园址周边界墙的生硬感，又营构了一系列情境化小空间。设计同时通过边角空间功能化处理，于东北角与东南向形成两个体验感受截然不同、趣味横生的入园序列引导空间。

（5）游线组织

设计通过空间与景观组织，形成游赏、体验园林的多路意趣游线，其主要游线从南后街入口开始：由泔液境遗迹、古井、古榕树、柳湄小榭、园墙围合出一处具有强烈历史感与地方文化特质的入口广场，亦成为南后街重要的节点空间。由柳湄小榭进入一个小庭井，

注50　卢美松．福州名园史影[M]．福州：福建美术出版社，2007:28.

眺雨轩节点（设计方案）

吟台轩节点（设计方案）

对景为粉墙衬修竹，南折为入园圆洞门。入园庭井空间相对狭小，以达欲扬先抑之意图。至眺雨榭，凭栏而望，东有廊榭蜿蜒曲折，西为古树扶疏，东南为吟台轩，形成“花影满庭香气散，凉飚吹树月华新”[注51]的优雅水庭空间。

由眺雨榭始，游线分二路。一路折西进入闽山原境，清幽雅静，宛若深山林涧；绕山至南，忽见巨石巍然，石中摩崖石刻“光禄吟台”“闽山”“鹤磴”历历在目，阜下有潺潺流水，石桥飞架。沿磴道上追昔亭，遥想当年郡守程师孟游光禄吟台之情景；同时，让视线越出园垣，可现“乌、于及遥山皆与小阜作为宾主朝揖之势，盖用形家假远为近之法。”下山过桥南游，便是拟建酒店的餐饮区。游线至此北折，即为古漾月池，巨石“光禄吟台”于池西矗立，“光禄吟台”篆刻跃上眼帘，山巅追昔亭鹤然而立。继续北行，则为池畔之“吟台轩”，追想当年，沈葆桢外孙李宗言兄弟与林纾、陈衍、陈宝琛、郑孝胥曲水和诗，诗意满园飘溢。池北岸便是园林主体建筑眺雨榭，北可回望柳湄小榭，亭廊相逶迤，古树斜墙而出。隔水南望，东南为独具福州古典园林特色的上亭下洞式假山雪洞和壁塑山峦；西南为酒店公共区层层涌动的马鞍墙，近处亦有池畔山林，好一幅天然水墨图。

另一路游线由东南光禄坊巷入园，设计结合酒店公共功能区入口，将长约 50 米、宽 6 米的通道以类多进院落形态，营构庭院深深的空间情境作为入园导引，尽端是漾月池，空间为之豁然开朗。由此，游线亦可分为东、西两路，沿池东岸北行可至北入口柳湄小榭，也可顺主游线体验其盘旋曲折之情趣。不同游线呈现不同的体验感知，“多方胜景，咫尺山林”。

修复与扩建设计既讲求保护历史文化遗产的真实性，又注重新旧融合，令其成为具有强烈地方特色与浓厚历史文化底蕴、有完整游赏体验游线的经典园林，并作为南后街一处重要的公共开放空间。

注 51　黄启权．三坊七巷志 [M]. 福州市地方志编纂委员会编．福州：海潮摄影艺术出版社，2009:167.

沿光禄坊酒店入口（设计方案）

酒店主入口夜景（设计方案）

（6）光禄吟台酒店

光禄吟台园林西侧与刘家大院间 13452 平方米的用地，于 2018 年作为更新地块出让，用于建设高品质园林式酒店。该地块南临光禄坊巷，原为省高级人民法院与鼓楼区第三中心小学，原有建筑属三坊七巷街区内与整体传统风貌相冲突的当代多层与高层建筑。

项目设计的关键点依旧是处理好新建筑与其周边诸多历史要素的关系，在满足酒店功能、时代性、创新性等要求的同时，能和谐地融入街区整体环境之中，重塑街区肌理、风貌的完整性。设计总体思路是修复该地段不协调的第五立面肌理，同时传承光禄吟台古典园林的空间特征，将传统园林与酒店园林空间相结合，营造具有独特个性的当代园林式酒店。设计强调对该地段历史文化的发掘与表达，如将“道南祠”意向性转化为酒店会议中心，设置理学讲堂；设“陈子奋书画馆”，以弘扬闽籍名人文化；体现福州作为“中国温泉之都”的历史文化意涵，设置了地方温泉文化体验场所。更为重要的是，通过酒店完善的功能配套，既满足星级酒店功能需求，又为街区 24 小时的活力提供保障。

建筑布局与功能方面，设计将酒店公共核心部分（大堂、会议、娱乐、餐饮等）设于地块中部，并使其东北侧的酒店中心园林与地块东侧的光禄吟台园林相互衔接融合、互为延伸，同时下沉式酒店中心园林也令光禄吟台的山阜更显秀拔，两者互为借景、相得益彰，既有效扩延了光禄吟台园林的空间与景深，也极大地丰富了酒店中心园林的景观层次。酒店客房为一至二层建筑，设于公共部分的南北两翼，部分客房采用院落式类型。南翼客房区为精致的小型套房，部分二层客房带阳台或露台，围绕二层露台公共庭园布置。北翼客房区类坊巷式布局，以传统院落为类型参考，营造院落式特色居住氛围。套房内设庭井或退台式空中庭院，院落之间以马鞍墙相隔，使客人在现代酒店氛围中也能获得地域传统意象特征的文化体验，并于第五立面呼应街区固有肌理。设计将后勤及部分配套用房设于

光禄吟台园林景观（设计方案）

酒店内庭景观（设计方案）

地下一层，以让出更多地面空间用于营造园林空间；将核心区的园林空间下沉至地下一层，实现地下公共配套功能用房地面化，同时亦创造出多层次的意趣园林空间，既丰富了光禄吟台园林的情境体验意象，更赋予其强烈的时代特征。

流线组织方面，设计利用南侧市政路光禄坊巷设置两处出入口，其一于西南临刘家大院处设主入口，引入大堂前广场，住客由大堂等公共核心区通过院落园林路径系统到达各自客房；其二于地块东南侧结合光禄吟台东南园径设一通道作为辅助入口。两处通道各设置一个地下车库坡道，东侧坡道仅作为安全出口。临光禄吟台处设多条连接路径，既方便酒店客人游赏园林，提升其作为园林式情境酒店的体验感，又使酒店公共功能区可为街区游客所共享。

建筑形式与风貌方面，不仅在总平面布局、第五立面肌理上类比于街区坊巷肌理，以街区建筑特征类型和独特马鞍墙形态所构成的第五立面肌理有机融入整个街区之中，且在建筑色彩、材质、细部构造节点等也以不同尺度类型为参照。与此同时，设计亦讲求发挥类型学的创新潜力，在不同尺度层级均尝试跳跃式创新表达，力求既能响应街区固有特征，又能创新体现自身的时代性。

光禄吟台酒店鸟瞰（设计方案）

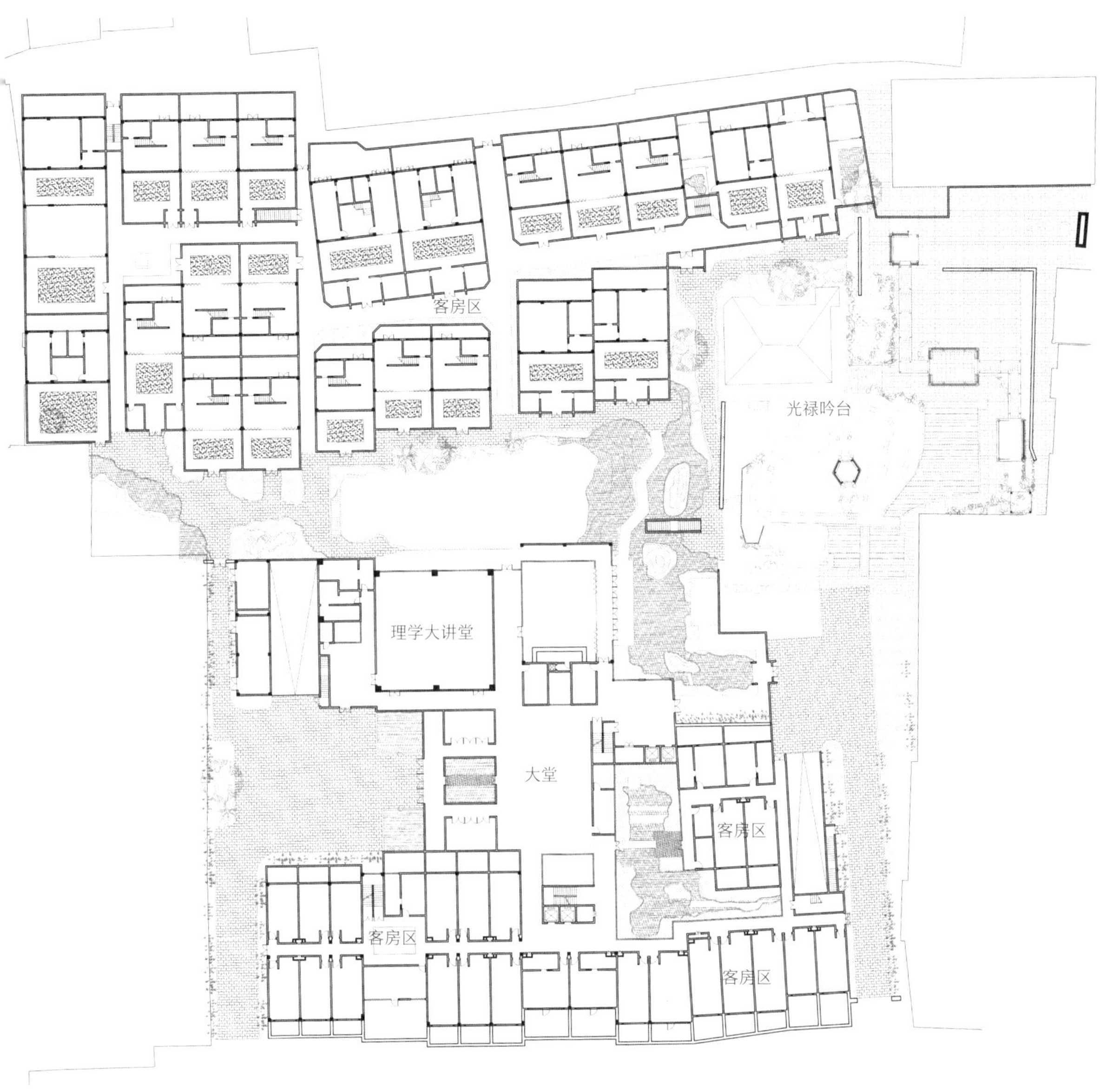

光禄吟台酒店一层平面（设计方案）

酒店内庭院（设计方案）

酒店内庭与光禄吟台（设计方案）

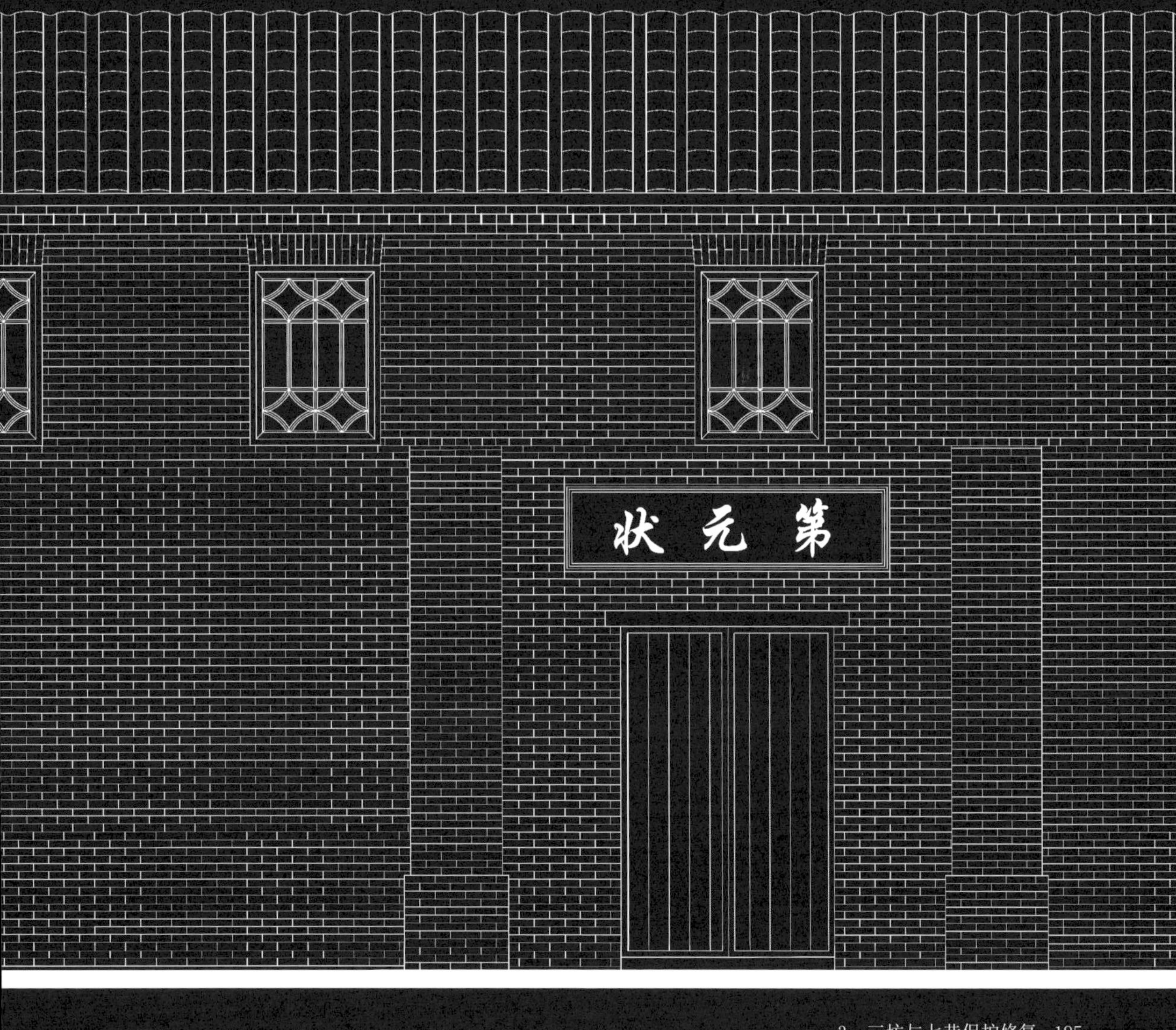
状元第

3.4 吉庇巷保护与整治

吉庇巷是东七巷最南侧的一条巷子，南临安泰河，隔河便是桂枝坊，东临南街，西接南后街与澳门桥，与光禄坊巷成直线相通，全长 320 米。民国时期与光禄坊巷同时被拓巷为路，故原有的坊巷空间、尺度与氛围均遭改变。1990 年代被改造前，与光禄坊巷同宽，约 10 米，同为由古城墙拆下的石块铺砌路面。今巷南侧已被改建为 5—9 层的住宅建筑。

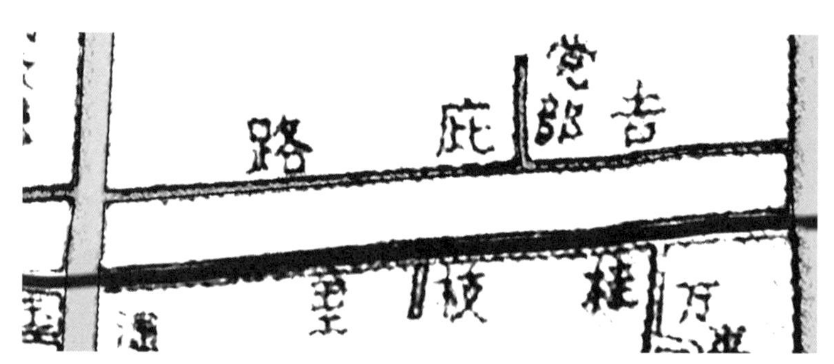

1937 年吉庇巷肌理

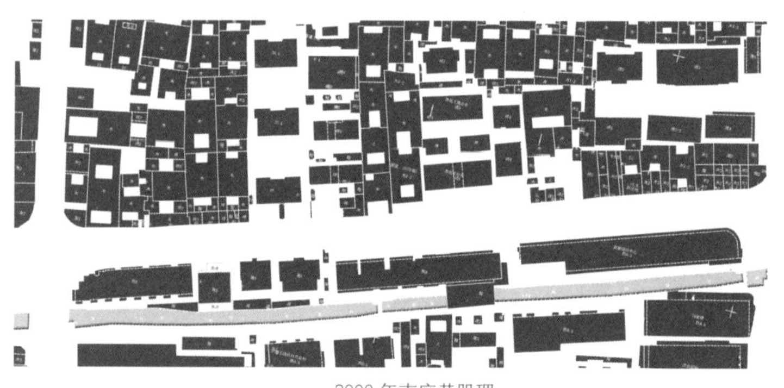

2000 年吉庇巷肌理

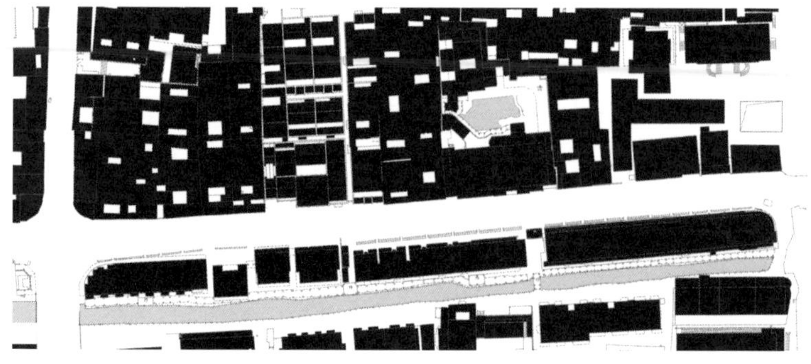

2020 年吉庇巷肌理

吉庇巷，唐末为利涉坊，宋时名魁辅坊，因宋代参知政事郑性之居于此，官至公辅，建“耆德魁辅坊”注52而名，俗呼急避巷。郑性之，宋嘉定元年（1208年）状元，吉庇巷北侧76、78号是其清风堂旧址注53；又因其状元及第，改为“及第巷”，谐音“吉庇巷”。明嘉靖年间，里人恶其名，改为“急避巷”，后被雅化为吉庇巷，沿用至今。郑性之为家乡做了不少善事，比如主持修缮了马尾闽安古镇中建于唐末五代的邢港河迴龙桥（飞盖桥）。迴龙桥还是福州作为海上丝绸之路节点城市的重要实证物。

吉庇巷虽遭民国时期及1990年代的改造破坏，但至今坊巷北侧还存续着丰富的文物保护建筑和历史建筑，其中省级文物保护单位有吉庇巷60号谢家祠（占地950平方米），历史建筑有吉庇巷南后街口的民国海军总司令蓝建枢故居（占地面积1800平方米）、吉庇巷66号廖毓英故居（占地面积1150平方米）及吉庇巷12号、44号、80号、82号、90号等传统民居。吉庇巷北侧的大宅院皆为坐北朝南的多进院落，大门设在吉庇巷，后门设于宫巷，如谢家祠、廖毓英故居等；而蓝建枢故居的大门在吉庇巷，后门在南后街东侧。吉庇巷东口南侧为唐末罗城正南门——利涉门，历史上一直是繁华的商埠街肆区，商铺众多，几乎涵盖了城市日常生活的所有行市。

注52　（明）王应山．闽都记[M]．福州市地方志编纂委员会整理．福州：海风出版社，2001:35.

注53　黄启权．三坊七巷志[M]．福州市地方志编纂委员会编．福州：海潮摄影艺术出版社，2009:125.

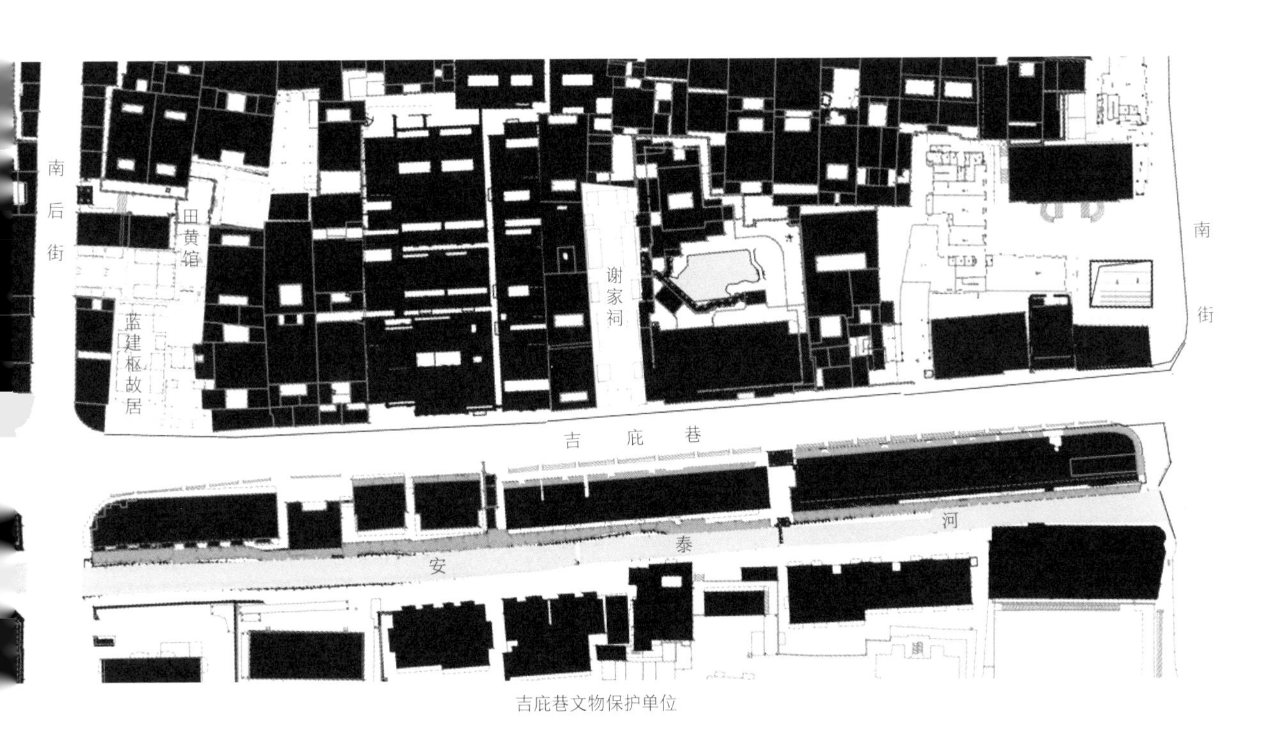

吉庇巷文物保护单位

3.4.1 历史建筑特征与保护活化利用

谢家祠，位于吉庇巷北侧60号，坐北朝南，始建于明，清至民国多次修葺，为龙岩适中谢氏家祠；它既是供奉本族祖先与先贤的地方，又作为家族子弟在省城读书住宿的场所。建筑原为四进，现存三进，大门为石框木板门，民国式青砖外墙。石框门内侧为青石雕刻的门框，上刻门簪，弧形边框，明代规制，工艺精湛。入内为一进前庭，呈四合院形态，东西两侧为披舍；倒座为二层青砖木构的民国建筑，主座是明代建筑，面阔三间，进深七柱；厅堂以屏门分隔为前后厅，左右为厢房。一、二进之间以封火墙相分隔，中轴处开设有石框门相通。二进布局及制式同一进，左右披舍，但前庭南墙无游廊。主体建筑均为穿斗木构架和双坡屋顶，用材硕大，一进具有典型的明代特征，二进为清代形制。第三进前庭与二进后天井融为一体，中无封火墙相分隔，左右设有披舍，呈四合院形态。东侧墙有后门通原第四进花厅。

谢家祠建筑规模虽不大，但它在中国近代史上却具有革命纪念意义。辛亥革命烈士林觉民（1887—1911年）在谢家祠创办过阅报社，组织进步人士学习《苏报》《警示钟》《天书》等书刊，宣传革命思想。林觉民的堂兄林长民（1876—1925年），曾任民国政府司法总长，“在国内报刊上率先披露巴黎和约的内容，从而引燃五四运动的导火线”[注54]。1919年5月4日北京爆发了反帝反封建的爱国革命运动，反对割让山东的卖国合约。为响应北京学生“五四”运动，5月7日下午，在谢家祠内，福州市学生联合会宣告成立，推选龙岩适中人谢翔高为会长，谢家祠成为当时学生爱国运动的组织指挥中心[注55]。民国时期，国民党闽侯县党部和《闽侯日报》社均设于此处；黄展云创办长乐“营前模范村”[注56]时，也以此为城内办公地点。修缮后的谢家祠既是革命纪念地，又是状元文化展示馆，成为社区

注54　张作兴．三坊七巷[M]．福州：海潮摄影艺术出版社，2006:126.

注55　冯益．吉庇巷谢家祠[N]．福州晚报，2008-04-12.

注56　黄启权．三坊七巷志[M]．福州市地方志编纂委员会编．福州：海潮摄影艺术出版社，2009:124.

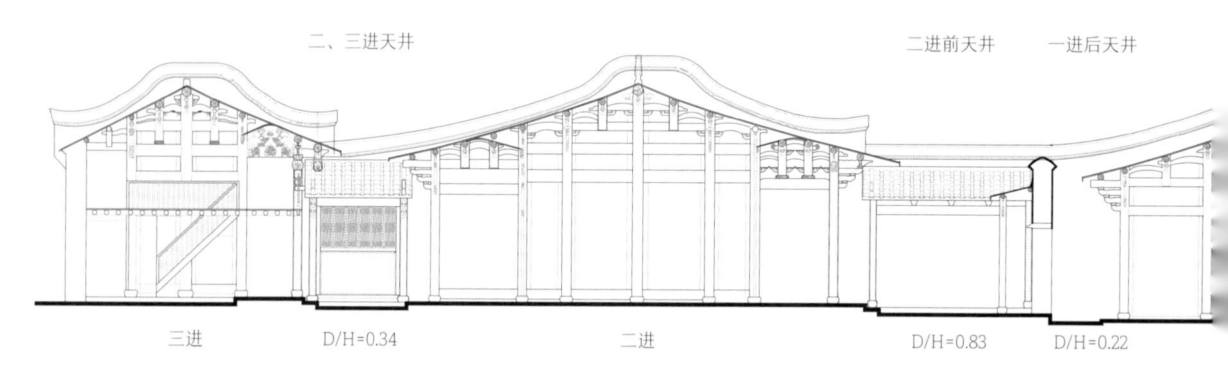

谢家祠入口大门

谢家祠一进前天井

谢家祠一进主座

谢家祠二进轩廊

谢家祠三进主座

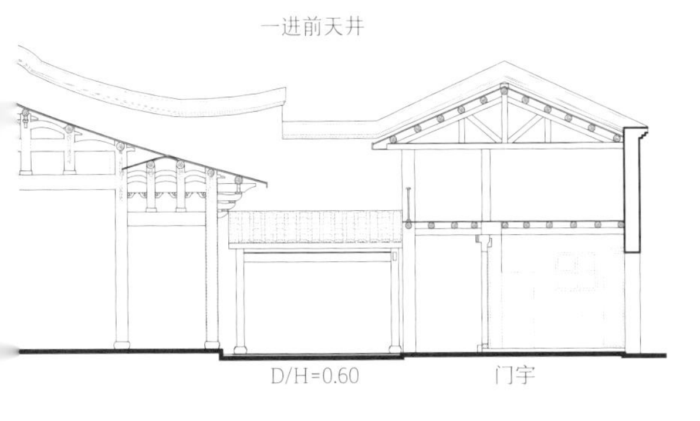

谢家祠剖面示意

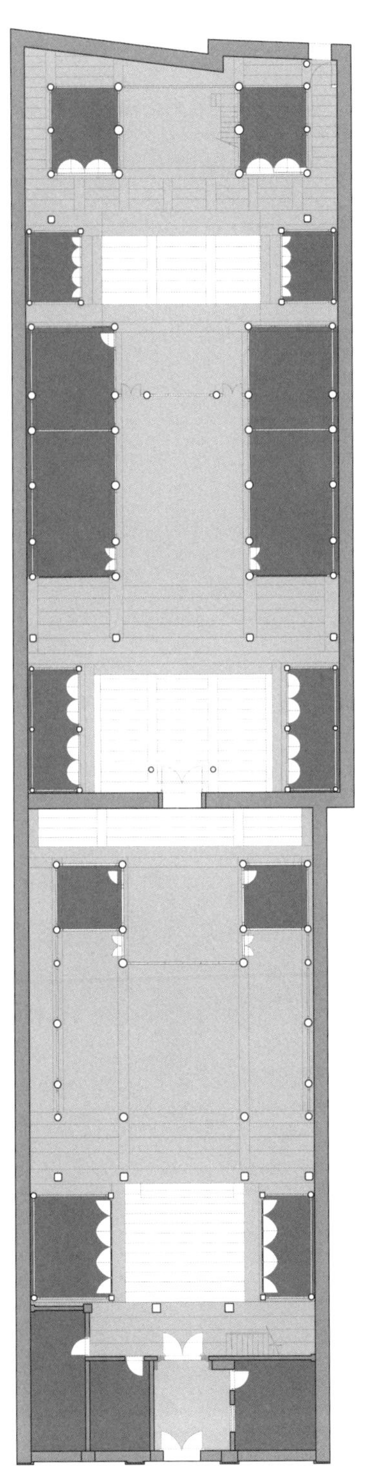

谢家祠平面示意

博物馆的 37 个专题馆之一。

蓝建枢，清同治十三年（1874 年）毕业于福建船政学堂第三届驾驶班，后赴美留学，于 1920 年任海军总司令。蓝建枢故居位于南后街与吉庇巷交叉口，占地面积 1800 平方米，由坐北朝南临吉庇巷的两落和坐东朝西临南后街的一落——共三落组成。现存建筑集明、清、民国三个历史时期的风格于一体，最富特色的是中西合璧的民国时期建筑。其主落门厅从吉庇巷东落石框门进，入门厅西折，进入第二道石框门即为主落（西落）的第一进前庭井，三面环廊；主落前后二进，进与进之间不设封火墙，前后进庭井融为一体，左右设有披舍，主座均为穿斗木构双坡顶建筑，面阔三间（通面宽 13 米），一进七柱（通进深 11 米），二进五柱（通进深 7 米）。东落从主落东游廊后墙设石框门进入，前后二进，第一进为四合院形式，第二进为园林花厅。此两落临吉庇巷立面均为民国式清水青砖墙，仅于东落临街设石框门通吉庇巷；内部皆为传统穿斗木构架，具有鲜明的清末建筑特征。门窗隔扇多采用“影子格”手法，将传统文化中象征吉祥的文字、图形以精妙的疏密棂条变化加以演绎，

蓝建枢故居鸟瞰

蓝建枢故居东落石框门

临南后街落二进前庭井

在光影作用下，若隐若现，意韵无穷，具有极高的艺术鉴赏价值。

临南后街东西朝向的此一落与南北朝向两落后院墙相拼接，于隔墙中设门洞相通，为二进式院落。第一进仅设左右披舍，入石框门为游廊，无主座，后墙开石框门与二进相连，此进院在三坊七巷中属特例。二进前后天井左右两侧均布置有披舍，主座为明代建筑，面阔三间（通面宽 13 米），进深七柱（通进深 14 米），室内添加了大量民国时期的装饰，增加了富有韵律感的天花吊顶；前轩廊梁柱间亦添加了拱形装饰构件，隐约透析出西式拱廊意韵；后天井披舍则被改建为二层的青砖小楼，过渡虽有些许突兀，却也充盈着意趣。

修缮后的三落建筑均作为福建省海峡民间艺术馆，成为两岸民间文化、艺术交流的重要场所。设计结合功能与布展流线需求，部分天井覆以钢构玻璃顶，并植入现代构造元素。新加元素坚持以可逆性与可读性为原则，传承其随历史发展而融汇创新之精神，重新将各时期历史特色相融合，反映出从明代、清代、民国至当代各时期的鲜明特征。

主落一进厅堂屏门

临南后街落二进轩廊

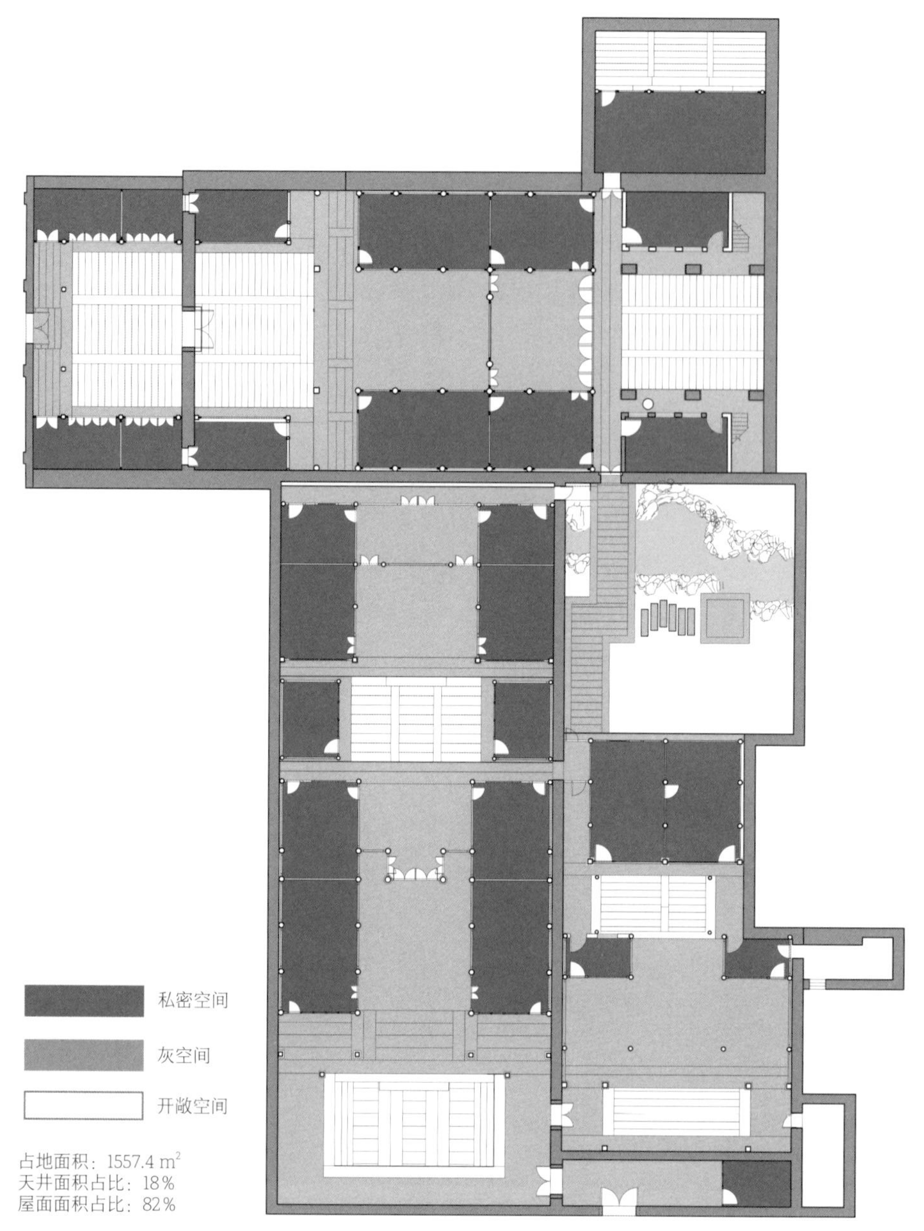

蓝建枢故居平面示意

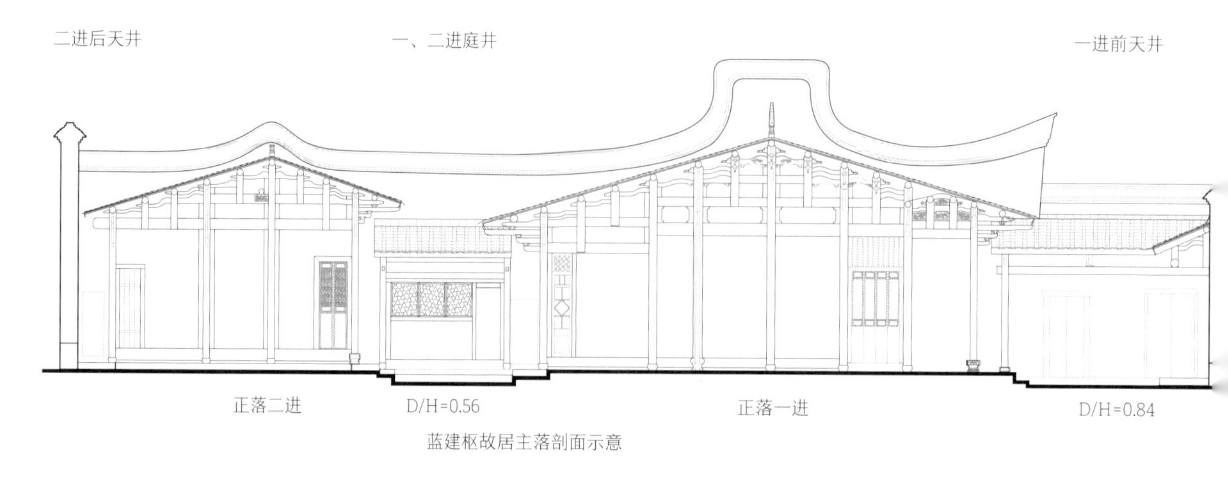

蓝建枢故居主落剖面示意

吉庇巷66号为廖毓英（1863—1929年）故居，其第三进长廊式覆龟亭独具韵味，长长的覆龟亭让序列空间具有特别的仪式感；廊道通第四进石框门，门楣上原有横匾“廖氏家庙”。第四进主座前厅上挂有宅院主人廖毓英的进士匾及宛平县知县补用顺天府（今北京）知府官衔的牌匾[注57]。

注57　廖福伟．吉庇巷廖毓英故居春秋[N]．福州晚报，2008-04-12.

廖毓英“进士”牌匾

廖毓英故居覆龟亭空间

廖毓英故居一进厅堂

3.4.2 坊巷空间意象再塑

基于吉庇巷北侧立面以清水青砖墙为主的特征，设计在北侧沿巷道各更新地块改造中，除了在平面布局、第五立面肌理方面进行类型学参照外，沿巷道的外观立面也特别关注吉庇巷固有的以青砖为主色调的民国特征的保持；同时，为了强化沿街 300 多米长立面体验的丰富性与节奏感，更新建筑不仅在平面布局上做适当后退处理，而且细致推敲立面群体组合的虚实关系与变化，并有意识地植入适量木构走马廊式建筑，赋予立面整体构造的意趣与可读性。

对于巷南侧沿安泰河展开、1990 年代因旧城改造而形成的一排五至九层不协调建筑，设计亦进行了风貌协调性的改造。《三坊七巷历史文化街区保护规划》确定其为建设控制地带，2008 年上半年福州市政府做出决策，即结合地铁 1 号线八一七路南街段的东街口站、南门兜站沿线地下空间开发，对南街沿线及安泰河两岸不协调建筑进行整体改造，以整体提升“两山两塔两街区”古城核心区风貌特区的环境品质。为此，福州市城乡建设发展公司作为业主单位，福州市规划设计研究院联合日建设计公司作为设计单位，业主方与我们设计团队于 2008 年底完成了项目可行性测算与概念性方案设计。时任市长郑松岩先生让我们继续深化方案，拟定 2009 年下半年开始实施工程建设。但由于多种原因，“两山两塔两街区”风貌特区整体保护整治的积极举措未能实施。鉴于此，2014 年鼓楼区委、区政府结合津泰路、吉庇路环境综合整治，转而对吉庇巷南侧高大、不协调的建筑进行暂时性留存的立面改造与整治[注 58]。为改善其街巷空间尺度，设计于其建筑北向较大退让街道的空地处，植入一至二层裙房，采用木构外廊式或青砖外廊式的柱廊外界面，

注 58　合作设计单位为杭州江南建筑设计院有限公司，主创建筑师为严龙华、全文强 .

民国风格建筑

青砖建筑与木构走马廊式建筑

重新限定街巷空间，重塑街道的良好尺度关系，或高、或低、或进、或退以呼应街道北侧的历史界面；功能上又为街道空间提供了有品质的驻足停留休闲空间。而对于上部住宅则进行平改坡（平屋顶改为坡屋顶）和色调的协调性改造。同时，我们还在临水岸侧意向性修复一处临水吊脚楼，让乡土文学《闽都别记》中“荔枝换绛桃”的爱情故事场景得以再现。该故事讲述了唐末五代“闽国”时期，家住吉庇巷安泰河边的书生艾敬郎与居住在安泰河南岸桂枝坊的姑娘冷霜蝉的爱情传说。相传，两家窗户相对，以水果传情，冷姑娘扔以荔枝，艾书生则回投以绛桃。但就在他们成亲之日，闽王王延翰要选民女入宫，冷姑娘被强迫选入，不从，遂一对情侣被放入火堆烧成白灰，如烟直上，仙化为一对鸳鸯腾空而去，成为中国版“罗密欧与朱丽叶”的爱情故事。

吉庇巷街景（修复前）

吉庇巷街景（修复后）

安泰河临水吊脚楼

多层建筑裙房传统氛围营造

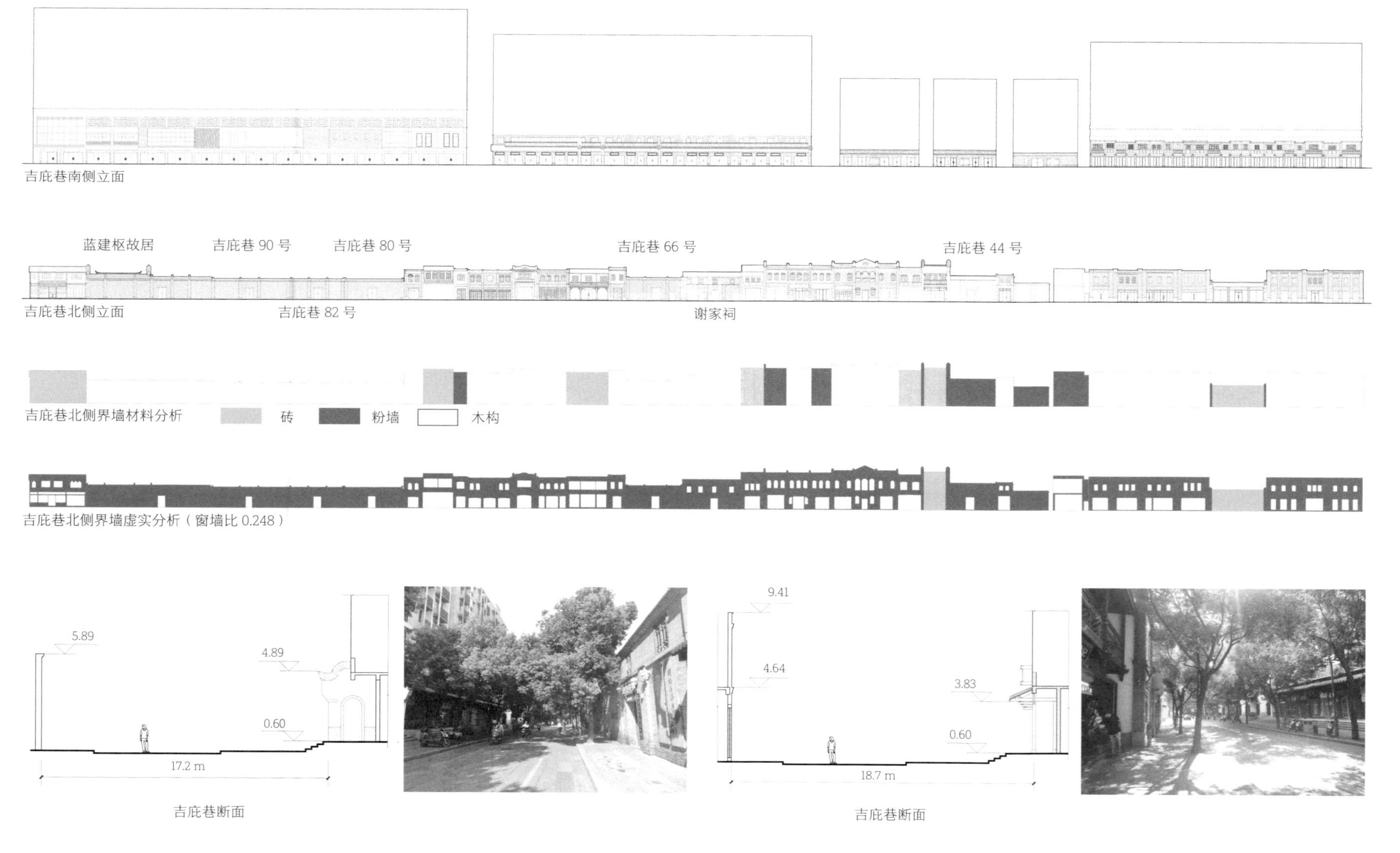
吉庇巷南侧立面
蓝建枢故居
吉庇巷 90 号
吉庇巷 80 号
吉庇巷 66 号
吉庇巷 44 号
吉庇巷北侧立面
吉庇巷 82 号
谢家祠
吉庇巷北侧界墙材料分析
砖
粉墙
木构
吉庇巷北侧界墙虚实分析（窗墙比 0.248）
5.89
4.89
0.60
17.2 m
吉庇巷断面
9.41
4.64
3.83
0.60
18.7 m
吉庇巷断面

宫 巷

3.5 宫巷保护与修复

宫巷南接吉庇巷，北连安民巷，为东西走向，东起南街，西至南后街，与其西侧丰井营巷相互对望。“旧名仙居，以中有紫极宫名。后崔、李二姓贵显，更名聚英达明，复改英达，今巷内有关帝庙。”注59故其曾有仙宫里、聚英坊、仙居巷、英达巷之名，巷东口旧有石刻“古仙宫里”直匾。宋《三山志》记载：“侯官紫极宫，聚英坊之北。唐天宝元年，田周秀言老子降于丹凤门，以锡灵符，因置混元皇帝庙。二年，改庙为宫。三年，以在京为太清宫，东宫为太微宫，诸州为紫极宫。”注60 宫巷内紫极宫始建于唐天宝元年（742 年），伪闽光化三年（900 年）重修注61，供奉道教宗师老子，旧址在宫巷北侧西段宫巷小学内（现为花巷幼儿园）。紫极宫旧址上曾盖起福州第一座天主教堂——“三山堂”，又名“福堂”，三山堂的创办人是意大利天主教传教士艾儒略（1582—1649 年）。明天启四年（1624 年），家住朱紫坊芙蓉园的明末东阁大学士、首辅叶向高告老返乡，途经杭州时与艾儒略相识，并将其带来福州。第二年，他在叶向高长孙叶益善和诸教徒的筹资帮助下，盖起了三山堂。艾儒略学识渊博，有“西来孔子”之称，在三山堂讲学并参加福州诗人的集会。天启七年，叶向高与艾儒略曾举办过持续两天的“三山论学”。

注 59　（清）林枫．榕城考古略 [M]．福州市地方志编纂委员会整理．福州：海风出版社，2001:41.

注 60　（宋）梁克家．三山志 [M]．福州市地方志编纂委员会整理．福州：海风出版社，2000:626.

注 61　黄启权．三坊七巷志 [M]．福州市地方志编纂委员会编．福州：海潮摄影艺术出版社，2009:119.

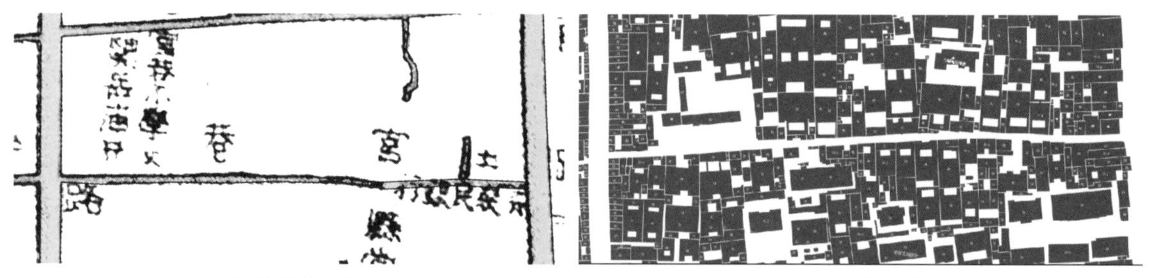

1937 年宫巷肌理　　1995 年宫巷肌理

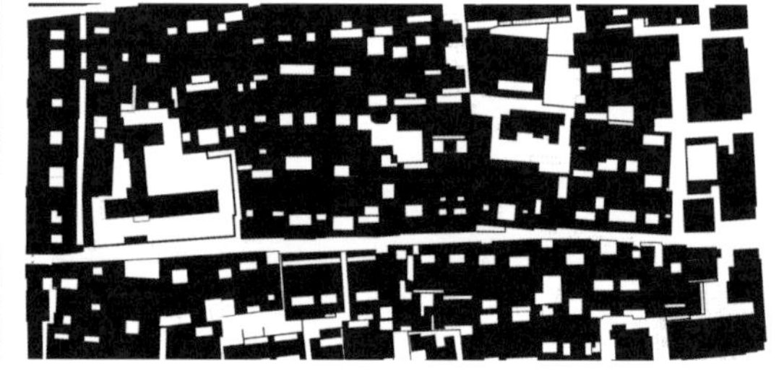

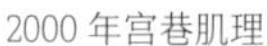

2000 年宫巷肌理　　2020 年宫巷肌理

旧时石刻“古仙宫里”直匾

“三山堂旧址”石碑

仅300米长的宫巷大厝毗连，至今仍耸立着25落明、清大宅院，林则徐三个女婿刘齐衔、沈葆桢、郑葆中的家都在宫巷中段，沈家与郑家相对，刘家与沈家相邻，中间还有一座占地面积3340余平方米的大宅——曾是明末唐王朱聿键在福州建立南明朝廷称隆武皇帝时的大理寺衙门，后为林则徐二儿子林聪彝所购作为私宅。诚如郁达夫于民国二十八年（1939年）客居光禄坊刘家大院时，走访宫巷曾发出的赞叹："走过宫巷，见毗连的大宅，均是钟鸣鼎食之家，……两旁进士之匾额，多如市上招牌，大约也是风水好的缘故。"注62 宫巷现存续的国家级重点文保单位有刘冠雄故居、沈葆桢故居、林聪彝故居，省级文保单位有刘齐衔故居，保护与历史建筑有连城张氏试馆、宫苑里、杨庆琛和吴石故居、宫巷9号民居、宫巷41号民居、31号民居、13号戴氏民居以及宫巷3号、15号、17号民居等。

注62　黄启权．三坊七巷志[M]．福州市地方志编纂委员会编．福州：海潮摄影艺术出版社，2009:50.

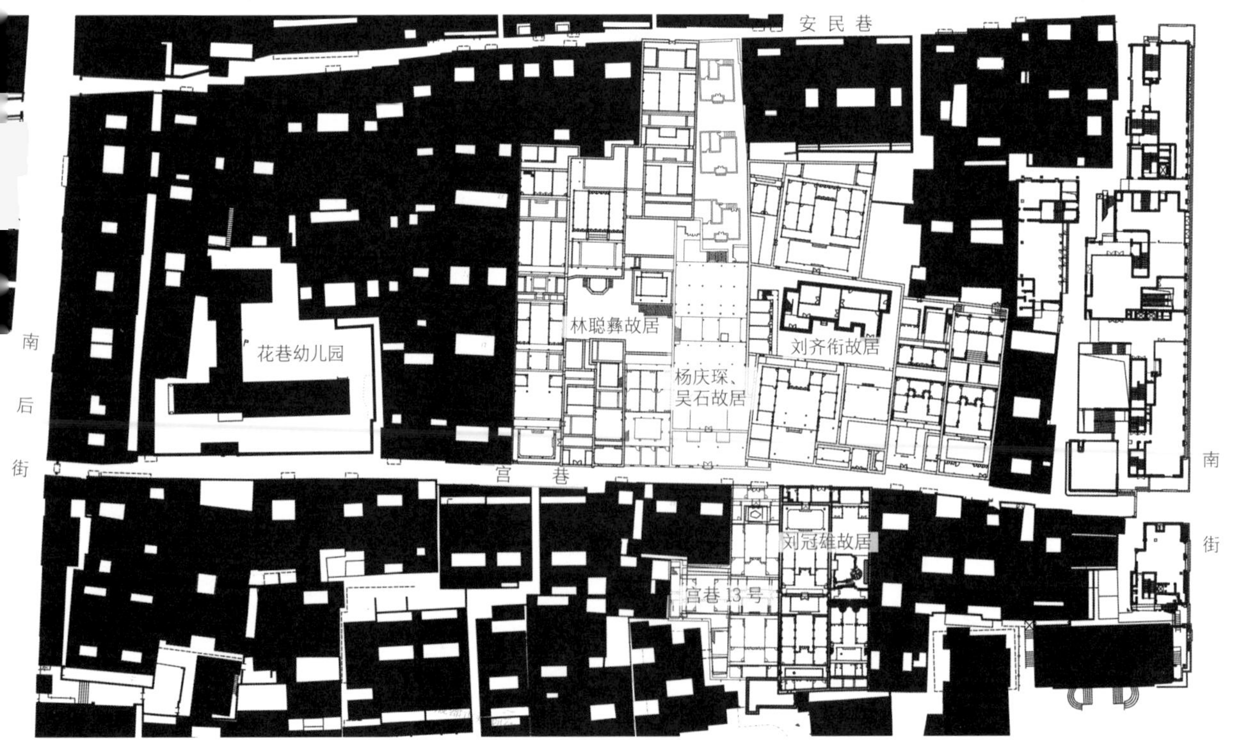

宫巷文物保护单位

有史记载，宫巷内最早的居住者是唐末五代伪闽皇帝王延钧的“皇后”陈金凤（893—935 年），民间称其为“万安娘娘”。宫巷西端南侧的 33 号、35 号靠近南后街的宫苑里是她的第二寝宫，占地约 1000 平方米，现存为明代建筑，坐南朝北，由东西两落建筑组成。主落在西，临巷为单间六扇门牌堵门头房；东落为花厅，临巷设石框门、上置门罩，内为木构梁架，斗拱朴实，无雕花，双坡顶。陈金凤是福建知名的女词人，留下《乐游曲》又称《采莲歌》：“西湖南湖斗綵舟，青蒲紫蓼满中洲。波渺渺，水悠悠，长奉君王万岁游。”[注 63]

注 63　黄启权 . 三坊七巷志 [M]. 福州市地方志编纂委员会编 . 福州 : 海潮摄影艺术出版社，2009:184.

连城张氏试馆

宫巷 33 号（宫苑里花厅）

宫巷 31 号

宫巷 35 号（宫苑里主落）

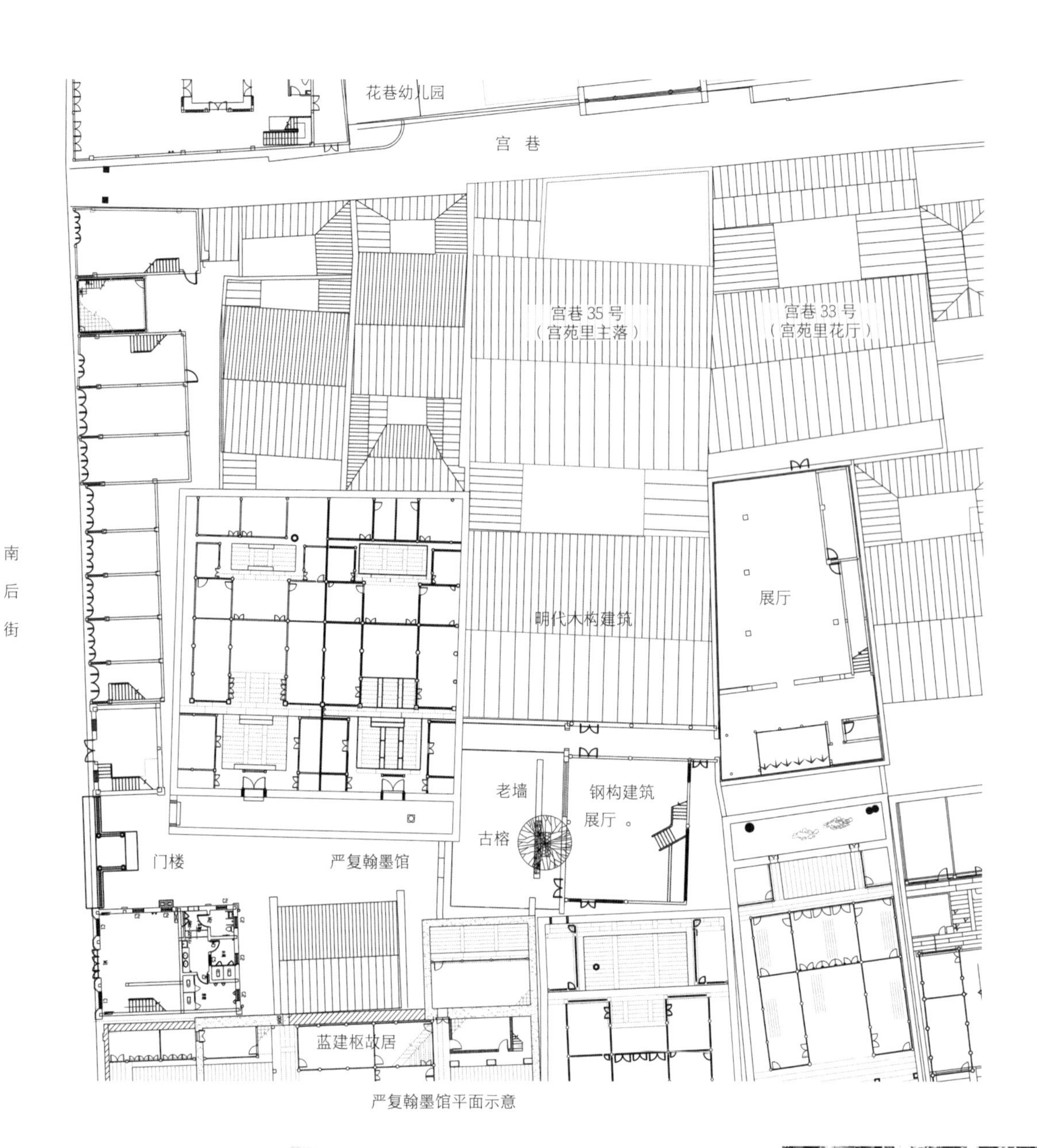

严复翰墨馆平面示意

入口门楼

老墙古榕

严复生平历程墙

宫苑里现已活化利用为严复翰墨馆，从南后街主入口门楼进入，过二道石框门，映入眼帘的是精心保留的古榕、残墙与钢构新建筑形成的一幅意趣盎然的画卷。而简约的钢构建筑与具有美学意韵的明清木构建筑在脉络相承的同时，又产生了饶有趣味的对比美学。

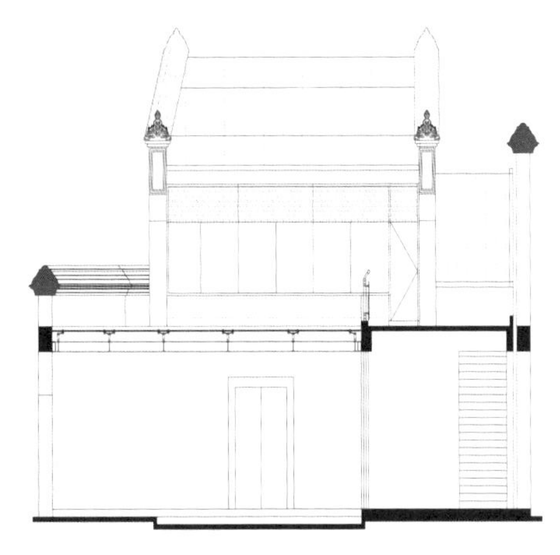

严复翰墨馆剖面示意

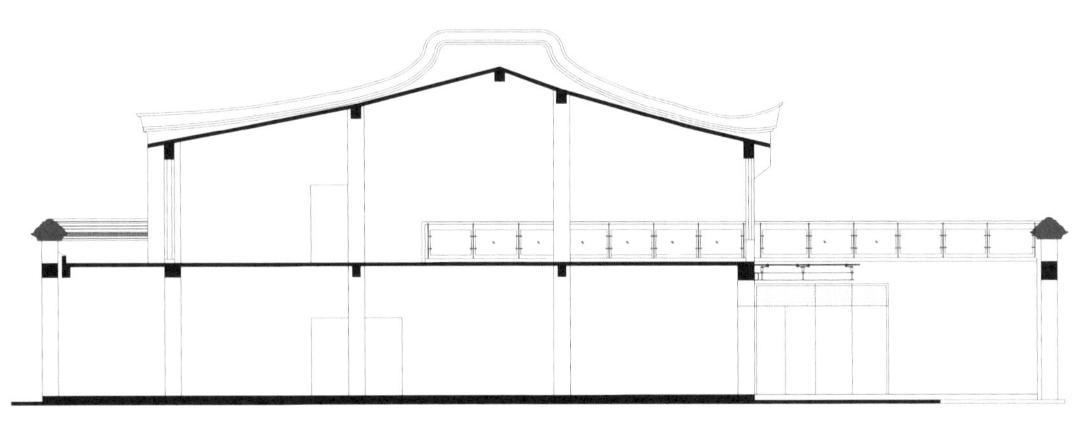

严复翰墨馆剖面示意

明代木构梁架展露

清代木构梁架展露

钢构与木构对比呼应

3.5.1 历史建筑特征与保护活化利用

• 刘冠雄故居

刘冠雄故居位于宫巷 11 号，与刘齐衔故居隔巷道相望，坐南朝北，由西落主厝与东落花厅组成，各进皆为四面封火墙围合，中轴对称布局。其初建于清乾隆年间，占地面积 1336 平方米，清末至民国时期曾作较大的修葺，西侧正落三开间门头房被改造为二层民国式青砖建筑，外墙为清水青砖，附有壁柱，檐口有青砖叠涩线脚，具有福州民国时期典型的建筑特征。东侧落第二进（南花厅）被改为前后两座二层楼阁式建筑，以东西两侧连廊、楼梯相连，形成四合院式形态。北阁楼为主体建筑，仍保持清式木穿斗构架，面阔三间，通面阔 9.6 米，进深 11.5 米，明间采用减柱造，双坡顶。北立面为清水红砖墙，腰线线脚精致，拱形欧式门窗。南阁楼则为民国特征的三角木构架形式，面阔 9.6 米，进深 4.0 米，后墙以封火墙与南侧院相分隔。二座阁楼之间的连廊、楼梯栏杆采用民国时期的车子（旋子）式和冰裂纹式，而阁楼门窗和装饰形式则兼具清式与民国两种风格。

刘冠雄故居航拍

西侧正落大门设于门宇东侧间，门厅占二间，西侧一间设楼梯上二层。从低矮、幽暗的门厅折西转入中轴一进石框门，门内为正落最为阔朗的一进庭井，进深 5.1 米；主座面阔四扇三间 12.1 米、进深七柱 12.1 米，主体木构为清代形制，门窗和装饰构件则为清代与民国形式相融合。前庭井三面环廊，圆作通长大扛梁，气势不凡。主座卷棚式前轩廊空间轩昂，构架雕刻精美，地面以通长且宽厚的条石铺设；前轩廊两端墙皆设门通东落北花厅及西侧宫巷 13 号，木门框挂落雕刻别具特色。厅堂设“凸”字形屏门分隔前后厅；后天井侧墙设门通东落南花厅，后墙设左、中、右三个门通二进，中门石框门楣上方以灰塑横匾装饰，增加了中轴空间的仪式感与艺术性；左右两侧门洞设游廊与二进披榭相接。二进前庭井进深 3.7 米，窄于一进，两侧设披榭，主座布局形制同一进；后天井设有后罩房及两侧游廊，与主座形成四合院式布局形态；后罩房尽间的侧墙设门与后院通，历史上后院有门可直通南侧吉庇巷。各进院落从入户门厅起台明递进升起，每进升起高度约 20 厘米，正脊亦约递进升起 20 厘米，强化了中轴序列空间体验的庄重感。

刘冠雄故居门头房

刘冠雄故居一进主座前轩廊

刘冠雄故居一进主座

刘冠雄故居二进前庭井

东落第一进（北花厅）也极富特色，以四面封火墙围合出园林空间，山池园林在南，进深约 11 米；主座花厅居于园北，坐北朝南，清式风格，面阔三间 9.6 米，进深 5 柱 9.52 米，以双向大扛梁形成三间无柱的开敞空间，由此将小建筑营造出大空间，在三坊七巷花厅建筑中也属匠心独具。前门柱不设隔扇门窗，与南向园林空间融为一体，似巨幅画框吸纳气象万千的园林景致。花厅前轩廊西侧墙设门，与正落前轩廊相通，且附墙置游廊与池西侧盝顶式四角半亭相连接，形成 L 形的园林建筑布局，既与正落（西落）取得良好的交通联系，又构筑出别具情趣的园林空间。池南的“凸”形院墙分隔南北二进花厅，“凸”形院墙既形成南花厅明间厅堂前庭的开敞空间，且巧妙解决了它与西侧正落二进的联系门洞尺寸不足的问题。南北两进花厅两处联系通道的处理手法亦颇富个性：其一在院落东侧折墙处设门连通，避开南花厅主座门窗；其二于四角半亭南侧以假山内曲径通幽的雪洞连接前后二进花厅。若从南花厅由雪洞进入半亭，倚栏体验北花厅园林空间，戏剧性的空间尺度对比、明暗的剧烈反差，把欲扬先抑、豁然开朗而获“小中见大”的艺术感染力发挥到极致。L 形的园林建筑布局，营造出东墙、南墙留白空间，“借以粉壁为纸，以石为绘也”[注 64]。南侧墙堆石造出下洞上台的假山雪洞，设磴道上四角半亭盝顶，南可眺于山、乌山及双塔，近可俯观精致池山楼榭及周遭波涛律动的马鞍墙景象；其构园运用多种借景手法，将视野与联想加以扩大延伸：“眺远高台，搔首青天

注 64　（明）计成．园冶读本 [M]. 王绍增注释．北京：中国建筑工业出版社，2013:175.

刘冠雄故居二进主座

石框门楣上方以灰塑横匾装饰

那可问；凭虚敞阁，举杯明月自相邀。”[注65] 假山雪洞前有一太湖石，上镌刻“萝径”二字，磴道阶石刻有“寿”等字，再次升华了园林的艺术意境。在厅堂轩内坐观南向园林，近水鱼跃，南山清秀，西侧亭廊精致小巧，两侧优雅的“几”字形马鞍墙在扶疏花木的衬托下形成一幅极具地方文化特色的山水诗情画卷。

整座宅院的门窗隔扇多由楠木雕制，题材多元丰富，正落一进轩廊下浑朴方厚的木回纹栏杆以及雕刻精美的悬钟、雀替、斗拱、驼墩，使得无论是花厅园林，还是正落层层递进的中轴序列空间，都洋溢着浪漫、精雅的人文艺术气息。园主人刘冠雄（1860—1927年）将军，毕业于福建船政学堂，留学英国格林威治皇家海军学院；辛亥革命时参加海军起义，1912 年被任命为民国海军部总长，为民国第一位海军上将。正因其兼具中西方文化素养，为整体建筑的独特性烙下深刻的时代印记。修缮后的刘冠雄故居现已被辟为福建华侨主题陈列馆，亦是三坊七巷社区博物馆的 37 个专题馆之一。

注 65　（明）计成．园冶读本 [M]．王绍增注释．北京：中国建筑工业出版社，2013:195.

南花厅南北阁楼以连廊、楼梯相连

刘冠雄故居北花厅前轩廊

雪洞

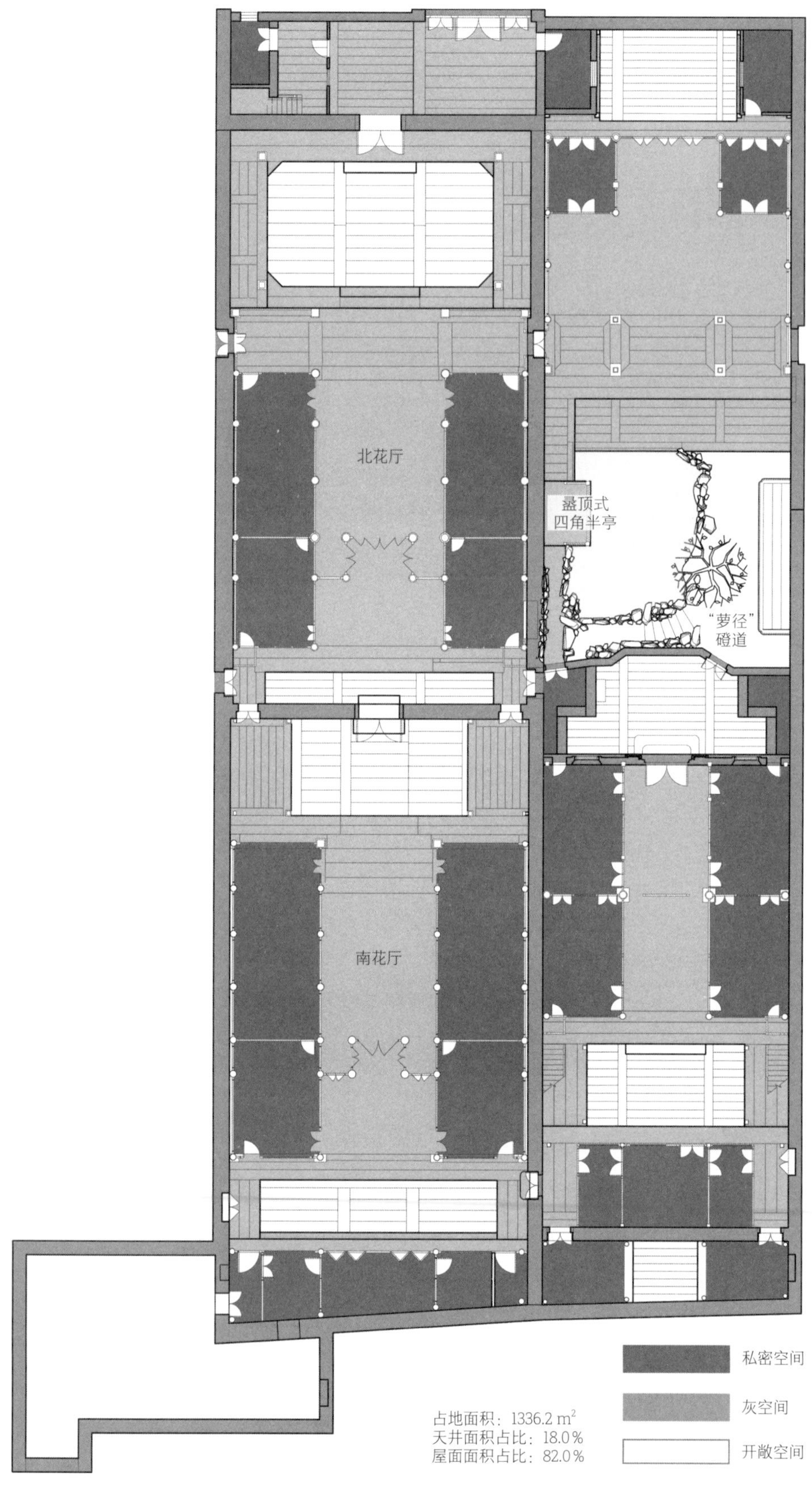
北花厅
盝顶式
四角半亭
“萝径”
磴道
南花厅
私密空间
灰空间
开敞空间
占地面积：1336.2 m^2
天井面积占比：18.0%
屋面面积占比：82.0%

刘冠雄故居平面示意

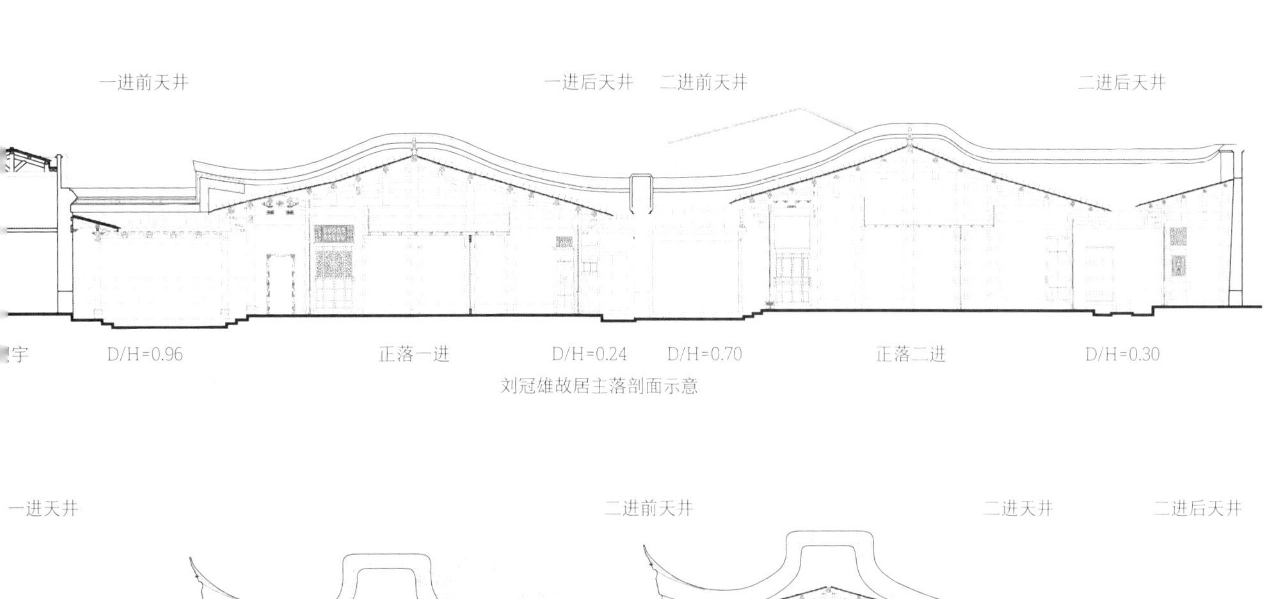

刘冠雄故居主落剖面示意

一进天井
二进前天井
二进天井
二进后天井
园林
D/H=0.82
东落一进（北花厅）
D/H=0.49
东落二进（南花厅）
D/H=0.43
D/H=0.39

刘冠雄故居花厅剖面示意

“凸”形院墙

“萝径”磴道

• 刘齐衔故居

刘齐衔故居坐北朝南，由宫巷 14—20 号四座一字排开的多进院落组成，规模宏大，占地面积 4213 平方米；建于清代，正落位于最西侧，由三进院组成——一、三进存续较为完好，第二进于 1955 年被改造为三层青砖楼，作为福州电话公司办公之用。其西侧为后期加建的二层砖木结构小楼，南侧院墙有一石槽，刻有“崇祯丁丑年夕庵记”，用于注水防火；院中有数株古树，枝繁叶茂。第三进同第一进为面阔五间（通面宽 23 米）、进深七柱（通进深 14 米）的穿斗木构架双坡顶建筑，两侧为马鞍形封火墙，封火墙与木扇架间设有暗弄。前庭井三面四廊、后天井东西两侧布置有披舍，西侧墙前后设门与西跨院相连。正落最富特色的是入口门厅至一进前庭井的序列空间组织：入口门头房设于其东侧落一进前庭院墙前，进门厅东侧一间为轿房，折西是占两开间的覆龟亭式风雨廊，其中一间伸入正落一进前庭井，巧妙地将五开间的主座转化为“明三暗五”的布局形态。风雨廊西侧开门洞与一进前庭井连通，并自

刘齐衔故居鸟瞰图

然过渡至中轴序列空间。一进前庭三面环廊，庭井面阔 8.9 米、进深 6.6 米，厅堂坡顶檐口高度为 4.2 米，宽高比大于 1，空间疏朗阔气；三开间的厅堂明间采用抬梁式结构，形成无柱的三间连贯式主厅堂空间，面阔达 11.8 米，与两端厢房隔墙均采用素雅的灰板壁，充分表现出穿斗木构架的图形性线条美学；加之宽大的前轩廊、通长硕大的廊沿石地面（5.4 米长、0.64 米宽石板）的衬托，将厅堂的阔朗之气与材料的质朴率真之美表现得淋漓尽致。其东侧三落建筑通面宽 12—13 米，皆为多进院落式建筑，中轴对称，宅园一体，于严谨布局中透析出灵动之美。最东两落的第二进均为二层木构阁楼，设覆龟亭连通前后进，斗拱、梁架、垂花柱、雀替、门窗隔扇等皆雕刻精美，为难得的精品。整组建筑不仅规模宏大，且各落建筑之用材尺度十分惊人，前后廊沿皆以通长而宽厚的条石板铺设，简素而质朴，刚劲而富亲和力。装饰部分则凸显了各历史时期的典型特征，题材丰富，或灰塑或浮雕或透雕、或阴刻或阳刻，用材多元、工艺精湛。

刘齐衔故居门头房

覆龟亭式风雨廊

覆龟亭

刘齐衔故居正落一进主座

刘齐衔故居正落一进前庭井

修缮后的刘齐衔故居作为名人展示馆，亦成为三坊七巷社区博物馆之专题馆。刘齐衔故居不仅建筑上具有极高的艺术价值，它作为物质载体更是见证了福州近现代工业发展的艰辛历程。刘齐衔（1815—1877 年），是林则徐的长女婿，历官至浙江按察使、河南布政使。他的孙子辈很多都是经世济国的精英，其长孙刘崇佑（1877—1942 年）与林徽因的父亲林长民于 1911 年创办了当时全国最大的三所私立法政学校之一的福建法政学堂（即今福建师范大学前身），并任董事长。“一 · 二九”惨案中，南开大学进步青年周恩来等人被捕，刘崇佑受托出庭辩护，迫使当局释放周恩来等人。周恩来赴法留学，他赠资帮助成行。刘崇佑的弟弟们，尤其刘崇伟、刘崇伦等人于 1910 年从日本留学归来后，创办了福州第一家民族企业福州电气公司，从此开始陆续创立了福建电话股份有限公司、梨山煤矿公司、玻璃厂等企业，成为 20 世纪上半叶福州鼎盛一时的工商世家，人称“电光刘”家族。

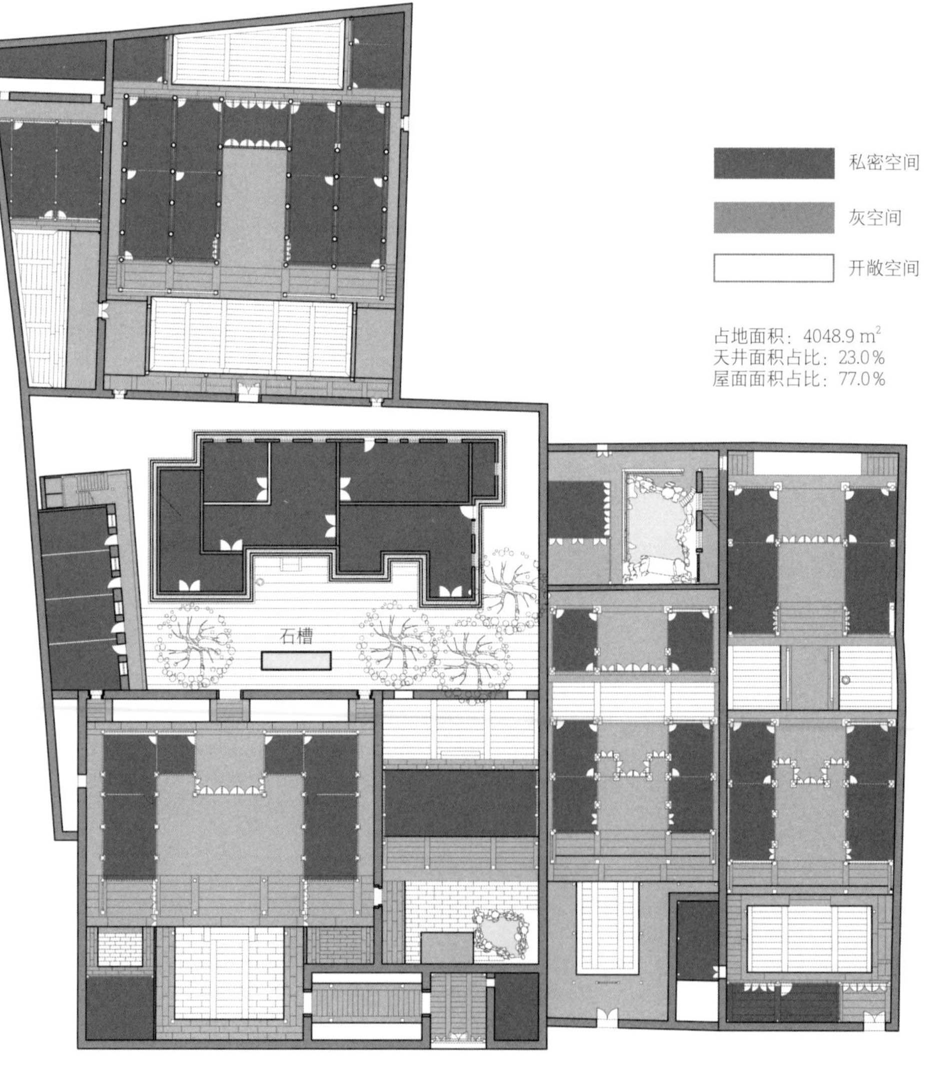

刘齐衔故居平面示意

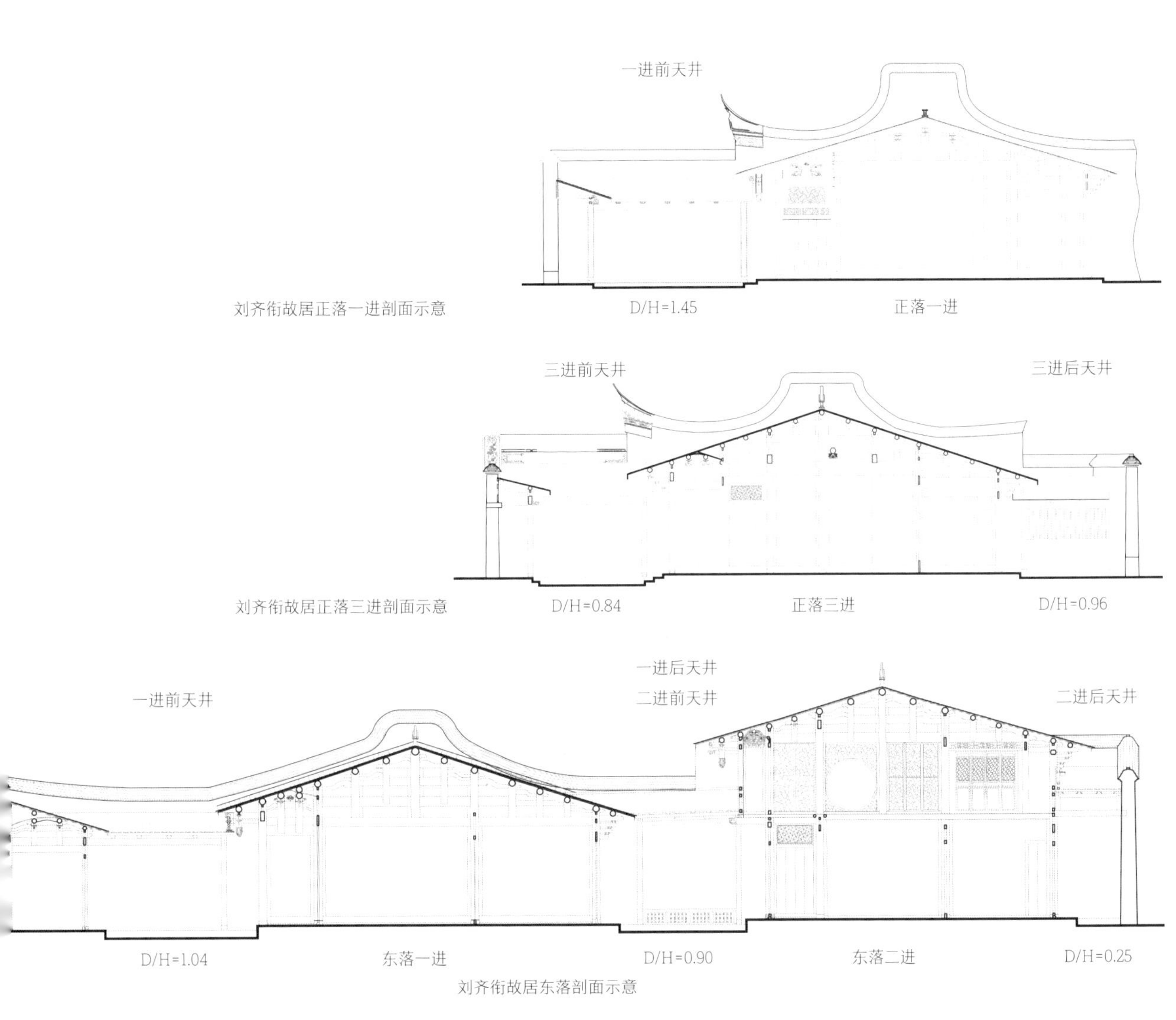

刘齐衔故居正落一进剖面示意

刘齐衔故居正落三进剖面示意

刘齐衔故居东落剖面示意

正落二进西侧二层砖木小楼

刘齐衔故居之二层木构阁楼

刘齐衔故居之二层木构阁楼

• 杨庆琛、吴石故居

杨庆琛、吴石故居位于刘齐衔故居与林聪彝故居之间，占地面积 1450 平方米。杨庆琛（1783—1867 年），晚号绛雪老人，为清嘉庆二十五年（1820 年）进士，累官至山东布政使等，与林则徐、廖鸿荃、梁章钜同入福州鳌峰书院，受业于名儒郑光策，为官清廉，卓有政绩。吴石将军（1894—1950 年），福州螺洲镇人，保定军官学院毕业后留学日本，抗日战争期间从事情报工作，中将衔。解放战争期间，他因不满蒋介石的独裁统治，开始倾向革命，于新中国成立前夕，被迫赴台湾，任“国防部”参谋次长，继续为中共中央递送绝密情报，后被叛徒告密，于 1950 年 6 月 10 日在台湾英勇就义。民国时期，吴石将军曾居住于此院落。

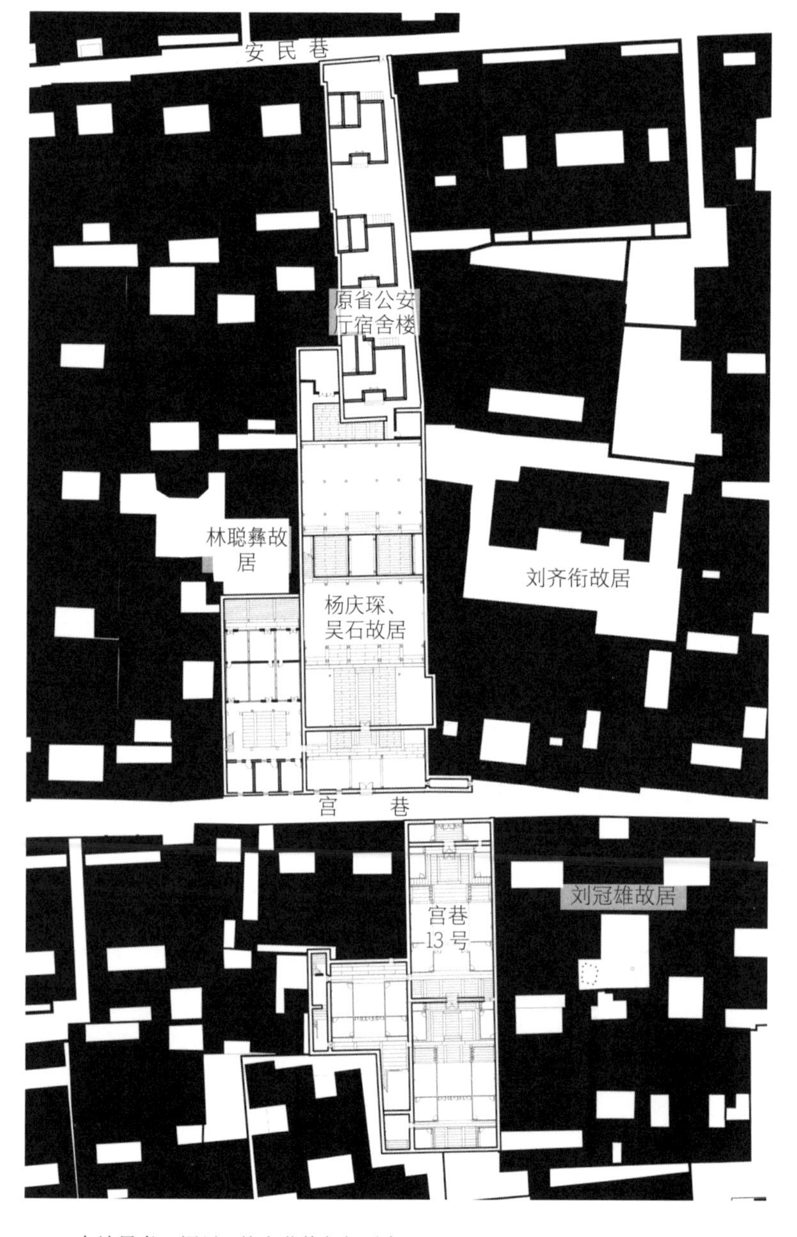

特色主题酒店平面示意

杨庆琛、吴石故居（绛雪山房）坐北朝南，始建于清乾隆年间，由沿宫巷自东而西两落建筑组成；东为正落，前后两进，二进后天井可通北侧多进院落，后门设于安民巷；西落为一进花厅，北邻接林聪彝故居东花厅。西花厅是杨庆琛读书园居处，他曾有诗曰：“但凭善俗成仁里，自爱吾庐读我书。秋景数峰塘半亩，此中容得老樵渔。”[注66] 该宅院 1928 年被福建省政府某官员购买，正落门头房被改建为砖木结构门宇，门宇三开间，仅当心间开西式石拱券门，外无窗，通面宽（19.8 米），阔朗大气；西侧墙设门通西落花厅。门厅与一进院以封火墙相分隔，中设石框门连通；门宇呈倒朝房布局，其后庭井颇有特色，将门宇后坡顶直接伸至后院墙，在中轴两侧挖空，形成左右二个小天井。主座前庭井三面环廊，厅堂面阔五间，后天井与二进前庭无隔墙，中轴上方设覆龟亭形成廊道连接二进厅堂，并于东西两侧墙设置游廊，形成南北狭长的两个天井，与一进前庭井空间氛围迥然不同。二进主座被改为二层木构建筑，其后天井中轴上方不设覆龟亭，而于东西两侧设游廊连通北侧院落，空间又变得豁然。中轴序列空间仪式感强烈，跌宕起伏，空间景象变化生动。西花厅亦被改造为前后二座民国砖木结构楼阁，呈四合院形态，中为方池假山庭景。主落北侧院落，新中国成立后被改造为三座三层的省公安厅宿舍楼，主落与西花厅则作为省公安厅招待所。

注 66　黄启权 . 三坊七巷志 [M]. 福州市地方志编纂委员会编 . 福州 : 海潮摄影艺术出版社，2009:171.

杨庆琛、吴石故居门宇

门厅后侧左右二个小天井，增设了钢构玻璃顶活化利用

杨庆琛、吴石故居西花厅

保护利用设计，在不改变历史建筑空间格局与整体风貌的基础上，对杨庆琛、吴石故居加以活化利用，作为三坊七巷的特色主题酒店。其北侧三座宿舍楼亦基本保持 1950 年代建筑特征的原貌，仅将内部改造为客房，以体现街区建筑文化层的连续性，并作为现代建筑遗产继续传承。保护利用中，还将隔街对望的刘冠雄故居西侧的宫巷 13 号历史建筑活化利用，作为酒店的餐饮休闲场所，以完善酒店的配套功能。

宿舍楼活化利用

杨庆琛、吴石故居两层民国覆龟亭

活化利用添加了类覆龟亭

宫巷 13 号门头房

3.5.2 坊巷空间意象再塑

城市个性往往体现于城市特征地区的地方差异性之中。而处于急剧变化之中的我国许多城市，不仅在新城、新区建设中呈现出同质性，而且在旧城改造中亦经常“似乎总是在擦除，而不是在创造新的积极的差异”[注67]，抹去我们儿时对家的深刻记忆，令城市失去记忆，从而走向千城一面。因此，在历史城市仅存的几片历史文化街区的保护再生中，如何审慎梳理其与众不同的独特性，保持并强化其独特的地方文化景观就显得弥足珍贵。在三坊七巷保护再生过程中，我们不仅关注其建筑尺度，而且在文化景观所有尺度层次上寻求解决这一问题的途径；从街区总体结构骨架、街区肌理、巷墙立面肌理、街巷空间、节点空间、巷弄构造等尺度去重塑每条巷弄独特的场所个性特质，让身历其境者能形成一系列连续的、从大尺度到小尺度的特征性空间场所文化意义的感知意象，达到以设计强化场所认同，同时能取得面向积极而开放未来的保护与再生目标。

注67 ［英］乔治娅·布蒂娜·沃森，伊恩·本特利，设计与场所认同[M]. 魏羽力，杨志译. 北京：中国建筑工业出版社，2010:14.

宫巷（修复前）

东七巷不同于西三坊，在于其东西走向的坊巷分布较为密集，且将里坊内部用地划分得相对均匀；巷与巷之间地块平均南北进深约 100 米，但因各条巷道走向不同，或偏东北或偏西南、或大体呈东西走向，造成两条巷子之间地块的进深或宽或窄的变化。吉庇巷至宫巷地块东端的南北进深为 82 米、西端则为 115 米，宫巷至安民巷用地东端进深为 120 米、西端为 92 米，安民巷至黄巷地块东端的进深为 65 米、西端为 148 米，黄巷至塔巷地块进深的东端为 117 米、西端为 77 米，塔巷与郎官巷基本平行，地块进深约为 85 米。而于西三坊，光禄坊巷与文儒坊巷之间进深约为 200 米，文儒坊巷与衣锦坊巷之间进深亦是 200 米左右，两者之间各自有一条大体呈东西走向的次级巷道（大光里巷、洗银营巷）再次划分坊内地块。光禄坊巷与大光里巷之间进深为 133 米，大光里至文儒坊巷进深为 70 米，文儒坊巷至洗银营巷为 120 米、洗银营巷至衣锦坊巷为 70 米，形成与东七巷相似的地块进深。东七巷之间由于地块进深较合理，故少了如西三坊之间的南北走向、贯通两坊巷的直巷（如闽山巷、早题巷）。黄巷南侧喉科弄及其西侧立本弄为联系安民巷与黄巷的两条弄，是新近连通的直巷，其他如安民巷北侧的连江弄、麒麟弄与南侧的金鸡弄、黄巷南侧的照相弄均为尽端弄；因此，东七巷的巷道空间更为连续，也少了起伏的节点变化。鉴于此，我们在梳理各条巷道空间的过程中，有意识地利用更新改造地块，在不改变其巷道整体尺度、氛围的情况下，结合建筑院墙做退让处理，形成若干邻里节点空间，丰富其空间体验；同时强化各巷道空间及巷墙界面的个性化图形特征，增强各巷道体验的可读性与意象的可识别性。

宫巷沿南后街巷口（修复前）

宫巷沿南后街牌坊（修复后）

宫巷旧时是最富神奇感的一条巷子，“进士匾额，多如市上招牌”。官宦世家的屋宇式门头房鳞次栉比，形式多样、似马首高昂的牌堵墀头构造出奇特的坊巷景象。新中国成立后，尤其在 20 世纪 80 至 90 年代，巷道两侧院墙、门头房多被改造为二、三层砖混结构建筑，历史上富有如画特征的景观意象逐渐消失。故在街区保护再生过程中，集多方智慧于一体对此加以审慎研究——有古建筑专家陈之平、陈木霖、陈文忠等先生，有业主、施工管理方的郑嘉贤先生团队，以及福州市规划设计研究院保护与更新设计团队等。大家以考古学的严谨态度，在现场对每一幢文保建筑、历史建筑进行细致的、解剖式的勘察与研究，厘清其历史脉络，考证其遗痕的历史关联性，最后以类型学为参照进行审慎的修复。

三坊七巷路网肌理图

保护再生中，我们以保护并强化各坊巷空间感知意象的独特性为原则、以保持里坊制氛围为根本，谨慎对待每一处历史建筑和每一处更新建筑，让保护和再造活力贯穿于整个保护再生设计过程之中，使再生后的每条坊巷都充满了历史与美学意蕴，令人难以忘怀。为了显现东七巷与西三坊的差异性，设计结合南后街东侧五条巷的巷口牌坊存续特征，或修缮或依据其历史文化内涵进行设计再创作。宫巷沿南后街的牌坊在保护再生前已不存在，为了加强其入口标示性，设计以类型学为参照，呼应其官宦世家的居住社群特征，抽象性地表达其人文特质。“每一个社区需要一个标志来体现它的存在。许多现代社区之所以不受欢迎，正是因为它们缺少一个表明它们生活的视觉意义的标志。因为没有标志就没有它们的生活焦点。”[注 68] 牌坊或坊门不仅是作为传统特定社群单位的标志，提示着从城市公共空间进入半公共社区邻里空间的分界，也是营造强烈的“进入”仪式感的景观要素，并且还赋予城市和社区以美学意义。

注 68 ［奥地利］卡米诺 · 西特 . 城市建设艺术：遵循艺术原则进行城市建设 [M]. 仲德崑译；齐康校 . 南京：江苏凤凰科学技术出版社，2017:12.（英译本前言：拉尔夫 · 沃克）

重塑宫巷入口景观意象

街巷空间

从南后街东侧牌坊进入宫巷，设计仍保持原巷道 3.5 米的宽度，以南后街商业建筑的山墙限定出此段巷墙界面；往东，设计修复了巷南侧宅院石框门上方的木构门罩及其东院落屋宇式门头房，修缮了历史建筑宫苑里正落门头房与其东落花厅石框门上的门罩，发挥牌坊引景、导景的美学功能，重塑了宫巷的可读性入口景观意象。进入巷内，第一次可以在视觉与空间上感受到强烈变化的场所便是由宫巷小学（原“三山堂”旧址）改造为花巷幼儿园的地段，设计将幼儿园院墙后退了约 2 米，形成长 62 米、宽 5.6 米的带状节点空间，改栏杆为 4 米高院墙，并在其中部植入三开间门头房作为园门；以实为主的连续粉墙，与巷南侧有序分布的由木构门头房、门罩所构成的以虚为主的巷墙界面，产生了强烈的虚实与明暗对比，营造出极具艺术感染力的场所。幼儿园院墙后保留的数株高大优雅的老樟树，枝干伸出墙外，阳光映射下在粉壁上形成一片生动的剪影，并随时间变化而幻化出迷人的画面；靠墙随性添入几把木桌椅，便构筑出富有文化意韵的休憩小空间，现在这里已成为家长接送小孩、邻里交往、游客与在地居民跨文化交流的情趣场所。

花巷幼儿园（原“三山堂”旧址）

院墙退让形成跨文化交流的节点空间

沿巷道继续向东，巷宽仍保持3—3.5米宽度，却已见大厝云集，北侧有传统三开间木构牌堵门头房的沈葆桢故居、西式外立面石拱券宅门的吴石故居、单开间传统门头房的林聪彝故居、刘齐衔故居，南侧有民国红砖拱券作为入户门的宫巷17号民居、传统三开间木构门头房的13号古民居以及二层民国青砖门楼式立面的刘冠雄故居，共同构造了三坊七巷街区中独树一帜的坊巷景观意象，呈现出与众不同的历史演进感，也反映出历史名人与时俱进的进步思想和包容开放的时代精神。沿巷道继续东行，则是富有韵律节奏感的舒缓过渡段，此处出现的多为大户人家的跨落或小户人家的入户石框门，以实体粉墙为主，点缀木门罩于其间；仅南侧门牌7号的更新地块结合残留的一处牌堵墀头，修复为单开间门头房作为新建筑的

沈葆桢故居门头房

宫巷7号更新地块

民国红砖拱券作为入户门宫巷17号民居

形象入口，以打破连续实墙的单调感。此外，再生设计还保留了南侧东段古榕树旁一幢二层当代建筑加以整治利用，以体现街区建筑文化层的连续性与演进感；而对其东侧两座历史建筑则通过修复其门头房，保持宫巷南街口历史意象的连续性。

2013 年，我们结合三坊七巷东侧临南街（八一七路）建设控制地带的更新改造[注 69]，有意识地对现存五巷与南街的历史连接进行全面重构；且为响应城市历史中轴线空间的当代尺度变化，对各巷口空间节点及坊门进行了重新设计，以使三坊七巷的形象能沿南街清晰地展现出来。宫巷东口，作为游人从东南向进入三坊七巷的第一个入口形象，以坊门形式反映其里坊制遗痕的历史特性。设计让坊门做适当的后退，形成入口前广场空间；沿街更新建筑处理为一至二层的退台形式，以与历史建筑取得良好过渡，令入口空间亲切宜人。新建筑立面形式在关注时代特征的同时，也对街区历史文脉作出呼应，以期能建立起历史、现代与未来的紧密关联。坊门内，南侧为修缮后的两座传统门头房，北侧新建筑采用一层高的粉墙，

注 69　此为南街地段更新改造项目，设计单位为福州市规划设计研究院、北京华清安地建筑设计有限公司。主要建筑师有严龙华、杨伯寅、张蕾、颜旭、史鹏飞、魏朝晖、姚坚伟等；景观设计有郑宗喜、余传强、郑家宜。

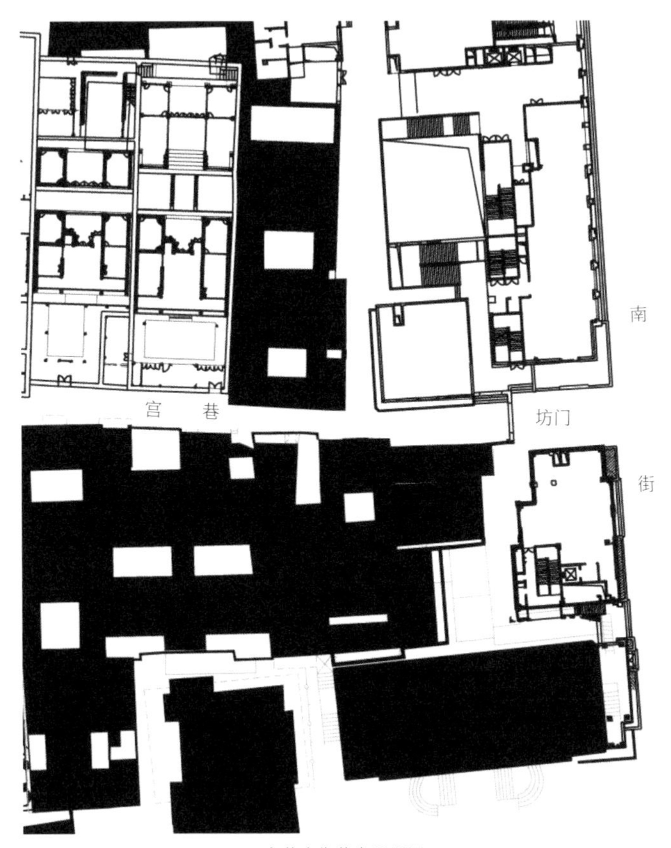

宫巷南街节点肌理图

宫巷南街节点航拍图

由此重塑了巷东段的历史意象。坊门内的宫巷口宽约6米，巷宽（D）6米与南侧建筑檐口高度（H）3.3米的门头房形成D/H值约等于2的恰当比例关系，使体验者从正面欣赏其特征建筑立面时，可呈现出良好的“正面性”形象[注70]；同时扩大的空间节点，既是进入宽（D）3.5—4.2米、两侧巷墙高度（H）约6米、宽高比小于1的巷道空间的一种过渡，又强化了其传统特征巷道体验的魅力。反之，游人若从相对狭窄的巷道空间走向坊门口，扩大的巷口空间也成为进入更加开敞的城市街道空间的一种良好体验感受的过渡。

注70 ［日］芦原义信．街道的美学（上）[M]．尹培桐译．南京：江苏凤凰文艺出版社，2017:98.

新旧建筑之间设置节点空间

新旧建筑间形成休憩节点

更新建筑间的巷弄景象

宫巷旧有牌坊（沿南街侧）

宫巷现牌坊（沿南街侧）

坊门内景象

坊门内景观

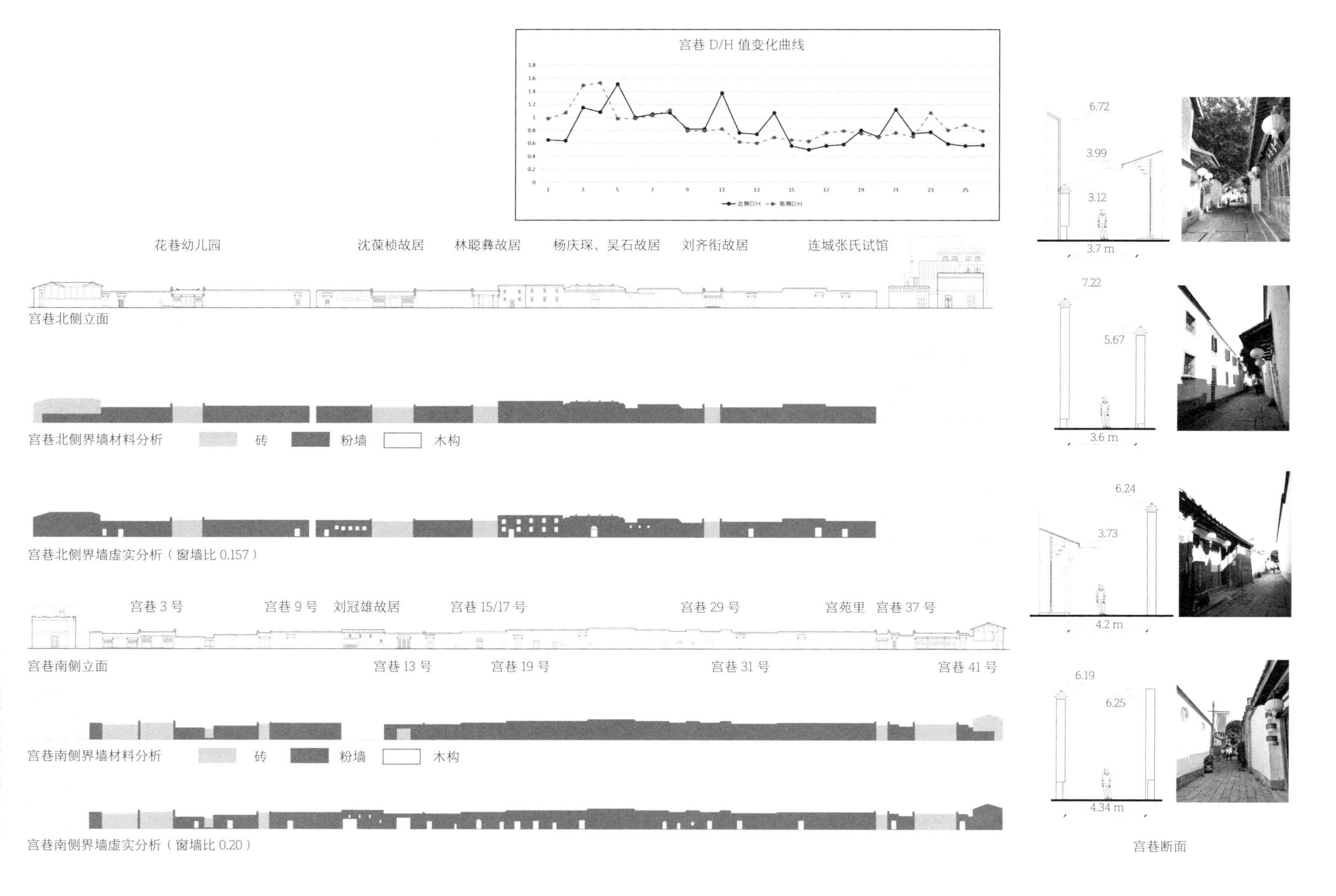

宫巷北侧立面

宫巷北侧界墙材料分析

宫巷北侧界墙虚实分析（窗墙比 0.157）

宫巷南侧立面

宫巷南侧界墙材料分析

宫巷南侧界墙虚实分析（窗墙比 0.20）

宫巷断面

安民巷

3.6 安民巷保护与修复

安民巷处宫巷之北、黄巷之南，巷西口与南后街西侧之文儒坊门正对。巷中段偏东之南侧有尽端式巷弄金鸡弄，北侧为现可通黄巷之喉科弄（宽仅约1.5米）；中段有北通黄巷之南北直巷立本弄（宽1.5—1.8米，地势南高北低，中有几级台阶）。西段北侧也有一条1.5米宽南北走向的尽端式巷弄——麒麟弄。安民巷原名锡类坊，宋《三山志》曰："刘中奉藻以孝闻，郡上其事，诏赐粟帛以旌之，因号其坊曰锡类。余太宰深登庸以其旧居改今名"[注71]，即元台育德坊。明《闽都记》载："元行省都事贾讷居此，其母贞节，更名贞节。……嘉靖间，旌表儒士郑坦妻邓氏建。"[注72] 又据民间传说，唐乾符六年（879年）黄巢起义军入闽，因黄璞居黄巷，起义军"熄炬噤声而过"并贴"安民告示"于巷口，成为千古美谈[注73]，故名安民巷；或是百姓为感恩唐末五代十国闽王王审知"宁为开门节度使，不作闭门天子"并施行"轻徭薄赋、保境安民"而得名。由此观之，安民巷更多地透析出亲和的平民气息，而少了些许贵族气。

注71 （宋）梁克家. 三山志[M]. 福州市地方志编纂委员会整理. 福州：海风出版社，2000:39.

注72 （明）王应山. 闽都记[M]. 福州市地方志编纂委员会整理. 福州：海风出版社，2001:35.

注73 黄启权. 三坊七巷志[M]. 福州市地方志编纂委员会编. 福州：海潮摄影艺术出版社，2009:4.

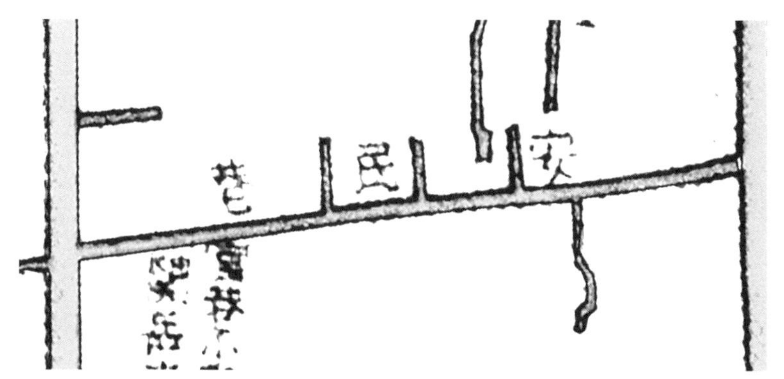

1937 年安民巷肌理

2000 年安民巷肌理

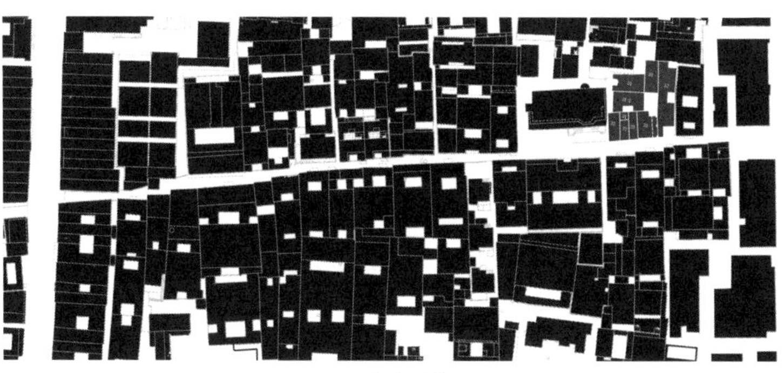

2020 年安民巷肌理

安民巷现存续有国家级重点文物保护单位鄢家花厅（占地面积2105平方米），安民巷53号、省级文物保护单位新四军福州办事处（占地面积461平方米），区级文物保护单位程家小院（占地面积423平方米），以及安民巷西口南侧谢万丰糕饼店、麒麟弄3号民居、4号园林、立本弄1号刘氏民居、立本弄3号民居、八一七路134-6号民居、安民巷刘氏民居、安民巷董氏民居、安民巷15号、16号汀州会馆（占地面积773平方米）、安民巷30号曾氏居民等17处保护建筑、历史建筑。

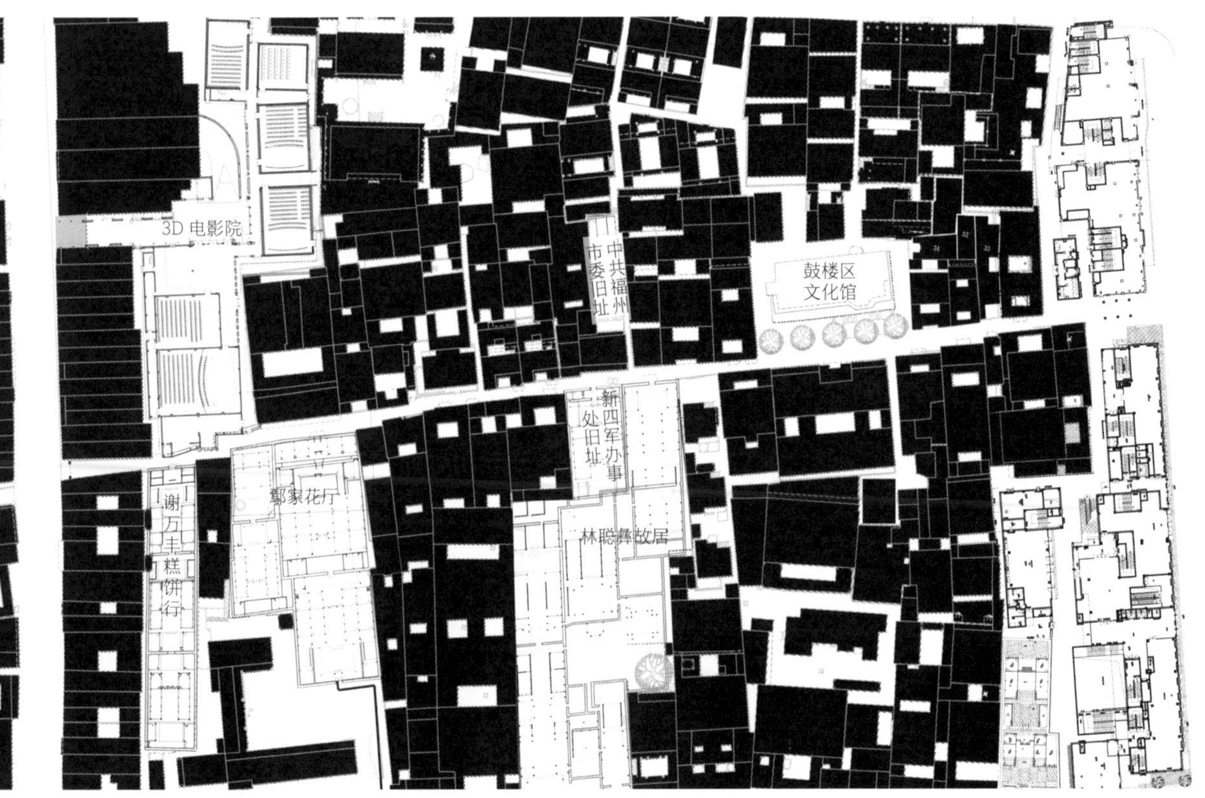

安民巷文物保护单位

安民巷与文儒坊

立本弄

立本弄（中共福州市委旧址）

金鸡弄

麒麟弄

喉科弄

此外，宫巷林聪彝故居最东落正门也开在安民巷，其东落为坐南朝北的三进院落，最南一进为花厅园林，与其中落园林融为一体。林聪彝故居沿宫巷由三落多进的并排院落组成，占地面积 3500 平方米，其最大特色是将园林融于宅院、大小建筑群落巧妙组合、空间尺度开合变化剧烈却收放自如，明暗、转折、虚实、抑扬皆变幻丰富，尤其是进与进之间院墙牌堵、灰塑题材丰富多样，所构筑的情趣别院、过渡庭井极富空间艺术感染力，将园居生活演绎得淋漓尽致。

林聪彝故居屋顶肌理

林聪彝故居中落花园

林聪彝故居西落前庭

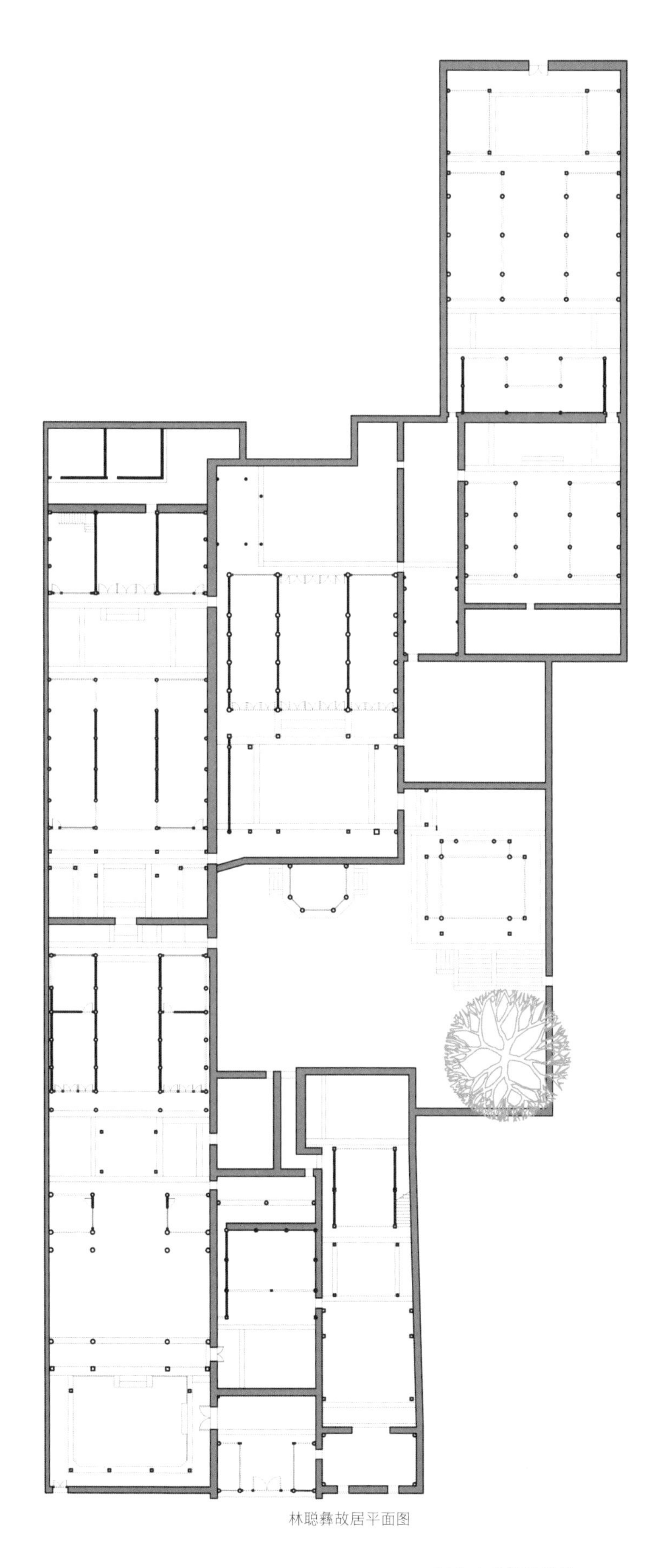

林聪彝故居平面图

3.6.1 历史建筑特征与保护活化利用

安民巷既存建筑多为单落单进建筑，多户并列形成坊巷，占地面积 300—800 平方米，入户门屋多开设石框门，通面宽以四扇三开间居多，少有三进宅院，巷北侧的各宅院后墙与黄巷大厝相邻接，巷南侧之院落南墙与宫巷官绅大宅院贴接。如新四军办事处旧址仅一进院落，南墙紧贴林聪彝故居第三进后墙。安民巷中占地规模最大的是位于巷北侧西段的曾氏民居，亦是安民巷中最霸气的宅院。其建筑坐北朝南，占地面积 2185 平方米，由西往东三落建筑排开，正落在西，入户牌堵门头房为五开间。曾氏宅邸为清嘉庆六年（1801 年）进士曾晖春的早年居所（道光年间迁南街东侧孝义巷）。曾晖春（1770—1853 年），与林则徐为姨表之亲，为官初任国子监学正，后外任江西义宁州知州，为官清廉。生有五子，道光年间，五人皆登科甲，被誉为“五子登科”；与居黄巷东端的郭阶三的五个儿子几乎同时代“五子登科”，皆传为佳话。郭家大院也是五开间的豪气门头房，占地面积亦有 2000 多平方米。曾晖春后代中值得一书的是其曾孙曾宗彦（1850—1912 年），光绪九年（1883 年）二甲进士，累官至翰林院编修、江南道监察御史，戊戌变法后被贬为贵州思南府知府，告老回乡后任福州正谊书院山长，他是戊戌变法的维新志士，被誉为近代中国陆军之父。

安民巷曾氏民居

• 鄢家花厅

与曾氏民居隔巷相望的鄢家花厅是安民巷中最精美华丽的古建筑，坐南朝北，东南侧邻接宫巷沈葆桢故居，南接宫巷幼儿园；由东西两落建筑组成，东为正落，西为花厅，占地面积 2105 平方米。鄢家花厅始建于清乾隆年间（1736—1795 年），清末、民国年间均有改建和修缮，正落为鄢氏太澄公宗祠，共两进；进与进之间均以四面封火墙分隔，明三暗五布局，中轴对称，规制严谨，庭井主次分明，规整中透析出生机与意趣。临巷道为五间门头屋，原为牌堵门头房形式，后被改为石框门形制；当心间为门厅，两侧为功能用房，门屋与一进院以封火墙相隔，设石框门进入第一进的阔朗前庭。一进主厅堂面阔五间，以院墙将前庭划分为三个空间，中轴处庭井面阔三间，三面环廊，廊檐下庭井长、宽、高尺寸分别为 8.6 米、4.5 米、4.2 米，阔朗大气；东西两侧形成两个别院，小巧别致。其明三暗五的处理方式与街区内其他明三暗五之院落不同，即未将两侧院墙伸至主厅堂的前门柱，仍保持主厅堂前轩廊五开间通长的轩昂气势。前轩廊将主庭井、东西两侧别院天井连为一体，加之厅井交融、内外空间互为渗透，极富空间体验感和艺术感染力。第二进平面布局形式在三坊七巷古建筑中也是独树一帜：改坐南朝北为坐北朝南，以南庭井为主庭井，形成更为宜居的朝南厅庭。为了与一进中轴序列相呼应，二进双坡顶的前后檐口采用相同高度，均为 4.7

鄢家花厅入户大门

鄢家花厅明三暗五院墙

米，且马鞍墙端部高度也有意抬升，并高于一进；就视觉效果及空间体验而言，均保持了递进升高的连续感。主庭井空间与一进主庭井作法相同，亦三面环廊，廊檐下庭井长、宽、高尺寸分别为 8.4 米、5.4 米、3.8 米，南墙中轴处设石框门接直巷，可通宫巷。

西落为宗祠附属园林花厅，前后二进，坐南朝北，自成院落。第一进临安民巷，院墙西侧开石框门作为出入口，前庭井东侧开门与主落相通。花厅面阔三间 10.6 米，进深七柱 11.8 米，当心间两侧扇架减门廊柱、前大充柱、堂柱，形成前厅三间连通的厅堂空间，亦是将小建筑做成大空间，轩昂而富有气势。木构件雕刻精雅，前轩廊卷棚饰顶，悬钟、花果雀替造型独特，雕工精湛；厅中一斗三升雕刻如意替木配梅花形斗拱，图案精美；花窗、隔扇门均为楠木精雕，精巧华丽。尤其前庭东南角的木构六角半亭更是三坊七巷园林中的艺术精品，屋顶高度与柱身高度的比例接近 0.618 的黄金比例，形态玲珑，比例优雅；亭上部翘角饰筒瓦，如意头扎口，三个花篮式悬钟精巧可人。庭中于半亭对角线植一株杨桃树，布局构图均衡，每年杨桃树结果时节，金黄的杨桃与精巧可人的角亭勾勒出一幅生动美妙的园居生活场景。修复后的鄢家花厅亦为三坊七巷社区博物馆的专题展馆之一。

鄢家花厅航拍图

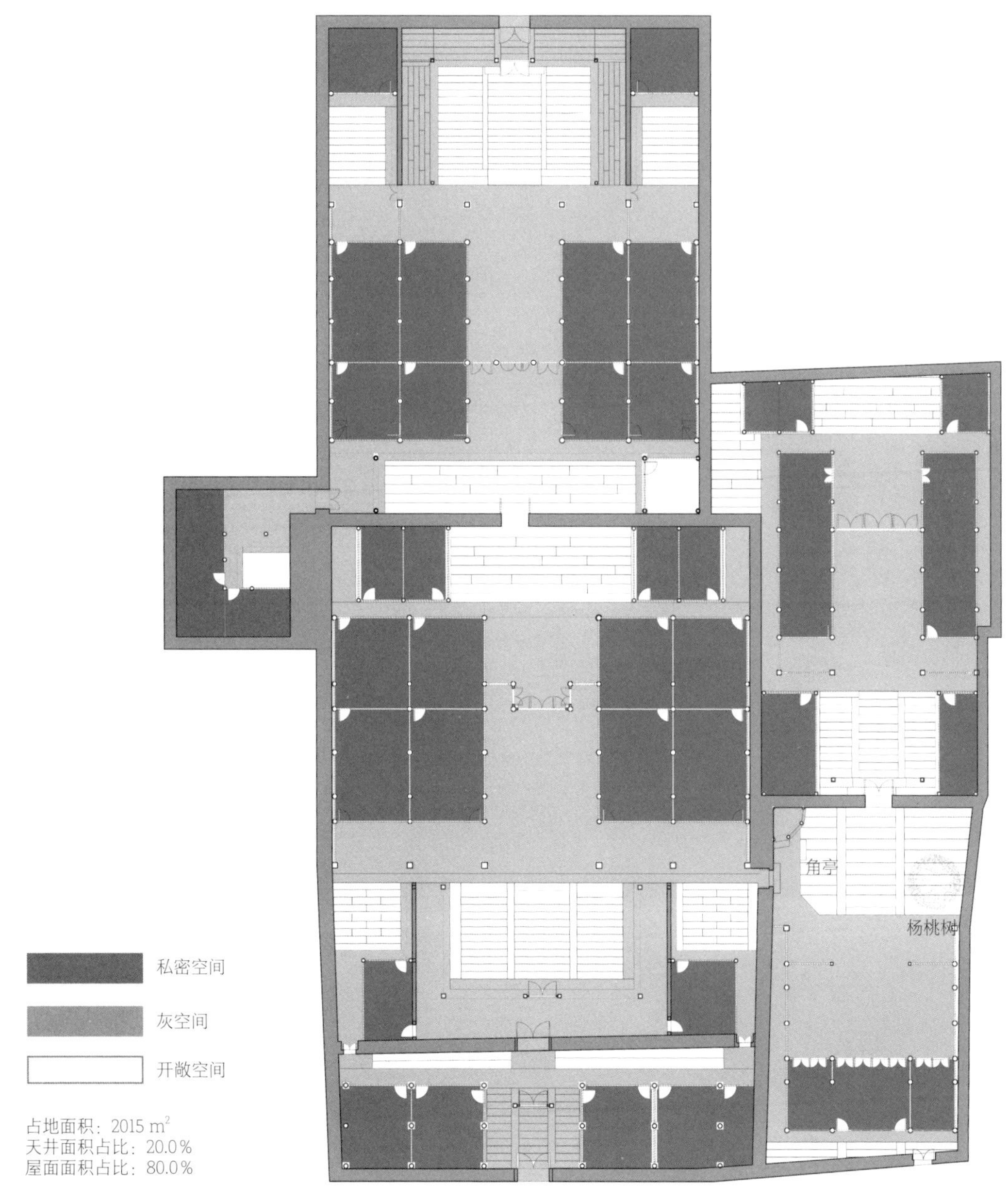

鄢家花厅平面图

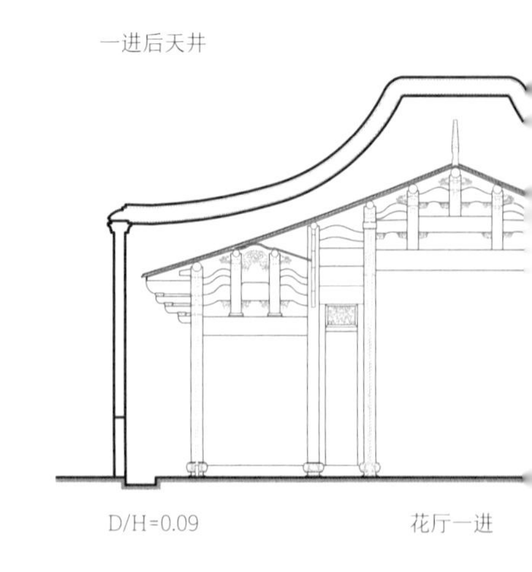

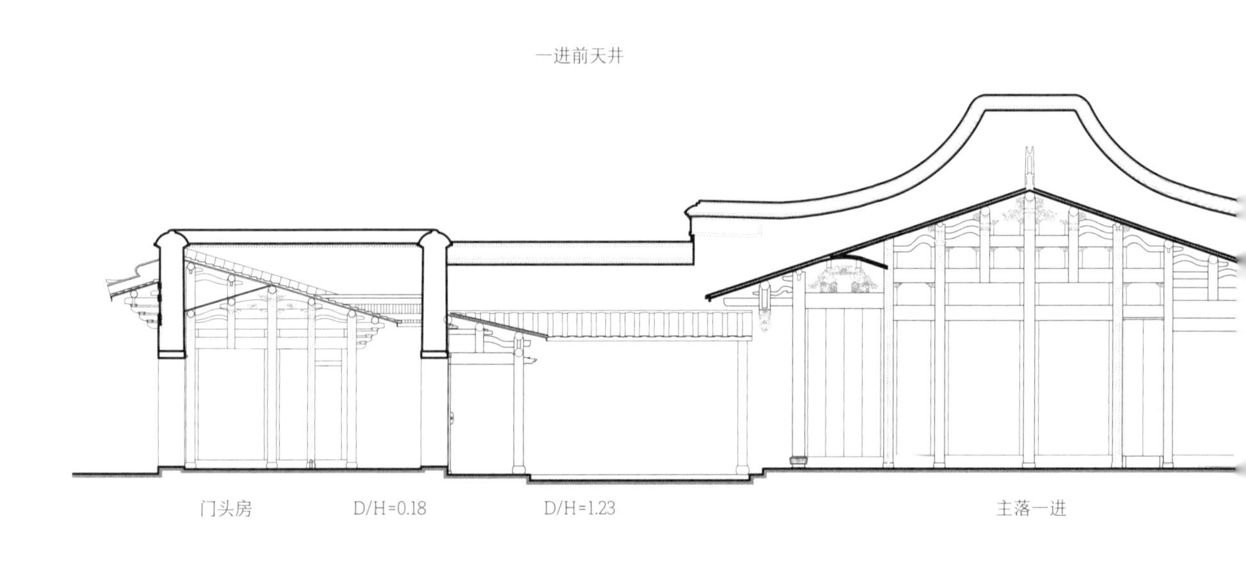

鄢家花厅正落前庭

鄢家花厅正落一进主座

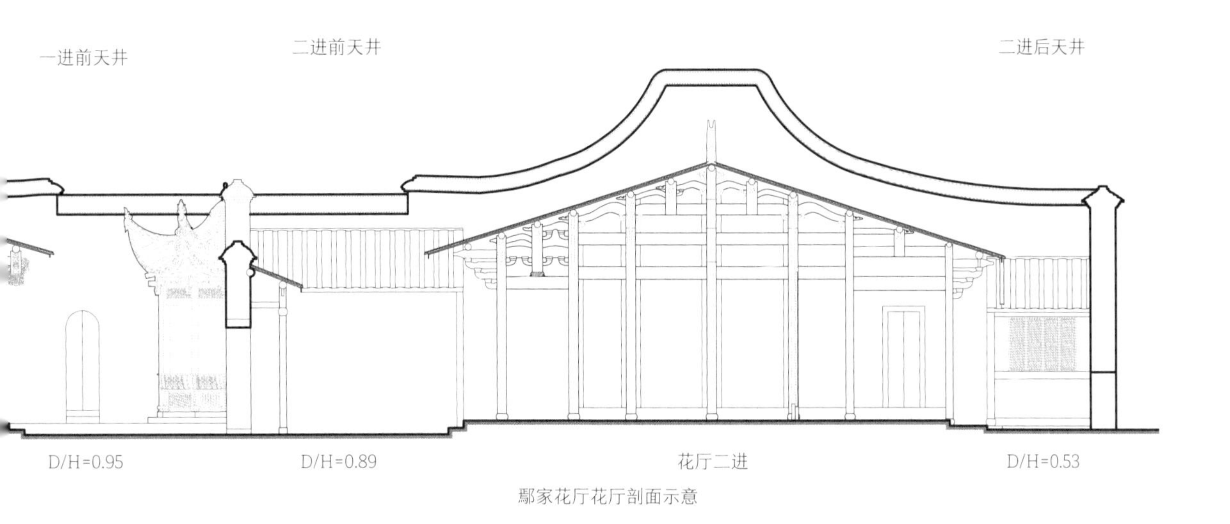

鄢家花厅花厅剖面示意

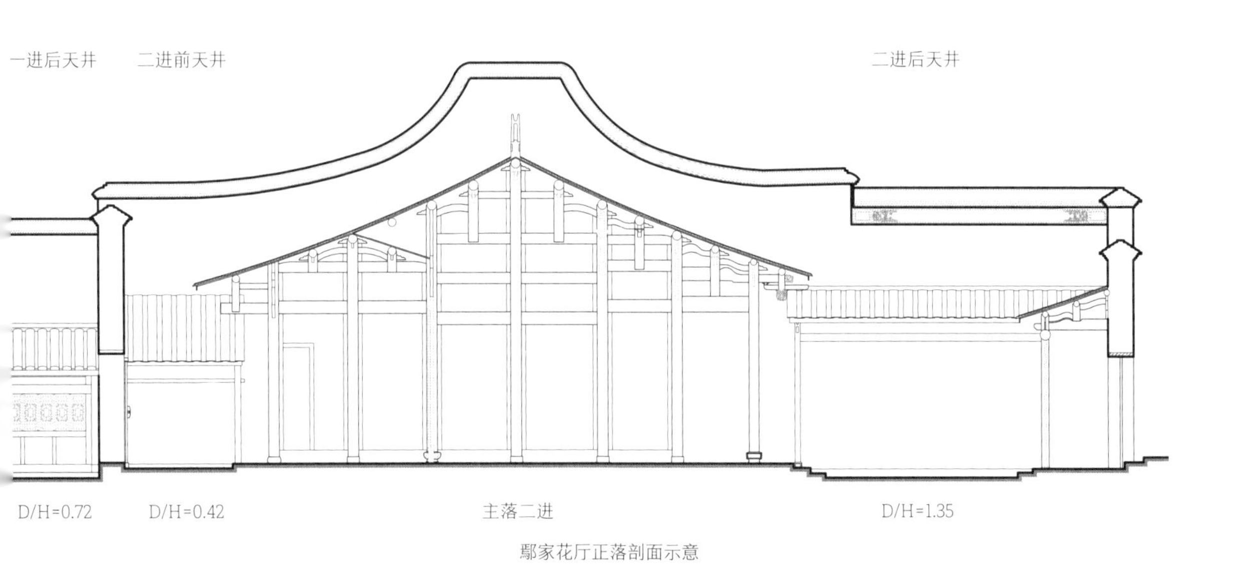

鄢家花厅正落剖面示意

鄢家花厅正落二进前庭

鄢家花厅正落一进太师壁

鄢家花厅木构角亭

• 谢万丰糕饼商宅院

安民巷西段南侧 44 号谢万丰糕饼商宅院是一座南北狭长的三进院落，南邻宫巷幼儿园（明末的三山堂旧址），坐南朝北，占地面积 868 平方米。其临街设石框门，入门为第一进的四合院，倒朝房为门厅，东西两侧为披舍。主座面阔三间（通面宽 12 米）、进深五柱（通进深 9.3 米），前后天井，前庭井较为阔朗（6.2 米 ×3.9 米），后天井狭长并呈一线天景象，仅为排水及通风功能。一进的四合院式布局形态在三坊七巷民居中属特殊（变异）类型。一、二进之间以封火墙相分隔，中设石框门连通。二进布局则为三坊七巷中的典型类型，木构架及装饰构件融合明、清两代的建筑特征，外墙的国公帽马鞍墙亦颇富特色。

谢万丰糕饼商宅院

谢万丰糕饼商宅院第二进

谢万丰糕饼商宅院入口插屏门

插屏门当代表达

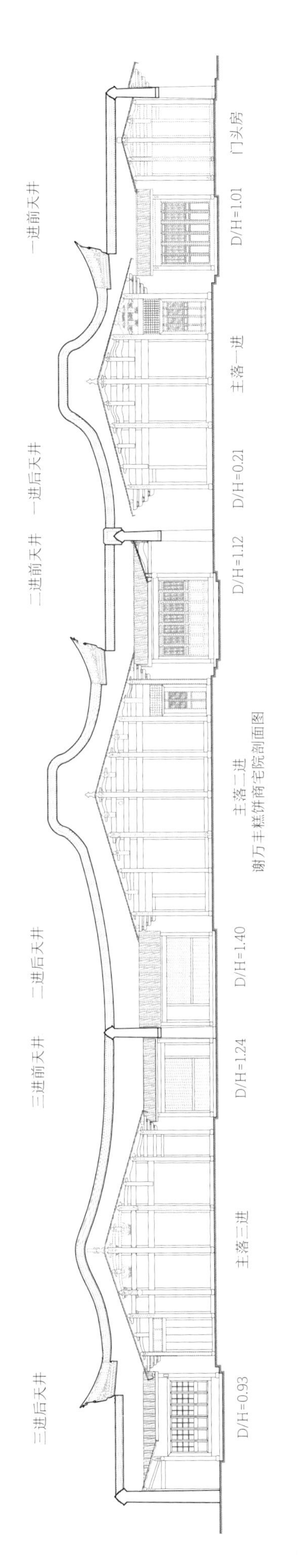

谢万丰糕饼商宅院剖面图

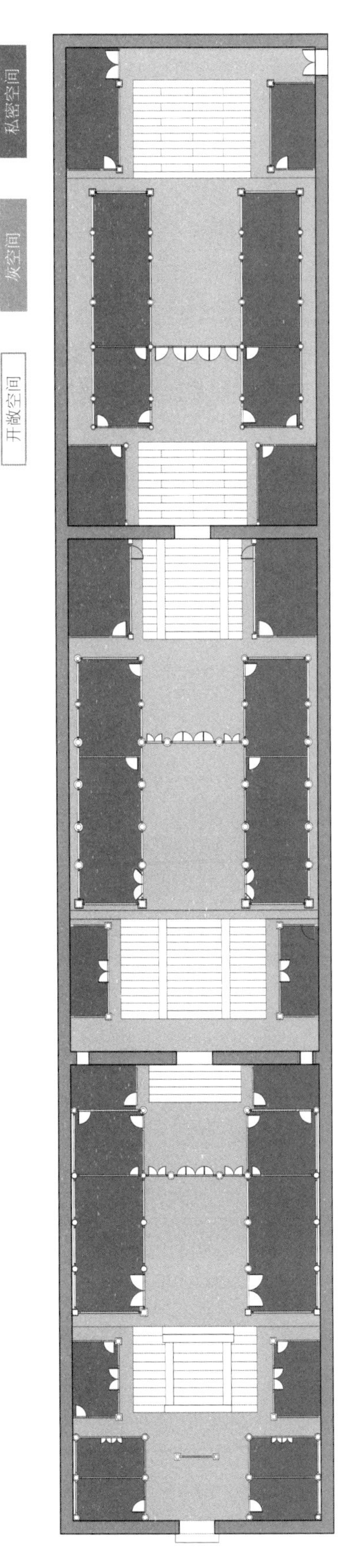

谢万丰糕饼商宅院平面图

• 新四军驻福州办事处旧址

位于安民巷东段南侧的新四军办事处（安民巷 53 号）是一座具有革命纪念意义的单进院落，曾为林聪彝故居的一部分，坐南朝北，建于清代。由入户门厅进入一进石框门，入内为回廊、两侧披舍，主座面阔三间、进深七柱，双坡顶穿斗木构架建筑，属三坊七巷古民居中典型的一进院落类型——主座“四扇三间、七柱出游廊、三面环廊（左右改为披舍）”。抗日战争期间，成为国共联合抗日的新四军办事处。民国二十六年（1937 年），八路军代表、新四军副军长兼参谋长张云逸和闽东党代表叶飞等与国民党福建省主席陈仪达成联合抗日协议。民国二十七年（1938 年）2 月，张云逸率新四军参议兼中共闽东特委委员会王助等人从南昌到达福州，在此正式成立办事处，由王助出任办事处主任；后由闽东特委书记范式人任负责人。民国二十七年（1938 年）5 月，日军侵占闽江口，办事处迁往南平。

新四军驻福州办事处旧址

新四军驻福州办事处旧址与林聪彝故居

私密空间

灰空间

开敞空间

占地面积：478 m^2
天井面积占比：15%
屋面面积占比：85%

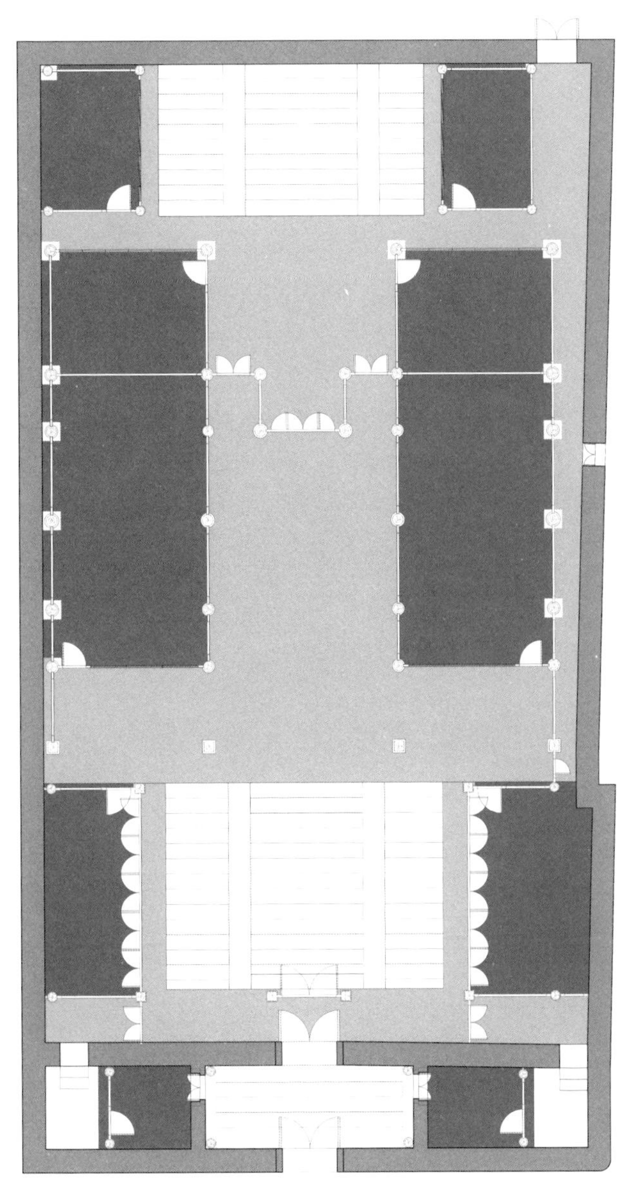

新四军驻福州办事处旧址平面图

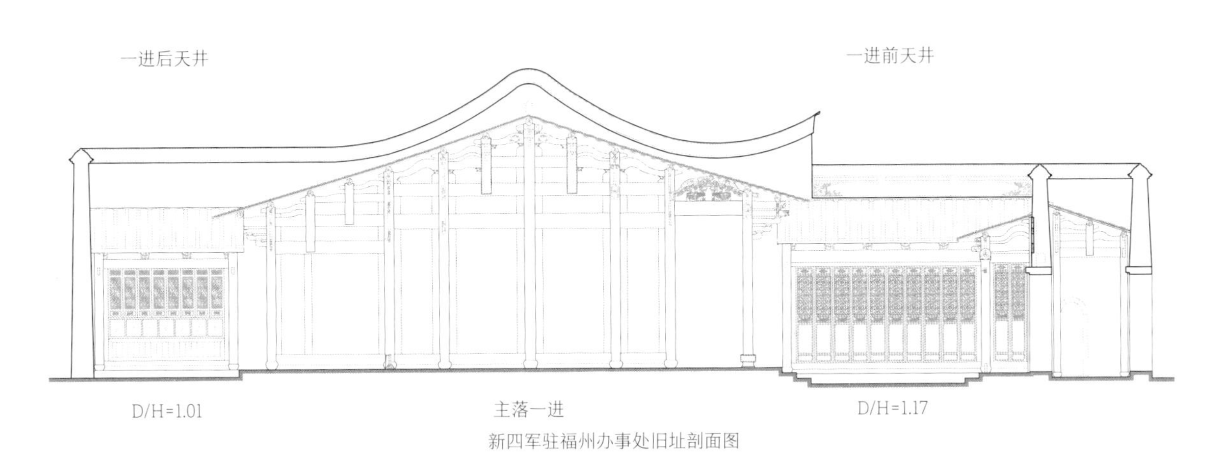

新四军驻福州办事处旧址剖面图

3.6.2 坊巷空间意象再塑

修复前安民巷南侧的文保建筑、历史建筑成片连续存续，唯东段金鸡弄周边被改造，肌理破损严重；20 世纪 90 年代初，北侧东段被改造为鼓楼区文化馆，为 5 层绿色琉璃瓦盝顶的仿古建筑。巷西口北侧、南后街商业建筑东侧为保护前已被烧毁的一幢传统建筑旧址，巷中段北侧一座宅院被改造为七巷社区居民委员会用房。虽然坊巷内仍存续着较完整且连续分布的各类保护建筑及历史与风貌建筑，但因沿巷道界面多被改造为二至三层的住宅，坊巷空间的整体特征氛围已荡然无存。修复工作依据残存的粉墙、门头房、牌堵残段，结合与一进建筑的组织秩序逻辑关系，谨慎而理性地修复每一处历史建筑与各级保护单位建筑。对于较大地块的更新改造设计则遵循保护规划的要求与相关准则，或延续既有功能，或结合街区活化的功能需求进行有机织补。

安民巷七巷社区

安民巷原巷道界面

如西段北侧南后街东侧更新地块，我们引入了3D影院功能，既丰富了南后街的商业业态，又补充完善了周边区域的城市配套功能。影院主入口设于南后街，从跨街楼进入后即为一东西向、长方形的仪式性广场，沿广场南北两侧设游廊，正立面为影厅组群南北舒延的形态优美的几字形马鞍墙。主门厅坐南朝北，入门厅东折向北、向南共有6个面积大小不等、依据基地特征或横或纵向有机契入的影厅，以传统多进院落布局形态为类型参照进行创新演绎，形成南北各一落类比于多进院落的组织形态；同时，各影厅又巧妙结合边角用地，构筑富有意趣的跨落别院作为进场、离场的疏散空间。设计通过流线与空间序列的精心组织，既满足了功能性要求，又创造出整体个性生动并兼具时尚性的活力场所。第五立面肌理组织方面，我们在严格执行保护规划要求的前提下，以类型学为方法进行类比性创新再设计，平坡顶结合，平屋顶类比于传统天井，或为天井、或为玻璃平顶，以虚为主；而南北纵列式布局亦体现了层层律动的马鞍墙的组群节奏，有力地强化了街区固有的肌理特征。基地南侧临安民巷，我们于此设置了影厅的休闲区，并与疏散长廊相连接，既作为过渡空间，又能独立使用，可对外24小时开放，作为坊巷内活力源，并成为安民巷的“护卫者”[注74]，以增强安民巷的亲和力。在巷道拐角处，我们设置了一小尺度单开间牌堵门头房，作为安民巷西入口处的标识物，也为连续的粉墙增加了兴奋点。而对于安民巷东段金鸡弄周边更新地块，设计则延续其原有地方戏曲演艺功能，通过提升改造，令其与北侧隔巷道相望的鼓楼区文化馆共同形成社区文化活动区。

注74 ［加拿大］简 · 雅各布斯．美国大城市的死与生［M］．金衡山译．南京：译林出版社，2006:32.

鼓楼区文化馆

3D影院门头房

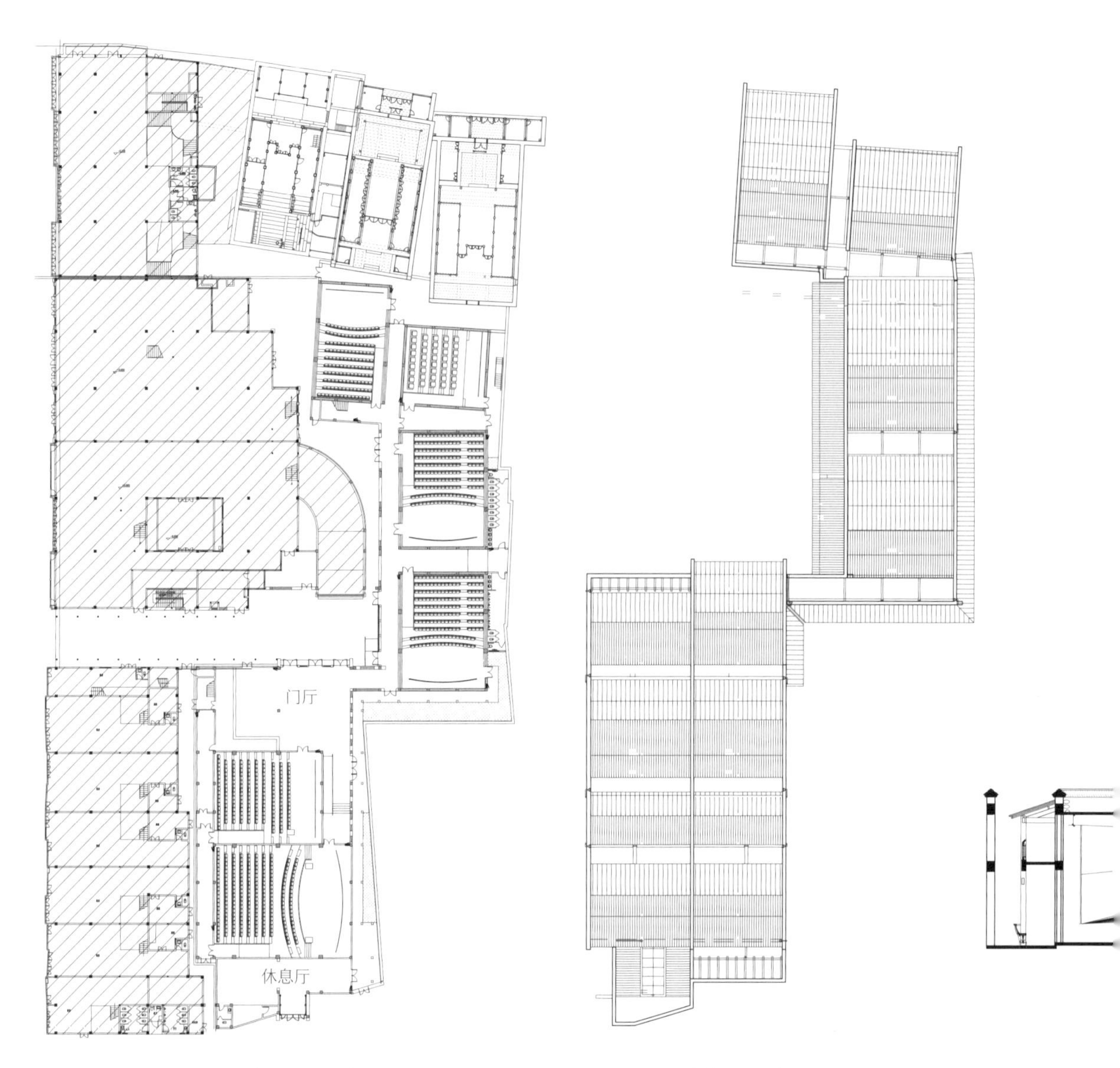

3D 影院一层平面示意　　　　3D 影院屋面示意

影院沿南后街过街楼

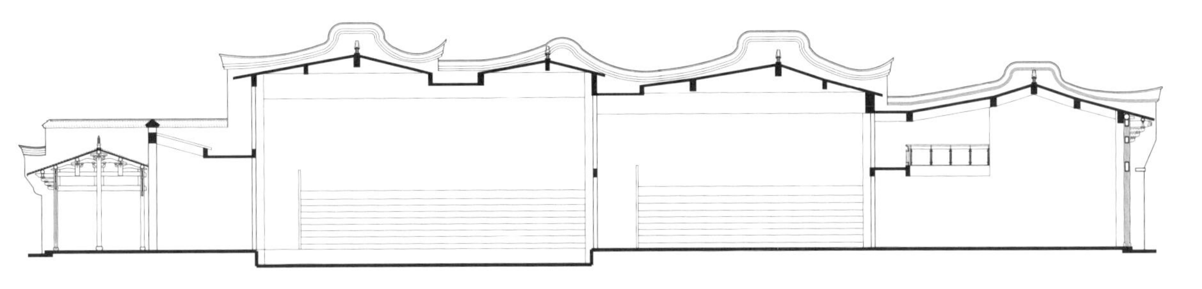

3D 影院剖面示意

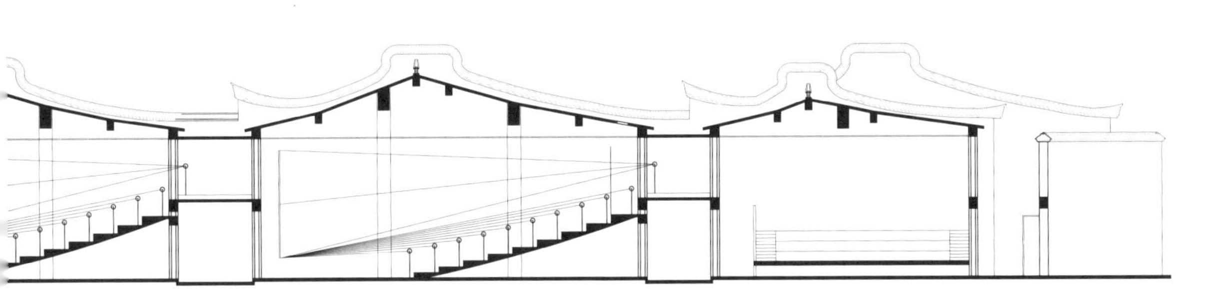

3D 影院剖面示意

场

影院广场马鞍墙

安民巷东西长 305 米、宽 3—6 米，以曲尺形进退收放的院墙形成多样变化的坊巷空间，宽段与窄段变化转折剧烈。从西往东，于南后街入口处宽度由 4 米逐渐收缩为 3 米；至鄢家花厅处，巷道折北形成宽约 6 米、长 41 米的带状空间，北侧为曾氏民居五开间一字排开的豪气门头房及两侧跨落粉墙石框门，南侧为鄢家花厅的两落粉墙石框门建筑。往东至三坊七巷社区居委会的东端安民巷 15/16 号汀州会馆（现省文联馆）段，复为 3—4 米宽的巷道。再向东至鼓楼区文化馆前又变宽，形成宽 14 米、长约 60 米的带状空间，至巷东口再次收束为 3 米宽度。巷东口原有 20 世纪 80 年代建的牌坊，出牌坊门即为南街。

基于安民巷的空间形态与历史建筑特征，我们在保护再生设计中，特别关注其既有特征的保持与可读性意象的再造。安民巷，“安”字为宝盖头下一个“女”字，“古人洞悉世情，早就知道生活‘安’静，全赖屋檐下那位持家的女性”[注75]。“安”是“家”的象征，屋顶下安居，乾坤氤氲，充满生机又安宁地过着日子。在重新设计其临南后街西入口的牌坊时，我们呼应了这种对“家”的意象表达，以作为安民巷的特征标志物。

注 75　赵广超 . 不只中国木建筑 [M]. 北京：生活 · 读书 · 新知三联书店，2006:11.

安民巷西口坊门

曾氏大厝与鄢家花厅

不同于宫巷西口的透视景象，安民巷西口以更为简素的连续白粉墙作为导引，让牌坊门作为取景框，令逐渐变窄的巷道进一步紧收，强化了安民巷引人入胜的透视景深。进入坊巷内的第一个转折变化凸出部，即是 3D 影院南侧的入口门厅，我们有意识地设置了一个具有三坊七巷建筑符号意义的类型物——门头房，既作为视觉焦点，亦加强了对安民巷的认知意象。继续东行，便是曾氏大厝与鄢家花厅建筑围合出的宽 6 米、长 41 米的带状空间节点，良好的空间比例尺度赋予建筑以正面性特征，成为邻里居民和游客驻足观赏、体验建筑与休憩的意趣场所。继续向东，巷宽则缩为 4 米，渐变至约 110 米远处收缩为 3 米。此段为约 110 米长的窄巷空间，两侧建筑院墙约为 6 米高，只有微略的高低变化，整段仅有北侧社区居委会的二层建筑打破了平缓巷墙的天际轮廓线。立面多为粉墙开石框木板门或再附设六离门，门上方皆置有木构青瓦斜坡门罩，仅西段北侧汀州会馆出现三开间牌堵门头房，整体界墙立面以实为主，简雅宁静。每落面宽约 13 米、落与落间以 0.3—1 米的进退关系错落组合，形成连续、有节奏的韵律变化，呈现出独特的小户人家居住文化景观意象。

3D 影院南入口

安民巷中段景观意象

安民巷六离门

过汀州会馆续往东，巷两侧传统建筑所围合的巷道宽为 3—4 米，到区文化馆被拓为 14 米宽，让空间体验有了强烈的“进入”感；此空间西拐点往北接南北直巷——照相弄，可通黄巷；拐点处保留了原有小卖部，既可作为游客“问询处”，又成为社区带状空间的“社区观察站”，如简 · 雅克布斯所说的“街道监视者、护卫者”。在此段更新再生中，我们尊重坊巷社区的历时变化，保留了鼓楼区文化馆的完整风貌。该建筑一定程度上也体现了 20 世纪八九十年代的建筑创作思潮及人们对历史地段中新建筑设计的认知观念。而对其南侧质量差的不协调建筑则作为地方戏曲、评话小剧场进行了功能性改造与提升，以适应时代变化的诉求；更新建筑沿街巷立面保持与其两侧历史建筑外界面的连续性，仅主入口门厅采用三开间牌堵门头房形式，以强化坊巷空间体验的连续感与韵律、节奏的变化。巷北侧过宽的广场则采用树阵形式构造“第二次轮廓线”[注76]，作为界面来限定巷道空间，改善过于宽广的巷道尺度。同时，设计于文化馆北侧墙外设置观光电梯上其 5 层屋顶，让屋顶平台成为游客俯视三坊七巷第五立面的观景台，增加高处俯瞰体验三坊七巷的观赏点。“由于俯视，视线迅速而确切地把握住领域”[注77]全局视野，更能让游客全方位感受三坊七巷文化景观的独特个性。

巷道继续向东延伸则是成组存续的历史建筑段落，巷宽度复为 4 米，至东口渐宽为 6 米，如同巷西口向外逐渐展宽。安民巷东口的节点空间设计，我们结合南街地段改造对其进行了形象再塑造：牌坊外的北侧商业建筑与坊巷内建筑界面平齐，巷南侧商业建筑则

注 76 ［日］芦原义信 . 街道的美学（上）[M]. 尹培桐译 . 南京：江苏凤凰文艺出版社，2017:94.
注 77 同上书，第 110 页 .

照相弄小店铺

安民巷东段以乔木限定巷道空间

安民巷旧有牌坊

向南退让 8 米，形成进深 18 米、宽 14 米的巷口小广场，既作为安民巷东入口标识性空间，又成为城市街道的休憩节点。两侧二层以上建筑均做退台式处理，近巷道的新建筑檐口限高为 4.5—9 米，以与历史建筑及巷道界墙取得良好的过渡关系，期冀能构造出优雅精致、尺度宜人的城市街道魅力小空间。

为了重塑安民巷东入口可识别性的标识，并有别于南侧的宫巷东入口坊门，设计以现代金属构架形成的柱廊与商业建筑的钢构连廊共同构筑出个性生动的巷口标志体，同时在形式上又呼应了安民巷旧有牌坊的意象；于思想层面上，也形成对安民巷充盈鼎新革旧、走向进步的一种精神响应。事实上，设计可以加强场所认同，提升城市文化个性特质，设计成果亦可反映出一个城市社群对未来价值取向的态度。正如伊利尔 · 沙里宁所说："让我看看你的城市，我就能说出这个城市居民在文化上追求的是什么。"注78

注 78 ［美］伊利尔 · 沙里宁 . 城市：它的发展、衰败与未来 [M]. 顾启源译 . 北京：中国建筑工业出版社，1986:19.

安民巷东入口航拍

安民巷东口沿南街更新建筑一层平面

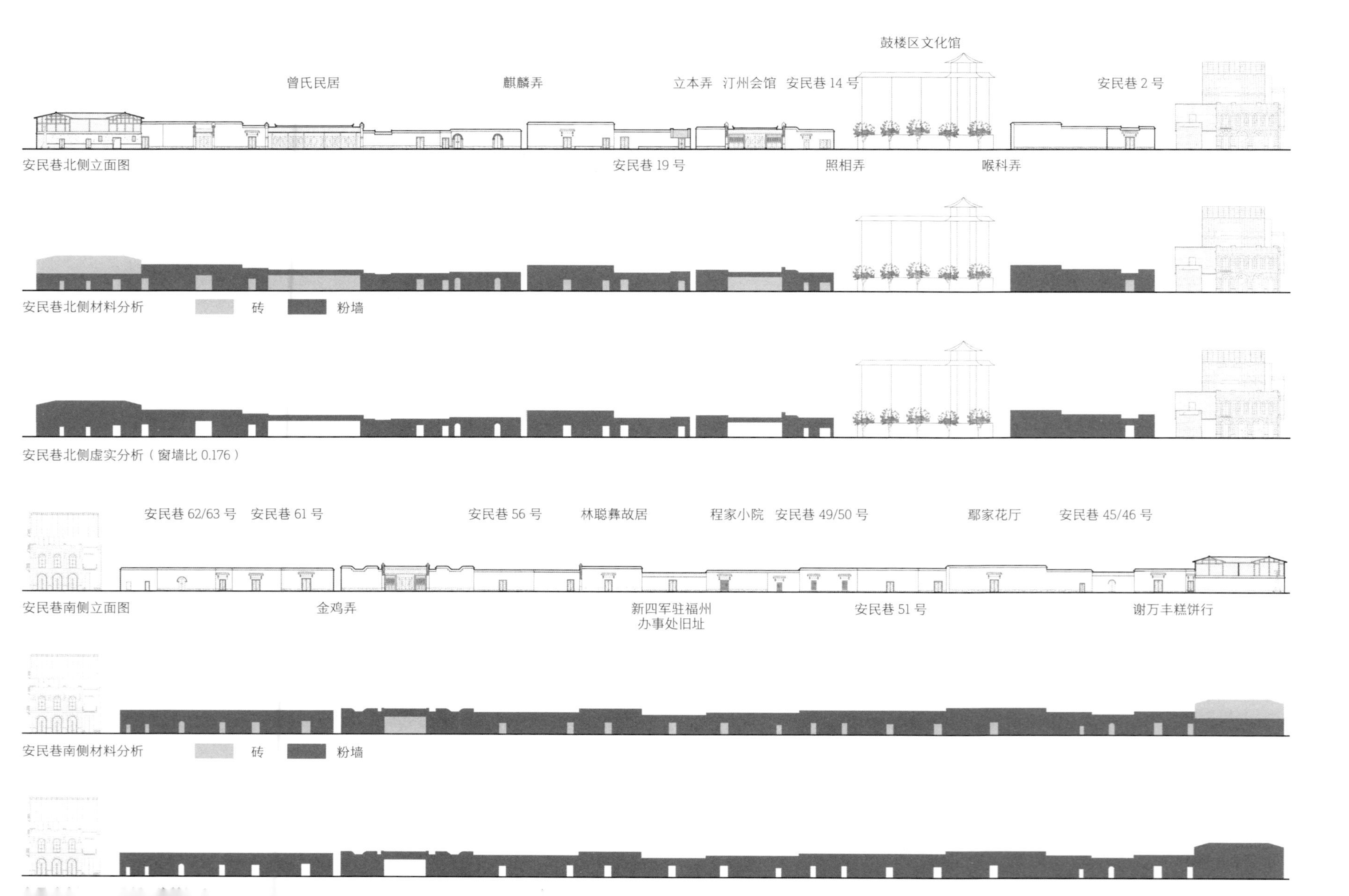

鼓楼区文化馆
曾氏民居
麒麟弄
立本弄
汀州会馆
安民巷14号
安民巷2号
安民巷北侧立面图
安民巷19号
照相弄
喉科弄
安民巷北侧材料分析
砖
粉墙
安民巷北侧虚实分析（窗墙比 0.176）
安民巷62/63号
安民巷61号
安民巷56号
林聪彝故居
程家小院
安民巷49/50号
鄢家花厅
安民巷45/46号
安民巷南侧立面图
金鸡弄
新四军驻福州办事处旧址
安民巷51号
谢万丰糕饼行
安民巷南侧材料分析
砖
粉墙

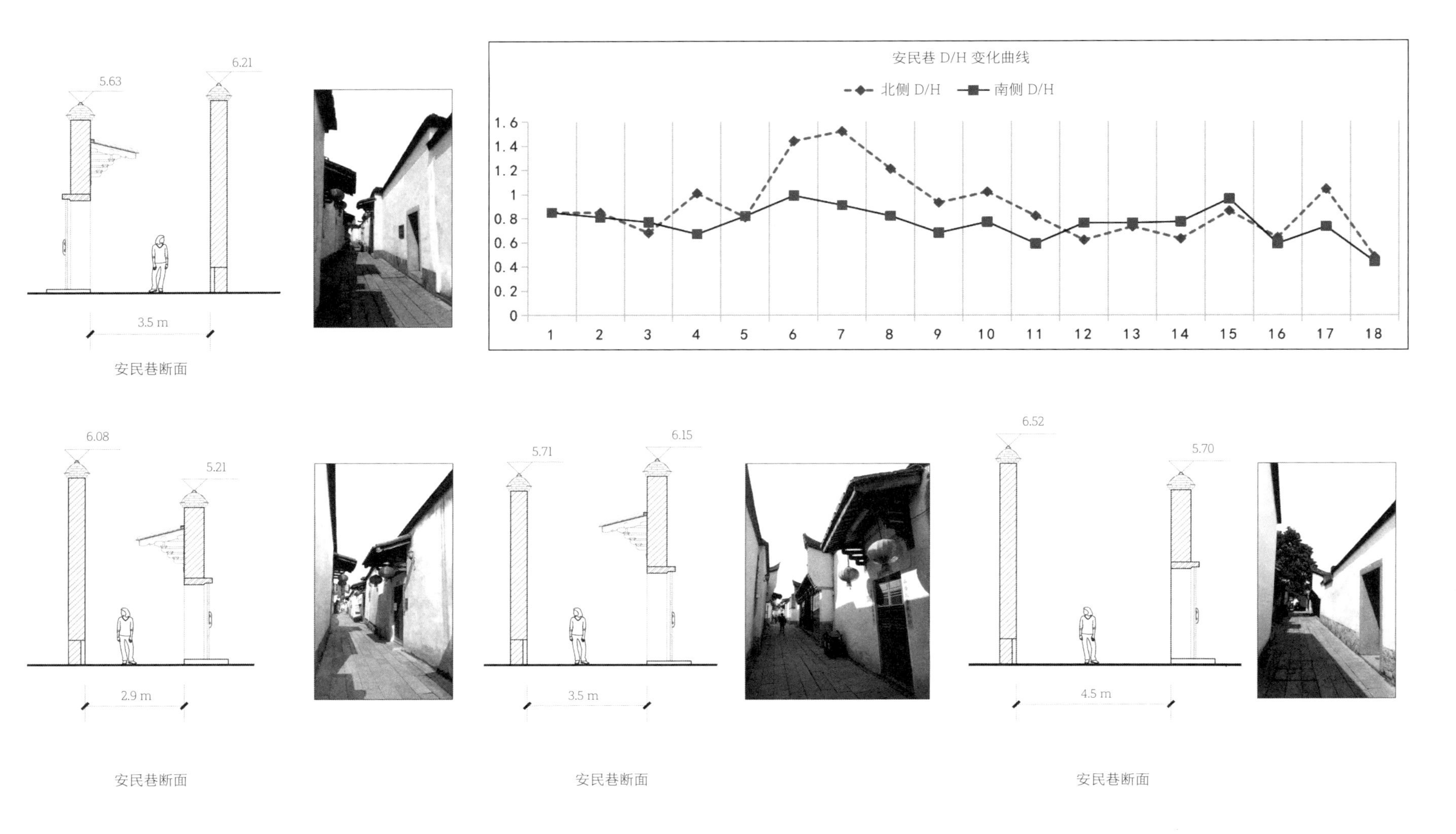
5.63
6.21
3.5 m
安民巷断面
安民巷 D/H 变化曲线
北侧 D/H
南侧 D/H
1.6
1.4
1.2
1
0.8
0.6
0.4
0.2
0
1
2
3
4
5
6
7
8
9
10
11
12
13
14
15
16
17
18
6.08
5.21
2.9 m
安民巷断面
5.71
6.15
3.5 m
安民巷断面
6.52
5.70
4.5 m
安民巷断面

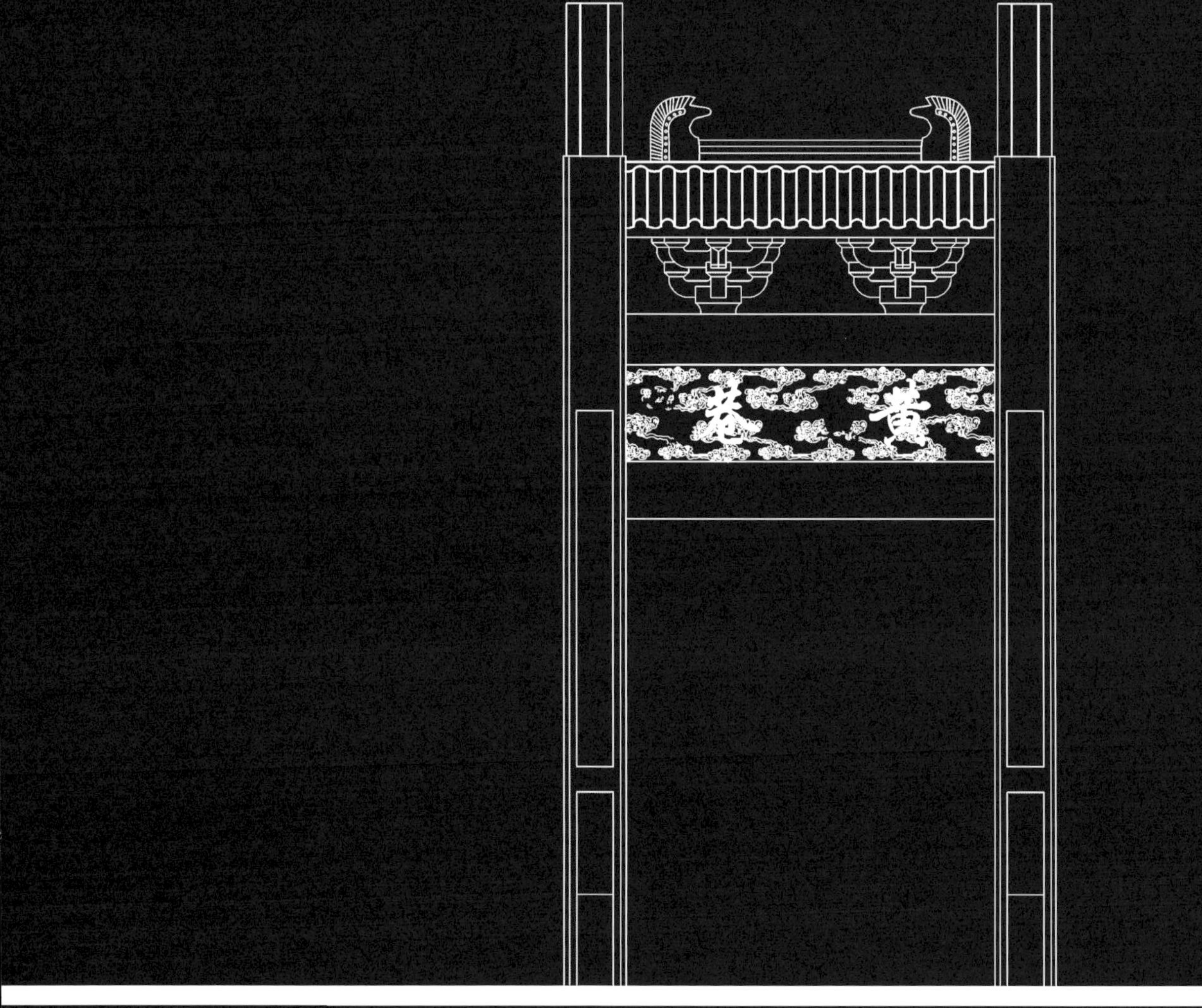

3.7 黄巷保护与修复

黄巷是三坊七巷中有史记载的最早有名人居住的坊巷，宋梁克家修纂的《三山志》载：“新美坊，旧黄巷。永嘉南渡，黄氏已居此。”[注79] 西晋永嘉年间，中原板荡，大批中原人士避难入闽，“衣冠南渡，八姓入闽”，黄氏家族一支入闽后，就聚居于此，始有“黄巷”之名。清林枫《榕城考古略》曰：“黄巷，晋永嘉间，黄氏居

注 79 （宋）梁克家．三山志 [M]. 福州市地方志编纂委员会整理．福州：海风出版社，2000:39.

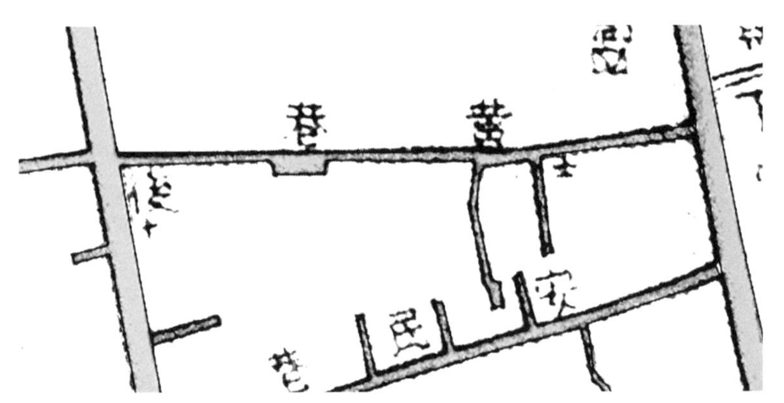

1937 年黄巷肌理

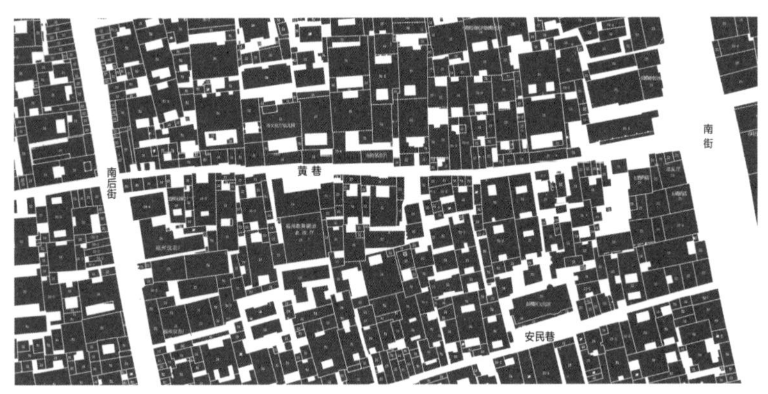

1995 年黄巷肌理

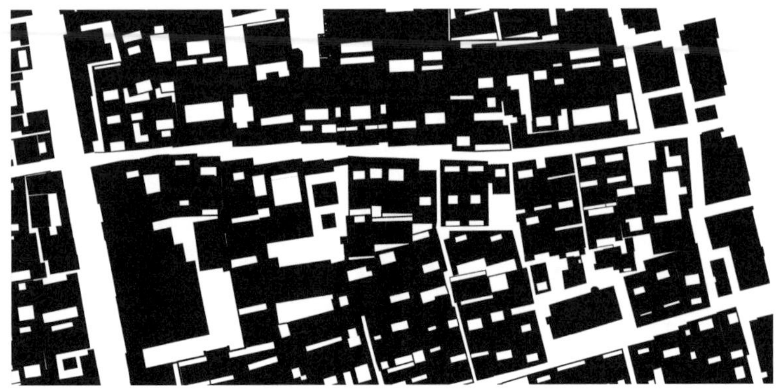

2020 年黄巷肌理

此，故名。唐黄璞亦居此，名益著。”注80 黄璞，唐大顺二年（891年）进士，任崇文阁校书郎，居黄巷北侧小黄楼。唐乾符六年（879年），黄巢起义军经江西、浙江分两路攻取福建，至黄巷，“以璞儒者，戒无毁，灭炬而过”注81，并于安民巷口贴示“安民告示”，遂有黄巷之南一条巷称之为“安民巷”留传至今。黄巷经历代发展至明清已成为官绅名儒的密集聚居地，大厝连绵，现存续有国家级重点文物保护单位小黄楼（占地面积3309平方米）、郭柏荫故居（占地面积2130平方米），保护建筑及历史建筑有黄巷69号李馥故居（占地面积1420平方米）、黄巷42号葛家大院（占地面积2662平方米）、黄巷46号萨氏祖居（占地面积1060平方米）、黄巷7号回春药局后院（占地面积1200平方米）、黄巷20/22/24号（占地面积1390平方米）以及黄巷6/8/10号、黄巷16号镜中天、黄巷18号、黄巷28号陈君耀故居、喉科弄1号、黄巷21号、黄巷45号、黄巷49号、黄巷51号、黄巷71号等15处古民居。

注80 （清）林枫．榕城考古略[M]．福州市地方志编纂委员会整理．福州：海风出版社，2001:41.
注81 （清）林枫．榕城考古略[M]．福州市地方志编纂委员会整理．福州：海风出版社，2001:41.

黄巷文物保护单位

3.7.1 历史建筑特征与保护活化利用

• 萨氏祖居（闻雨山房）

位于黄巷北侧最西端的萨氏祖居，“是目前‘三坊七巷’仅见的最古老的建筑物”[注82]。其东落封火墙墙头堵牌短拙古朴，线条舒缓洗练，“反映出宋元时期古朴、典雅的建筑特点”[注83]。现存建筑从西往东由三座院落组成，坐北朝南。西落为主落，前后三进，主体建筑木构架均为清乾隆时期特征。较为特别的是，主入口设于建筑西侧墙弄巷内，于西墙上开设石框门进入一进前庭井，庭井三面环廊，正对石框门的廊沿处设插屏门作为影壁。东侧两座均为二进，靠西一落为花厅，东落为书斋，称为闻雨山房；两落均以封火墙分为前后二进。花厅第一进南为倒朝式建筑，东北角为二层民国式小阁楼，西为游廊串合前后二进，布局巧妙，空间雅致。东落为书斋，第一进也为倒朝房式布置，临黄巷设有石框门进出，后有天井；中轴线上设石框门连通二进，石框门楣为石雕出檐石。二进前庭开阔（面宽 8.2 米、进深 5.3 米），两侧设游廊，西进游廊与主座暗弄相连并连贯一进游廊，后侧墙设门洞连通西落花厅前、后进。书斋为明代木构架，面阔三间，前为轩廊，厅内为减柱造，卷棚顶，双坡屋面；厅堂三间连通、空间轩朗。萨氏祖居整体布局中轴对称、主从有序，但花厅、书斋布局则讲求灵动与变化，并能结合功能需求，因地制宜，于严谨中透析出生动与个性。

注 82　张作兴 . 三坊七巷 [M]. 福州 : 海潮摄影艺术出版社，2006:167.

注 83　福州市政协文史资料委员会 . 三坊七巷史话 [M]. 福州 : 海峡书局，2016:128.

萨氏祖居南侧连续院墙

萨氏祖居（闻雨山房）一层平面图

· 葛家大院

紧贴萨氏祖居东墙的是葛家大院，初建于明嘉靖年间，清末民国时期均有修葺。大院坐北朝南，面宽宏大，五开间通面宽 25 米，共三进，第三进为后罩房，每进均有四面封火墙围合。临黄巷门头房亦为五开间牌堵木构门头房，与一进由石框门连通，门楣石雕檐披。一进前庭三面环廊，正座面阔五间、进深七柱，双坡顶穿斗木构架建筑，两侧为马鞍形封火山墙。其特别之处是入户门头房与一进厅堂均为面阔五开间，不做明三暗五处理；前庭面阔 17 米、进深 7 米，与轩敞的前廊、粗硕的木构架以及长而宽厚的廊沿石和天井石共同构筑出疏朗阔绰、气势非凡的厅庭一体空间。三坊七巷古民居中与之相似面阔五开间不做“明三暗五”布局的亦仅有其东邻的小黄楼及巷东口北侧的郭柏荫故居，且皆在黄巷内。明永乐年间，菲律宾棉兰老岛的斡剌义亦敦奔国王前来向明朝进贡，回国时途径福州病亡，其陪侍留居福州守陵，取“葛”为姓，遂有葛姓人家与葛家大院[注83]。

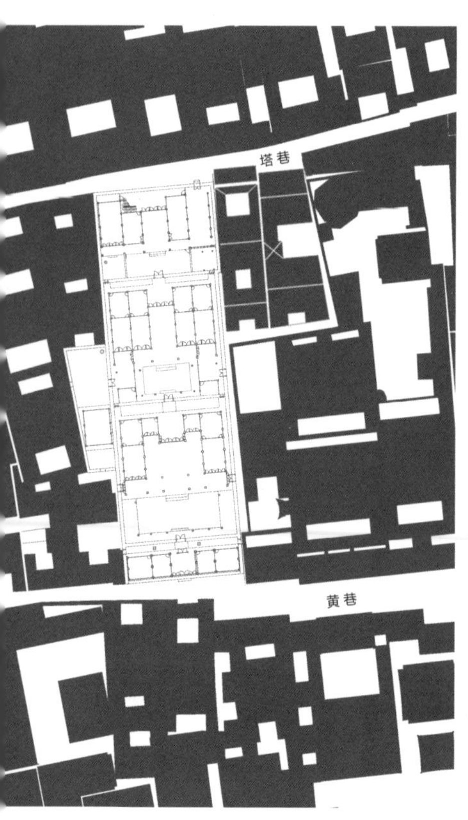

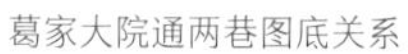
葛家大院通两巷图底关系

葛家大院门头房

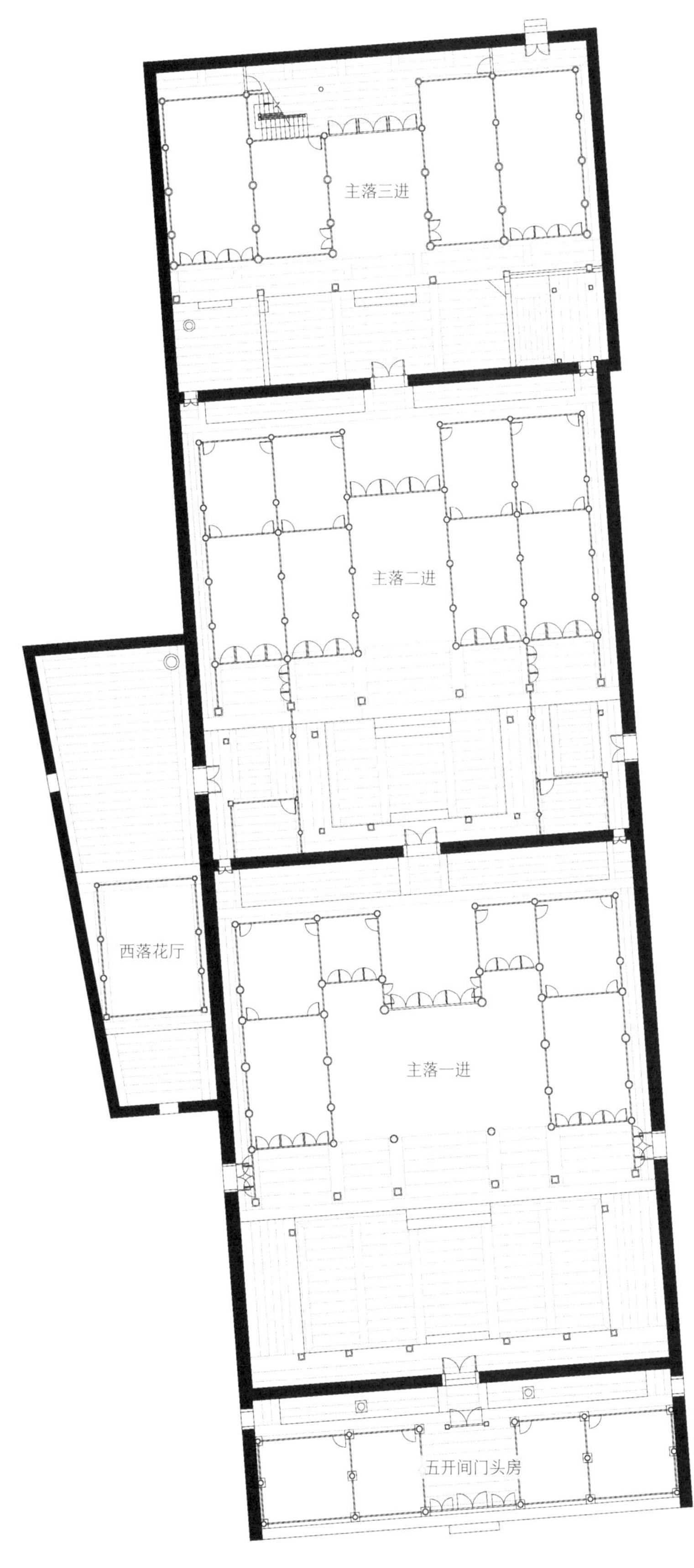

葛家大院一层平面图

· 李馥故居（居业堂）

黄巷南侧，与葛家大院、小黄楼相望的是清李馥（1662—1745年，号鹿山）故居，“李馥，字汝嘉，福清人。历官浙江巡抚，为人和厚谦谨，所至有贤声，家居藏书甚富，乾隆甲子重宴鹿鸣，年八十四，有《李鹿山集》”[注83]。其宅院由两落各两进院落组成，每落通面阔12—13米，主座面阔三间、进深七柱，为典型的三坊七巷宅院类型。其特别之处是主落门屋的处理，利用地形设计为五开间牌堵门头房；西落为三开间牌堵门头房，毗连两座均为通面宽、超面宽牌堵门头房，在三坊七巷古建筑中亦仅此一例。

注83 （清）郭柏苍．竹间十日话[M]．福州市地方志编纂委员会整理．福州：海风出版社，2001:3-4.

李馥故居二落门头房

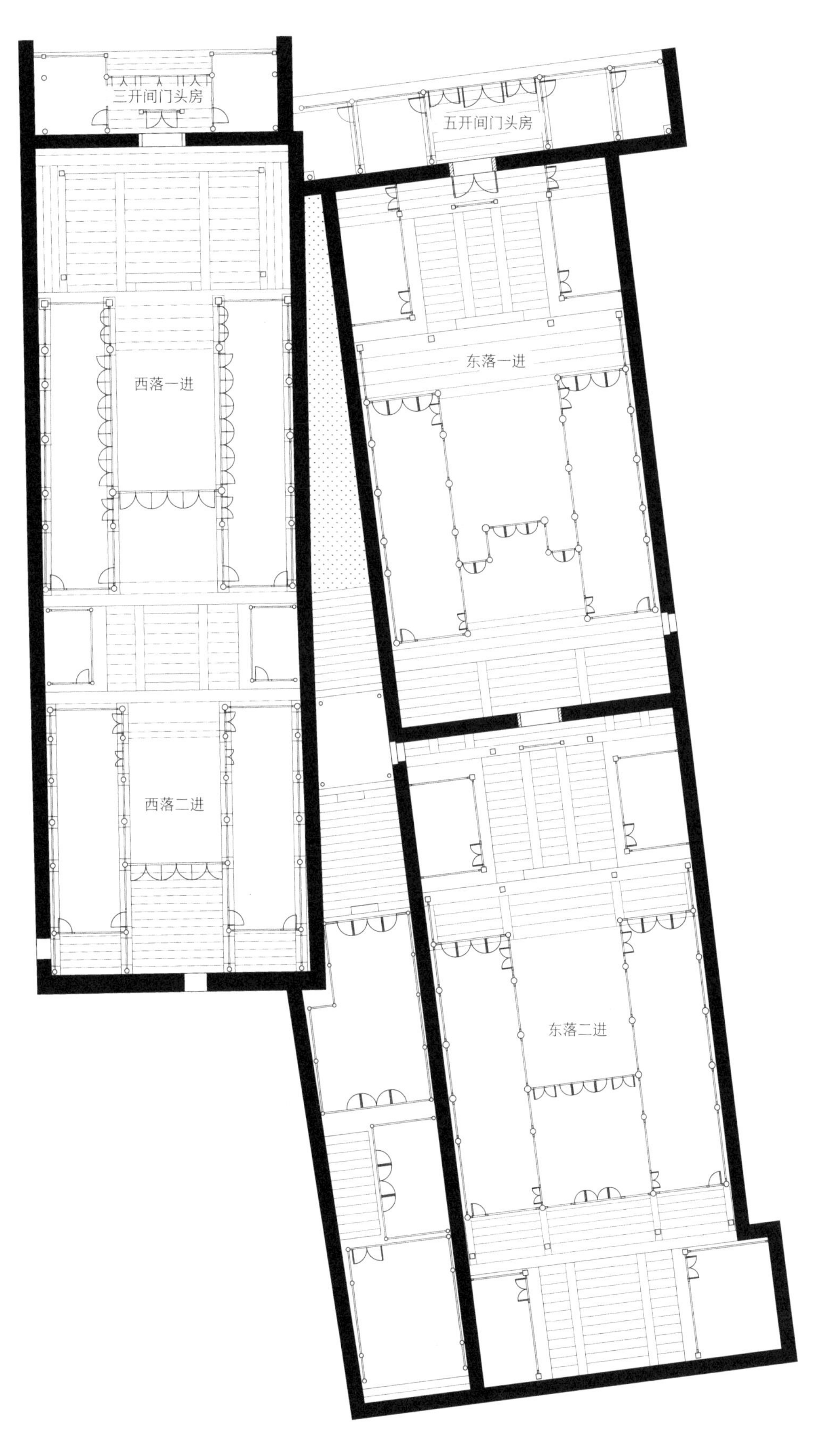

李馥故居一层平面图

• 小黄楼

黄巷中最著名的古民居是小黄楼，其历史亦最为悠久，由三落多进院落组成，坐北朝南。唐代硕儒黄璞先居于此，清代为林则徐师兄、好友梁章钜（1775—1849 年）的居所。据记载，居住过小黄楼的还有清朝廷最后一位册封琉球国王正使、梁章钜的女婿赵新（1802—1876 年）和郑奕奏（1902—1993 年）。郑奕奏是闽剧表演艺术家，在闽剧史上具有重要的地位，有“北梅（兰芳）南郑”之誉。小黄楼最东落为东园，现存续的小黄楼主要为清道光年间梁章钜所修葺，梁章钜是清嘉庆七年（1802 年）进士，历官至江苏巡抚，署两江总督兼两淮盐政，支持并积极配合林则徐禁烟抗英，为官 50 余年却著述不辍，还被誉为中国联学鼻祖。梁章钜于道光十二年（1832 年）辞官回福州修葺了旧居黄巷小楼，名为黄楼；又于其宅左侧建东园，园内布置有藤花吟馆、榕风楼、荔香斋、小沧浪亭、浴佛泉、曼华精舍等十二景，并各系以诗[注 84]。

注 84　卢美松 . 福州名园史影 [M]. 福州：福建美术出版社，2007:51.

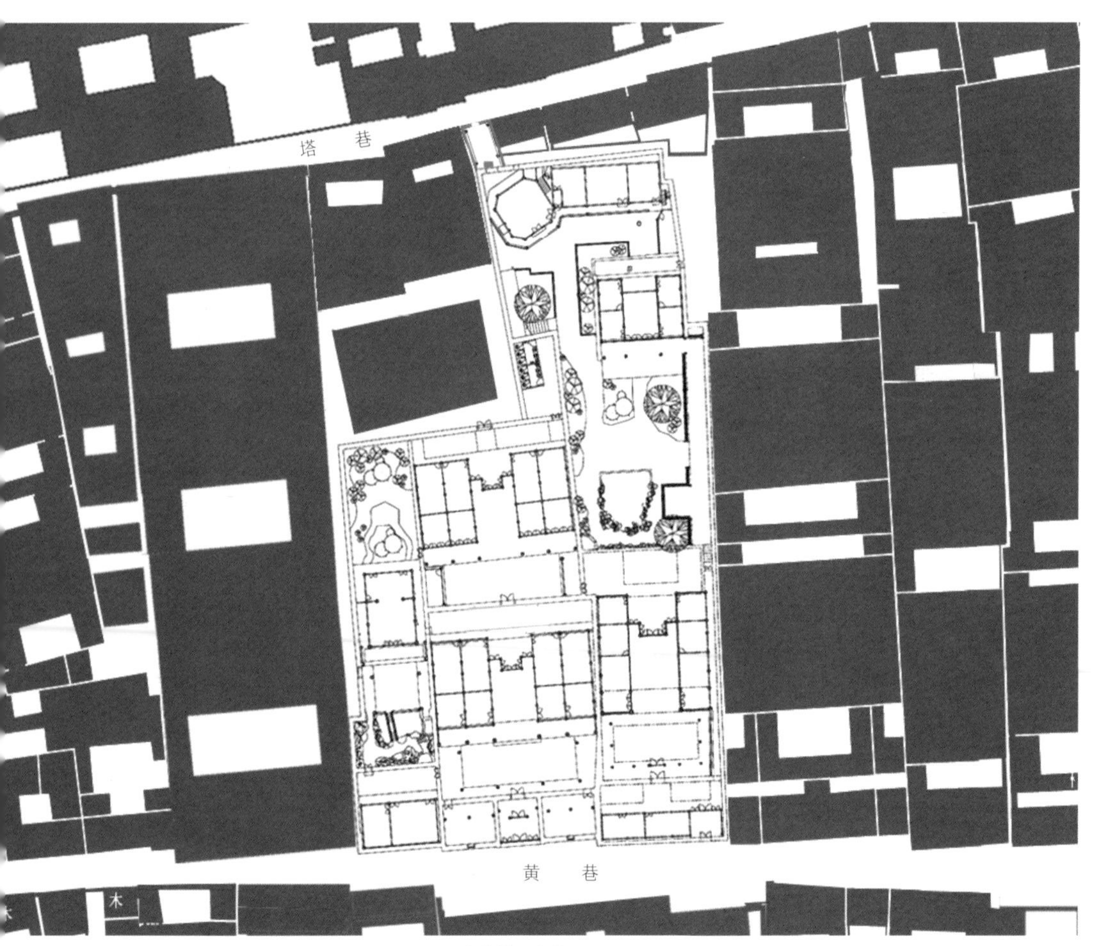

小黄楼图底关系

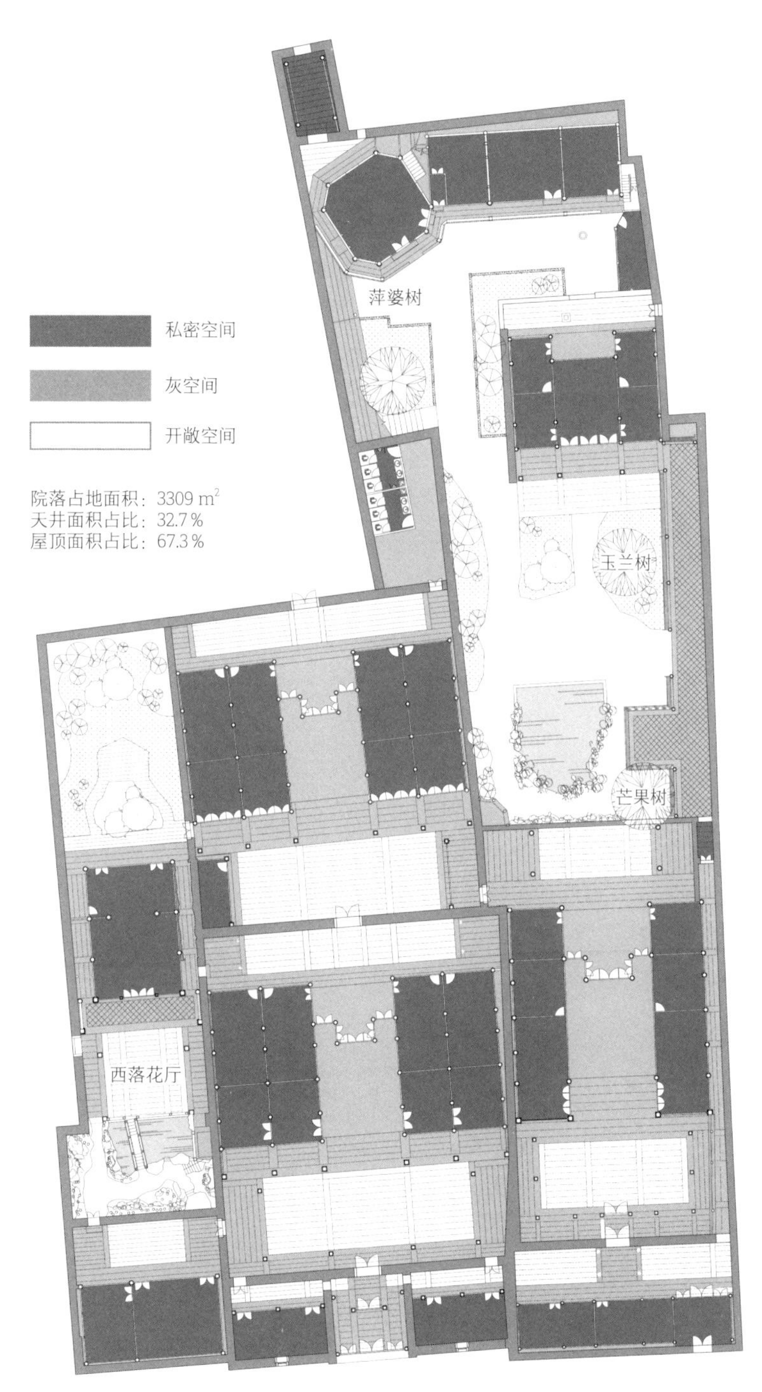

小黄楼平面示意

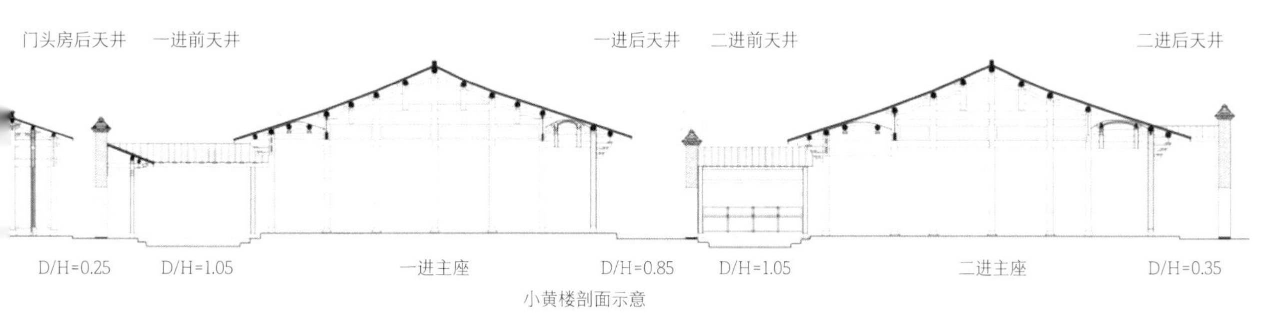

小黄楼剖面示意

小黄楼以中落为正落，修复前仅存续一进，面阔五间（通面阔21米）；前为门头房，虽为五开间，但牌堵木构门头房仅设一开间，两侧四间呈倒朝房布置、临巷为粉墙，内敛素雅，折射出官宦书香人家谦谨的居住心理。由门厅后墙开设石框门进入一进前庭，前庭三面环廊；西侧游廊后墙设门通西落一进，东侧游廊亦有门洞通东落一进的西侧回廊。前庭面阔15米、进深5.4米，屋檐檐口高度3.93米，阔朗大气。正屋为五间七柱，通面宽21米、进深13米，前出轩廊，双坡顶穿斗木构架，两侧尽间面宽（4.8米）比次间面宽（4.2米）尺寸大，与前庭东西两侧宽敞的游廊衔接自然，使主体建筑前廊柱形象完整，体现出古人高超精妙的设计思想。而进深仅3.8米的狭长后天井的空间处理亦独具匠心：于当心间的后门柱引出两道设有精美漏花窗的院墙，将后天井划分为三个尺度适宜的别院，当心间宽6米、进深3.8米，空间舒雅并作为与二进连接的过渡空间，后院墙中设石框门通二进前庭；两侧为宽7.2米、进深3.8米的别院，成为厢房的幽静情趣小院，其中西院西墙设小门洞联系西落花厅。新中国成立后，小黄楼建筑群成为福建省文联宿舍，二进建筑被改造为五层的住宅楼，东园亦被改造为两幢联体的二层住宅楼，整个东园仅余藤花吟馆遗存，闽剧表演艺术家郑奕奏、当代作家郭风、何为等都曾经居于此园。在主落二进的修复过程中，古建筑专家们经过长时间的反复探究考证和历史年代特征论证，审慎重建了二进院落，其布局与建筑特征都较好地体现出历史脉络的延续性，重新呈现了主落建筑布局的完整性。

小黄楼门头房（修复前）

小黄楼门头房（修复后）

小黄楼航拍

一进前庭

一进后天井别院

东园的修复则以其留存的残余片段及历史诗词意境为依据，结合三坊七巷园林特征与手法，意向性修复其布局与园林意蕴。修复设计以留存的藤花吟馆为主体，以东西两侧形态优雅的马鞍墙为界面构筑园林整体意境。东侧倚墙置长廊，联系东落一进后庭和北侧花厅——藤花吟馆，长廊南端复建小沧浪亭，形成 L 形园林建筑构图，环抱西侧山池园林，以呼应传统私家园林半边建筑、半边山水的格局形态。园南端则修复池山，山峦转折绵延于园西墙，墙角置一六角半亭突起于马鞍墙曲线之上，半亭与东侧小沧浪亭相望，互为对景；加之东南一株高大的百年芒果树与池北一棵百年白玉兰南北相互映衬，重构出一幅“石令人古、水令人远”[注85]的苍劲而古雅、旷士而幽人的都市园居之画卷。园之西北端留白，让视线透过百年苹婆树可隐约望见民国时期的二层八角楼，既增添了园林空间的景深，又强化了情境体验的丰富性。八角楼与其东侧紧邻的陈寿祺故居最西北端的藏书楼“小琅嬛馆”连为一体，并与藤花吟馆构筑出一处小尺度 U 形建筑环绕的庭景空间，迎向西端高大而慈祥的百年苹婆树，形成一方清幽雅静的闲庭。修缮后的八角楼一层，亦作为从塔巷进入东园的门厅，使东园成为独立的园林空间。体验游线若从塔巷由八角楼一层门厅入园，序列空间从门厅至过渡庭园再至园林主体空间，其欲扬先抑的艺术感染力将得以充分体现。东园的意象性修复反映了当代古建、园林专家与工匠师傅对历史传承与创新表达的强烈责任意识。

注 85　（明）文震亨．长物志 [M]. 胡天寿译注．重庆：重庆出版集团 重庆出版社，2008:65.

东园藤花吟馆

东园六角半亭

菩婆树与东园八角楼

东园长廊

小黄楼整体建筑群中最精彩、最不能错过的是西落花厅，它是梁章钜待客、读书、著作之所，其建筑与园林营构皆为梁章钜当年所筑，是三坊七巷宅园中保存最为完好的庭景园。三坊七巷宅园中的花厅，广义上就是私家园林，主人在家就能体悟隐逸园居的生活方式。西落花厅从南至北由三进别院组成，一进为倒朝房，东院墙有门通主落一进游廊，北墙西端设小门洞连二进假山的雪洞。第三进院落亦被改造，遗迹不可考，修复设计将其留白，作为二进花厅的后花园。保持完好的是二进花厅，其平面布局形态也是三坊七巷宅园中的典型格局类型——以四面封火墙围合出独立的用地空间，二层花厅在北、山池园林小筑在南。花厅前庭用地进深为 12.8 米，北端面宽 8.8 米与建筑等宽，由于西墙南半段外凸 1.6 米，南部面宽拓为 10.4 米，为营构山林意趣创造了一定条件。其独特之处有二：

西落花厅

西落花厅南侧卷棚顶

一是于花厅一层留出东西两侧暗弄，东侧弄作为从主落一进后天井及二进前轩廊入园的联系通道，弄道以糯米、三合土等材料塑成雪洞，雪洞最宽处不及 0.9 米、深约 10 米、高约 3 米不等，洞内嶙峋峥嵘、云海苍茫；西侧弄北端设置了上二层的楼梯，弄道北、南门上挂落分别题有“古迹、胜景”与“竹林、深处”以引胜。二是从花厅两侧弄倚墙引出两段下廊上台的连廊与南部东西两侧假山雪洞相接，东侧廊台尽端为二层翘角半亭，半亭面宽 1.86 米、进深 1.27 米，小巧玲珑，并与山石雪洞浑然一体；于亭中或花厅二层南眺远方，则能有梁章钜所描述的磅礴之势：“平地起楼台，恰双塔雄标，三山秀拱；披襟望霄汉，看中天霞起，大海澜回。”[注86] 廊台南端则自然地融入山石，两侧廊道尽端雪洞的门洞上分别镌刻有“引入胜”“豁然崖”题匾，品题令意涵更深远，升华了园林意境。

注 86　黄启权．三坊七巷志 [M]. 福州市地方志编纂委员会编．福州：海潮摄影艺术出版社，2009:213.

半亭与小沧浪亭对景

小沧浪亭与百年芒果树

花厅与廊亭结合构筑出三面建筑、一面山池的独特而生动的庭景园布局艺术。建筑、廊亭围合出的前庭空间与南部山池空间的进深相近，约 6 米；前庭南沿与池水相接，池中飞跨一石造小拱桥，接假山内雪洞，桥宽仅 0.6 米，桥栏板刻有“知鱼乐处”与“廿网桥”，池沿低矮的竹节式石栏杆与精巧亭廊、山石尺度相呼应。“知鱼乐处”出自庄子与惠子对话的典故，庄子曰：“鯈鱼出游从容，是鱼乐也。”惠子曰：“子非鱼，安知鱼之乐？”庄子曰：“子非我，安知我不知鱼之乐？”而“廿网桥”则出自唐朝杜牧《寄扬州韩绰判官》中的“二十四桥明月夜，玉人何处教吹箫”[注 87]。桥之命名，折射出园主人的为官经历及人格思想。廊下、台上、花厅走马廊与

注 87　孙福枝 . 梁章钜与廿网桥 [N]. 福州日报，2020-01-06.

“廿网桥”

“知鱼乐处”

西落花厅南侧山池空间

二层翘角半亭

深幽雪洞、盘旋磴道共同构筑起连贯、多样的体验游线，让面积仅122 平方米的咫尺园景亦能呈现出无限的联想空间，“前有假山石玲珑，下有池沼鱼活跃。历阶穿岩过小桥，助我惟仗笻一条。”[注88] 正所谓“一峰则太华千寻，一勺则江湖万里”[注89]。小庭景也有了陶冶性情、日涉以成趣之景致。游人如若要完整、情趣化体验西花厅的园林艺术情境，则需从主落二进前轩廊西墙的门洞进入其后花园，再穿越深邃雪洞导入花厅前庭，方能完成完整的艺术体验之旅。

小黄楼建筑群总体形态及空间尺度的大与小、聚与疏、明与暗都变化剧烈，每次的空间收合都寓示着下一次惊喜的出现，但又过渡转接自然；园林空间亦然，让序列景象产生连续且富有节奏的变化。道光十二年（1832 年）梁章钜因病辞官回故里并非仅为了归园清居、以诗会友，享受知鱼之乐，其实也是为再次出山实践文人士大夫的社会责任而做准备与蓄养。道光十五年（1835 年），他已 60 岁，又奉诏入京接收任命，正可谓“苟利国家生死以，岂因祸福避趋之”。但这一去，他便再也没有机会回到小黄楼了。

注 88　黄启权 . 三坊七巷志 [M]. 福州市地方志编纂委员会编 . 福州 : 海潮摄影艺术出版社，2009:181.

注 89　（明）文震亨 . 长物志 [M]. 胡天寿译注 . 重庆 : 重庆出版集团 重庆出版社，2008:65.

深幽雪洞

出雪洞后，空间豁然开朗

弄道雪洞“古迹”

弄道雪洞“竹林”

· 陈君耀故居

与小黄楼东侧隔邻的是黄巷 22 号陈君耀故居，坐北朝南，占地面积 2306 平方米。由主落与东落跨院组成，主落为明代建筑，存续较为完好，木构架用材硕大，具有典型的明代建筑特征，东落已不存。主落临黄巷为三开间牌堵门头房，前后二进；二进后天井西端通旧有花厅，各进均设封火墙相隔，中轴上设石框门连通。作为黄巷北侧一座大宅院，其通面阔达 21.48 米，第一进采用明三暗五的平面布局方式，前庭进深 7.5 米、面阔 10.3 米，三面游廊，空间阔朗，两侧为由院墙相隔的别院。其独特之处在于厅堂的处理，以抬梁形式形成面阔 8.5 米、进深 10.3 米（包括前轩廊）的宏阔前厅堂，厅堂的高度较之其他大厝更高，前檐口高度 4.5 米，后檐口高度 4.39 米，脊高 7 米，高敞轩昂。二进不遮掩，直接五开间一字排开，当心间面阔 5.7 米，其他间均为 3.6 米，靠山墙两侧还留出 0.9 米的夹弄通后天井；前后天井皆阔朗，尤其后天井进深达 5.4 米，与一般宅院似一线天的狭窄后天井迥然不同。

陈君耀，为沈葆桢七女婿，清光绪二十年（1894 年）进士，授翰林院编修、江西候补道，赐二品衔。此宅院主人曾是陈寿祺，因而梁章钜 1832 年拓建东园所购不是陈寿祺的宅院，他俩是邻居。陈寿祺（1771—1834 年）为清嘉庆四年（1799 年）进士，授翰林院庶吉士、编修，后主泉州清源书院十年，主福州鳌峰书院十年，主纂《福建通志》，著有《左海全集》等著作。陈寿祺在其宅邸第三进西北与梁章钜东园相邻处建有小花园，内建藏书楼"小琅嬛馆"，藏书约 8 万卷；藏书楼为四开间二层小阁楼、尽端接有一幢小巧六

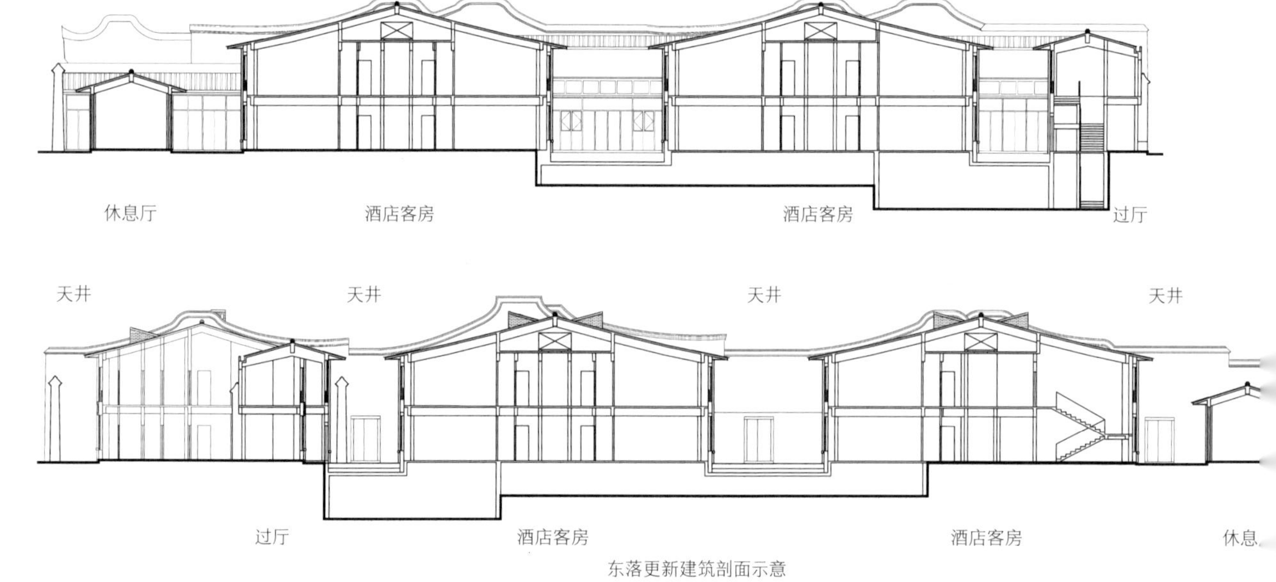

东落更新建筑剖面示意

角阁楼。保护更新之前的陈君耀故居为鼓楼区南街派出所，现连同其东落更新建筑一同活化利用为主题文化客栈。东落更新设计以传统院落式布局与组织肌理为类型参照，既满足当代酒店功能需求，又呼应街区固有肌理特征，创造出个性生动、富有情趣的当代低层院落式酒店群落，新旧相融、互为映衬，意趣盎然。

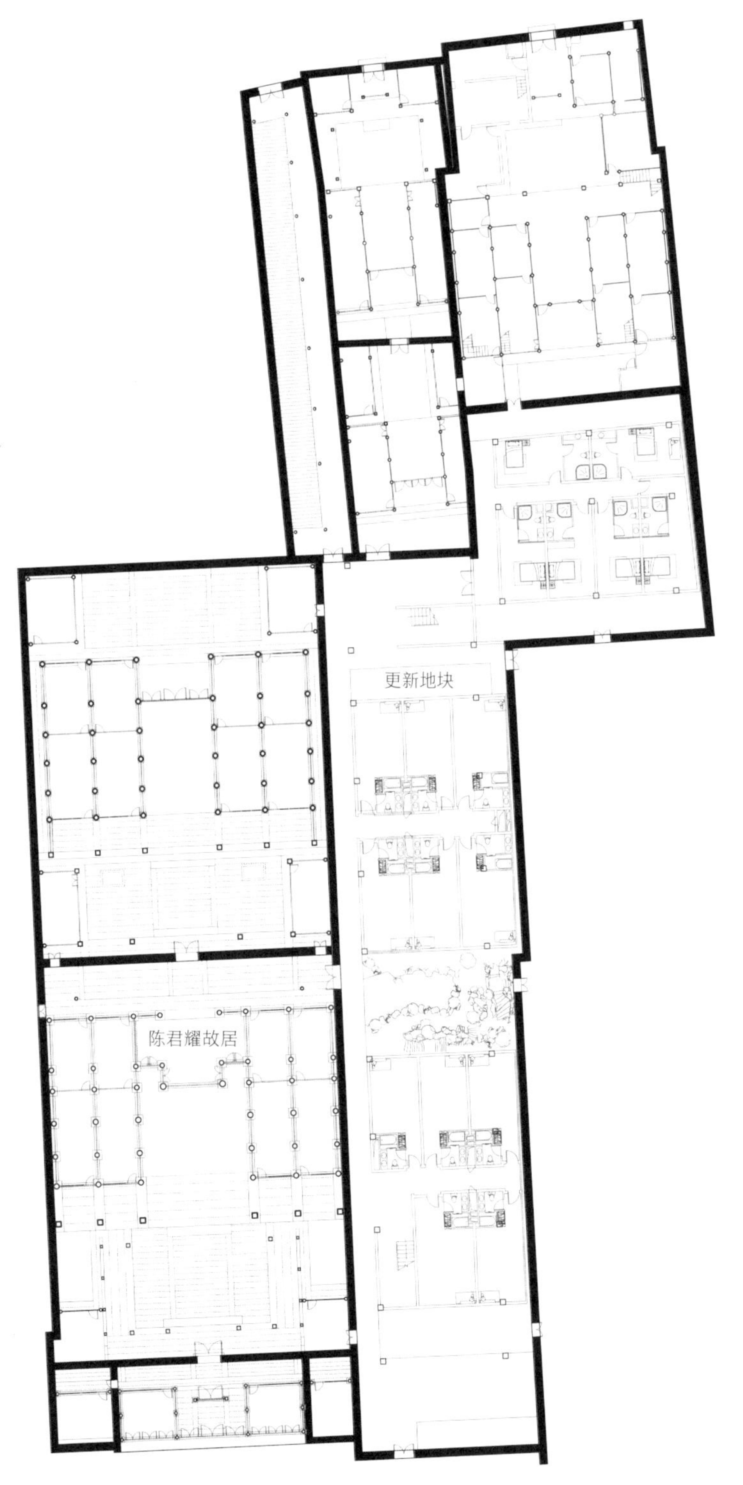

陈君耀故居与东落更新建筑肌理

• 镜中天照相馆（黄巷 16 号）

黄巷 16 号位于巷北侧中段偏东，原属紧邻其北侧的塔巷清浙江巡抚王有龄故居的花厅，民国初年为“镜中天”照相馆营业场所。镜中天照相馆为清末民国时期福州著名照相馆之一，亦是福州最早经营美国柯达照相器材的销售代理商。由于“镜中天”名气日隆，其巷南侧有一直弄被称为照相弄。“镜中天”创办人为庄潮澄，又名庄心波。新中国成立后，黄巷 16 号宅院一直为庄心波子孙所居。原建筑为明代所建二进院落，现仅存第二进，面阔三间通面宽 10 米、通进深 11 米，前后天井，前天井进深 5.8 米，两侧设游廊通第一进；西侧游廊后墙有石框门连通西侧主落（现有遗迹存续）；前天井设置有池水假山，今已废。第一进为照相馆摄影场地，布置有亭榭楼台、池石花木，顶上“覆玻璃瓦，以白布挡住阳光”[注90]；后被改造为住宅，供其家人居住使用。

在保护与更新设计中，我们“在尊重历史结构与建筑主体的真实性和完整性的同时，在具体问题上采取正确行动，探究新旧建筑之间的空间环境”[注91]。设计结合文创与展示功能的需求，并基于街区院落肌理特征，临黄巷设院墙开石框门，让主体建筑后退 2.5 米形成入口前院，入口处上方覆玻璃顶以类比覆龟亭，两侧为情趣小天井；将进深 25 米的更新用地作为整体考虑，前半部作为对外开放的展厅，后半部作为办公用房，且于基地东侧设一边庭，解决大进深建筑采光通风的需求；二层为文创办公功能，屋顶中部设进深 3.8 米的玻璃平顶采光带，将大进深屋面划分为前后两个双坡屋顶，类比于二进式院落的屋顶肌理特征，使其有机地融入街区整体肌理

注 90　福州市政协文史资料委员会 . 三坊七巷史话 [M]. 福州：海峡书局，2016:122.

注 91　联合国教科文组织世界遗产中心，中国国家文物局，等 . 国际文化遗产保护文件选编 [M]. 北京：文物出版社，2007:328.

镜中天照相馆入口

二进前庭井台湾栾树

之中。

最后一进为明代穿斗木构架，需严格保护、谨慎修缮，以真实、完整地传递历史信息；对其后期加入或缺失的板壁、门窗隔扇，则结合使用功能进行选择性修补或植入当代材料。其两侧后厢房不再恢复灰板壁，三间连为一体，并于当心间后门柱外可逆性地加设玻璃盒子，既延伸了后厅堂空间，营造具有独特艺术性的交流环境，同时也可作为充分体现并展示明代穿斗木构架之线条美学与建筑艺术特征的展示场所。前庭井则修复历史上的池沼山石，于 2015 年 1 月在池西北种植一株台湾栾树，于一进前天井东侧种植一棵菩提树。通过更新建筑东侧设置边庭及旱庭式景观弄道，将前天井、边庭、后花厅连接起来，营造出具有地方文化景观特质的现代创意办公空间。“小院狭井，也见佳木渐成荫；寒雨劲竹，且得名城尽图画。”

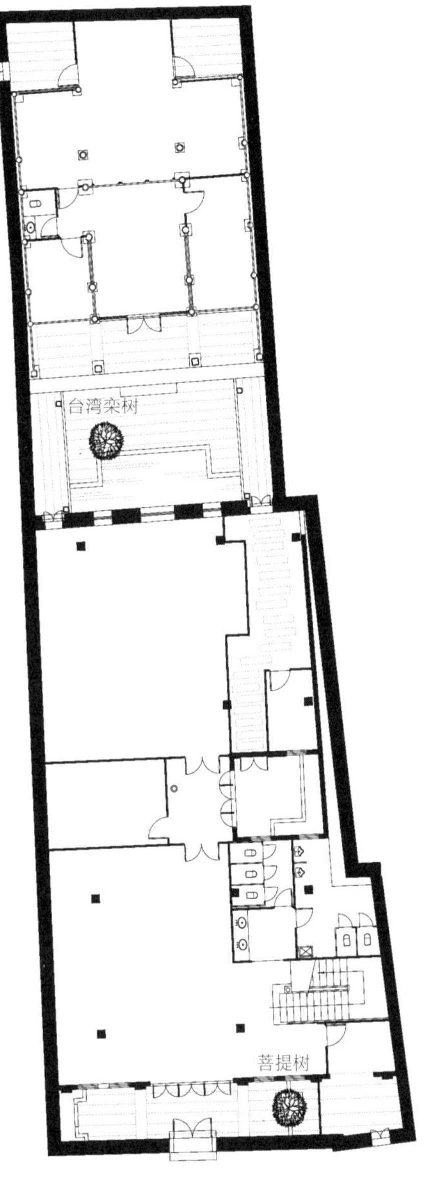

镜中天照相馆（黄巷 16 号）
一层平面图

二进前庭与办公场所过渡空间

东侧旱亭式通道

一进二层
现代办公场所 - 会议室

一进一层
门厅为展示空间

二进主座
厅堂

• 郭柏荫故居

黄巷北侧最东口、紧邻南街更新重建商业地块的郭柏荫故居，也是值得细细品读的一座大宅院。郭柏荫故居其实应为郭阶三宅邸，郭柏荫是其二儿子，因儿子名气、官衔皆大于其父，故称之为郭柏荫故居。郭阶三是清嘉庆年间的举人、省城名士，当过连城、同安县教谕；生有五子，与安民巷的曾家一样都是“五子登科”，曾轰动榕城。郭柏荫（1807—1884 年）清道光十二年（1832 年）进士，历官至湖北巡抚、署湖广总督，光绪元年因病辞官居家十年，任鳌峰书院山长，并倡修灾后福州孔庙。四儿子郭柏苍（1815—1890 年）清道光二十年（1840 年）举人，号但寤轩老人，清代著名学者，好藏书、通地方史，热心地方公益，著有《竹间十日话》《乌石山志》《闽产录异》等。大儿子郭柏心曾在广东任知县，其曾孙郭化若（1904—1995 年）是中国人民解放军将军，曾任军事科学院副院长。

郭柏荫故居门头房（修复前）

郭柏荫故居门头房（修复后）

郭柏荫故居航拍

一进前庭

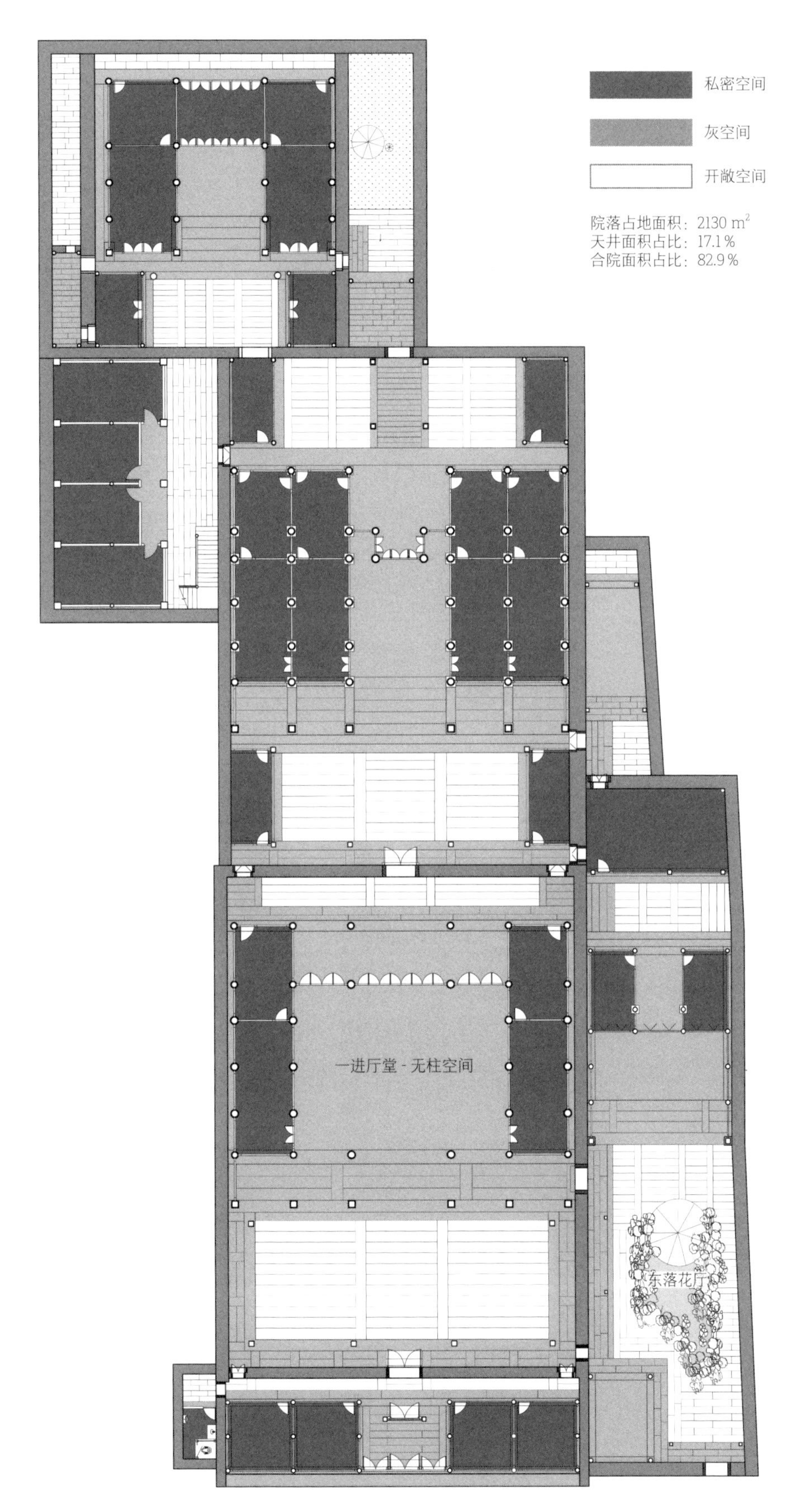
私密空间
灰空间
开敞空间
院落占地面积：2130 m²
天井面积占比：17.1 %
合院面积占比：82.9 %
一进厅堂 - 无柱空间
东落花厅

郭柏荫故居平面示意

该宅院建于明末，为旧官衙，郭阶三于清道光年间购买后改造为居住宅院，坐北朝南，由东西两落相连组成。主落在西，共三进，每进均由四面封火墙围合；跨落在东，前后二进，为花厅别院。主落面阔五间、通面阔达 21 米，临黄巷为五间牌堵门头房，当心三间未采用凹入式布局，20 扇木板门一字排开，加之门板下方精美的藤艺装饰更显气势不凡。最具特色的是一进厅堂，两端尽间为厢房，中间三间采用纵横双向的减柱抬梁造，三间连通且厅堂屏门位置靠后，形成面阔 12.45 米、进深 9.5 米的无柱高敞空间；穿斗木构架用材硕大，加之阔绰的前庭（面阔 16.9 米、进深 7.1 米），厅庭一体，尺度宏大，成为三坊七巷大厝中最为古雅恢宏的厅堂，极具公共性与仪式性，与其官衙、官府性质颇为吻合。二进前后庭井均设覆龟亭以连接前后进，增强了中轴序列空间的隆重感与仪式感；而覆龟亭亦将庭井空间划分为更富趣味的小庭井空间，完成了由前堂（公共性）向后寝（私密性）的自然过渡。第三进用地由于向西北方向偏移，其中轴线不在一、二进的主轴线上，但布局高妙地解决了轴线偏离的难题：以东侧设置边庭让主落主轴线得以延伸，形成自然而巧妙的过渡与衔接；其自身平面布局则结合地形，自成前后两进院落，与主落二进亦有良好连接。南面一进为别院，二层为民国时期木构小阁楼，坐西朝东，与后进无联系，实为主落二进西侧别院，主落二进后檐廊有门通此别院。后进即主落第三进，面阔三间，前庭井左右设披舍，后天井仅为狭长天井，穿斗木构架，双坡顶，四面以封火墙围合。东西两侧封火墙外，西侧设有备弄、东为南北狭长的边庭作为主落一、二进中轴线的延伸空间。其前轩廊东墙设门洞连通东边庭，前庭井南墙开设石框门连接主落二进的后庭井西侧游廊。此第三进成为宅院中最为清幽雅静的别院。

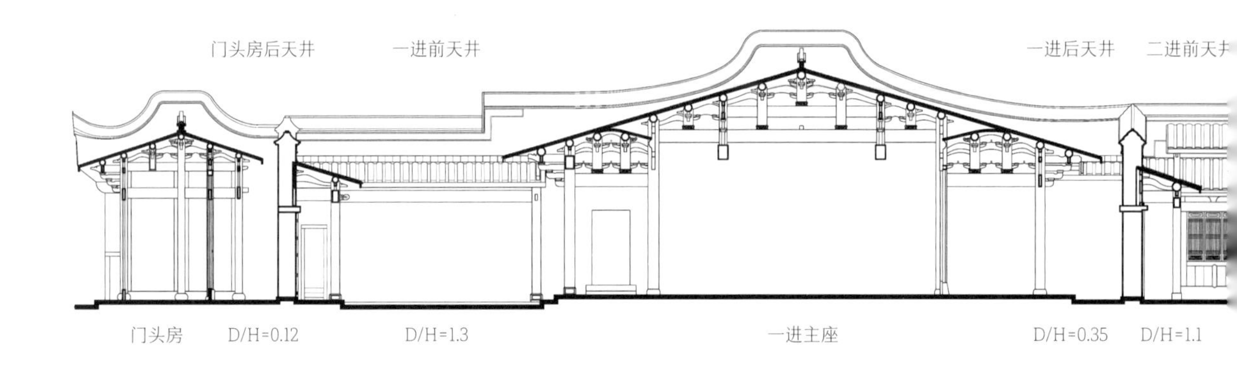

一进厅堂 - 双向减柱抬梁造

一进厅堂穿斗木构架

二进厅堂

一进狭长后天井

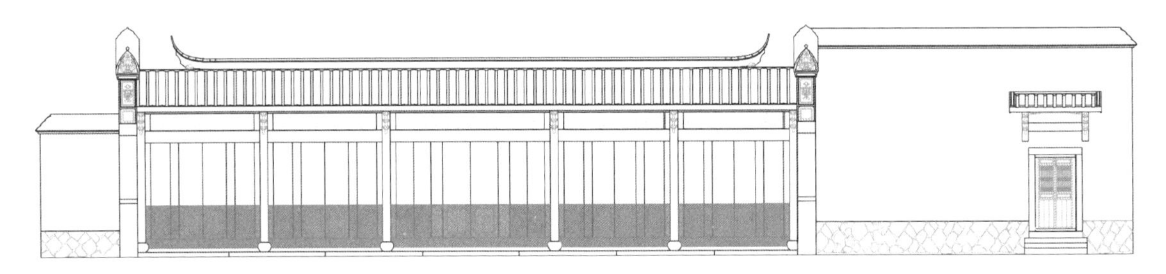

郭柏荫故居南立面

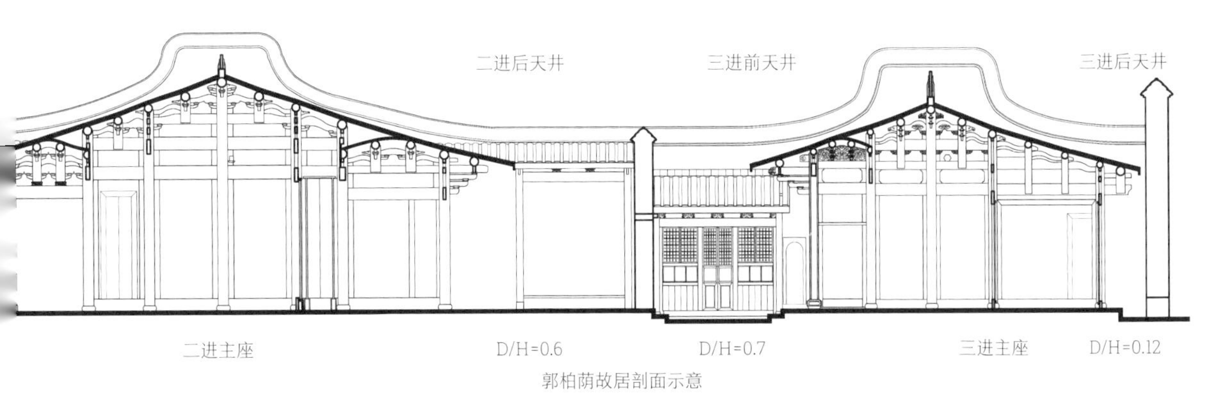

郭柏荫故居剖面示意

主落一、二进东墙外为恬静闲适的东落花厅，是主人清居的场所。东落花厅西侧游廊设门连通主落，临巷道设有石框门作为独立出入口。园林花厅四面围以封火墙，自成一体，可作为独立园林使用，占地面积 157 平方米。花厅建筑坐北朝南，居于园北，与北端后罩房组成雅致的小院。花厅前轩廊西侧倚墙设游廊连接南端四角亭，构筑 L 形园林建筑布局形态；园林池山位于东南，呈现出一幅“亭台都占空中地，风月教低四面墙”的景象[注92]。从南侧临黄巷石框门进园，以石山为壁，西侧为亭，石山于东墙侧留出狭弄，收窄空间，至花厅前则豁然开朗，先抑后扬，亦有了“咫尺山林”之意蕴。修缮后的郭柏荫故居为三坊七巷社区博物馆群落组成馆之一，是展现三坊七巷古建筑艺术和城市历史的展示馆。

郭柏荫故居也是三坊七巷古建筑中最具艺术特征的建筑之一，保护再生设计不仅要充分展现其内部空间艺术，而且要结合其东侧南街地段更新改造设计，将其作为城市公共空间的重要界面进行展示。设计利用塔巷口至黄巷口长达 112 米沿街面的有利条件，在地段中部设置了一个面宽 23.6 米、进深 13 米、高度 9 米的架空门洞，既营造了一处开敞式有顶盖的城市街道客厅，又成为街道的巨形景框，收纳西侧郭柏荫故居舒展优美的马鞍墙及其整体建筑群所构成的具有图形性美学意蕴的隽美画卷，让三坊七巷街区与城市街道空间相交融，强烈的视觉冲击力亦更加深刻地诠释了三坊七巷作为文

注 92　黄启权．三坊七巷志 [M]．福州市地方志编纂委员会编．福州：海潮摄影艺术出版社，2009:211.

东落花厅（南侧）景致

东落花厅（北侧）景致

化遗产地的文化景观个性特征。同时，设计还结合过街楼与郭柏荫故居外墙之间进深20米、宽约26米的室外空间，设置了进深13米、面宽16米的下沉庭院，作为南街地下商场及地铁站的出入口空间；此举不仅让地下、地上商业空间一体化，也塑造了三坊七巷作为遗产地的多元体验方式与路径，更加完整地阐释了作为城市活态纪念物的三坊七巷的遗产价值与文化意义。

南街商业建筑与郭柏荫故居航拍

巨型景框

南街商业建筑与郭柏荫故居共构城市新的文化景观

郭柏荫故居与周边环境平面肌理关系

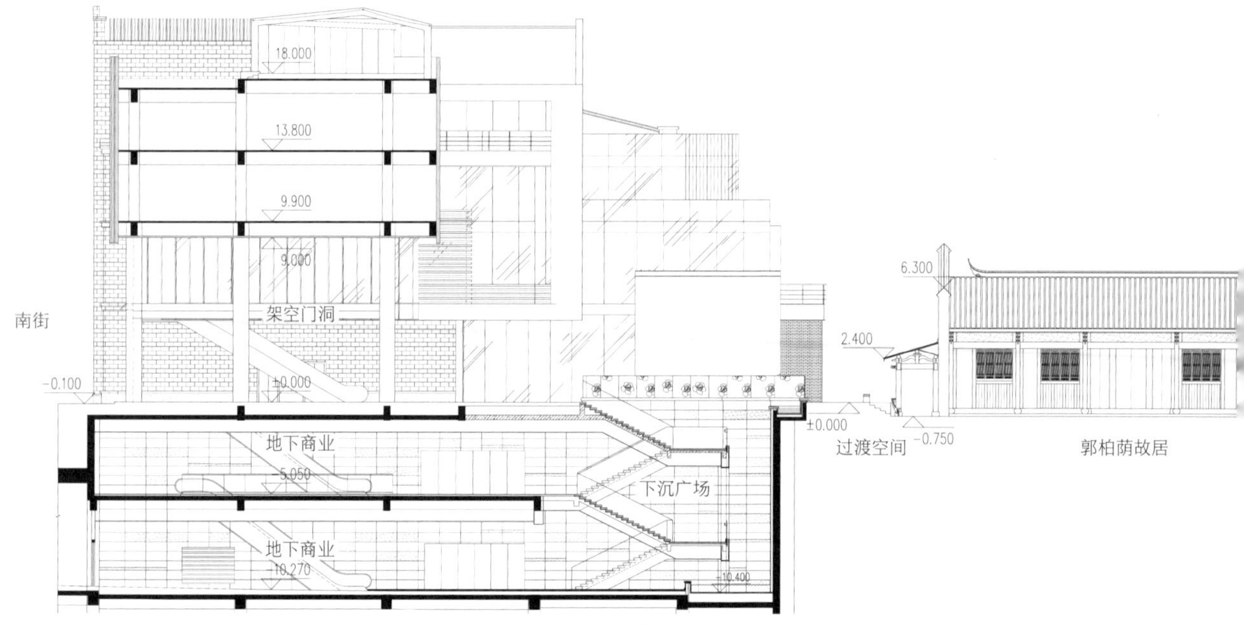

郭柏荫故居东侧南街下沉空间示意

3.7.2 坊巷空间意象再塑

黄巷全长 305 米，是街区内走势、宽窄、立面虚实变化最为丰富的东西向巷道，亦是最能反映三坊七巷官宦书香气息的一条坊巷。其西口正对衣锦坊东口坊门，为强化坊巷口的可识性并区别于西三坊的坊门形式，设计延续了东七巷的牌坊作法，但以更为久远的牌坊形式与建筑风格作类比，以揭示其所蕴涵的独特人文历史意涵，构造出黄巷口特色鲜明的标识物。无论从西侧衣锦坊内向东眺望黄巷口牌坊，还是从黄巷内往西透视衣锦坊坊门，一虚一实、形态迥异的坊门既强化了不同坊巷之独特性，也构筑了巷陌幽深、意趣横生的生动景象。由南后街进入黄巷，其北侧巷墙由南后街沿街商业建筑的一层 4 米长的白粉墙与连续长 25 米、高 4.5—5.6 米的萨氏祖居两落院墙组成。为了打破巷道界墙的单调感，我们在南侧更新建筑设计中，植入二处单开间牌堵门头房作为牌坊框景的近景，让框景透视效果既有北界墙的强烈导引，又有近、中、远景的视觉纵深体验，令坊巷空间景象更具迷人感。游线东行至葛家大院处，巷道空间由 3 米渐宽为 5—6 米，北侧为五开间的葛家牌堵门头房、南侧为李馥故居二落的牌堵门头房（一为三开间、一为五开间），连续排列的牌堵，似马首上昂的牌堵墀头，其所构筑的独特街巷景致在三坊七巷街区内也仅独此一处，予人以深刻的体验意象，具有强烈的可识别性。继续向东行，北侧为小黄楼连续三落宅院构筑的巷道界墙，最西落建筑面宽 10 米、中落建筑面宽 21 米、东落建筑面宽 16 米，逐落呈直角锯齿向南凸出；西落外墙无门洞，东落在东南角设置了红砖拱券门，中落为主落，也仅设单开间牌堵门头房；其立面总体上呈现出以实为主的界墙肌理，与巷西段连续的木构门头房形成强烈的视觉对比，成为具有丰富视觉体验的过渡段与舒缓段。

黄巷西眺衣锦坊牌坊

黄巷牌坊内的框景

小黄楼南侧更新地块（原为建于 1916 年的南华剧场）设计延续了既有坊巷所形成的虚实韵律节奏变化的秩序，为两落建筑组合，一落采用木构门头房，一落采用砖拱门形式，两落均沿巷道红线向南退让约 2 米，在此段巷道形成宽约 8 米的带状空间，南向补植乔木，北侧布置休憩木桌椅，作为坊巷内邻里空间与游客休憩场所，也让巷道空间增添了开合收放有序的节奏变化与体验的情趣性。游线继续往东，巷宽复为 5—6 米，两侧界墙均为历史建筑立面，或南或北间隔约 25 米出现三开间木构门头房，其他院落则为石框门上置木构门罩，形成有规律的节奏变化，构筑出独具个性特征的巷道界面与空间意象。基于此，在巷道两侧小地块更新设计中，我们延续此坊巷立面变化的节奏感，以典型的院落面宽（12 米）为类比参照，入户门形式多采用石框门上置门罩或间以民国式砖拱券门作点缀。东段南侧立本弄至照相弄的更新设计，不仅修复了喉科弄、照相弄、立本弄，而且结合变化了的街区肌理，将多条尽端式巷弄进行有机连接：照相弄连通安民巷并延伸至金鸡弄，立本弄贯通黄巷与安民巷，建立起黄巷与安民巷的便捷穿梭体验路径；同时，于多条巷弄

黄巷街景（修复前）

黄巷街景（修复后）

葛家大院节点连续马首状牌堵墀头

小黄楼前节点空间

石框门或民国砖拱门

交接处不置入新建筑，进行“留白”处理，形成富有意趣的节点小空间，现已成为黄巷的活力空间场所。对于南北向弄巷的空间尺度与氛围，设计采用南北舒展优雅的马鞍式封火山墙形态，延续宽1.2—1.8 米、高 5—8 米的“一线天”直巷景象，以强化三坊七巷街区的景观意象，重塑其个性独特的文化景观。

巷弄肌理

照相弄节点空间

立本弄

照相弄

喉科弄

三开间门头房与粉墙石框门形成连续节奏

小黄楼与南侧更新建筑

黄巷最东端北侧为郭柏荫故居的五开间阔绰门头房，南侧为回春药店后院三开间门头房与民国式红砖拱券门，其所形成的强烈历史特征感与独特可读性意象，进一步强化了黄巷的可识别性。游线再向东，即为更新改造的南街商业地段，在其更新设计中，我们不仅关注郭柏荫故居与城市商业体、城市街道空间之融合以共塑城市新的文化景观，而且将黄巷东口坊门作为进入三坊七巷历史文化街区的重要门户及游人从东向进入街区的主入口空间进行再塑。基于此，再生设计沿巷口南北两侧更新建筑均做较大的退让，且建筑采用退台形式，形成疏朗宜人的巷口空间节点。由于南北两端商业建筑流线串合的功能需要而设置了过街楼，设计通过竖向高差的巧妙处理，以深门洞的形式类比于坊门，既解决了沿街商业建筑的二层交通联系和新建筑大体量情形下与固有坊门尺度不适应性问题，又塑造出黄巷坊门自身强烈的可识别性意向。

黄巷南街入口坊门

回春药店（修复前）

回春药店（修复后）

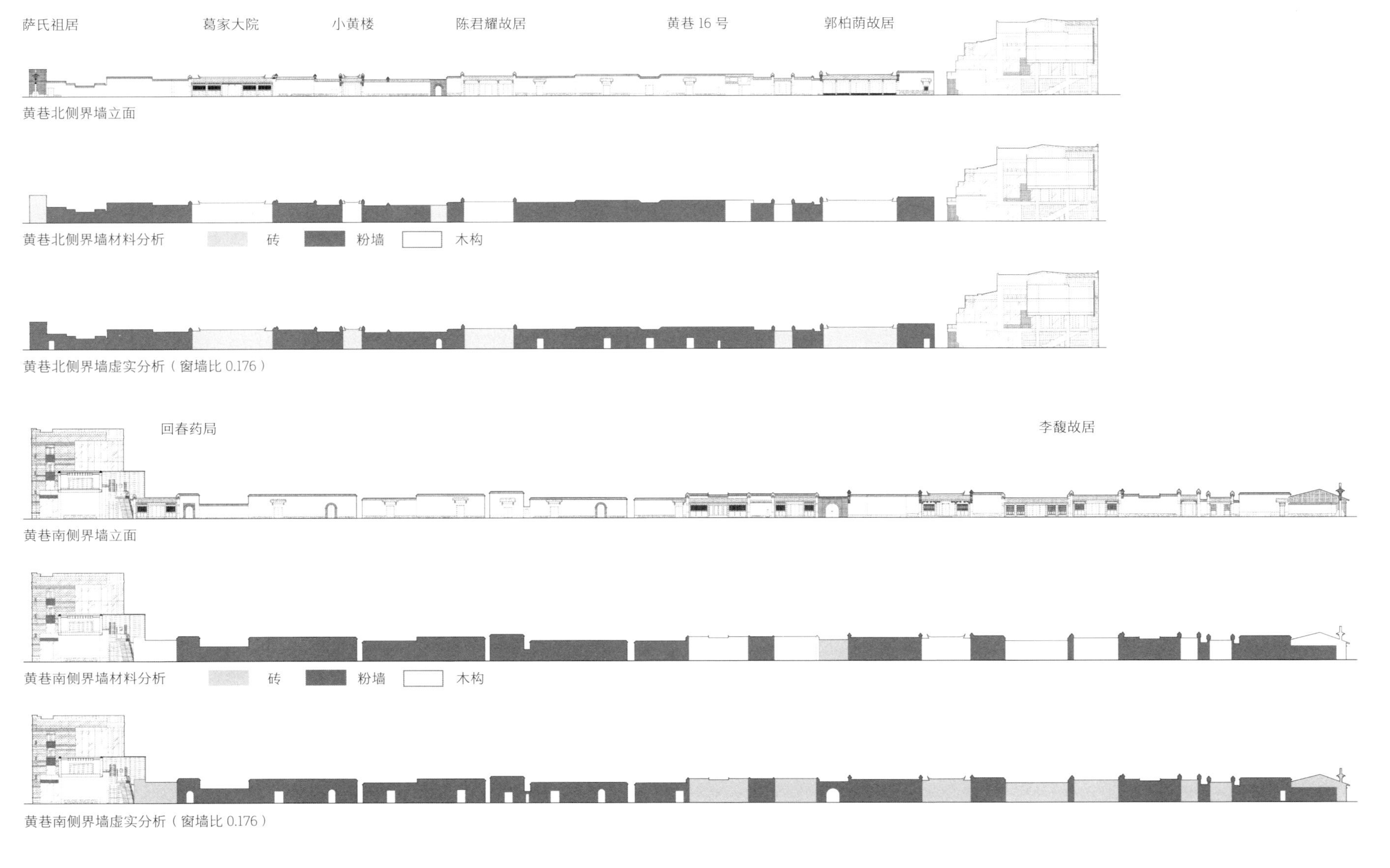

黄巷北侧界墙立面

黄巷北侧界墙材料分析

黄巷北侧界墙虚实分析（窗墙比0.176）

黄巷南侧界墙立面

黄巷南侧界墙材料分析

黄巷南侧界墙虚实分析（窗墙比0.176）

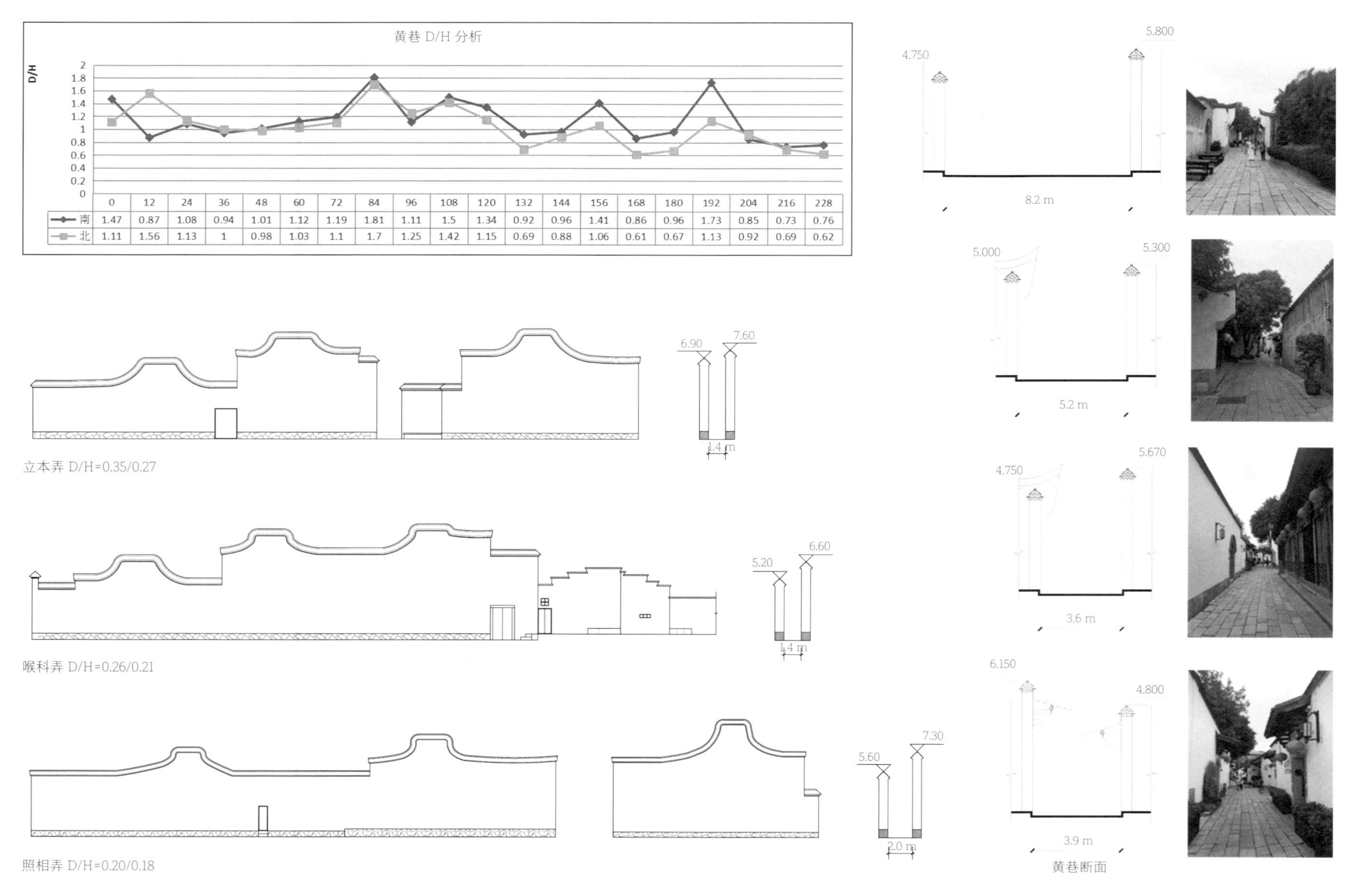

	0	12	24	36	48	60	72	84	96	108	120	132	144	156	168	180	192	204	216	228
南	1.47	0.87	1.08	0.94	1.01	1.12	1.19	1.81	1.11	1.5	1.34	0.92	0.96	1.41	0.86	0.96	1.73	0.85	0.73	0.76
北	1.11	1.56	1.13	1	0.98	1.03	1.1	1.7	1.25	1.42	1.15	0.69	0.88	1.06	0.61	0.67	1.13	0.92	0.69	0.62

立本弄 D/H=0.35/0.27

喉科弄 D/H=0.26/0.21

照相弄 D/H=0.20/0.18

黄巷断面

塔巷

3.8 塔巷保护与修复

塔巷是唐末福州寺庙众多——这一历史信息的投射，宋福州郡守谢泌曾吟“城里三山千簇寺，夜间七塔万枝灯”[注93]。据记载唐末闽王王审知的一位部将曾在塔巷北侧募建一座寺院，院中建塔，谓“育王塔院”[注94]；北宋年间翻修、塔尚存，至明代废。为了挽住历史记忆，后人于塔巷西口牌坊门上泥塑一座袖珍七级浮屠表达对既往之记忆，也算是对历史文脉的一种传承。塔巷，旧称修文坊、兴文坊，因唐末五代闽国时在坊内建有育王塔，而称“塔巷”。据《榕城考古略》载：“旧名修文。宋知县陈肃改名兴文，后改文兴，今呼塔巷，以闽时建育王塔院于此地也。旧有旌孝坊，为明孝子高唯一立。”[注95]

现塔巷除东段北侧建筑受 20 世纪 90 年旧城改造破坏已不存

注 93 （清）林枫．榕城考古略 [M]. 福州市地方志编纂委员会整理．福州：海风出版社，2001:4.

注 94 （宋）梁克家． 三山志 [M]. 福州市地方志编纂委员会整理．福州：海风出版社，2000:519.

注 95 （清）林枫． 榕城考古略 [M]. 福州市地方志编纂委员会整理．福州：海风出版社，2001:41.

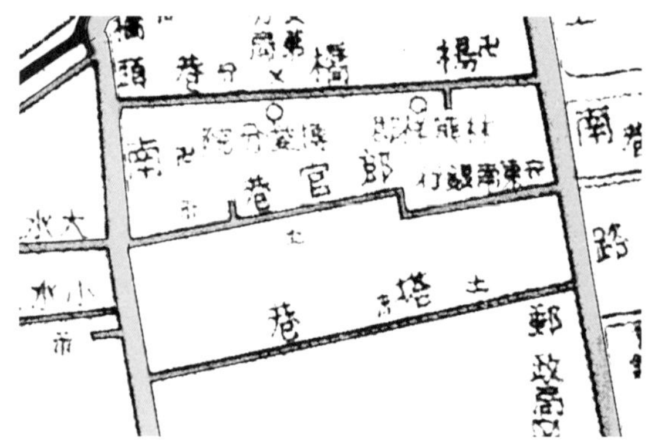
1937 年塔巷肌理

1995 年塔巷肌理

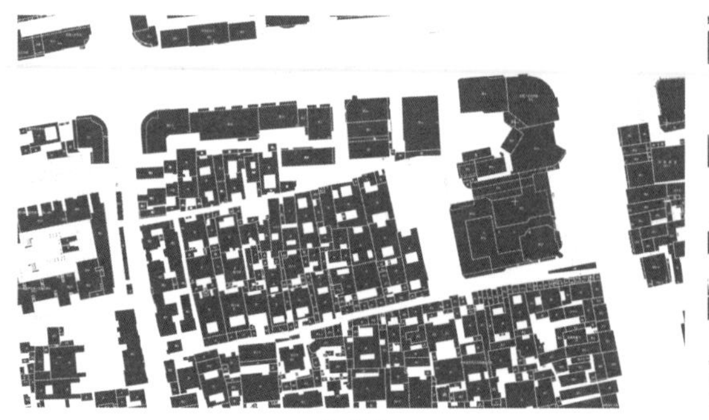
2000 年塔巷肌理

2020 年塔巷肌理

外，其他存续的巷段建筑基本多为历史遗构，其中主要文物保护单位有王麒故居（国家级重点文物保护单位），保护与历史建筑有王有龄故居、福州电灯公司旧址（塔巷 10 号）、长汀陈氏试馆（塔巷 16 号）、陈宝瑄宅院、吴氏宗祠（塔巷 6 号）、长汀试馆（塔巷 20 号、24 号）、塔巷 81 号民居、塔巷 53 号民居、塔巷 63 号叶氏民居、塔巷 57 号民居、塔巷 55 号陈氏民居、塔巷 37 号民居，塔巷 29 号民居、塔巷 75 号、77 号民居，以及塔巷 26 号民居等众多历史与风貌建筑。

西入口（修复前）

巷道（修复前）

塔巷东北段（修复前）

塔巷东段店铺（修复前）

塔巷东入口（修复前）

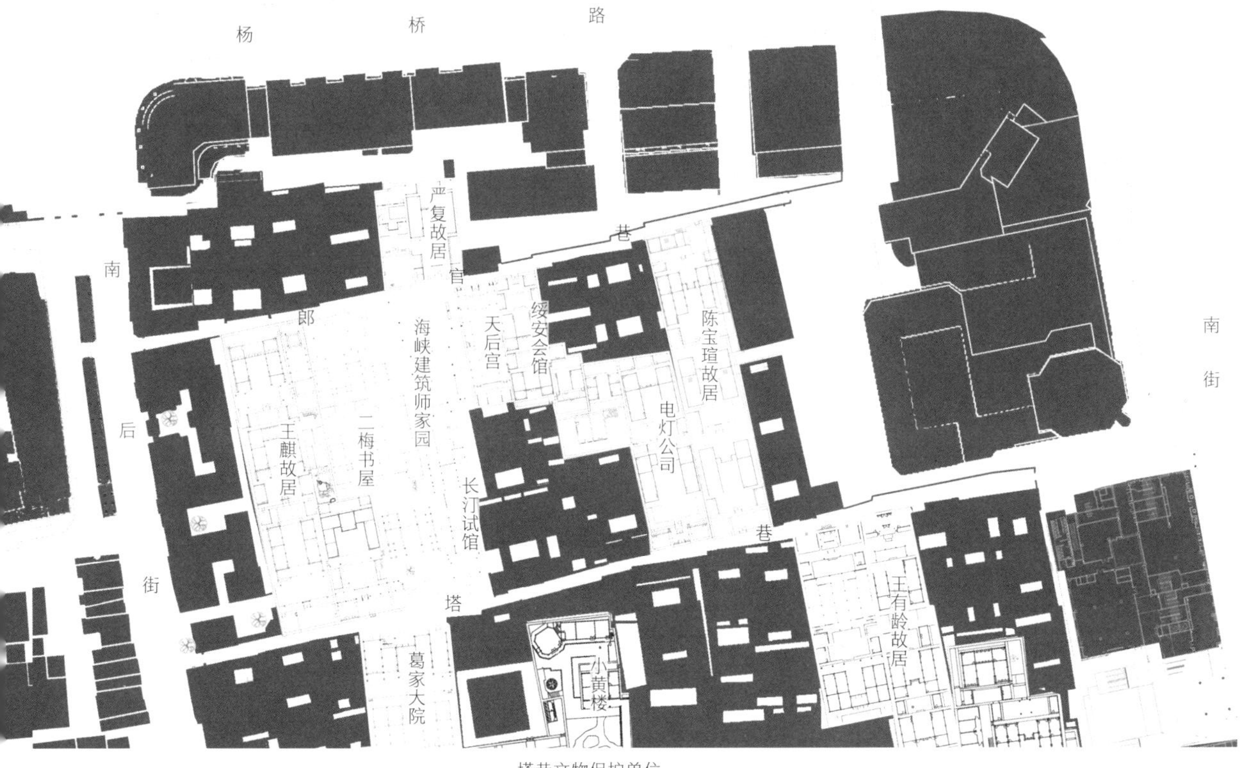

塔巷文物保护单位

3.8.1 历史建筑特征与保护活化利用

- 王麒故居

位于塔巷西口北侧的王麒故居，是一座颇具特色的清代建筑，由毗邻的两座坐北朝南的三进院落组成，大门开在塔巷，后门设于郎官巷，总进深为84米，两落总面阔33米。其东侧与二梅书屋紧贴，二梅书屋为三落多进院落组成，朝向与王麒故居相反，坐南朝北，大门设于郎官巷，后门开在塔巷。东七巷中，宅邸多为贯通南北二条巷的深宅大院，王麒故居、二梅书屋就是典型的体现，此外塔巷中贯通郎官巷的宅院还有陈宝瑄宅院。塔巷南侧与王麒故居、二梅书屋相望的有黄巷的萨氏祖居、葛家大院、梁章钜故居等。

王麒故居占地面积2258平方米，其两个门牌号为塔巷28号、30号，西落30号为主落，东落28号为花厅，各进院落皆由四面封火墙围合，于后墙开石框门相连通，东西落之间在前后轩廊处开门洞相联系。主落通面阔16.8米，各进均为面阔三间、进深七柱的穿斗木构架双坡屋顶建筑。主落一进厅堂进深14.8米、正脊高7.39米；二进厅堂进深13.9米、正脊高7.35米；三进厅堂进深12.1米、正脊高6.93米。为改变前高后低的不利状况，第二进地坪升起0.1米，第三进地坪升起0.45米，且通过两端的马鞍形封火山墙逐渐升起（第三进较第一进高起0.66米），以取得明显逐进升起、节节高升的视觉效果。各进东西两侧虽皆为观音兜状鞍形封火墙，但由于升起曲线的舒缓变化和形态的不同形成单体生动有致、整体统一有序的总体天际轮廓线。主落在平面布局上亦极具个性，临塔巷的主入口门厅设于东落门宇西侧，为5.1米单开间牌堵门头房；进门厅西折后由石框门先进入主落4.5米 ×15米的东西横向展开的长方形前庭，再转入主落二道石框门——南北主轴线上的随垣门，由此进入第一进庭井。此入口空间处理手法与光禄坊刘家大院主落入口布局方式有异曲同工之妙。面阔虽才三开间，但主厅堂开间尺寸达

西落一进前轩廊

正落一进厅堂

西落一进阔朗前庭

6.0 米，前庭井三面环廊，加之阔朗的前庭（进深 6.5 米、面阔 12 米），厅庭一体，阔绰大气。一进后天井进深 4.8 米，于当心间后门柱以院墙划分为三个个性不同又亲切舒雅的小空间，东西两侧为别院，中为连通二进的过渡空间，于后墙中轴上设石框门通二进前回廊，上空设有覆龟亭，强化了中轴空间的序列感。各进主座东西两侧均设有暗弄便于前后进相互联系，各进东侧暗弄外墙设有多处门洞与东落各进院连接。

东落最具特征的是第二进的花厅庭景，园景在南，二层民国式

西落一进主座

西落一进主座暗弄

西落一进后天井

西落一进后天井东侧院

花厅建筑居北，三面有封火墙围合。在仅 52 平方米的园景中，亦能营造出气象万千、如诗如画的园林情境。南端院墙三面附壁垒石、堆山构洞，山前挖有池沼；东南墙角置 1/4 翘角亭小巧玲珑，西墙靠北设一座 1.6 米 ×1.6 米的民国风格四方亭台，北连花厅二层走马廊，南接假山坪顶；山顶以象形假山石和灰塑塑造出栩栩如生的观音菩萨、弥勒佛等塑像以喻山峰，再以粉壁为纸，概括写意大自然峰峦岭岫，通过抽象、比拟、透视与联想拓延景深与画境。假山磴道曲折盘旋，雪洞幽深嶙峋，游线体验丰富绵长，并于花厅相衔接。在方寸园景中，也能体悟到山池园的诗情画意，实现士人们“把理想寄托于园林，把感情倾注于园林，凭借近在咫尺的园林而尽享隐逸之乐趣了”[注96]。王麒故居的花厅园林是三坊七巷宅园中现存最完好的经典庭景园之一，与小黄楼花厅园林同为三坊七巷最具代表性的园林精品。

王麒（1885—1952 年），毕业于福建水师学堂，留学日本士

注 96　周维权 . 中国古典园林史 [M]. 2 版 . 北京：清华大学出版社，1999:151.

王麒故居航拍

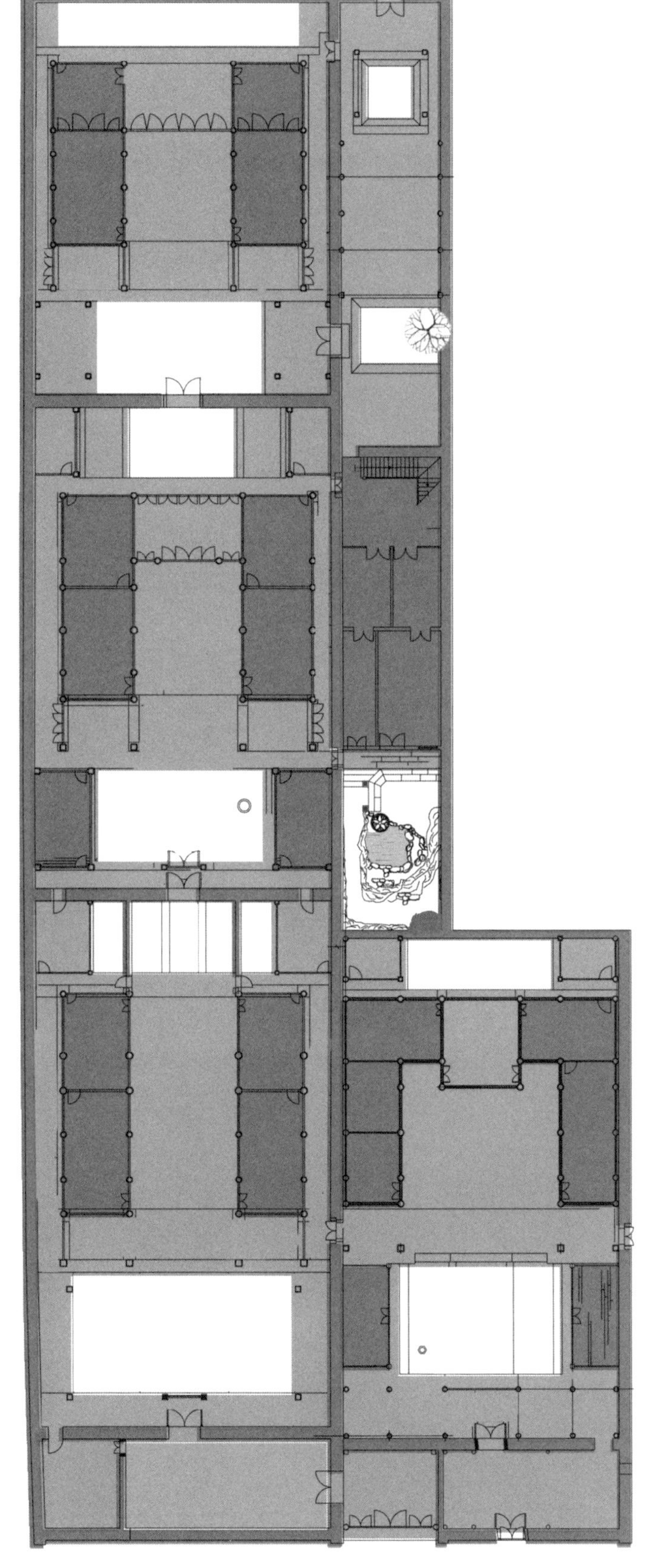

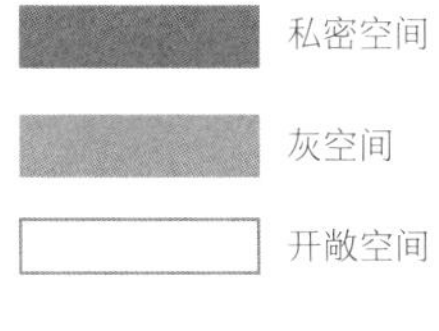

占地面积：2258 m^2
天井面积占比：19.0 %
屋面面积占比：81.0 %

王麒故居平面示意

官学校，回国后任福建武备神武堂教司。民国时期为新编陆军第十一混成旅旅长，驻防福建。晚年无意于功名，于民国初年购得此两落宅院（前身为清代汀州会馆）作为晚年居所。严复晚年回榕，在入住郎官巷寓所前，曾寄居于东落花厅。修缮后的王麒故居亦作为三坊七巷社区博物馆的专题馆之一，以展示并诠释三坊七巷古建筑和古典园林的历史、文化与艺术价值。

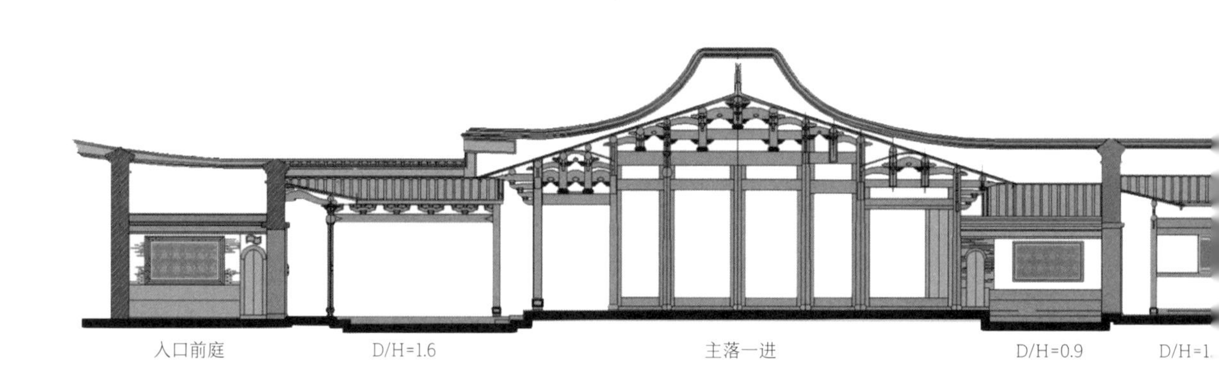

东落天井古树

花厅民国式四方亭台

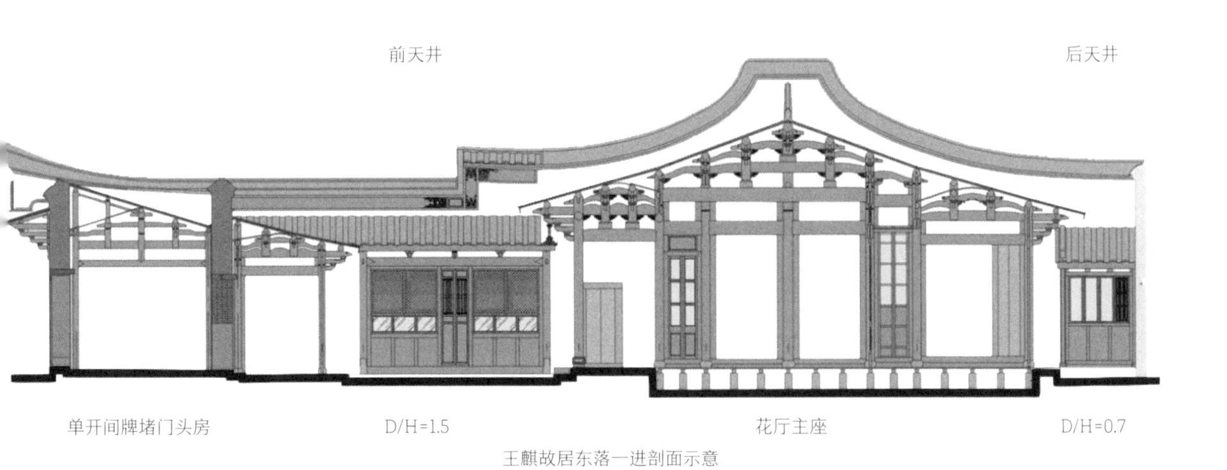

王麒故居东落一进剖面示意

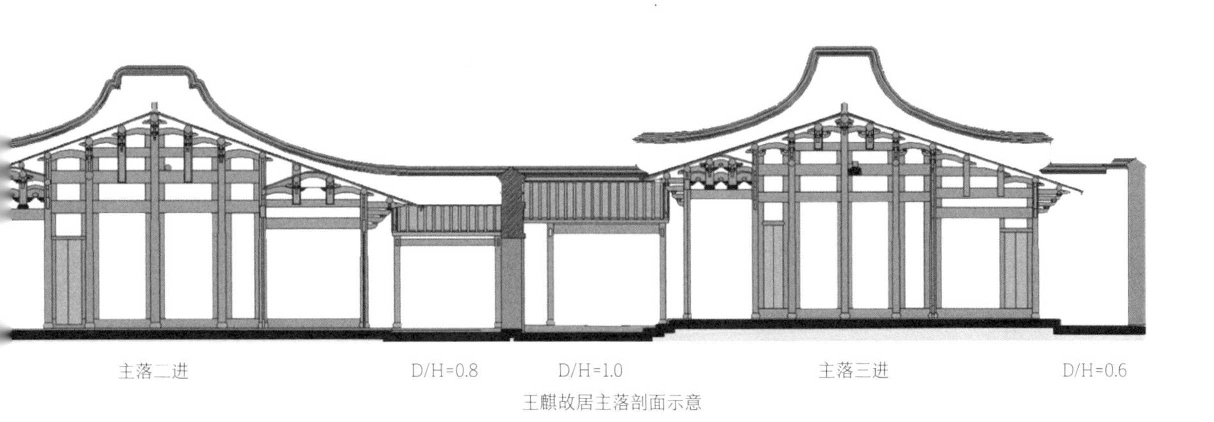

王麒故居主落剖面示意

东落庭景园

花厅壁塑

• 陈宝瑄宅院

陈宝瑄宅院位于塔巷北侧中段，门牌 8 号，为单落三进附后罩房院落，坐北朝南，大门设于塔巷，后门在郎官巷。宅院始建于清初，占地面积 1521 平方米。临塔巷设石框入户门，门房三间，呈倒朝式。一至三进院均四面围以封火墙、中轴线上设石框门连通。一、二进主座面阔三间，两侧置暗弄，通面宽为 16.2 米，进深七柱（一进进深 12.3 米、二进为 12.9 米）；第三进东侧外凸，面阔五间（通面阔 17.8 米），进深七柱（通进深 13.8 米）。各进院前后皆有庭井，两侧布置有披舍。后罩房分为东西二个别院，其间隔墙设有门洞连通，西院为二层民国风格小阁楼，东院北侧开设石框门通郎官巷。陈宝瑄宅院富有特色的是各进院间在中轴线上设覆龟亭相连接，使中轴序列空间更为连贯，空间体验更富情趣性与仪式感；通过其内外空间转换、大小庭井空间对比，更加突显出主庭井、主厅堂空间的不凡气势。

陈宝瑄（1861—1894 年）为清朝末代皇帝的老师陈宝琛之五弟，举人出身。福州螺洲陈家数代为官，世代簪缨。陈宝琛的曾祖父陈若霖（1759—1832 年）为清乾隆五十二年（1787 年）进士、道光年间刑部尚书，祖父陈景亮（1810—1884 年）历官至云南按察使、布政使，至其父陈承裘（1827—1895 年）则六子皆登科第，“父子四进士，兄弟六科甲”。

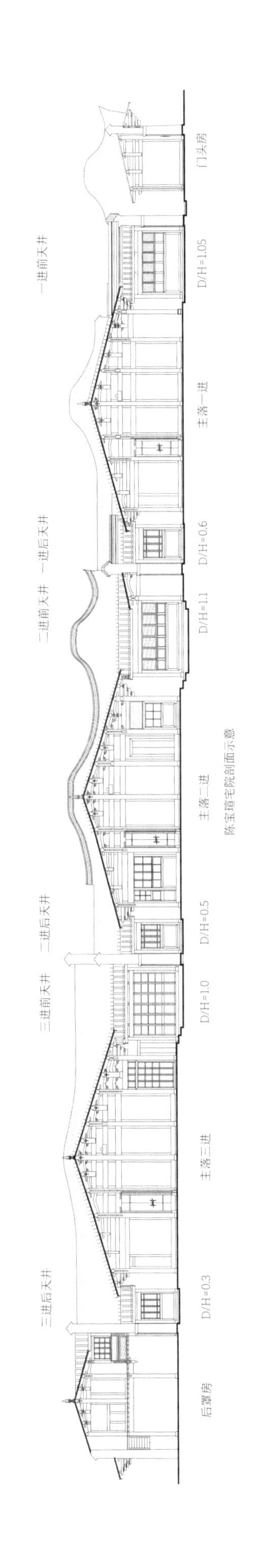

陈宝瑄宅院剖面示意

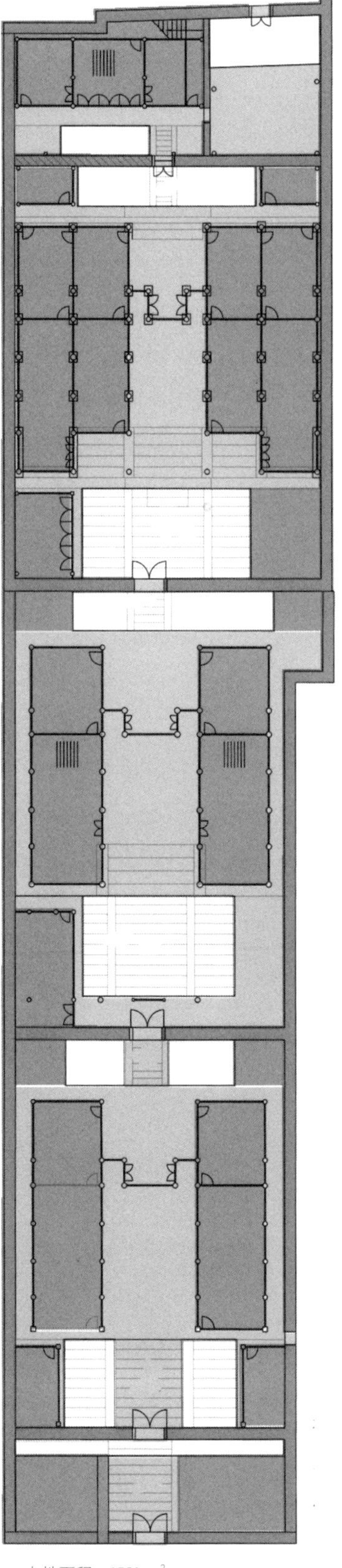

占地面积：1521 m²
天井面积占比：15.0％
屋面面积占比：85.0％

陈宝瑄宅院平面示意

• 电灯公司旧址

与陈宝琛宅院西侧贴邻的塔巷10号是福州近代鼎盛一时的民族工业世家“电光刘”的电灯公司旧址，此为宫巷刘齐衔家中孙辈几兄弟创办的第一家家族实业公司。现存建筑为二进院落，第二进西侧有一花厅别院。建筑坐北朝南，初建于明代晚期，清至民国皆有修葺，占地面积约1250平方米。临塔巷通面宽为16.8米，设三开间门头房，仅当心间设计为牌堵门头房；门厅后有封火墙与一进分隔，墙中开石框门连通。一进面阔三间（通面宽16.8米）、进深七柱（通进深12.8米），为穿斗木构架的双坡顶建筑；前庭三面环廊，庭井进深5米、面阔13米。主厅堂以屏门分隔前后厅，前厅方正，面宽、进深皆为8.3米，与前庭相融合，气势非凡、阔朗轩昂，为该建筑中最具艺术感染力的空间。其西侧花厅别院亦颇富特色，南为二层民国式小阁楼、北为单层双坡顶穿斗木构建筑构筑的小别院，院东墙开门洞与主落二进前后院相通，尺度宜人，清幽雅静。

电灯公司旧址航拍

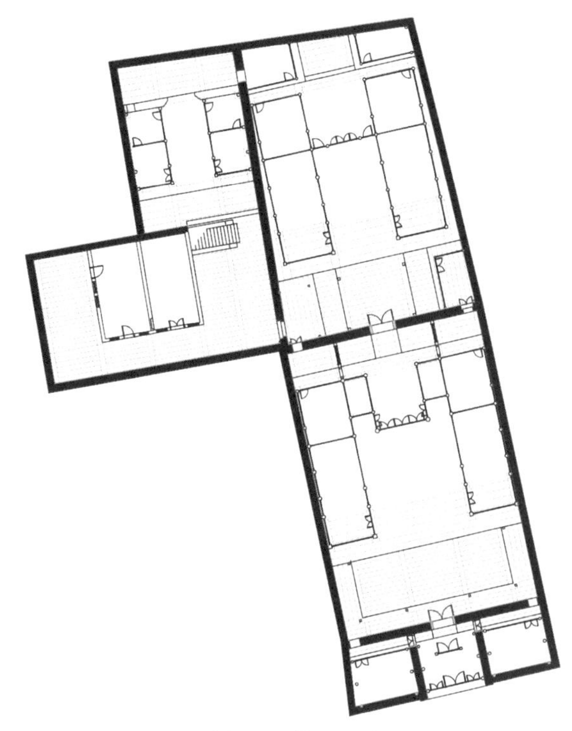

电灯公司旧址平面示意

电灯公司旧址门头房

西侧花厅别院

一进阔朗前庭

一进主座厅堂

• 王有龄故居

王有龄故居位于塔巷南侧东段（门牌 49 号、53 号），由东西两落组成，占地面积 2365 平方米，坐南朝北。东落 49 号是王有龄父亲王燮的宅院，前后共三进院，现存二、三两进院，为明代建筑，清至民国时期均有修葺。北临塔巷为三开间门头房，仅当心间设置为牌堵墀头门厅，与一进院以封火墙相隔，墙中开石框门连通；门头房与一进院墙间设有天井，又以院墙分为三个小空间。新中国成立后，该宅院作为福州市物资回收公司办公场所，一进建筑被改造。保护修复通过植入新建筑，让新旧建筑相融合，赋予传统院落以时代演进感，增强了整体空间体验的趣味性。二、三进院仍保存着传统格局与风貌，二进主座为明代建筑、进深七柱（12 米），三进为清代建筑、进深五柱（10 米），均为穿斗木构架、双坡屋顶，两侧鞍式封火墙，与一进院以院墙相分隔。受用地进深限制，二、三进院之间无院墙，前后进天井融为一体，左右设披舍，形成四合院式布局形态。二、三进院面阔三间半，通面阔 15.6 米，平面布局采用沿中轴线一明二暗的经典格局，中轴对称，主从有序；留出的东侧半间则设置为别院，而屋顶却连为一体，堪称绝妙。二进院前后庭井的东西两侧皆置有披舍，东披舍后侧（东面）设有狭长天井，既满足了主座尽间的采光通风需求，又形成两处小巧别院。二进前庭空间（面宽 7 米、进深 5 米）端方大气，增强了主厅堂的庄重感。三进后天井受地形限制，仅为狭窄的似一线天的梯形天井。

53 号门头房（活化为街区美术馆）

49 号一进植入新建筑（活化为客栈）

西落（门牌 53 号）为王有龄购置的二进带后花园宅院。后花园现已不存，其曾连接南侧黄巷 16 号、18 号两落各二进院落，并皆可直通黄巷。黄巷 16 号，民国初为庄心波的镜中天照相馆；18 号宅院清末时状元王仁堪曾住过，民国时期高拜石也曾居于此。西落一进主座民国时期被改为二层木构建筑，二进仍保留清代早期建筑风格。其面宽宏阔、达 18 米，是塔巷里最霸气的建筑，临巷门宇五开间，但也仅当心间设牌堵门头房，内敛低调。入门厅至一进前庭，空间豁然开朗，五开间的主座一字排开，毫无遮掩。两进院皆周以院墙，中轴处开石框门相连，迥异于东落四合院式布局形态，二座院落代表着三坊七巷街区内两种不同的古民居布局形态类型。一、二进院的主座均为面阔五间、进深七柱（一进进深为 15 米、二进为 12 米）、穿斗木构架、鞍式封火墙的双坡顶建筑。保护修缮后的王有龄故居活化利用为美术馆及特色主题客栈。

53 号活化利用

49 号门头房

53 号一进庭院

53 号二进前庭

王有龄（1810—1861 年）曾一直与功名无缘，父亲王燮为其捐了一个八品虚衔的“盐大使”，并在近代史中赫赫有名的“红顶商人”胡雪岩（1823—1885 年）的资助下获任浙江乌程县令，后累官至浙江巡抚。清咸丰十一年（1861 年）太平军忠王李秀成攻破杭州城，王自缢身亡，朝廷谥“壮愍”入祀昭忠祠。王有龄为官其间，不忘胡雪岩旧谊，延揽其为幕宾心腹。得到王有龄帮助的胡雪岩生意红火，亦捐资做官，亦官亦商；后得左宗棠赏识，从正三品官衔升为从二品官衔，“顶戴由蓝变红”[注 97]，而被誉为“红顶商人”。1866 年，左宗棠离任闽浙总督时，将正在筹办的福建船政事宜奏荐沈葆桢接办。在船政初创期间，胡雪岩曾协助左宗棠与沈葆桢策划、择址、筹款，为船政创办做出了贡献。

注 97　林樱尧 . 船政与晚清红顶商人 [N]. 福州晚报，2018-02-12.

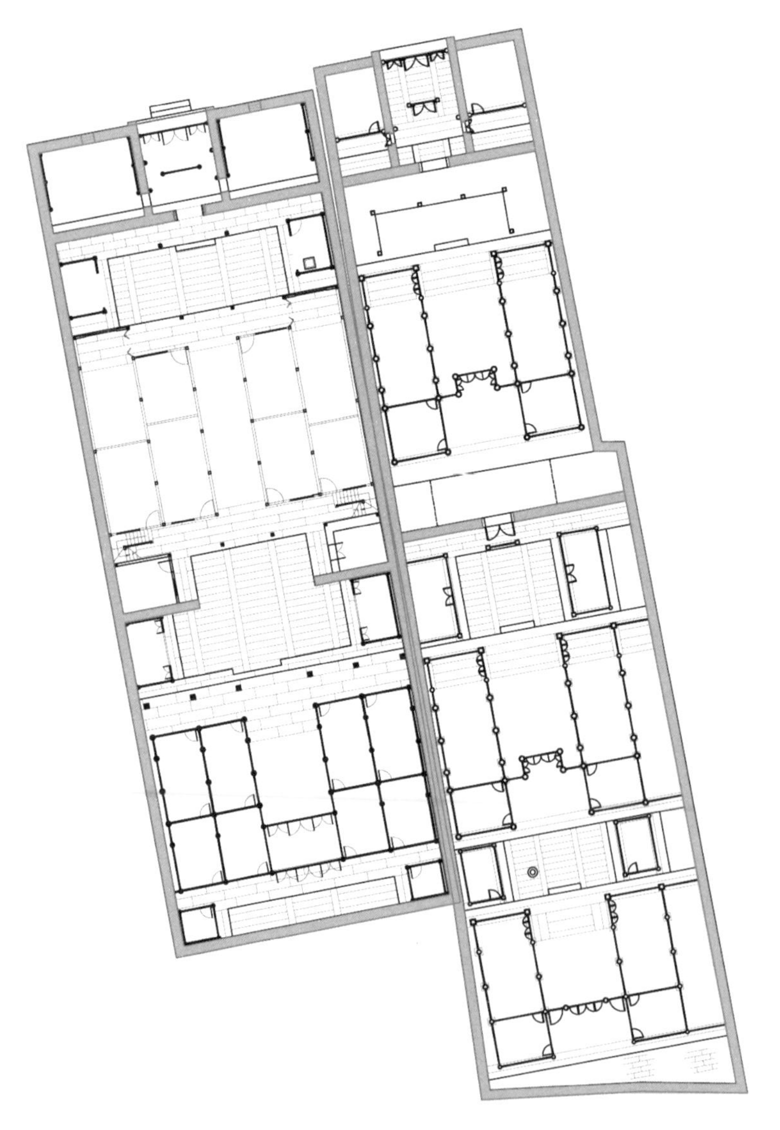

王有龄故居平面示意

3.8.2 坊巷空间意象再塑

塔巷同郎官巷一样，是三坊与七巷中最窄的巷子之一。从西端南后街起，巷道整体由西南往东北方向延伸并止于东端南街，全长约 300 米。塔巷的空间意向修复以历史信息的真实性与完整性为准则，严谨审慎地修缮其沿线两侧的各级文物保护单位、历史建筑，以充分展现其历史特征。塔巷西段宽度不及 3 米，全段除个别节点宽皆不及 4.5 米，巷宽（D）与两侧界墙高度（H）之比 $D/H \leq 1$，与黄巷等较宽的巷道或巷中有急剧变化的宽段巷道相比，其体验感知迥然不同；更因塔巷两侧界墙立面较少出现木构门头房等以虚为主的立面形式，而多以曲折、进退、高低变化的实体粉墙为界墙，石框木板门与木构门罩点缀其间，其所呈现出的坊巷空间景观意象则具有了意大利历史保护重要学者乔凡诺尼所称的——古老街区小尺度层级环境特有的“宁静美学”[注98]特质。

注 98 ［法］塞尔日·萨拉（Serge Salat）. 城市与形态 [M]. 陆阳，张艳译 . 北京：中国建筑工业出版社，2012:74.

塔巷入口牌坊

沿南后街的西入口坊门，设计延续了其存续牌坊的可读性特征，于牌坊门上置袖珍七级浮屠；并在南后街更新建筑设计中让新建筑适当退让，形成沿南后街凹入式宽口节点空间，使其与保留的古树共同营造出既有温暖人情味又具仪式感和文化意义的标识性入口空间。坊门内则以连续的白粉墙衬托墙北一株苍劲儒雅的古樟树，起到了“引人入胜”的作用；大树仿佛是默默无言的慈祥长者，给人以归家的温馨感，创造出令人印象深刻的空间景观意象。进入坊巷内，两侧多为院落人家的石框门、门楣上方均置有木构门罩垂挂，并以约 15 米的间距有节奏地呈现；除此之外，体验景象多为随巷道走势呈曲折进退变化的院墙，令坊巷更具整体简约、清雅的宁静感。自然曲折变化的坊巷界墙让视线一眼望不到尽头，既强化了透视的深幽感，亦令巷道产生了些许迷人的神秘之感。当视线透过打开的入户石框门，投射进院内或素雅、或黑色彩金、或红色彩金的插屏门，屏门两侧洋溢而出的居家生活气息，顿时令坊巷表情丰富而生动起来。“从空间领域来说，是把居住这一私用的内部秩序的一部分，以缝补、纳凉的形式渗透到街道这一公共的外部秩序之中。换句话说，街道也属于内部秩序的一部分。”注99

坊巷空间这种独特的体验感是古老街区产生无尽魅力之所在，是人们穿行于那些围墙所构筑的当代居区道路时所无法获得的空间感受。可以说，要细细品读三坊七巷文化不应仅穿梭于南后街，更应深入到坊巷里、走进深宅大院之中，才会产生强烈的恋恋不舍、流连忘返的心境与体悟感。

游线继续向东，拐角处不经意出现的儒雅大树伸出其苍虬之枝

注 99 ［日］芦原义信．街道的美学（上）[M]. 尹培桐译．南京：江苏凤凰文艺出版社，2017:45.

坊门内儒雅的古樟树

街巷简约与清雅的宁静感

入户内屏门

衬托着高昂的牌堵墀头，瞬间就成为视觉的焦点与感受的兴奋点；同时，也让由石框门、门罩点缀的连续粉墙所形成的节奏韵律更加迷人心境——位于巷北侧西端的王麒故居牌堵门头房就是其生动写照。续向东至中段的小黄楼北门区段，即为小黄楼北侧临巷道进深3—4米、沿巷长度约17米的更新地块，设计结合其小进深用地特征，以单层单坡顶木构建筑进行街巷肌理织补。小黄楼门厅外侧采用粉墙石框门的立面形式，其余地段则以门头房建筑类型为参照，采用木隔扇门形式形成“虚”的立面进行表达，以打破连续“实”的粉墙立面，构筑了巷中段的意趣性空间体验场所。

继而往东，北侧是由西向东四座毗连的历史建筑所构筑的巷墙界面，塔巷16号汀州陈氏试馆与最东端塔巷6号吴氏宗祠均为三开间牌堵木构门头房，此亦是塔巷中仅存的较为阔绰的两处三开间门头房。塔巷10号是电灯公司旧址，临巷为单开间牌堵门头房，修缮设计保留了其民国年间修葺后的粉墙拱门立面形式；而塔巷8号陈宝瑄宅院则是粉墙石框门立面。巷南侧也是五座并联的历史院落，东侧49号、53号为王有龄故居，依据历史痕迹修复其各单开间牌堵门头房；西三座塔巷55号、57号、63号入户门均为石框门，设计修复其木构门罩。塔巷55号、63号均面阔五间（通面阔17米），五开间门宇一字排开，门窗开向内天井，仅在明间的门厅外墙开设石框门作为入户门；塔巷53号王有龄故居面阔也是五开间，也仅设单开间牌堵门头房。塔巷中仅有的两处三开间门头房，一是宗祠，另一处为地方试馆，巷中居家宅院大门多为石框门，甚至单开间牌堵门头房亦不多见。从坊巷文化景观亦能反映出特定社群和社区人们的社会文化心理。

小黄楼北侧更新地块

汀州陈氏试馆三开间门头房

吴氏宗祠三开间门头房

沿巷再向东行进，巷北侧历史建筑及坊巷历史肌理已消失。巷南侧存续有民国时期改造的一至二层木构商业建筑，其南向贴邻的是两座历史木构建筑（塔巷 29 号与 37 号）。修复设计保留了其木构商业建筑的特征，结合两座历史建筑院落入户门厅的修复，植入了两座单开间牌坊门头房，以丰富巷道立面景观。功能上设计则延续了小店铺商业业态，保留了永和鱼丸饮食店等老字号。而对于已消失的巷北侧地段，设计以坊巷内历史建筑院墙外界面的形态类型作为参照，以多落拼合而成的院墙、石框门洞、木构门罩、牌堵匾额等多样入户门形式，重塑其坊巷界墙的历史完整性；简素的北侧巷墙界面与南侧精雅的木构建筑立面共同构筑出塔巷东段具有强烈可识别性的空间景观意象。北侧巷墙向东延伸至巷东口，与重置的东坊门相接，让坊门呈现于南街街道上，由此也重塑了塔巷坊巷空间的完整性。塔巷东口的坊门设计，不同于其西入口牌坊置袖珍塔于坊门上以喻历史意涵的表达方式，而将“塔”转化为“图形”，作为坊门上的匾额。此“图形”既是对历史信息的再次揭示，又呼应了与其隔南街相望的花巷教堂之钟塔；而通过拱形坊门的框景，也令巷口产生了景深悠远的东方城市美学意韵。

巷东段北侧院墙石框门洞

巷东段南侧木构商业与北侧院墙修复

东入口坊门

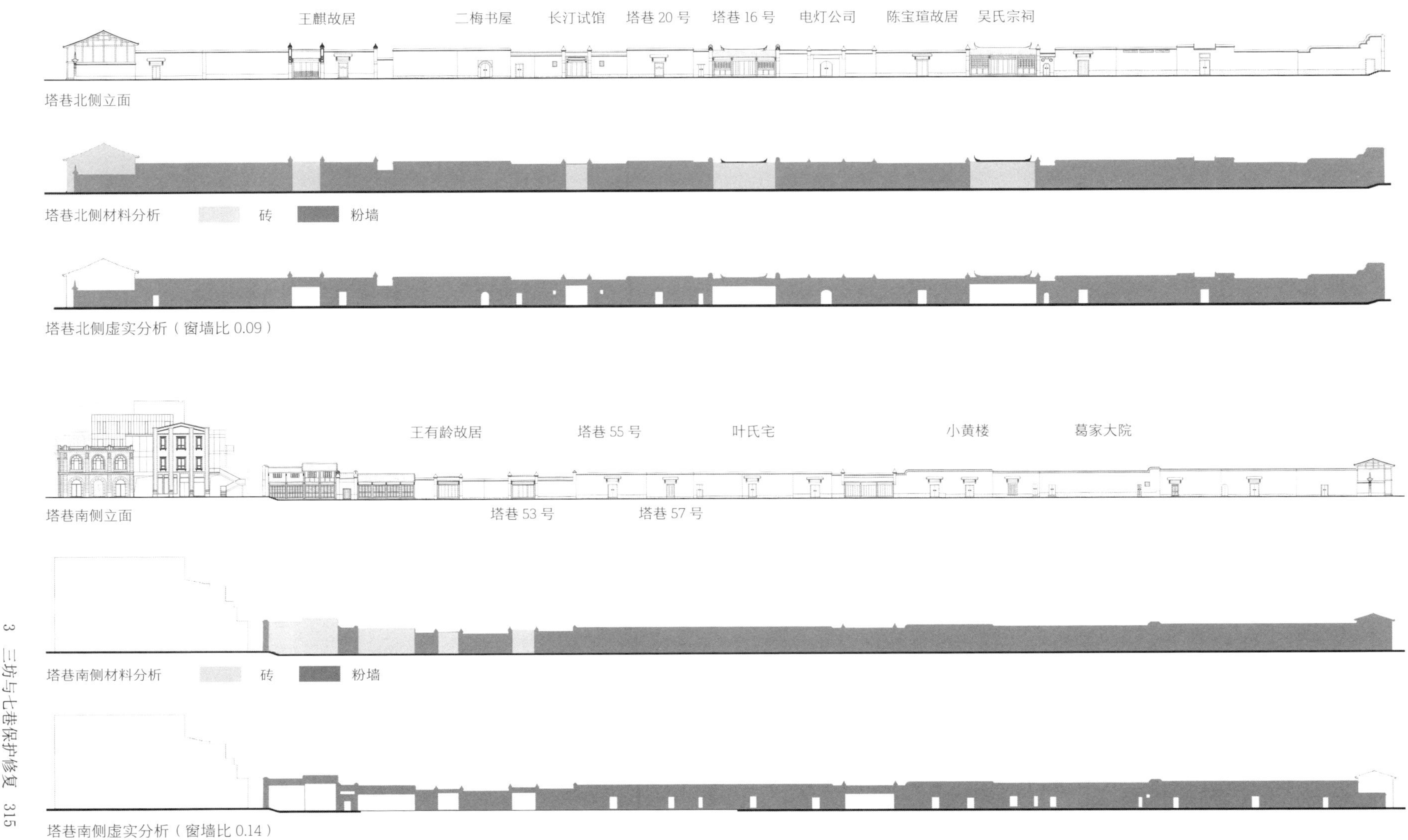

塔巷北侧立面

塔巷北侧材料分析

塔巷北侧虚实分析（窗墙比 0.09）

塔巷南侧立面

塔巷南侧材料分析

塔巷南侧虚实分析（窗墙比 0.14）

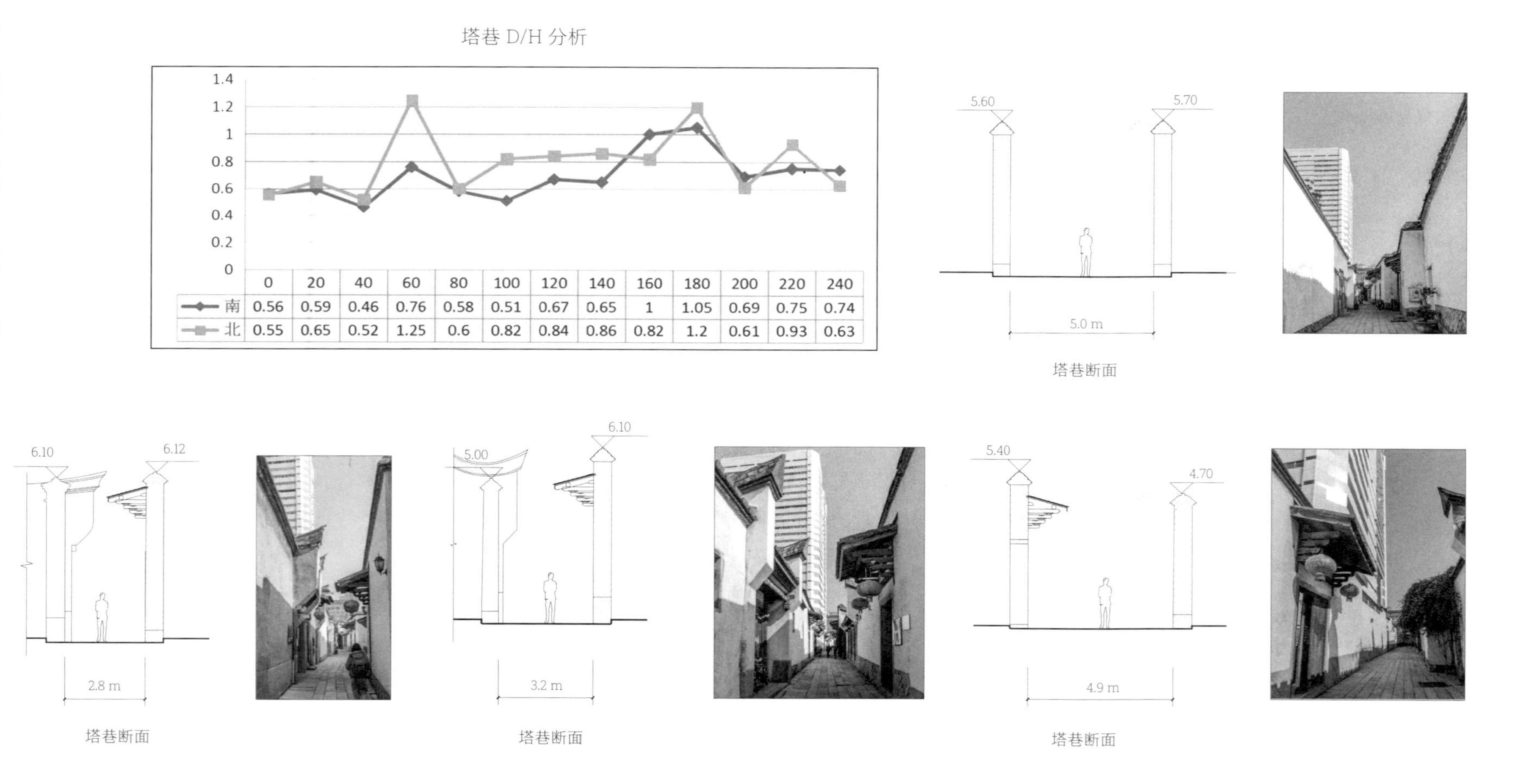

	0	20	40	60	80	100	120	140	160	180	200	220	240
南	0.56	0.59	0.46	0.76	0.58	0.51	0.67	0.65	1	1.05	0.69	0.75	0.74
北	0.55	0.65	0.52	1.25	0.6	0.82	0.84	0.86	0.82	1.2	0.61	0.93	0.63

郎官巷
南街大道迎朝阳
郎官古巷千驻久

3.9 郎官巷保护与修复

民国时期开启的城市现代化进程，让三坊七巷中东七巷的杨桥巷、吉庇巷、光禄坊皆由坊巷变成了路。20 世纪 50—90 年代又经历数次扩路，杨桥巷变成了城市东西向的主干道，“杨桥巷”遂彻底消失，现仅存南后街西口的林觉民、冰心故居一座二进建筑及双抛桥历史遗迹。同样，由于 20 世纪 90 年代旧城改造，郎官巷中段北侧被改造为多、高层建筑，仅存南侧部分，长约 72 米；东段被改造为东街口百货的高层建筑，使包括郎官巷南侧的塔巷东段北侧一起遭到破坏而消失于历史中；现存续完整的是其西段，长约 95 米；郎官巷总长度为 167 米。

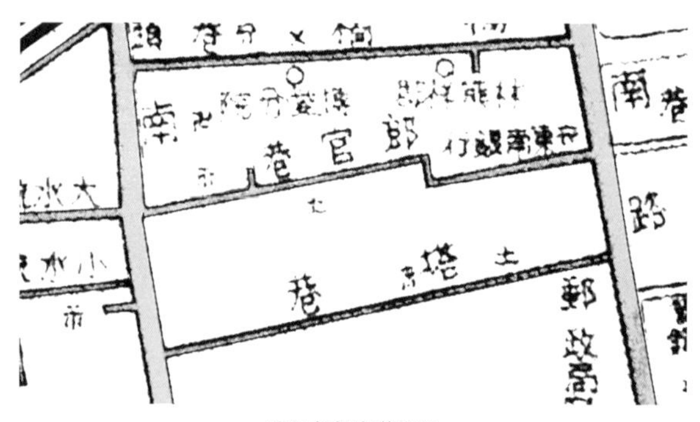

1937 年郎官巷肌理

1995 年郎官巷肌理

2000 年郎官巷肌理

2020 年郎官巷肌理

郎官巷原称郎官坊，“在杨桥巷南。宋刘涛居此，子孙数世皆为郎官，故名。陈烈亦居此”[注100]。北宋试秘书省校书郎、福州州学教授陈烈（1012—1087年），著名诗人、学者，与家住塔巷的陈襄（1017—1080年）、文儒坊的郑穆（1018—1092年）和周希孟被合称为“滨海四先生”，四人皆精通儒学，是宋代著名的理学家。至近代，郎官巷更是名声显赫，清光绪皇帝维新变法失败，史称“戊戌六君子”的林旭等六人被杀害于北京菜市口。就义前为军机章京的林旭（1875—1898年）家就在郎官巷，位于严复故居东侧，1990年代旧城改造时被拆除。晚年入住郎官巷的严复，在中日甲午战争失败之后走的是“开启民智、变革图强”之路，对中国近代社会的进步产生了深远的影响，被毛泽东主席推崇为中国近代向西方寻找真理的代表人物，“自一八四零年鸦片战争失败那时起，先进的中国人，经过千辛万苦，向西方国家寻找真理。洪秀全、康有为、严复和孙中山，代表了在中国共产党出世以前向西方寻找真理的一派人物”[注101]。

注100 （清）林枫．榕城考古略[M]．福州市地方志编纂委员会整理．福州：海风出版社，2001:41.

注101 黄启权．三坊七巷志[M]．福州市地方志编纂委员会编．福州：海潮摄影艺术出版社，2009:271.

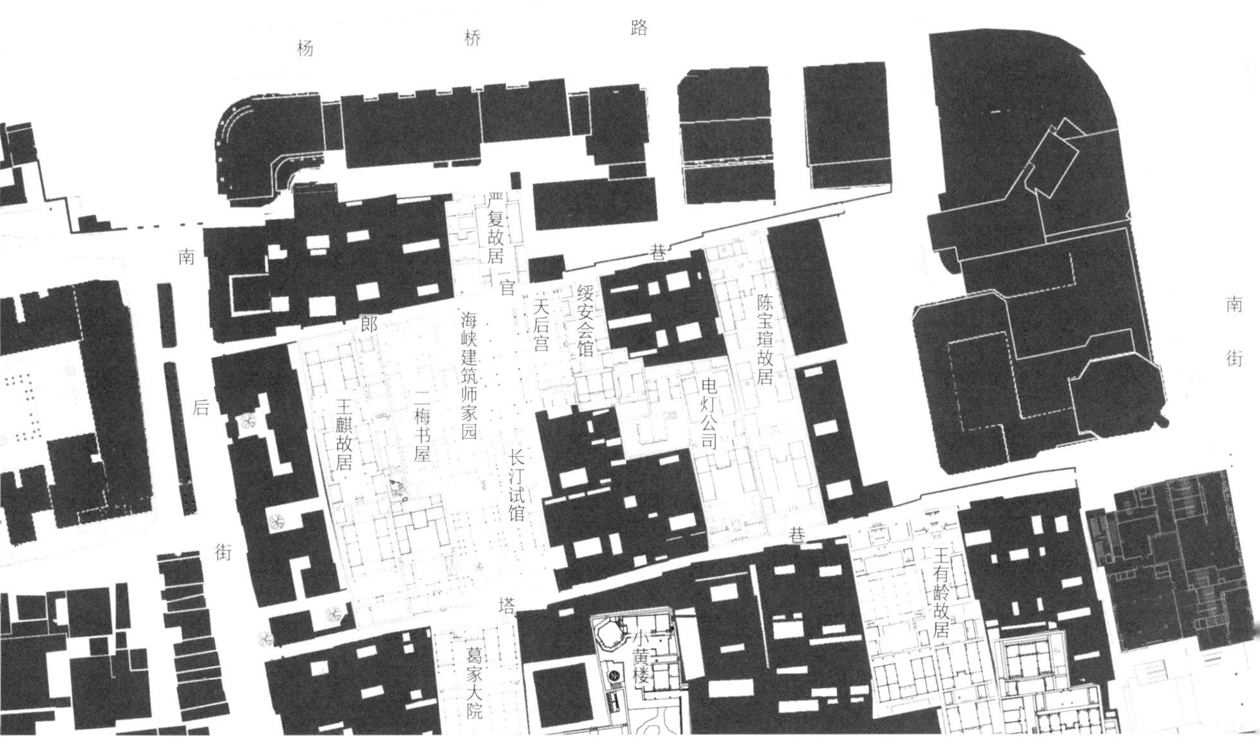

郎官巷文物保护单位

3.9.1 历史建筑特征与保护活化利用

- 二梅书屋

郎官巷主要文物保护单位、历史建筑包括二梅书屋（国家级重点文保单位）、严复故居（国家级重点文保单位）、天后宫（省级文保单位），以及郎官巷 34 号、36 号的陈氏宗祠、陈氏民居，郎官巷 30 号上杭蓝氏宗祠等。二梅书屋是郎官巷现存古建筑中规模最大的院落，占地面积 2255 平方米，位于巷西端南侧 25 号，西邻塔巷王麒故居；其始建于明末，清、民国时期多次修葺，系清代福州凤池书院山长林星章（1797—1841 年）宅院。林星章，清道光六年（1826 年）进士，广东为官，历官至知州、广东乡试同考官。

二梅书屋北入口门头房

主落一进后庭东侧小天井及游廊

主落一进彩金屏门

“二梅书屋”因院落内植有两株梅花而得名，宅院由三落建筑组成，大门设于郎官巷，后门开在塔巷。西落为主落，坐南朝北，前后二进，临郎官巷设单开间牌堵木构门头房；中落为花厅别院，贯通郎官巷与塔巷；东落靠南，不临郎官巷，前后二进。主落现存二进，均为由四面封火墙围合而成的院落，中轴处设石框门连通，面阔三间（通面宽 13.68 米）、进深七柱（通进深 13 米），皆有 2.4 米宽前轩廊。一进前庭进深 6 米、面阔 9 米，三面环廊；后天井进深 2.6 米，以后门柱引出院墙将其分隔为三个小空间，当心间天井后墙开设石框门通二进前庭；两侧别院设有 L 形游廊（2 米 × 1.5 米），后墙均设有门洞通二进前庭的左右回廊，东侧墙开门洞通中落。此空间组织方式既改善了后天井狭长空间的不良感受，又形成中轴上公共性空间的庄重感和两侧私密性空间的趣味性转换。二进前庭左右设游廊，正面不设游廊，令前庭空间开阔舒朗（面宽 7.9 米、进深 5.6 米）；后天井进深比一进后天井大，达 4.2 米，左右两侧设披舍，后院墙为白粉墙，空间清雅幽静。主落空间布局中轴对称，层次分明，正门设于中轴上，一、二进主厅堂面阔均为 5.4 米；以彩金屏门隔为前后厅，前厅进深 6 米，前轩廊进深 2.4 米，宽敞轩朗，加之前庭宽广，充分体现出中轴空间的仪式性与庄重感。

主落一进前庭

东落一进主座

中落平面则随方制象，不讲究中轴对称，依附主落东侧墙并结合北端不规则用地布局，因地制宜而得妙趣横生。由北至南，入口前庭井为一面宽 3 米、进深 11.5 米的狭长空间，北院墙设石框门通郎官巷，南院墙设门通一进院西侧回廊。一进院主座为两开间（面阔 7 米）的木构穿斗双坡顶建筑，坐南朝北，建筑紧贴南院墙布置，东侧有暗弄通二进；前天井两侧设游廊，东游廊与建筑内暗弄相接。二进用地向东凸 4.35 米，折南与东落西墙相接，形成宽约 11.4 米、进深 33.2 米的南北向长条状用地，其布局于一进暗弄西侧墙向南引出封火墙，将基地划分为东西两块更为狭长的地块。建筑均采用护厝式横屋布局方式，西为主落护厝，坐东朝西；东为东落护厝，坐西朝东；基地南北两端皆设有庭景空间，作为与主落、东落及两护厝的过渡空间。最南端的小院就是“二梅书屋”，中有两室，一为藏书房，一为书屋；屋前有二株梅花树，自成小院，曰“二梅书屋”。正所谓“邻嵌何必欲求其齐，其屋架何必拘三五间，为进多少，半间一广，自然雅称”[注102]。书屋东侧设有暗弄，塑为深邃雪洞，曰“七星洞”，增添了空间体验的奇趣性和隐逸生活的园居氛围；雪洞北通一进，南接第三进花厅园林。方正的庭井、狭长的天井与雪洞互为交融、渗透，加之室内外空间转换、空间明暗对比及形态与尺度的变化均使体验感受呈现出有如蒙太奇般的效果；其平面布局的独特性及空间景象的奇特性在三坊七巷古建筑中也属独此一处。中落第三进为园林花厅，四面围以高大的封火墙，通面阔 14.2 米，花厅居北，与第二进南院墙形成狭长的前天井空间，庭景园林布局于南，为三坊七巷宅院园林的典型布局。最富特征的是花厅建筑，其

注 102　（明）计成．园冶读本 [M]. 王绍增注释．北京：中国建筑工业出版社，2013:5.

主座二进后天井槛窗

主落二进后庭

平面布局为四面环廊，即官式建筑所称的“副阶周匝”，此亦是三坊七巷园林花厅建筑中独树一帜的类型。建筑三开间，中为厅堂，两侧敞廊，所有门、窗、壁板皆由楠木雕制，工艺精湛；窗为双层漏花，“冬夹窗纸、夏蒙窗纱”。假山池沼置于花厅南部，东侧墙附壁置二层四角半亭，于西墙转折处设 1/4 角亭，均与南向假山相衔接。池西北一株百年荔枝树高耸园中，为园景增添了古意与生机。磴道、雪洞、亭台串合起婉转、连贯的涉园游线，穿梭游园中移步换景、情趣盎然，坐观亦层次深远、气象万千。

“二梅书屋”

“七星洞”

灰塑雪洞出口

最东落为二进式院落，坐北朝南，临塔巷开设青砖拱券大门，门宇为三开间，呈倒朝房式，中为门厅，后有插屏门；绕过屏门便为一进石框门。两进院落均面阔三间（通面阔一进为 9.8 米、二进为 10.2 米）、进深均为七柱（一进通进深 11.16 米、二进为 10.38 米）。一进前庭三面环廊，与主厅堂前轩廊形成厅庭一体的空间；厅堂以屏门分前后厅，前厅高敞轩昂。二进前庭比一进小，前后庭井皆布置有披舍，空间亲和、私密。两进院落西墙均设门通中落花厅与书屋，二进北侧还附设有小别院。二梅书屋整体依用地情形与功能空间意趣需求进行巧妙布局与组织，匠心独具，营造出整体端庄有序、自得怡然的都市园居生活情境。

二梅书屋航拍

花厅轩廊

花厅轩廊与二层四角半亭

假山磴道

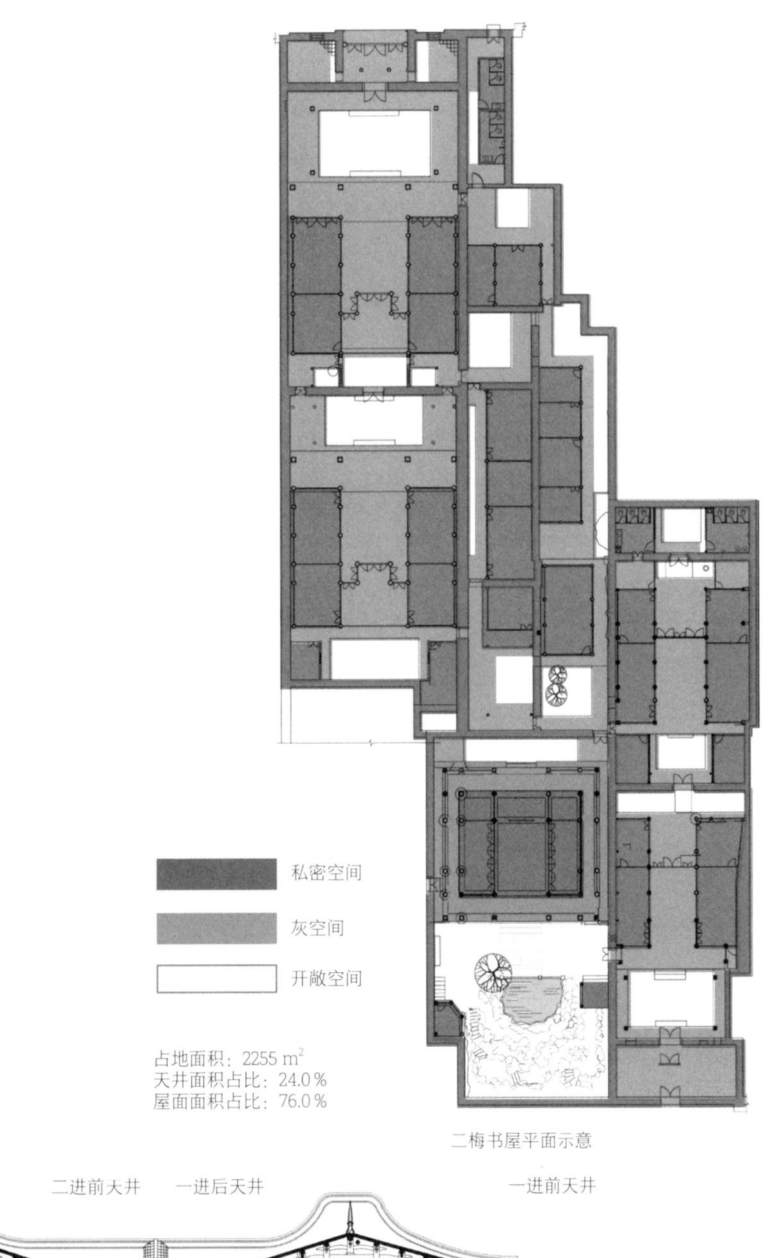

二梅书屋平面示意

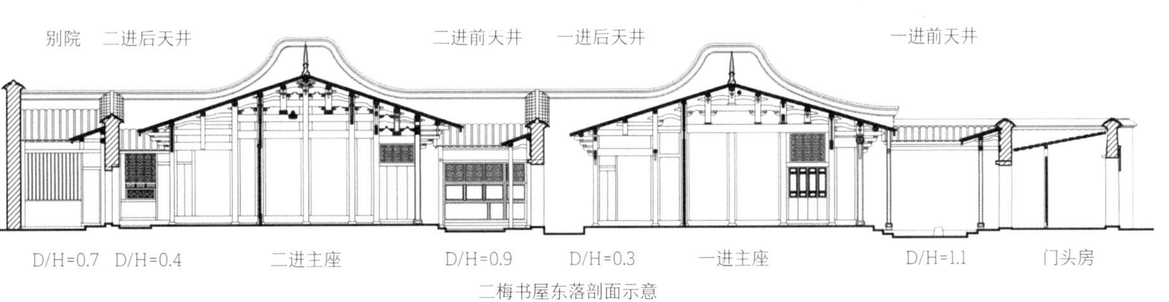

二梅书屋东落剖面示意

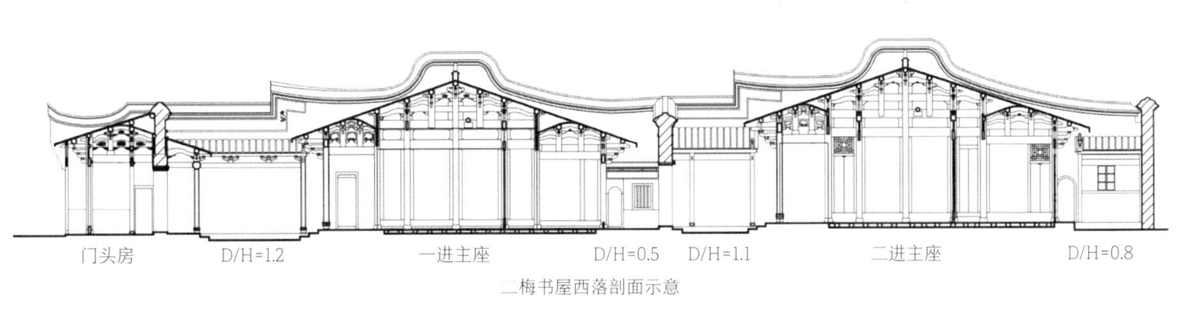

二梅书屋西落剖面示意

• 严复故居

严复故居位于郎官巷北侧中段 20 号，由东西两落单进院并联组成，坐北朝南，东落为主落，西落为花厅，占地面积 626 平方米。东落临巷道通面阔 13.8 米，采用内凹式单间牌堵门头房作为大门，但正立面非木隔扇门形式，而为粉墙石框门、上有披檐式木构垂花卷棚门罩，垂花柱、雀替、挂落雕刻精雅，个性独特。此门头房形式在三坊七巷宅院牌堵式门头房中也属个例。入门为三开间门厅，明间后设插屏门，两侧厢房与前庭披舍连为一体。前庭空间较阔朗，面阔 7.8 米、进深 7.3 米，西侧披舍北端为敞廊，西墙设门通西落花厅，成为主座前庭一处半室外的休憩空间，亦令严谨对称的空间有了灵动个性。主座面阔三间（通面阔 12.9 米），中为厅堂，两侧为厢房，是典型的一明二暗布局；厅堂以屏门分为前后厅，面阔 5.5 米、进深 7.1 米，厅井相融，高敞轩昂，使不大的宅院也有了不凡的气势。“古者之堂，自半已前，虚之为堂，……以取堂堂高显之义。”[注 103] 后厅进深较浅，敞向后天井；后天井东西两侧设有披舍，围合成为别致的小院，舒雅亲切，具有较强的私密性。

注 103　（明）计成．园冶读本 [M]. 王绍增注释．北京：中国建筑工业出版社，2013:30.

内凹式单间牌堵门头房

前庭西侧披舍北侧敞廊

主座建筑为清代晚期穿斗木构架，檐柱三出跳插拱，双坡屋顶，前高后低。主座中较为特别的是明间两侧为五柱扇架，次间靠墙不做扇架，仅有前后檐柱；除前后檐柱外，每步架上的檩条端部直接伸入山墙内，为“墙做扇”的结构形式。西侧花厅为民国式二层建筑，前后均有走马廊，为西式纹饰栏杆；上二层楼梯置于花厅北侧的西端，东侧则形成天井，与北侧一层的建筑构成小院。花厅一层为敞厅，原为严复书房兼客厅，二层为其卧室。郎官巷 20 号宅院是严复 1920 年 10 月回福州的晚年居所，由当时福建省督军兼省长李厚基为其购置。1921 年 10 月 27 日严复终老于郎官巷，葬于家乡福州城南乌龙江畔阳岐村鳌头山。2006 年，严复故居及墓被国务院公布为第六批全国重点文物保护单位。

主座后厅堂

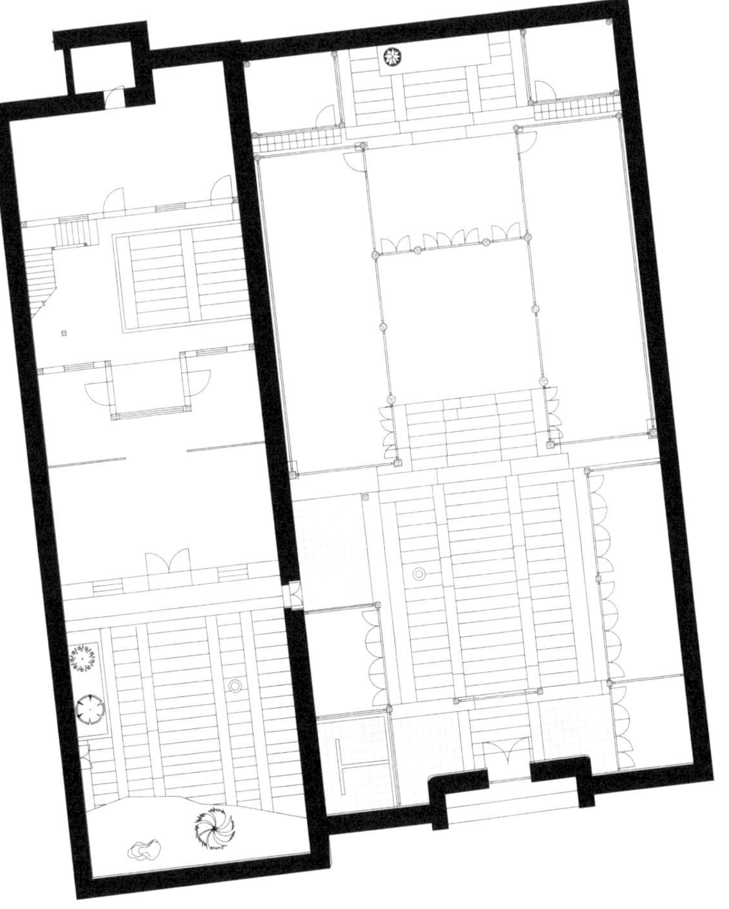

严复故居平面示意

• 天后宫与绥安会馆

位于郎官巷中段南侧 17 号、15 号的天后宫与绥安会馆亦为兼具历史价值与文化价值的古建筑。宋之前，绥安指称建宁、泰宁、宁化等地区。郎官巷绥安会馆是建宁、泰宁人建的会馆，初建于元代，现存建筑为清代建筑。清代建宁诗人张际亮（1799—1843 年，道光年间举人）曾寓此应乡试，张际亮是鸦片战争时期著名的爱国诗人，与魏源、龚自珍、汤鹏并称为“道光四子”。此院落由绥安会馆与天后宫两落建筑组成，坐南朝北，占地面积 988 平方米。天后宫为会馆的附属建筑，是建宁人沿闽江水路南下进福州城或顺江北归祈求海神妈祖保佑及演戏娱神的场所。

主座厅堂

民国式二层建筑

天后宫庭井

天后宫倒朝式戏台

福州民间道教建筑形制与布局有一定的规制，多由一座院落构成，“即由倒朝的戏台、天井两翼的酒楼、天井上空的拜亭以及正殿构成，大型的庙宇还设有后殿。戏台的布局为倒朝式，正对着大殿，戏以娱神，而诸信众则只能在天井两侧的酒楼侧身观看。主神在正殿的中央，次间为配祀，两侧为一些牙将。……而后殿一般为其他副神或者主神寝宫之类的神位”[注104]。郎官巷天后宫体现出福州地区典型的天后宫平面布局形态与形制特征，正立面为凸字形门墙式牌楼门，正间设飞檐墙帽，山墙两端为马首式墀头；大门为石框门，门楣上方置灰塑牌匾，书“天后宫”，左右设有拱形龙虎门。入大门后，中轴线上依次布置有倒朝式戏台、庭井及左右两侧酒楼（二层敞廊）、正殿（面阔 10.3 米）和二层的后殿。其木构梁架简洁大气，戏台及正殿天花饰有藻井，正殿藻井为福州地区典型的如意斗拱叠涩螺旋结顶，精美华贵。15 号东落为会馆，二进式院落；面阔均为三间（通面宽 10.9 米），进深五柱，双坡顶，清式穿斗木构架；中无院墙相隔，前后进融为一体，呈四合院形态；前后天井两侧皆有披舍。第二进东侧附设一进式花厅，自成小院。

注 104　阮章魁 . 福州民居营建技术 [M]. 北京：中国建筑工业出版社，2016:84.

天后宫、绥安会馆平面示意图

天后宫一般都建于江海之畔，郎官巷天后宫古时亦近水，是城市水陆变迁的历史实证。晋子城、唐子城时期，现杨桥路附近是子城的南城壕，谓大航桥河。此时，三坊七巷地区还处于城外。至唐末五代闽王王审知建罗城并将子城夹于其中，三坊七巷才成为城区。大航桥河亦逐渐淤积为内河——虎节河，西接安泰河折北的文藻山河，东通玄坛河与琼东河接，东、西两河会潮于杨桥巷的合潮桥，亦即“双抛桥”。郎官巷南后街口之西，旧时是大、小水流湾，曾是一处水湾埠头，称会潮里，“坑一作湾，地近闽山，山水入河之道，故有是名。一巷相通，有横巷，曰牙道巷，宋牙纛营故址也。南通衣锦坊，北通双抛桥，东达后街”[注105]。清代，大小水流湾才演变为二条街巷，“水流湾成街当在清朝康乾年代”[注106]。大小水流湾是清末民国时期福州著名的家具专业市场，20 世纪初极盛繁华时，还出现了为客户搬运家具的甲夫帮，称“水流湾甲夫”。大、小水流湾巷以及衣锦坊北侧的其他巷弄如雅道巷、柏林坊、酒库弄等，均随 20 世纪 90 年代末衣锦华庭高层住宅小区的建成而消失。三坊七巷保护再生中，我们以意向性再塑的理念，将这些重要的城市历史地理信息予以揭示与阐释，如将水流湾巷以遗址公园的形式加以表达。

注 105　（清）林枫．榕城考古略 [M]. 福州市地方志编纂委员会整理．福州：海风出版社，2001:61.

注 106　方炳桂．福州老街 [M]. 福州：福建人民出版社，2009:26.

天后宫牌楼门

天后宫正殿藻井

3.9.2 坊巷空间意象再塑

郎官巷东段虽已消失，现存续的巷长仅 167 米，但其中段南侧、西段两侧各级文物保护单位、历史建筑密集，巷道界面保存亦较完整，依然洋溢着浓郁的深巷书香人家儒雅的书卷气息，也有着“疏梅筛月影，依稀掩映”的情境。郎官巷西起南后街，隔街与旧大水流湾巷口相对。在宋代刘涛居于此前，称为延福里，后称郎官坊，明万历年间起改为郎官巷，沿用至今。

郎官巷西入口的牌坊，设计延续其既有重檐牌坊的形式特征加以整饬，并以石材重构。入坊门，两侧为南后街二层商业建筑的山墙界面，设计将建筑分为上下两段处理，一层以 3.6 米高的粉墙、二层以穿斗木构架饰传统鱼鳞板形成巷道界墙立面，作为坊巷导引；既营构了巷道良好的尺度感，又形成具地域特征的巷墙立面，强化了郎官巷入口的可读性与识别性。经牌坊框景、统景，让远景中隐约可见的牌堵、门罩更加聚焦紧凑，构筑起令人难以忘怀的第一印象景观。坊门口处的巷道宽度为 4 米，20 米远处收缩为 3 米，进一步加强了画面的透视感，使巷道景象产生更为诱人的期待感。视线继续向东约 25 米，巷北侧陈氏祠堂一对耸起的马首墀头，以及与陈氏祠堂东南相对的二梅书屋牌堵门头房，形成郎官巷体验感知的第一次视觉兴奋点，加之两侧界墙上错落点缀的石框门及门罩，如巷北侧的上杭蓝氏祠堂、南侧的王麒故居后门等，都令画面具有了迷人的意趣感。游线续向东，巷道界墙两侧又是错落有致的

郎官巷西入口牌坊（修复前）

郎官巷西入口牌坊

粉墙与石框门、门罩所构成的连续画面，简约素雅；继续东行约 25 米，巷北侧为严复故居的特色牌堵门罩、南侧为天后宫红色牌楼式门墙与正脊飞扬的翘角，顿时让场所空间充满着生机、洋溢着热情，地域文化景观的独特个性油然而生。在严复故居南侧、天后宫西侧的二落更新建筑（现为海峡建筑师家园）设计上，亦延续了过渡段的简约感，二落宅院的大门皆采用石框门。继续东行，此处巷道空间出现了一次较大的转折，向北错了半个巷宽（约 2 米），巷道宽度也产生剧变，收窄至不足 2 米；过转折点，巷宽复为 3—3.8 米，巷道两侧界面又呈简约舒缓并向东延伸约 30 米。在此拐点，巷道空间再次出现向北折半个巷宽的变化，续又平直延伸约 30 米至现东口坊门。正如，芦原义信在《外部空间设计》一书中提出外部空间设计的第二假说——“外部模数理论”[注 107]，以每隔 20—25 米出现重复的节奏，或是形式、材质、高差的不同，形成有节奏感的变化，是形成有节奏感的空间序列体验的重要手段。由此亦揭示了不长的郎官巷仍能获取悠长深远感与丰富体验感的重要原因。

郎官巷现存东段的北侧界面实际上是新建住宅小区的“围墙”，修复设计依据原有院落外界墙的边界，以“院墙类型”为参照，重构具有历史院落立面组织秩序特征的巷墙，并重置了东口的拱形坊门，修复坊巷空间的场所氛围。游客若从东坊门进郎官巷，则与由西端南后街进入的体验感知截然不同，更能体悟到其转折变化而产生的独特、惊喜的如画景致。以拱门为景框，映入眼帘的是两侧乌烟灰粉墙所构筑的深邃景深，画面尽端聚焦点是巷道转折处，一株古朴大树从院落内伸出了优雅的华冠，强化了画面的迷人感与诱入感；画面左侧巷道缝隙间隐现的白粉墙又进一步加深了空间层次。但由于北侧界墙背后的绿化、乔木补植不到位，弱化了巷道空间的历史意境。

注 107　［日］芦原义信．外部空间设计 [M]. 尹培桐译．南京：江苏凤凰文艺出版社，2017:59.

海峡建筑师家园

巷道转折点

由于巷道经二次剧烈折南以及西行 40 余米远处再次折南，令视线无法望穿巷西口，序列景象亦至此转折。在修复设计中，历史建筑均恢复其固有的乌烟灰粉墙，而更新建筑则多为白粉墙，巷道界墙以黑灰为主、白色点缀，让仅 167 米长的巷道具有了迷人的神秘感与幽长的深远感。过了转折处的绥安会馆东墙再西行，视线深处的天后宫一抹红墙若隐若现，奇特的红墙（三坊七巷仅此一处）诱人探究其秘籍，既增添了郎官巷景致的生动性与丰富性，又强化了郎官巷整体感知意象的可识别性。若能于画面的尽端，即绥安会馆北侧界墙的转折处补植一株高大乔木，让树冠伸向天空形成景框并遮挡住更远处的高层建筑，那么感知画境将更为意蕴深远。郎官巷巷道虽窄，但两侧界墙曲折多变，形成丰富的体验拐点与休憩节点，或莳花种树，或随性摆入长木凳以供休憩，令小空间也具有了情趣性与人性化品质。

巷道东段北侧住宅小区"围墙"旧照

巷道东段北侧界墙及拱形坊门重置

休憩节点

东段巷道两侧乌烟灰粉墙

绥安会馆北侧界墙乔木补植

天后宫一抹红墙

郎官巷现东口外就是东街口百货公司的停车场，它与塔巷之间无直巷相通，游客至此要穿过停车场才能进入塔巷，或向西转回至南后街再折南，方能进入塔巷，给游人穿梭体验街区整体造成障碍。诺利于1748年绘制的罗马地图，为我们构筑三坊七巷体验游线的完整性提供了思路。诺利的罗马地图是“图底”关系图，他将城市“街道、广场、大型教堂以及宫廷内院这种连续的公共空间与大量紧凑的私人住宅区隔开”注108，以连续街巷体系连接城市各级尺度的广场、大型公共建筑室内空间等，形成完整的城市公共空间体系。以城市公共空间为“图”、以游人不能进入的私人空间为“底”构造出具有“埃德加·鲁宾杯图”黑白反转的“图形”与“背景”注109的关系地图。历史文化街区保护再生设计，也可将一些公共建筑的室内空间室外化、公众化，并与街区巷弄相连接，织补体验穿梭路径的连续性。为此，我们建议活化利用郎官巷东端、贯通郎官巷与塔巷的陈宝瑄宅院，赋以公众性功能的用途，可24小时为市民游人开放，既可作为两巷之间的贯通路径，又能为郎官巷尽端空间增添生机与活力。

注108 ［法］塞尔日·萨拉（Serge Salat）. 城市与形态[M]. 陆阳，张艳译. 北京：中国建筑工业出版社，2012:40.

注109 ［日］芦原义信. 街道的美学（上）[M]. 尹培桐译. 南京：江苏凤凰文艺出版社，2017:55.

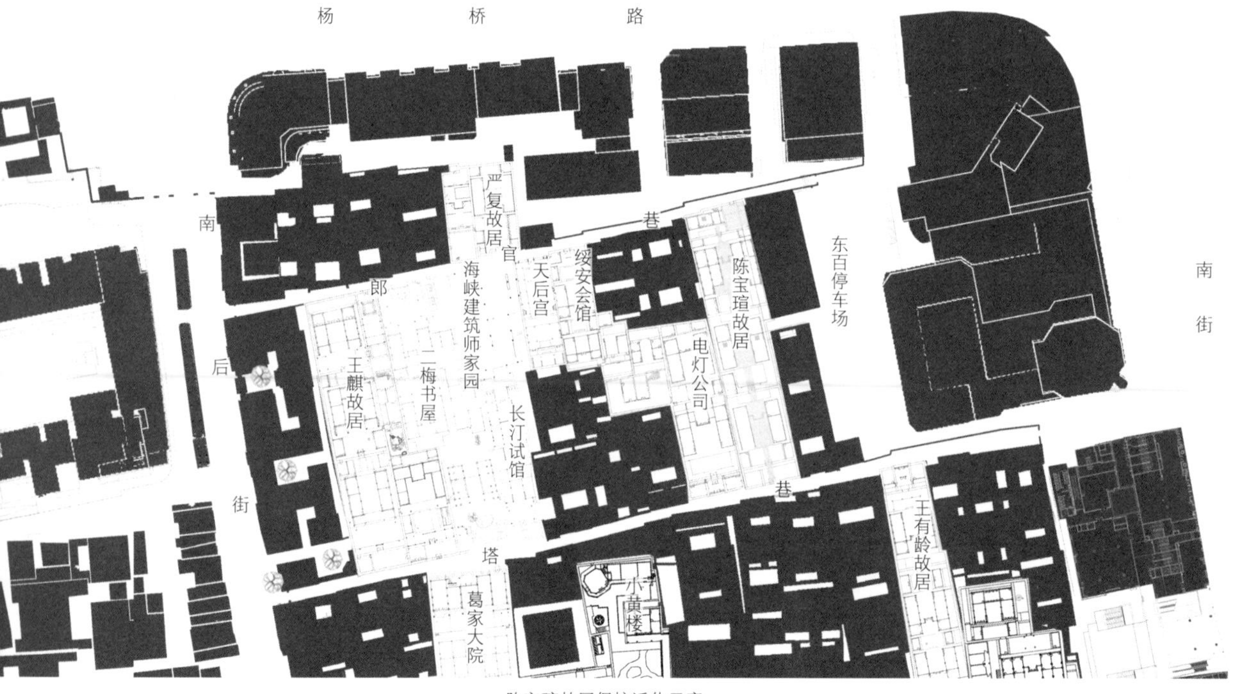

陈宝瑄故居保护活化示意

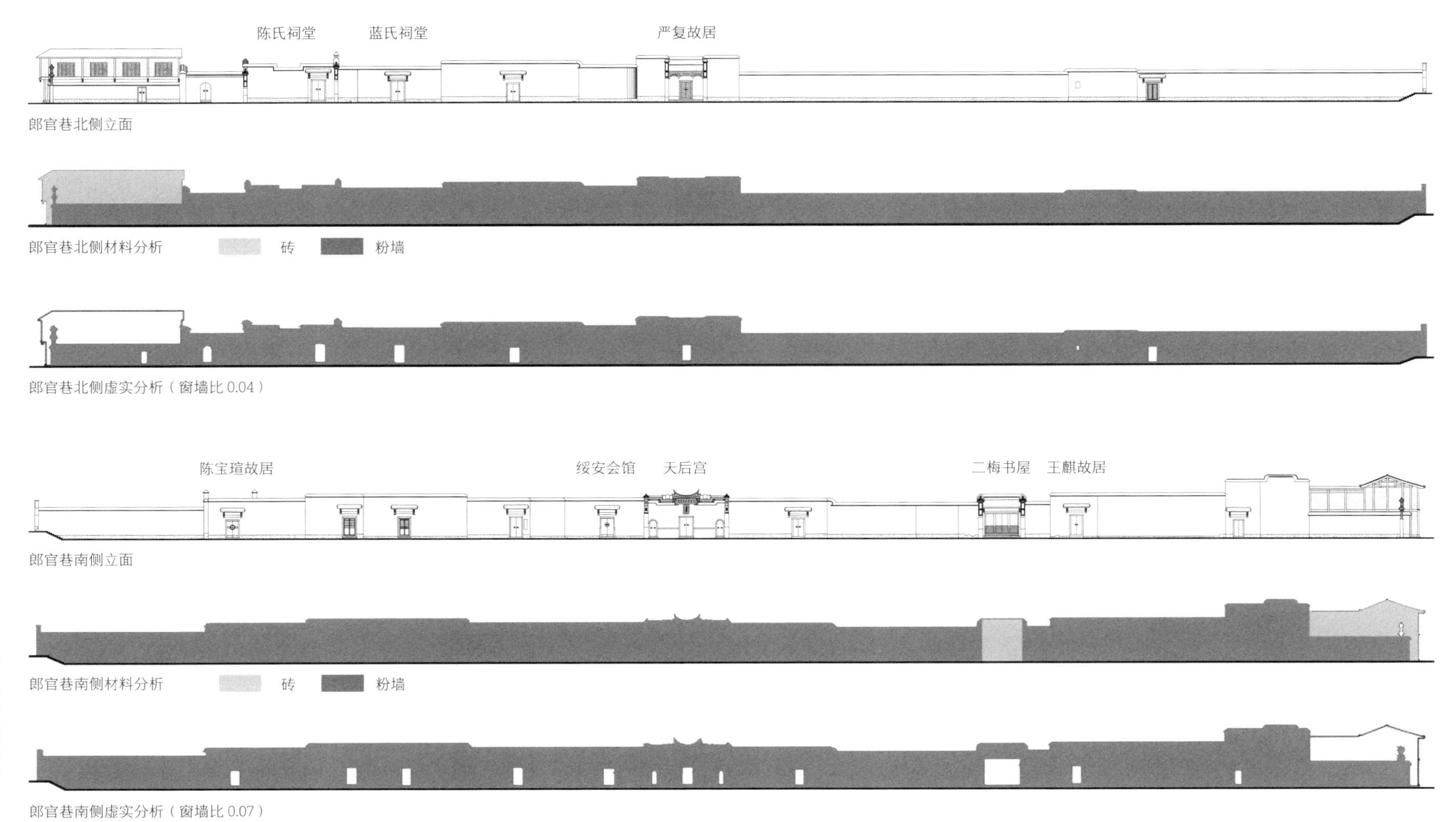
陈氏祠堂
蓝氏祠堂
严复故居
郎官巷北侧立面
郎官巷北侧材料分析
砖
粉墙
郎官巷北侧虚实分析（窗墙比 0.04）
陈宝瑄故居
绥安会馆
天后宫
二梅书屋
王麒故居
郎官巷南侧立面
郎官巷南侧材料分析
砖
粉墙
郎官巷南侧虚实分析（窗墙比 0.07）

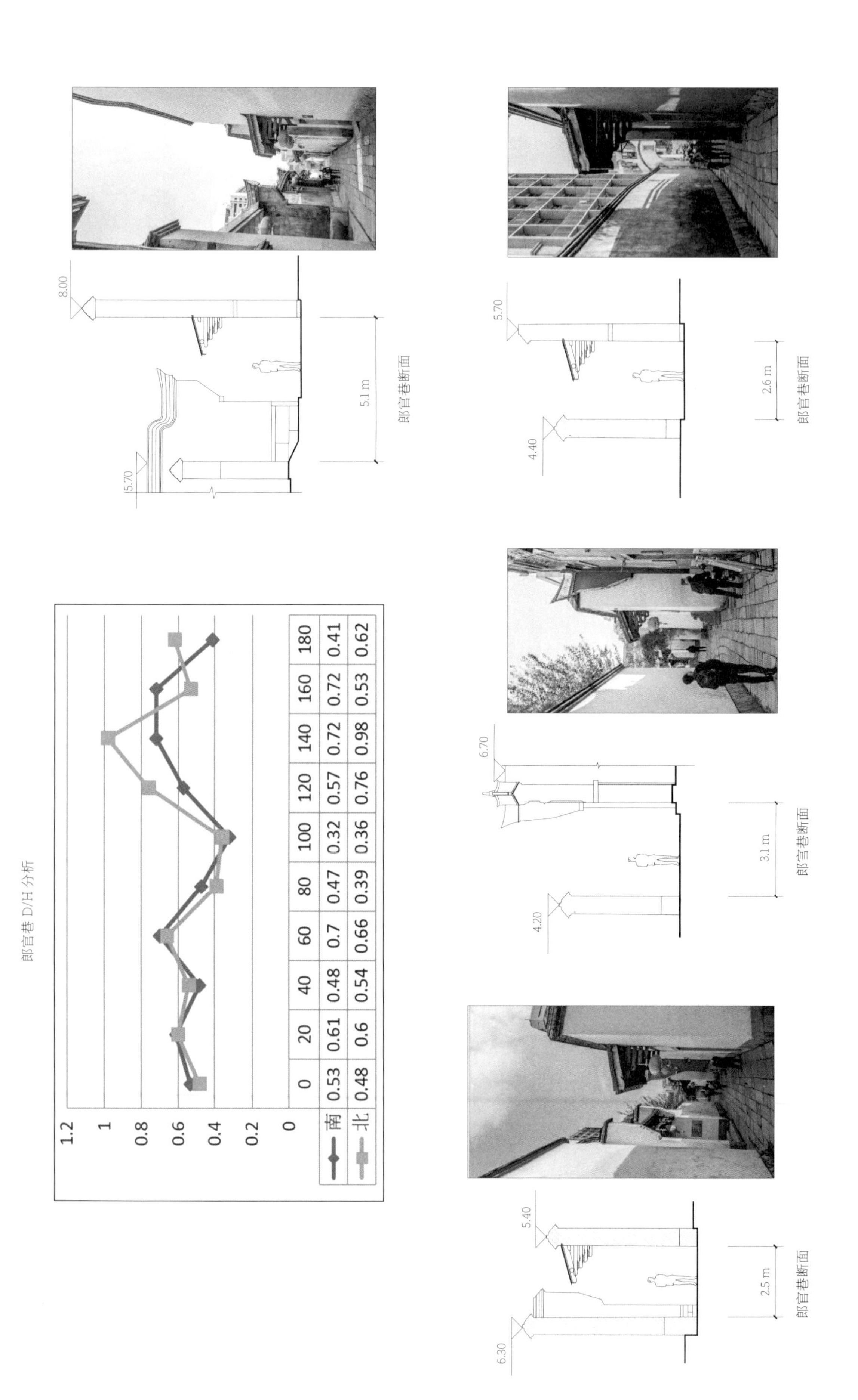
8.00
5.70
5.1 m
郎官巷断面
5.70
4.40
2.6 m
郎官巷断面
郎官巷 D/H 分析
1.2
1
0.8
0.6
0.4
0.2
0
	0	20	40	60	80	100	120	140	160	180
南	0.53	0.61	0.48	0.7	0.47	0.32	0.57	0.72	0.72	0.41
北	0.48	0.6	0.54	0.66	0.39	0.36	0.76	0.98	0.53	0.62
6.70
4.20
3.1 m
郎官巷断面
5.40
6.30
2.5 m
郎官巷断面

南後街

4 南后街文化性修复

4 南后街文化性修复

4.1 概况与历史沿革

南后街全长 640 米，是三坊七巷街区的中轴枢纽，南北走向，贯起西三坊和东七巷，构筑出三坊七巷鱼骨状、长格栅式的坊巷肌理结构。南后街，宋称后街，“由清泰门出清远门外，地名后街”[注1]。因位处南街之后，清时又称南后街并沿用至今。南后街北起于杨桥路达明路口，南至澳门桥，与澳门路相连后继续向南延伸至乌山历史文化风貌区。

宋代，旧子城筑有城门七座，其中西南门称清泰门，门外有杨桥（又称雅俗桥），跨桥经后街，南通唐罗城之西南门，曰清远门（在今南后街南口安泰河畔），“郡西南隅，自杨桥直南至鸭门桥，

注 1 （宋）梁克家．三山志 [M]. 福州市地方志编纂委员会整理．福州：海风出版社，2000:42.

1995 年南后街建筑肌理图

2020 年南后街建筑肌理图

皆曰南后街”注2。据宋《三山志》记载，宋代福州城内的道路已分等级，“州城九轨之涂四，六轨之涂三，四轨之涂八，三轨之涂七，其他率增减於二轨之间，虽穷僻，侧足皆石也”注3。南后街（聚英坊至登俊坊注3）属于“三轨之涂”（一轨相当于周制 8 尺，以周制 1 尺 =0.23 米计算注4），宽约 5.5 米，为石板铺设的街道。但清代南后街是否仍保持宋时宽度已不可考。旧时，南后街从南至北分为三铺：宫巷、丰井营段为英达铺（宫巷，元代称英达坊），黄巷附近称西林铺，塔巷、郎官巷、水流湾附近则谓凤池铺。民国十七年（1928 年），南后街被拓宽至 12 米左右，改变了沿街商业建筑与民居的面貌。2007 年，在三坊七巷保护整治之前，南后街两侧多为二层木构鱼鳞板建筑，道路中间为约 9 米宽的机动车、非机动车混行车道，两旁各有 1.5 米宽人行道，人行道上有成列的南洋楹树。

注 2　（清）林枫．榕城考古略 [M]. 福州市地方志编纂委员会整理．福州：海风出版社，2001:61.

注 3　（宋）梁克家．三山志 [M]. 福州市地方志编纂委员会整理．福州：海风出版社，2000:37.

注 4　刘润生．福州市城乡建设志 [M]. 福州市城乡建设志编纂委员会编．北京：中国建筑工业出版社，1993:253.

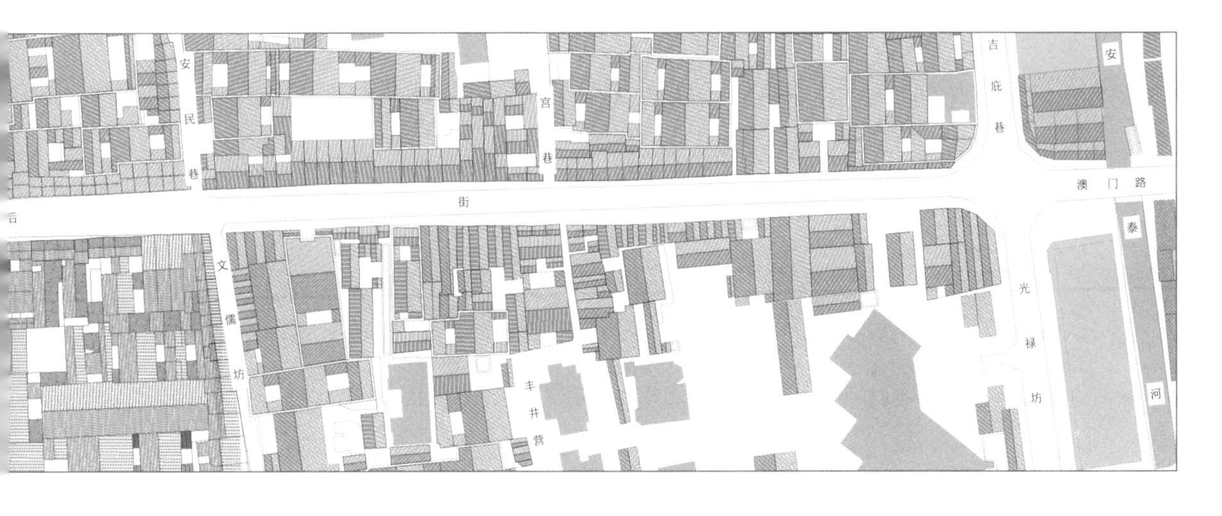

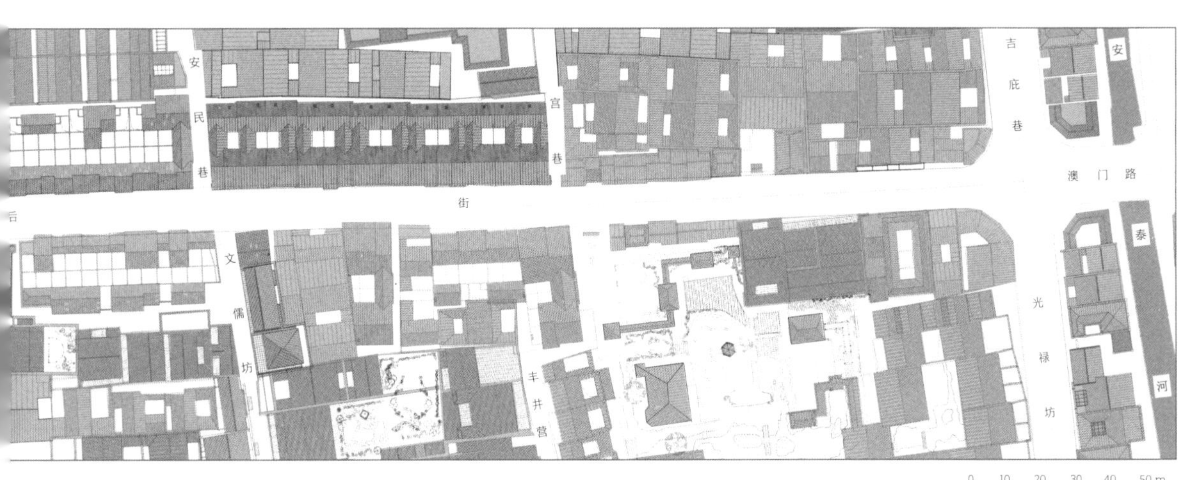

4.2 地段历史特征

修复地段完全处于三坊七巷核心保护区内，用地进深 6—30 米不等，总占地面积约 6 公顷（1 公顷 =0.01 平方千米）。基地内有国家级重点文物保护单位林觉民故居与冰心故居、叶氏民居，市级文保单位有光禄吟台以及董执谊故居、蓝建枢故居等多处保护建筑，塔巷 81 号、米家船裱褙店、青莲阁裱褙店、老当铺、观我颐糕饼商宅院、谢万丰糕饼商宅院及永嘉玻璃生漆店等历史建筑；此外还有坊门、老墙、古树、古井以及现存续或历史上曾有的、知名的各类老字号等非物质文化遗产，整个地段文化遗产多元丰富。

南后街中沿街商业建筑的基底多呈狭长形，临街面宽 3—5 米，深 6—12 米，平面进退有序，反映了历史自然演进的肌理特征。商业建筑主要为二层沿街连续排列，仅在各坊巷口留有间隙；前店后作坊，二层一般用于居住，间或有一层院落式或二层民国式砖石木构商业建筑。街道空间连续，少有变化，却形态自然生动；空间围合感较强，尺度亲切宜人，生活气息浓厚。

2009 年南后街—杨桥路节点

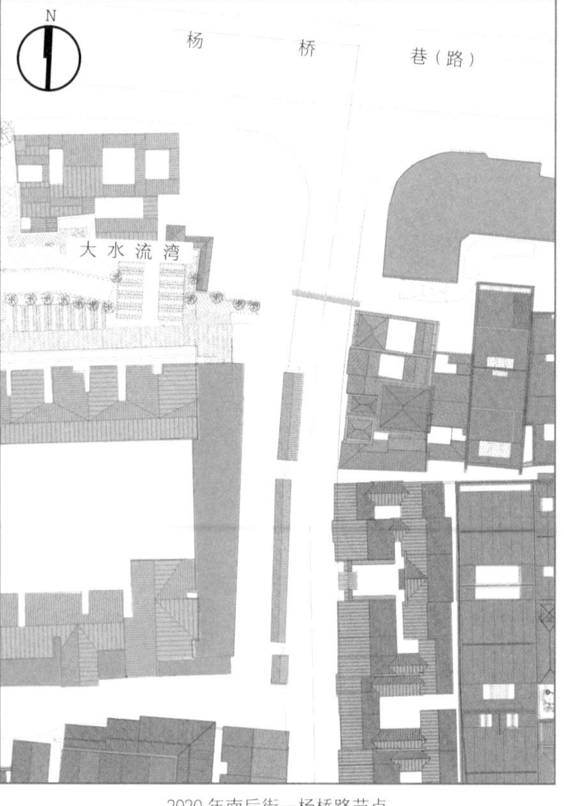

2020 年南后街—杨桥路节点

街道原有风貌以传统木构建筑为主,其中间缀有少量粉墙建筑、近代砖石建筑。木构建筑是福州传统商业建筑的主要形态，多为一至二层，少有三层。现城区内，除三坊七巷街区，存续完整的传统老街主要有洪塘状元街、郭宅古街、上藤街、林浦南宋御街、上下杭街区等。传统木结构商业建筑的立面形态极为多样，有上下平齐平面式、二层出挑式、走马廊式、二层凹廊式等，走马廊则有美人靠式、木板堵式或饰有多样形式的栏杆，构成了丰富多元的沿街立面景观。而南后街的二层木构建筑多为“鱼鳞板”式木板外墙，该做法主要是在木构架外满铺宽 12 厘米左右的杉木板条，有横铺、竖铺、斜铺等方式，但以上下搭接的横铺方式为主。首层门面多为插板门，二层“鱼鳞板”只开小窗，立面较实。南后街及福州历史城区中，民国青砖建筑的主立面多有灰塑点缀及外挑西式铁艺栏杆阳台等，勒脚、入口部位常选用地方花岗石作装饰，采用砖缝较小且勾与砖面平齐的壳灰圆缝，砖线脚及檐口砖叠涩形式多样。除不协调建筑外，修复前的南后街整体立面轮廓低缓舒展，多为两层建筑，间杂有少量三层建筑，屋顶皆为小尺度的单、双坡顶，因建筑进深不同，呈现出一定程度上高低错落的生动变化。

南后街地段内的现代建筑多不符合传统街区风貌特质,在体量、高度、立面形式、空间格局等方面都与街区传统建筑相冲突。而沿街传统木构建筑由于年久失修在结构上也存在安全隐患，外围护墙“鱼鳞板”多有腐坏。市政等公共配套设施老化、缺乏，商业业态和环境品质等多方面都无法满足三坊七巷作为活态文物古迹的可持续发展的诉求。

南后街(修复前)

4.3 文化性修复之策略[注5]

城市历史街区既是城市文化遗产，也是当代人的生活载体，对其保护应是与城市发展和时代变迁同步的动态管理与发展的过程；反之静态保护模式则是将历史文化街区变为“古董”和城市建设的包袱。为使历史文化街区具有可持续发展的活力与生命力，我们采取了动态保护再生模式和文化性修复的设计思路，依照保护规划对本地段的控制要求及依据《南后街地段建筑设计方案》的主要理念，形成如下文化性修复策略与措施：

（1）既保护物质文化遗产，又传承街区非物质文化遗产。最大可能保留既有建筑及历史信息，保持历史信息的真实性与时间感。

（2）严格控制更新地块的建筑体量与尺度，以二层木构建筑为主体，体现原有小开间坡屋顶连续组合的形式秩序。总平面设计方面，延续既有文脉肌理，强调沿街形态有机演化的自然性。

（3）强调传统构造形式和技艺的真实表达，更新建筑外立面的木构或青砖均采用传统材料、工艺与构造做法，内部空间则立足于商业功能与当代生活的需求。

（4）充分挖掘其历史文化内涵，依据不同地段，结合历史上的老字号形象，为更新建筑设计不同形态的商业空间与立面造型，力求在形式反映功能的同时呈现其历史发展脉络。

（5）坚持动态保护与更新的原则，不拘泥于单一、特定时期的建筑风格，既反映历史信息的丰富性，又体现其真实性，让修复后的南后街成为具有独特文化意义并富有可持续活力的当代城市生活场所。

注5　此为南后街保护更新项目，设计单位为福州市规划设计研究院、北京华清安地建筑设计有限公司。主要建筑师有张杰、严龙华、张飚、罗景烈、张蕾、阙平、何明、傅玉麟等。

4.3.1 总体功能定位

南后街的功能定位是城市中心的传统文化特色休闲商业街，既体现福州地方历史文化特色并作为集中展示窗口，又有助于提升城市核心商业区的文化内涵与公共服务设施层级，成为城市中心区文化生活的核心空间——城市的“会客厅”。

三坊七巷是福州古城中最具书卷气及时尚氛围的人文社区，由此亦衍生出南后街独特的场所个性。与周边繁华的大型商业（大型百货等）迥然不同，更新设计将秉承延续南后街固有的气质与氛围，突出其书香文化、传统文化、时尚休闲等功能业态：

（1）传统特色工艺品及古玩文化。寿山石雕、脱胎漆艺、软木画（三者皆为国家级非物质文化遗产）、漆画（省级非物质文化遗产）、牛角梳、根雕等都体现了地方历史文化的重要遗存，设计将其作为南后街业态的重要组成。

（2）书香文化。“会城书肆聚于南后街，以咸丰、同治、光绪时为盛。”[注6]旧时，南后街上书店有十数家，最著名的有塔巷口“醉经阁”、衣锦坊口“缥缃馆”、杨桥巷口“聚成堂”、文儒坊口“宝宋斋”等。清末王国瑞诗赞：“正阳门外琉璃厂，衣锦坊前南后街。客里抽闲书市去，见多未见足开怀。”[注7]1936—1938 年，郁达夫于福州任职期间，常在闲暇之时，拾贝寻珠于南后街书肆，陆续买走书卷 2000 余册。此外，刻书坊、字画裱褙也曾是南后街的扛鼎品牌，规划将对其适度恢复。

（3）灯市文化。“闽人最重元夕，谢在杭谓：‘天下上元灯烛之盛，无逾闽中者’。盖天下有五夜，而闽则有十夜也”，“会城灯市，聚于后街。”[注8]南后街灯市与书市齐名，“后街风月卖灯天”。南后街元宵灯市是福州当地重要的民间文化活动，寄托着民众对美好未来的希冀与梦想，规划设计也将为其提供充足的空间。

注 6 （民国）郭白阳．竹间续话 [M]. 福州市地方志编纂委员会整理．福州：海风出版社，2001:80.

注 7 黄启权．三坊七巷志 [M]. 福州市地方志编纂委员会编．福州：海潮摄影艺术出版社，2009:271.

注 8 （民国）郭白阳．竹间续话 [M]. 福州市地方志编纂委员会整理．福州：海风出版社，2001:49.

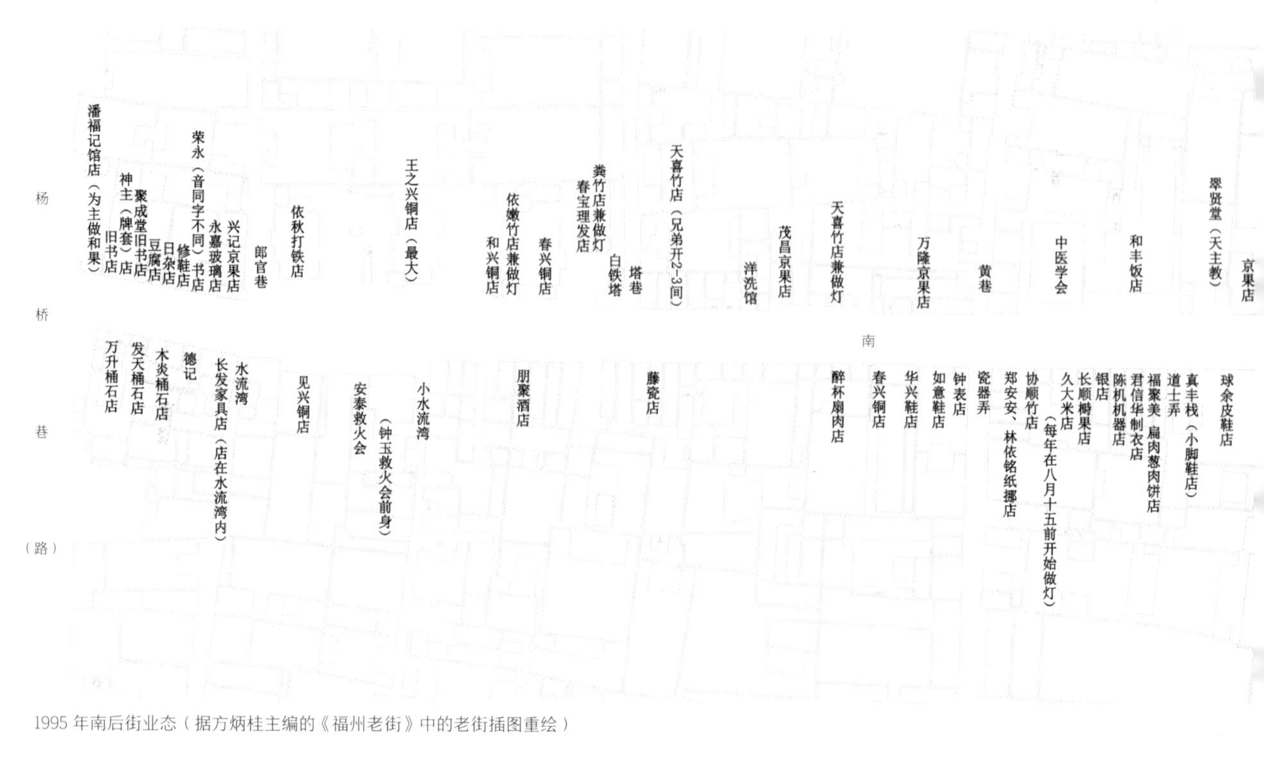

1995 年南后街业态（据方炳桂主编的《福州老街》中的老街插图重绘）

2020 年南后街业态

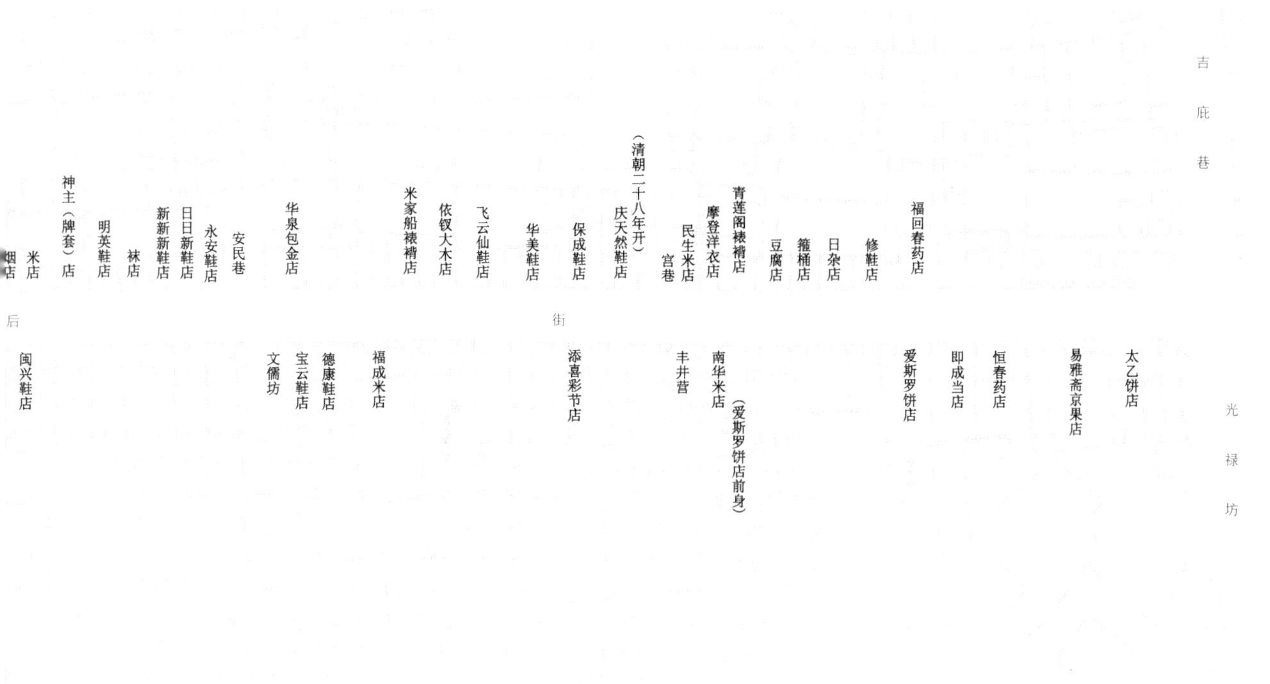

吉庇巷
光禄坊
南后街

福回春药店
修鞋店
日杂店
箍桶店
豆腐店
青莲阁裱褙店
摩登洋衣店
民生米店
宫巷
庆天然鞋店（清朝二十八年开）
保成鞋店
华美鞋店
飞云仙鞋店
依钗大木店
米家船裱褙店
华泉包金店
安民巷
永安鞋店
日日新鞋店
新新新鞋店
袜店
明英鞋店
神主（牌套）店
米店
烟店

太乙饼店
易雅斋京果店
恒春药店
即成当店
爱斯罗饼店
南华米店（爱斯罗饼店前身）
丰井营
添喜彩节店
福成米店
德康鞋店
宝云鞋店
文儒坊
闽兴鞋店

吉庇巷
光禄坊
南后街

麦当劳（1号）
福建省海峡民间艺术馆（3号）
薛文保黄米糕（5-1号）
仙绿晶银铺（5号）
严复翰墨馆（7号）
马克西姆（13号）
绿茗茶业（15号）
江南颜（17号）
猪猪捞渔（19号）
宝利牛角梳（21号）
植得大地鲜果茶（27号）
吉安堂（25号）
顺美陶瓷文化生活馆（27-1号）
都可咖啡店（31号）
宫巷
沈郭茶油（33号）
永越建盏界（33号）
闽都老铺（福建特产）（35号）
建宁莲子商行（37号）
如臻（41号）
庆香林香老铺（43号）
聚春园（福州传统糕点）（45号）
味中味佛跳墙（47号）
中元艺术（49号）
花生汤（51号）
福来茶馆（53号）
鼎边糊（55号）
海艺堂（57号）
安民巷
福州漆箸（59号）
三坊七巷文创中心（61、63号）
古田银耳馆（65号）
台北印象（67号）
胖旺肉蟹煲（67号二层）
倍思家（69号）
闽丰园（71号）
中瑞南华影城（73号）

一刻茶馆（2号）
福州瑞来春堂国药馆（6号）
福州三坊七巷美术馆（8号）
宝锐牛角梳（12号）
大世界橄榄（14号）
周黑鸭（16号）
1点点奶茶店（18号）
小家天堂（20号）
叶氏鱼丸（22号）
谭木匠（24号）
丰井营
19八3（28号）
超级IP联盟
百宴轩寿山石（30号）
致道漆器（34号）
闽江学院中国漆文化与产业研究中心
寿山会馆（36号）
猫的天空城（概念书店）（38号）
鼎鼎百年肉绒店（42号）
家玉（48号）
梵古
摩登狂人
福州茉莉花茶文化馆（50号）
铸会（52号）
珠艺美学馆（54号）
文儒坊
杜老板火锅（56号）
有且美（58号）
鹿角巷（60号）
白小姐（烤年糕）（64号）
醉得意（66号）
红瓶（福建的茶）（70、72号）
佛跳墙（76号）
哈肯铺（手感烘培）（78号）
钢琴弄

4.3.2 平面功能与空间布局

设计将南后街分为三个段落，街北入口、郎官巷至黄巷与衣锦坊口为北段，黄巷与衣锦坊口至安民巷、文儒坊口为中段，安民巷与文儒坊口至南后街南端澳门路口为南段。

（1）北段

结合北段原有功能、业态及历史文化背景，将其规划为书香文化及工艺品街段。北入口广场西侧的林觉民与冰心故居是重要的入口标志，进入牌坊后，东侧新旧融合的二层木构建筑与青砖建筑则作为咖啡休闲馆。设计在暂留多层建筑（衣锦华庭）的东侧，沿街加设 3—5 米宽休闲长廊，作为南后街中一处休闲、驻足的场所。据史，董执谊曾在南后街开办“味芸庐”刻书坊，并因修订刊行《闽都别记》而闻名。我国第一部外文译作《巴黎茶花女遗事》，正是于此刊刻出版，“把福州老乡林纾（琴南）推上了中国译坛泰斗的宝座”[注9]。由此，设计将衣锦坊段的董执谊故居活化利用为刻书坊展示场所，用以展示销售古旧书籍。

此段设计还将南后街历史上的老字号书铺加以恢复，以期能再现郁达夫当年体验南后街时的情景。对其东侧塔巷至黄巷口的更新地块，则结合用地进深大且基地内有数株高大乔木的特征，设计为坊巷、院落式商业空间，作为福州传统工艺品创作与展销区，并通过艺人与游客的互动增强旅游体验的魅力。其他小开间店铺，则作为北侧工艺品店的延伸或书肆的扩展，以强化聚集性业态体验的丰富性。

注 9　张作兴 . 三坊七巷 [M]. 福州：海潮摄影艺术出版社，2006:103.

南后街北入口广场

南后街北段东侧国师苑

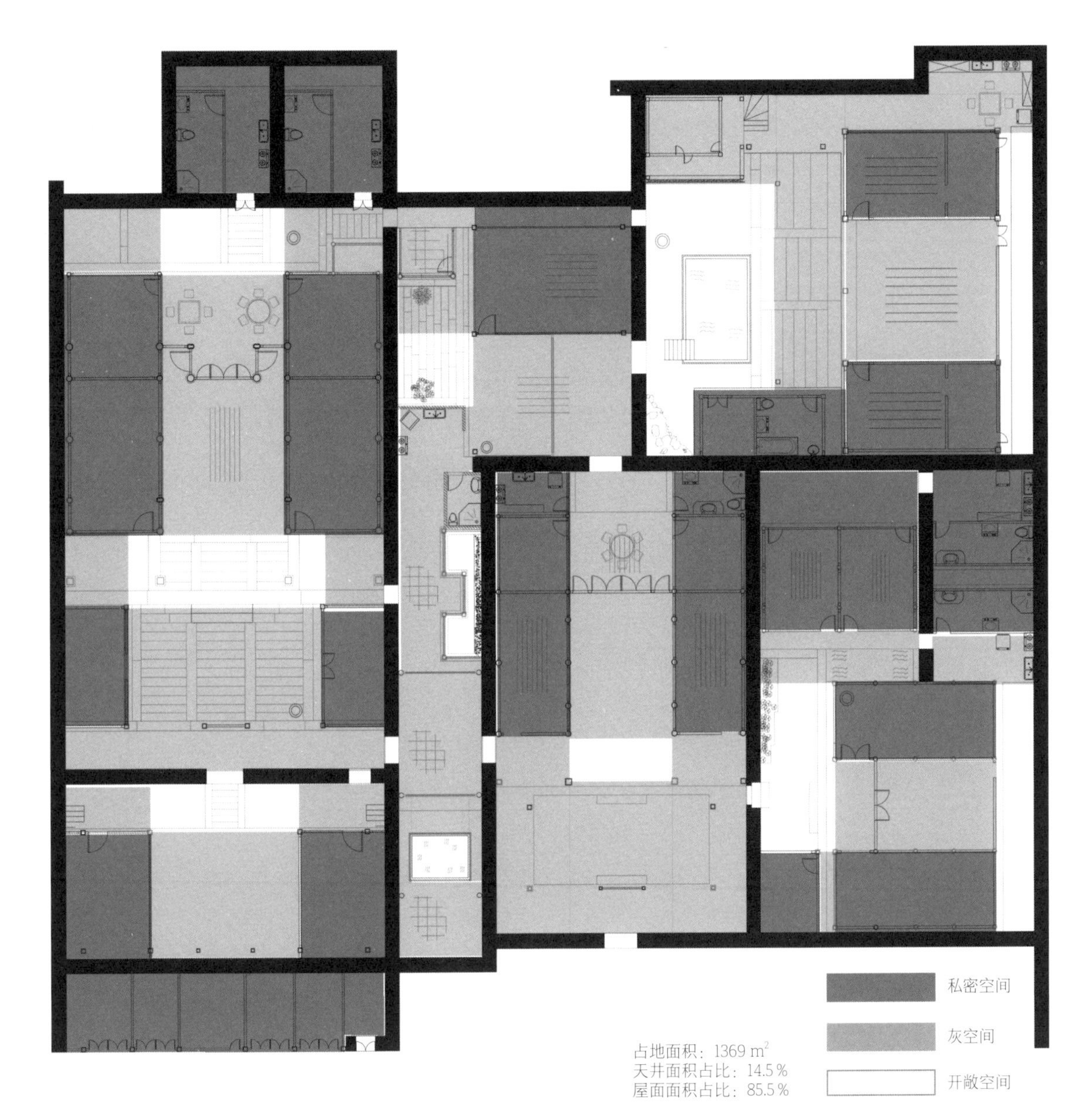

董执谊故居平面示意

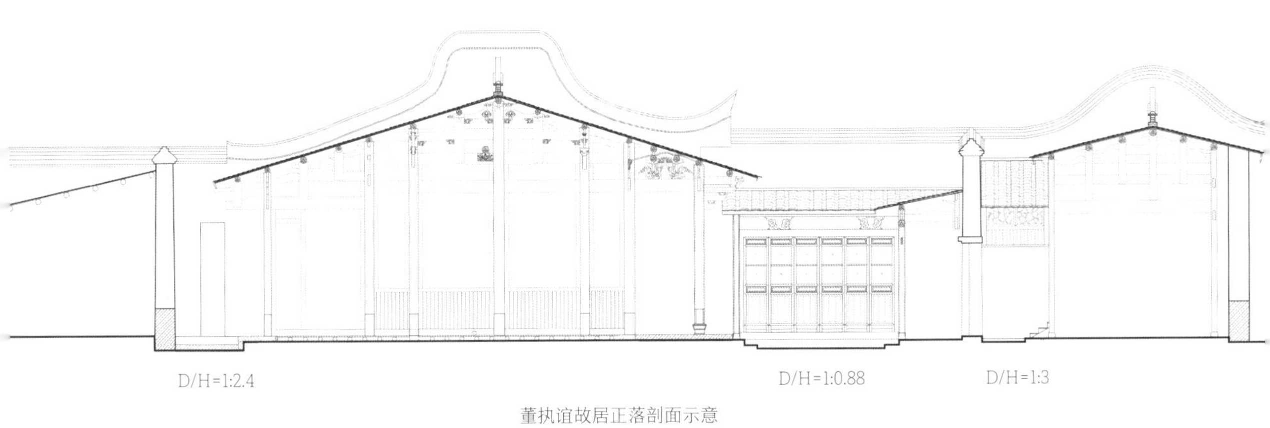

董执谊故居正落剖面示意

（2）中段

黄巷口南侧拆除原水表厂多层建筑，设计为大空间的工艺美术展示馆，作为当代艺术和收藏品展示中心。中段其余更新地块建筑均为小尺度商铺，或是上下复式商铺（带后院），或是首层为连续排列小商铺、二层为开敞式大空间，作为文创集市或餐饮功能。

本区段的国家级文保单位叶氏民居始建于明代，清至民国时期多次修葺，总占地面积 2211 平方米。大门朝街，坐北朝南，由三落多进院组成，主落临南后街，西侧两落为侧落。主落有二进，面阔五间（通面宽 19.6 米），一进为“明三暗五”。主落建筑布局最具特色的是：民国时期，将一进院“明三暗五”布局形成的东侧别院改造为二层的青砖建筑门楼，既折射出士人与时俱进的思想，又为街道空间带来一缕清风。门楼面阔三间沿南后街排开，同宫巷刘冠雄故居门楼，南侧次间设楼梯上二层，当心间及北间为门厅、轿房。门厅接主落一进前庭南游廊，轴线由东西向折回南北向，衔接巧妙。正落一进前庭三面游廊，厅堂居正，前庭面阔同厅堂 12 米、进深 10 米，方正阔朗。主厅堂三间连通，减柱造，纵横杠梁，空间轩敞，为典型的明代做法。高敞的厅堂、阔朗的前庭互为交融，厅庭一体，极富艺术感染力。二进主座则五开间一字排开，前庭三面环廊，面阔 17 米、进深 5 米，横向展开，疏朗儒雅，完成了空间由公共性一进厅堂到私密性二进寝居的过渡。

中落为南北向修长形用地，前后三进。一进为花厅园林（南花厅），由正落一进前庭的回廊南折进入，方便于主人接待宾客；园中池沼为半月形，是明代园林讲求规则池水的遗痕。二进院布局则

主落厅堂

主落二进庭井

为三坊七巷典型宅院类型的变异，虽非孤例，也属少见：前院由倒朝房、东西两侧宽窄不一的游廊和主座组成四合院，庭井（面宽 9 米、进深 6 米）端方舒雅；后天井因西北端缺角，通过两侧不同长度的披舍巧妙围合出一个别致的小方庭（5 米 ×4.5 米），前后有别，充满睿智。第三进为民国二层阁楼（北花厅），北为楼，南为庭，庭景空间方正，面阔 × 进深为 6.7 米 ×6.7 米，东西置游廊，于西游廊内设直跑梯上二层，东游廊为一层，南无游廊，于院东南植有一株大乔木，均衡构园。小阁楼木构架精雅，垂柱、挂落、楠木门窗等雕刻装饰工艺精湛。最西落用地面宽更窄，也更呈南北狭长形，边界亦不规则，布置为前后两个情趣小院，意趣充盈。

叶氏民居集明、清、民国三个时期的建筑风格于一体，各时期建筑风格鲜明，但又巧妙相融；建筑及空间尺度起伏变化剧烈，却又转换妥帖、过渡自然。无论是“进”与“进”之间，还是“落”与“落”之间，既有类型学的通适手法，又有源于类型却大胆创新的智慧，实为福州城内集多时期传统民居建筑之大成者，是研究福州各时期传统民居建筑布局、结构形式、装饰艺术及多时期建筑融合共生的宝贵案例。其主人叶在琦（1866—1907 年）曾任“全闽大学堂”监督（校长），在任时将“凤池书院”（今福州一中）改为“福建高等学堂”，林觉民是其学生。规划将其活化利用为福州近代教育文化展示馆，通过历史线索串联南后街北段的林觉民与冰心故居，并可作为冰心、林徽因、庐隐三位从南后街走出的中国近现代著名才女的生平事迹、书画作品等展示空间。

中落南花厅园林

明、清、民国建筑风格相融

叶氏民居内的非遗展示

叶氏民居平面示意

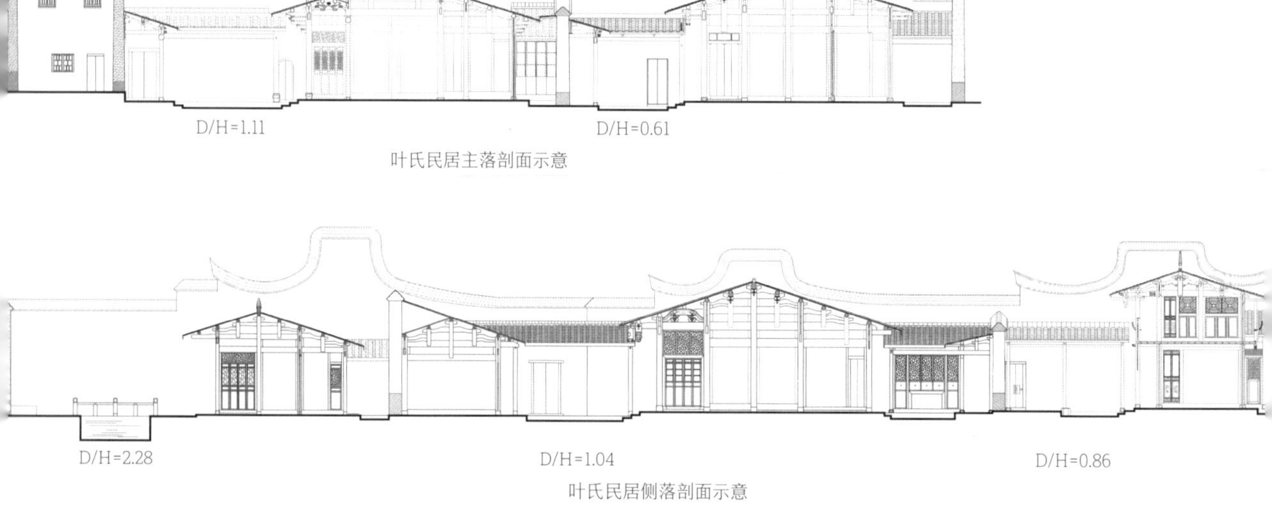

叶氏民居主落剖面示意

叶氏民居侧落剖面示意

（3）南段

设计充分挖掘米家船、青莲阁裱褙店等老字号的文化内涵，将南段定位为以字画及裱褙为主题并融合时尚休闲等功能的街段。其北端作为文创集市的延伸，南端突出文化休闲功能，中间以字画裱褙等文化业态为主，强调历史文化与时尚休闲的融合。此段保护活化的历史院落较多，修缮后可作为字画创作与裱褙展销相结合的空间场所，并植入休闲茶吧、餐吧等餐饮功能。

街南口东侧的历史建筑——蓝建枢（民国海军总司令）故居，修缮后作为艺术品展示与鉴赏中心，融入时尚休闲功能，体现船政文化特色内涵，并以此为线索串合其北侧宫巷内的沈葆桢（清船政大臣）故居、刘冠雄（民国海军总长）故居。

街南口西侧的光禄吟台，是“三坊七巷”内一处极具深厚历史文化底蕴的古典园林，与宋光禄卿程师孟、林则徐、陈衍、陈宝琛、林纾、冰心等都有紧密关联。设计拆除其地段西侧的省高级人民法院大楼，规划更新改建为院落式低层建筑群，作为三坊七巷旅游接待宾馆，并结合光禄吟台园林空间塑造为南后街最重要的休闲文化公园。

三个街段的业态功能布局均以南后街为纽带，串联起沿街各类商业、休闲空间：传统院落式商院、当代类比性创新商院、集中式商业、沿街小店铺以及开敞文化意义空间、巷坊空间、街道凹入式节点小空间等，营构了形态丰富、开合有序、上下错落、新旧相融的街道整体空间氛围。

南后街南段米家船

南后街南段青莲阁

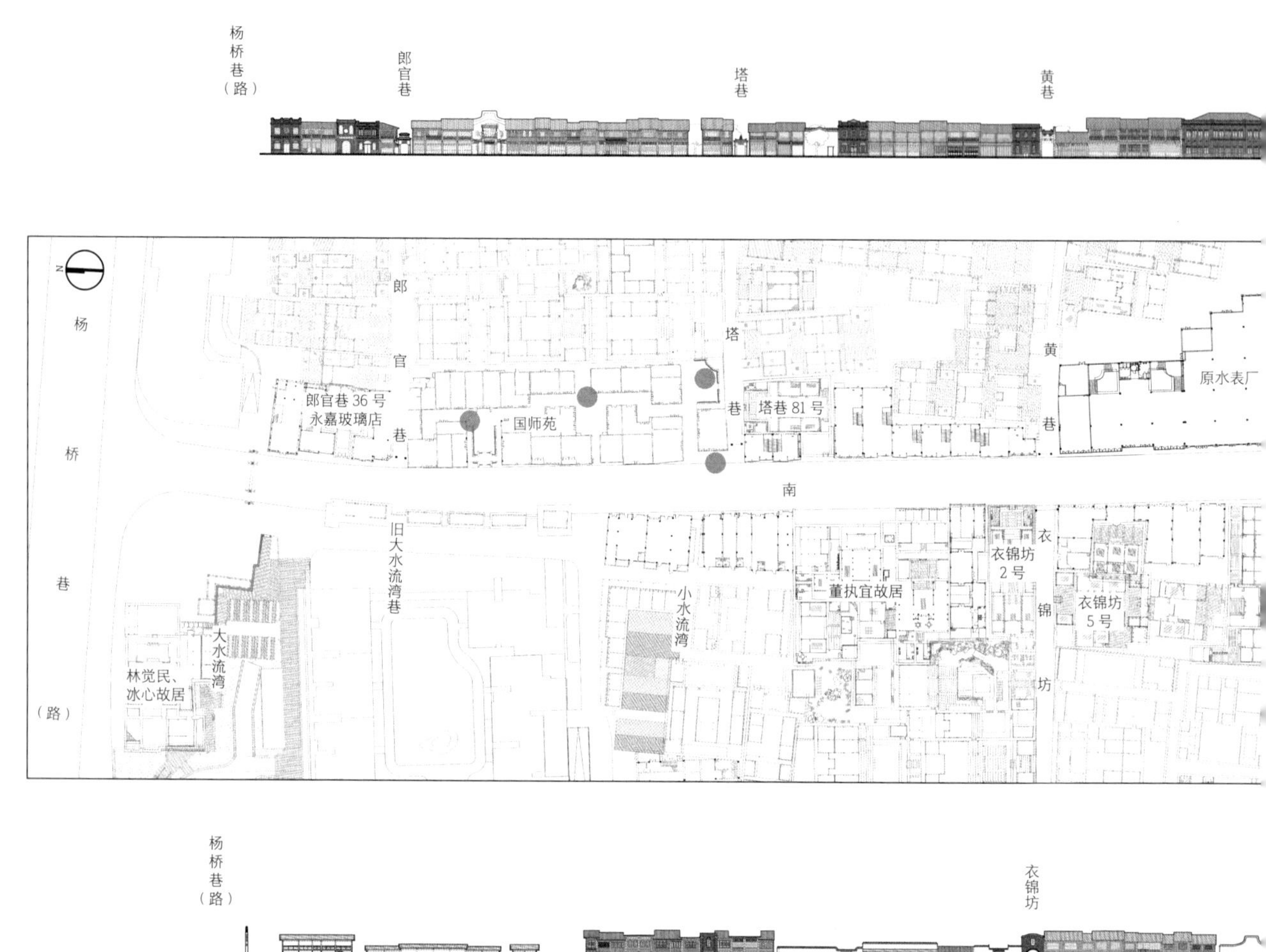

杨桥巷（路）
郎官巷
塔巷
黄巷
郎官巷
杨桥巷（路）
郎官巷36号永嘉玻璃店
国师苑
塔巷
塔巷81号
黄巷
原水表厂
南
旧大水流湾巷
小水流湾
董执宜故居
衣锦坊2号
衣锦坊
衣锦坊5号
大水流湾
林觉民、冰心故居
杨桥巷（路）
衣锦坊

安民巷
宫巷
吉庇路
安民巷
宫巷
南后街21号青莲阁苏裱店
南后街32号米家船裱褙店
严复翰墨馆
蓝建枢故居
吉庇巷
安
澳门路
街
文儒坊
南后街198号
南后街196号
南后街205号
泹液境
南后街228号
光禄吟台
丰井营
光禄坊
泰
河
文儒坊
光禄坊

4.3.3 风貌与立面修复设计

设计充分利用地段历史文化资源，保护丰富的历史真实信息，延续街道传统尺度，再塑具有迷人的时间跨越感与丰富的历史层次感的街道空间氛围，保持人们对南后街的传统记忆。

（1）历史建筑活化利用

除文保单位外，南后街沿街还遗存有 10 余座传统院落式木构建筑，设计拆除了其中不协调的加建部分，并采用传统材料、工艺和构造进行修复，按前文的定位将其作为展示空间或商业功能使用，让街道空间向院落延伸，以增强街道的历史文化氛围。

为保持南后街的历史风貌，设计还对沿街与历史保护区风貌相符合、但建筑质量较差的现存木构建筑，采用“翻建”的更新整治手段，精确测绘后按原有立面予以修复，内部则采用现代结构。

（2）更新建筑设计措施

拆除沿线当代多层和高层建筑、临时搭盖建筑及与历史保护区不协调的建筑，此部分建筑约占南后街沿街长度的 60%，总占地面积 12289 平方米，建筑面积 26364 平方米。

对于更新建筑，设计以满足当代商业功能为出发点，依据地块进深差异，确定改造为沿街小店铺、或集中式商业空间、或坊巷院落式建筑等。其风貌和立面形式则按照保护规划要求进行适应性类比设计，强调突出多元性与历时性。

① 强调传统尺度与小体量建筑的关系把握

总平面布局方面，设计强调小开间建筑的进退和组织秩序，营造有序变化的平面外轮廓形态；强调历史演进感与传统街道肌理的保持。设计通过大体块建筑屋顶的小尺度划分，呼应周边历史建筑的屋顶肌理，同时自身形成高低起伏、有序变化的天际轮廓线。

② 注重立面形式的多元化与时间层次表达

在保持南后街以传统木构建筑为主体的前提下，适量植入类近代的砖石立面建筑。传统木构建筑以南后街现存的近现代“鱼鳞板”建筑风格为主体，强调二层以横向鱼鳞板、小窗洞组成的较封闭的立面特征，保持现有南后街历史风貌，形成独特的文化景观。同时，在南后街中植入历史上本已存在过的二层外墙出挑、带各式栏杆的走马廊建筑及横向开窗的立面形式建筑，体现其时间层次上的历史印迹。将近现代柴栏厝、砖石建筑与传统木构商业建筑拼贴组合，以充分反映街区建筑的发展脉络与传承演进，充分呈现其多样生动的文化景观。

③ 整理归纳传统建筑元素形成系列化类型谱系

通过学习考察三坊七巷街区以及福州城区相关古街历史建筑，

以三坊七巷遗存建筑为主体，研究提炼福州传统、典型商业建筑的要素类型，按不同尺度层级分门别类归纳整理，以表格化形式形成系列化谱系，并应用于更新建筑的类比设计。

将传统木构建筑不同的立面形态（上下平齐式、走马廊式、鱼鳞板及传统镶板式）、二层立面及开窗形式、首层活门形式以及装饰构件、节点构造等构成元素进行分类，依照不同尺度层次，归纳出系列化类型，并编织组合形成不同的立面构成形式，以营造丰富多样的街墙立面。

砖石建筑则按砌筑方式、立面构成形式、门窗形式、勒脚与线脚形式、檐口形式、阳台栏杆及灰塑等的不同，进行归类组合，形成更新建筑设计的组织元素。

注重立面形式的多元化与时间层次表达

遗存建筑平面布局

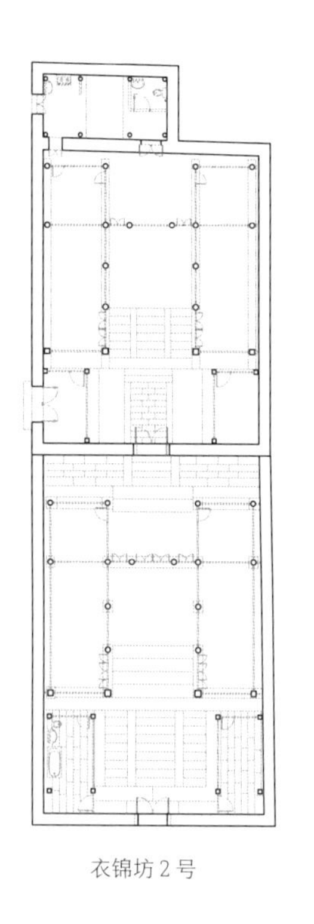

衣锦坊 2 号

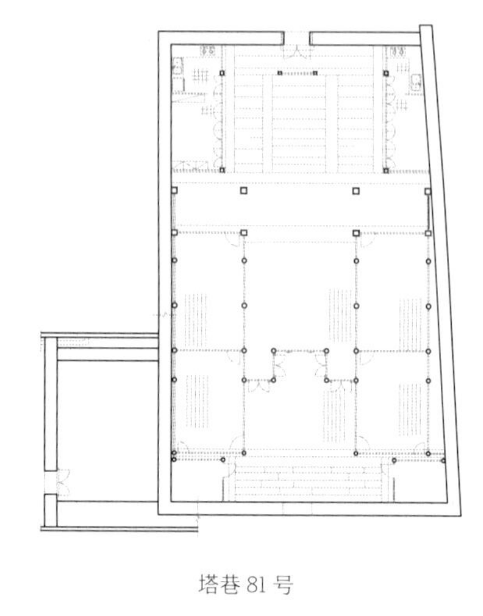

塔巷 81 号

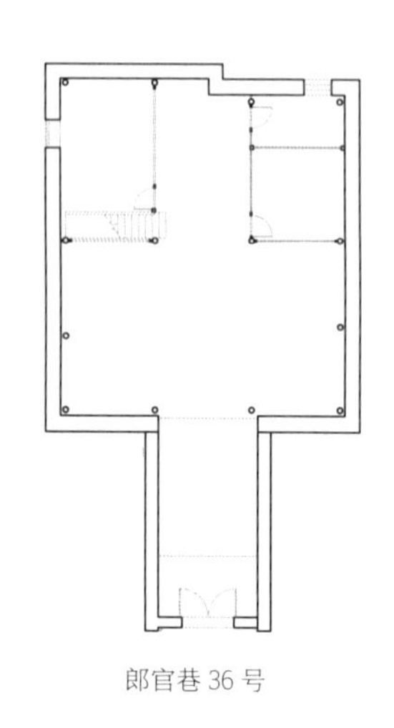

郎官巷 36 号

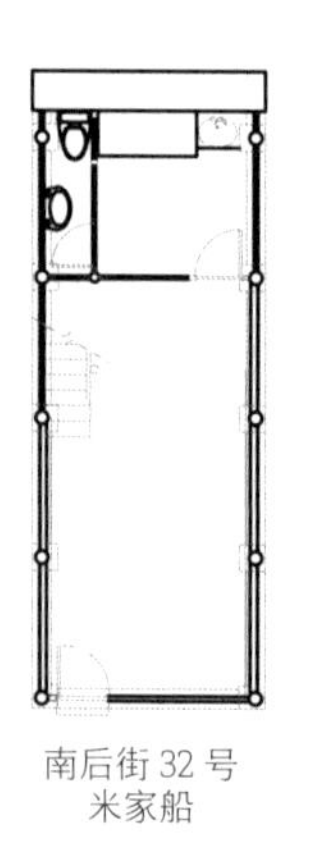

南后街 32 号
米家船

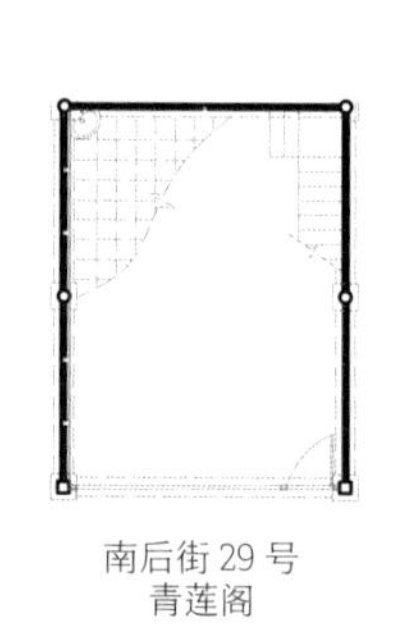

南后街 29 号
青莲阁

新建建筑平面布局

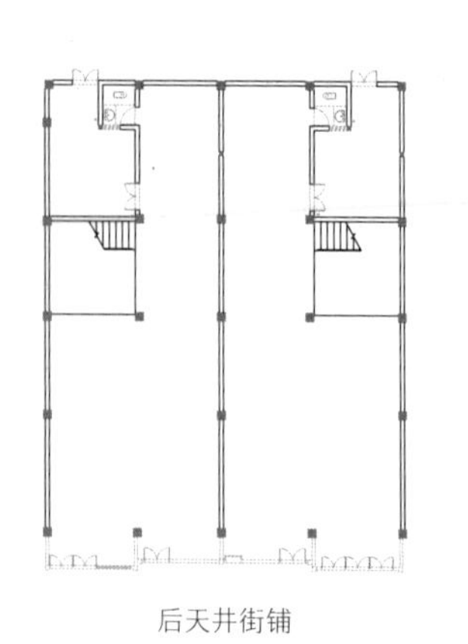

后天井街铺

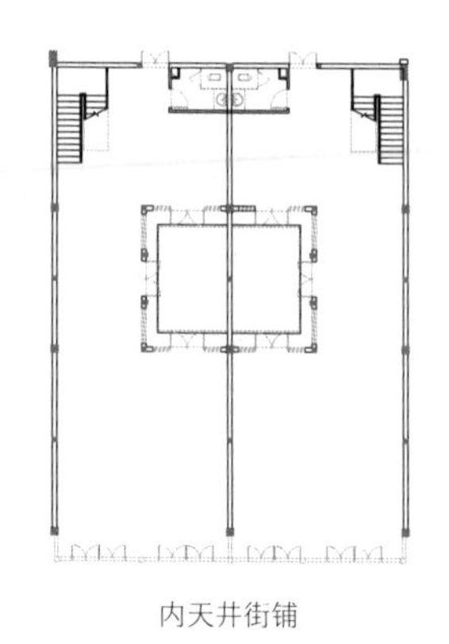

内天井街铺

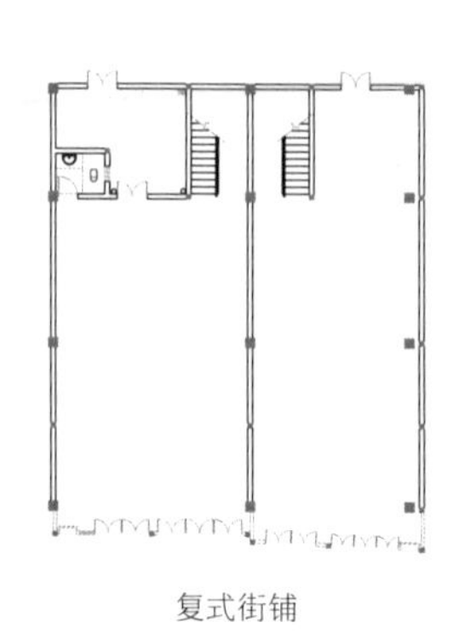

复式街铺

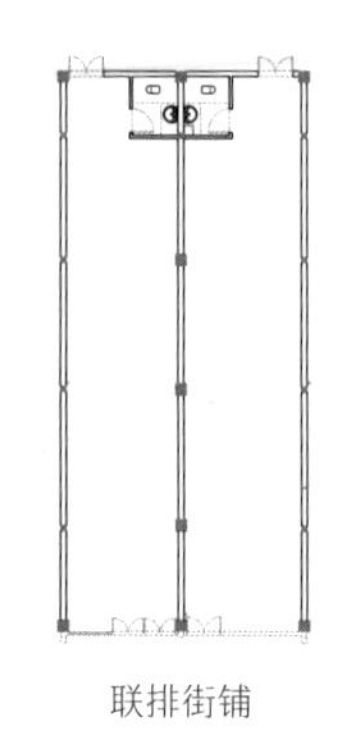

联排街铺

4.3.4 街道空间意象修复

南后街街道景观是以街道为载体、以两侧建筑为界面，营造独特而多样性的建筑景观，如南段蓝建枢故居的马鞍墙及保留的近代青砖墙建筑、利民大药房中西合璧建筑与当铺的粉墙建筑，中段叶氏民居优雅的马鞍墙与近代青砖外墙，北段董执谊故居的牌堵门头房、水表厂地块更新的青砖墙建筑和连片木构建筑中插入的青砖建筑，这些不同时期不同形态的建筑顺街展开，共同营构出一幅精彩自然、历史与现代交融的城市生活画卷。

街道空间塑造方面，我们在强调整条街道空间连续性的同时，注重空间体验的节奏变化与层次拓延。北段于衣锦华庭前添加一至二层传统木构休闲廊，使街道立面得以外延，增强了街道空间的围合感与层次感。街东侧的更新建筑则结合基地内保留的几株古树组织空间，形成巷、院相融的坊巷式体验场所。沿线文物及历史建筑多为深宅大院，设计将人流、公共活动引入其中，强化南后街空间体验的厚度感与地方历史特征感。同时，设计注重塑造具有文化意义的特色小节点空间，如光禄吟台东侧沺液境遗迹及古井空间节点，既是街道中的历史特色空间，又是引人进入光禄吟台园林的意趣过渡空间。而沿街五巷二坊口共七处小节点空间皆呈有节律地分布，形成段落中不经意出现的趣味空间，更令游历其间的人们产生不同一般的体验感受，让南后街真正成为城市中独具魅力的“文化会客厅”。

更新建筑国师苑入口门楼

沺液境空间节点

4.4 修复再塑后的思考与启迪

4.4.1 在集思广益中充实与完善

2009 年春节，修复后的南后街重新开街，沿街各级文物建筑、历史建筑都得以保护修缮并活化利用，其中如南端蓝建枢故居作为福建民俗博物馆、老当铺作为三坊七巷美术馆，中段叶氏民居作为福建省非物质文化博览苑，南后街北口林觉民与冰心故居修缮后重新开放。同时，“通过优惠政策使‘米家船’‘青莲阁’裱褙店和‘同利肉燕’‘永和鱼丸’等老字号陆续回归”[注10]。各街段更新建筑结合既定规划，先后引进各类业态，如更新后的水表厂地块建筑结合其大空间特征，作为寿山石等福州传统工艺美术品及其工艺、制作展示中心；国师苑地段引进咖啡馆等现代轻食餐饮；其他地段各类建筑则引入相应的文化休闲、时尚创意等业态功能，使重新开街后的南后街较快地形成以地方历史文化内涵和商业文化休闲为特色的城市“文化会客厅”，其整体氛围契合了三坊七巷街区的历史文化特质，能反映出南后街的城市集体记忆，正如 1932—1938 年居住于安民巷的康先生所说：“不久前，和儿子参观修复后的南后街，看到街道两旁的店铺门面，很有几十年前的老样子，颇有旧地重游的感觉。”[注11]

注 10　福州市政协文史资料委员会 . 三坊七巷史话 [M]. 福州 : 海峡书局，2016:299.

注 11　康明 . 回忆安民巷旧居和往事 [N]. 福州晚报，2009-05-09.

老字号回归

三坊七巷是闽都文化的典型代表地与城市集体记忆的集中承载地，甚至可说是城市的活态“纪念物”。作为三坊七巷的核心展示窗口，南后街成为街区中最为显要而敏感的地段。不同社会文化背景、不同阶层人士对其都有着特别的情感与特殊的记忆，每个人心中都有一个独特的“南后街”模样。因此，设计不再是纯专业技术问题。相对于坊巷内良好的历史存续，南后街街墙许多段落却是由崭新而连续的更新建筑组成；更由于规划要求仍保持南后街的市政道路功能，道路两侧的南洋楹行道树在修建过程中被砍除，以铺设市政管线（仅余两株高大的南洋楹，一在蓝建枢故居旁、一在街北口）。而此管线的铺设方式也给后期乔木栽植增加了难度，所以开街时街上仅一南一北两株南洋楹，无其他树木，街道小品及设施亦未到位，更让街道显得空旷单调，了无生机。这与人们“心中”的南后街落差太大，遭到了部分领导、专家学者与市民的批评。于是，福建省土木建筑学会组织专家进行研讨，相关政府职能部门亦陆续邀请国内知名专家“会诊”，提出了许多建设性建议与意见：如街道太宽、天际轮廓线太平缓，坡屋顶没有举折、太生硬、出檐太短，木构建筑立面太低廉不够华丽，巷口及街道沿线变化不够，立面太新缺乏历史厚重感等。之后，福州市领导要求三坊七巷管委会和我们设计团队提出改进、完善方案。

南后街补植的乔木

印象深刻的是，2009 年三坊七巷获得首届全国十大历史文化名街称号，在举行揭牌仪式时，著名古建筑学者罗哲文老先生亦来到福州。罗老给了我们一句宽慰的话："对待更新建筑要实事求是，没关系的，时间会让新建筑变旧、变老。"此后，在各方锲而不舍的努力下，南后街得以不断地充实、完善，它作为历史文化街区的独特韵味也越发彰显。特别感动于三坊七巷保护开发有限公司首任总经理林矗先生和总经理助理郑嘉贤先生，费心找寻街上能落树的空间，并依据其位置特征寻觅恰贴的树形树种，直至现场指导、调整每一株树木的合适方位朝向。正是他们对待历史街区的高度责任感与高文化素养，让"不能种大树"的南后街又生机盎然了起来。

2009 年国庆街区揭牌仪式

左二起依次为：曾意丹先生、罗哲文先生、叶子文先生

4.4.2 保护再生策略反思

街区的氛围与业态形成确实需要时间的沉积。十余年来，三坊、七巷和南后街始终处于调整、完善、充实的积淀过程之中。我们设计团队亦在不断总结经验，反思南后街保护再生的成功与不足，进而在后续安泰河历史地段、朱紫坊历史文化街区、上下杭历史文化街区等历史文化保护与城市更新实践中，持续探索并形成一套历史地段保护再生设计的适应性、针对性的策略与方法。

（1）寻找特征，再塑独特性

《三坊七巷保护规划》《南后街保护更新设计》都强调了南后街沿街建筑要延续以现存木构鱼鳞板建筑为主体的木质特征，由此我们在再生深化设计中，秉持该理念并加以创新演绎，形成南后街以木构建筑立面为主体的整体风貌特征。在具体设计中，我们亦不拘泥于现存的、简单的木构鱼鳞板建筑的立面形式，正如郑松岩市长所说："如果都用'鱼鳞板'，这条街就真成临时建筑一条街了。所以，你说的'旧'是什么呢，……后来整条街又重新修改了设计，体现了明清、民国不同时期的建筑，且基本上做到错落有致，能保留的历史建筑、名人故居一概保留。"[注12]

注12　杨凡．叙事：福州历史文化名城保护的集体记忆[M]．福州市政协文史资料和学习宣传委员会，福州市历史文化名城管理委员会编．福州：福建美术出版社，2017:61-62.

情景雕塑

我们结合专家、领导的意见，较为全面地调研了福州市区、近郊区传统街市中现存续的木构商业建筑，对其加以分类、归纳和提取，形成类型学谱系并融合到南后街更新建筑的设计参照中去。在此，特别感谢《福州古厝》一书的作者、文史专家曾意丹先生，在我们近一个月的福州古街市调研中，他不顾年事已高，亲自带领我们团队到各调研现场，热忱且充满激情地为我们讲解，令我们受益匪浅；老先生严谨治学的态度与无私教诲的精神，让我们终生难忘。通过类型编组，设计将简单鱼鳞板建筑、外挑走马廊、封闭式外挑走马廊（变异型）、较古远的直上直下木板堵插坎门式等多种二层木构建筑立面有序组织，形成虚实相间、进退相错、高低有致的“图形性”连续沿街立面，既构筑段落差异性和整体统一性，又让街墙立面在阳光下富有生动变幻的表情和情趣。此外，我们结合每段存续的历史建筑或粉墙马鞍墙、牌坊门头房或二层民国砖石建筑，与不同形态特征的坊门、牌坊有趣编织，令沿街各段立面更具清晰的可读性和可识别性。

设计同时强调建构材料的地方性与材料的本色特性（如清水木色、青砖、石材），强调工匠传统与传统工艺构造作法，并将其升华至建筑学层面加以思考，即如方言一般，坚持以地方传统建筑固有的句法结构，重构街区所有尺度层级的地方性文化景观，包括总体空间结构、建筑、街道小品、家具、细节构造等各级尺度。

南后街南端两层民国式历史建筑

当铺粉墙

（2）源于历史，但不囿于现状

南后街街宽 12 米，沿街两侧原多为二层木构建筑形成的连续街墙。修复设计中，我们不拘泥于现状界面的连续性，将文保建筑、部分历史建筑外侧的无价值、浅进深的临街老旧木构商业建筑剥除，既让文保、历史建筑显现于街道，又于线形街道中形成多处如西特所称的“舞台式”[注13]凹进休憩空间，如街中段西侧的叶氏民居处、北段西侧的董执谊故居处，通过植入与之历史内涵相关联的传统刻书、裱褙等情景雕塑，构造出富有意涵的街道小空间；“小的东西像掌上明珠一般可爱，小的东西是富有幻想性和浪漫性的。”[注14]

西侧南段沿街立面是由南端二层民国式历史建筑、白粉墙历史建筑（当铺）、更新的钢木建筑（从南而北）共同组成的多样、连续的街墙立面。往北则是由光禄吟台开敞空间向街道外溢的虚段，中有外加玻璃盒子的“泔液境”与古井遗迹，此处亦为丰井营巷口的节点空间。再向北的界面则由长约 50 米的二层木构立面建筑构成，中有留存的、高大的文儒坊坊门，坊门与对街的宫巷口牌坊相望，构筑了南段重要的标识性空间节点。至中段，则是国家级文保单位叶氏民居的二层民国青砖建筑门楼及其优雅的几字形曲线马鞍墙所构造的独特文化景观界面，设计通过拆除不协调店面，在场地中形成一处“舞台式”情景小空间，意趣生动。续北，是衣锦坊段，设计采用青砖坊门作为衣锦坊的标识和本段视觉中心，南侧以更新后小尺度连续排列的木构立面建筑及北侧保留的历史院落建筑、或牌堵门头房、或石框门、木构门罩和乌烟灰黑粉墙建筑等，组成了错落有致、虚实相间得宜的生动界面。至董执谊故居段，又是一处扩大的街道节点，同为“舞台式”情趣小空间，建筑界面为黑粉墙

注 13 ［奥地利］卡米诺 · 西特 . 城市建设艺术：遵循艺术原则进行城市建设 [M]. 仲德崑译；齐康校 . 南京：江苏凤凰科学技术出版社，2017:85.

注 14 ［日］芦原义信 . 街道的美学（上）[M]. 尹培桐译 . 南京：江苏凤凰文艺出版社，2017:119.

街道舞台凹入空间（叶氏民居）

街道舞台式凹入空间（董执谊故居）

和一层门头房木构建筑立面相组合，天际轮廓线变化极富趣味。继续向北，再生设计采用二层木构立面连续排列的、间缀有一小尺度青砖建筑的界面，中有一处过街楼通南后街后侧商业小节点空间，此处旧为小水流湾巷口，设计以过街楼寓示，并于街后侧形成一南北狭长的扩大空间通其北端旧时的大水流湾巷。此处理方式不仅让商业空间向街内侧腹地延伸，丰富了街道空间体验层次，而且使大、小水流湾巷的历史遗痕得以揭示，为研究街区地理历史变迁提供了线索。再北行，至东侧郎官巷口对街处，即为旧大水流湾巷口，设计采用一至二层木构休闲廊织补街墙界面，并与新置的南后街石牌坊相衔接，重塑了完整、清晰的街道北段空间形态。

南后街牌坊的北侧为街区北入口广场，广场西侧的林觉民、冰心故居彰显了三坊七巷的人文历史意涵，新置的达明路美食街牌坊则隔杨桥路与南后街牌坊正对。无论从南后街牌坊内北望美食街牌坊，还是从达明路牌坊内南望南后街，两座牌坊互为成景，饶有趣味，一定程度上呈现了中国传统城市的美学意蕴。

叶氏民居马鞍墙及青砖门楼

连续的木构建筑点缀青砖建筑

国师苑保留古树及远处的小水流湾巷口

南后街牌坊与达明路美食街牌坊互为成景

相对于街道西侧街墙立面及空间的丰富变化，南后街东侧界面则相对连续舒展，视觉体验从南后街牌坊起持续至郎官巷口，其中保留的民国年间永嘉玻璃店为青红砖相间的“洋脸壳”二层建筑，两侧更新建筑为砖石与木构立面相组合，构筑出独具地方历史特征的界面，与街西侧木构休闲敞廊共同营造出具有强烈可读性的街道北段景观意象。郎官巷至塔巷段为更新建筑区段，我们结合现存数株苍虬古雅的大樟树，建构了由入口门庭、内庭、过街楼、树下空间等编织而成的既具序列性又具意趣性的坊巷院落式商业休闲区；此段设计本意是作为美术工艺大师的文创园，并称“国师苑”，后改为特色时尚餐饮坊，现今看来却也贴切。塔巷至黄巷段，更新建筑以二层木构为主，间缀砖石建筑，呈现其连续的“图形性”界面特征，既凸显其对侧街段历史建筑的独特乌烟黑粉墙界面，又强化了南后街以木构立面为主体的文化景观特质。

永嘉玻璃店段落景观

特色咖啡馆

黄巷口是南后街场所体验的一处重要节点，设计让巷口南侧建筑后退，并将临巷建筑降至一层，塑造了具有可读性的巷口小节点；其对街为衣锦坊坊门，一牌坊、一坊门，互为框景，自成美学意趣。游线继续南行至叶氏民居段，东侧更新建筑以精雅的二层木构立面穿插在青砖建筑立面中，构筑成连续的街道界面，彰显了其西侧叶氏民居天际线跌宕起伏、形态生动的个性特征。此段中部设置的 8 米宽过街楼，打破了界面的实体连续感，让街道空间向东侧延伸，丰富了街道的空间层次。过街楼东则为南北两侧设有游廊的东西横向展开的内庭空间，既作为 3D 影院的仪式性入口空间，又是街道一处特色休憩节点。街墙界面继续向南延伸，以巷口分隔形成有节奏的段落，更新建筑多为小开间二层木构立面建筑的集合体，多元立面形式编织组合，虚实相间，进退错落。各建筑内部均设有可进入式庭井，为创意商业空间的建构提供了充分的灵活性。再往南至南后街南端，则是蓝建枢故居，此处亦剥除了临街小店铺，形成街道南入口的扩大空间，布置有街区导览牌等街道情趣小品，与街西侧的存续建筑同构出又一处具有强烈可读性的街道景观意象。而蓝建枢故居旁一株气质儒雅、形态独特的高大南洋楹，虽历经风雨却年复一年慈祥地迎送着来往的人们，更令游客对南后街产生深刻的印象。

黄巷入口节点

南后街中段东侧过街楼

修复后的南后街，凝聚了福州古城独有的、可辨识的建筑文化与符号特征，形成具有连续序列、清晰可读的体验感知意象，真正意义上实现了闽都“文化会客厅”的设计意图。

反思南后街东侧更新建筑平面布局和街道空间，从视觉感受与空间体验审视，设计还是太囿于其固有肌理与街道的连续性，如郎官巷、安民巷、宫巷三处巷口节点，似可做更大胆的处理，让临巷口建筑多些退让，层数也可降至一层（如黄巷口的处理方式），强化各巷口的节点意义（如塔巷口，设计结合保留的古树塑造了有文化意涵的巷口空间），以更加强街道空间体验的段落节奏感。街中段旧水表厂更新建筑，可沿街局部添加一层外凸体，丰富建筑立面层次，增添街道空间意趣。安民巷口至宫巷口段，可减除一、二间店铺，形成“舞台式”凹进小空间，并适当串合现有建筑的内天井，营造内庭、内街式空间（如北段国师苑地块处理方式），补植以大乔木，构筑南段之魅力场所。以上这些完善思路在 2009 年我们所做的方案中已有体现，我们相信，会有机会通过适当改造弥补缺憾，让南后街的空间体验感知意象更趋完美。

蓝建枢故居前的高大南洋楹

更新建筑内部庭井

坊口牌坊

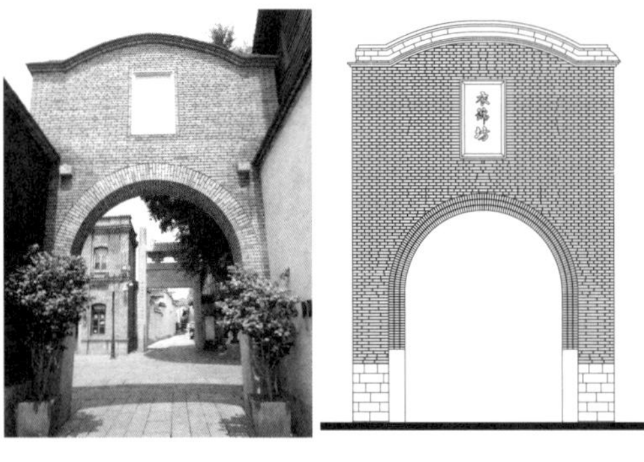

衣锦坊

文儒坊

巷口牌坊

郎官巷

黄巷

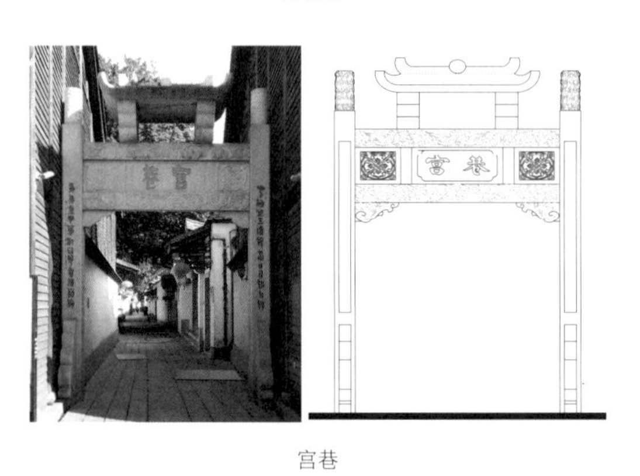

宫巷

塔巷

安民巷

（3）讲求适宜的比例尺度，塑造个性化、宜人的街道空间

街道宽度（D）、街墙建筑高度（H）及沿街建筑面宽（W）是研究城市公共空间（街道、广场）的重要指标[注15]。前文所述的三坊与七巷修复时，我们也特别关注各坊巷空间既有的 D/H、W/D 比值与空间特征关系，并在修复实践中，强化其固有的空间特征与场所氛围。

南后街各段落街道皆宽约 12 米，临街建筑坡屋顶檐口高度 6—7 米，D/H ≈ 2，具有良好的比例关系；沿街建筑多以 4 米左右的小开间连续拼接而成，符合格式塔心理学的“图形”[注16]界面特性，形成既无离散感又能亲切宜人的空间。2009 年初重新开街之时，许多人认为南后街被拓宽了，没有了传统街道的氛围。实际上街道并没有被拓宽，只是将原先三块板的市政道路整合为一块板的步行街道，加之街两侧原本连续排列的行道树因铺设市政管线而被移除，新补植的乔木未实施到位而显宽阔。2009 年下半年起，街道设施持续充实，高大乔木错落补植，商家不断入驻，精心设计并严格管控店牌、店招等各类广告设施，南后街又逐渐洋溢起其独特的书卷气息。至今，重新开街后的南后街已历经十余年使用，实证了南后街的宽度及其街道设施分布能很好地适应中国式节假日的大流量人员集聚及平日休闲状态下独特性氛围体验的需求，实现了“街道是城市一个矩形舞台，人们在其中见面、闲聊、游乐、……求爱和表现自尊心”[注17]。

沿街单体建筑的长度（或称开间宽度）W，其与街道宽度 D 所构成的 W/D 比值是形塑街道独特性的表征性指标。店铺面宽（W）与街道宽（D）比值小于 1 是保持传统街道整体节奏感与充满活力生机的重要保证[注18]。在南后街沿街商业建筑的更新设计中，我们在保持街道整体固有尺度关系和传统建筑独特宽高比例关系的同时，结合场景变化和大空间使用需求，适应性调整了其建筑的宽度和高度。在南后街建设过程中，时任市长郑松岩先生每天夜晚从市政府下班后，10 点左右必到现场感受工程实施效果，解决工程存在问题。记得有天晚上，他看了部分已封顶的二层更新建筑，对我说，“这些建筑的层高是否合适？未实施的大空间建筑层高可做些调整。”囿于保护规划对新建筑的高度控制（檐口高度 7 米、脊高 9 米），对于二层高、较大体量的商业建筑来说，确实存在问题。为响应郑市长的要求，我们结合每处更新建筑的具体环境，调整了大地块更

注 15 ［日］芦原义信 . 街道的美学（下）[M]. 尹培桐译 . 南京：江苏凤凰文艺出版社，2017:62.

注 16 同上书，第 37 页 .

注 17 ［意］阿尔多 · 罗西 . 城市建筑学 [M]. 黄士钧译；刘先觉校 . 北京：中国建筑工业出版社，2006:85.

注 18 ［日］芦原义信 . 街道的美学（下）[M]. 尹培桐译 . 南京：江苏凤凰文艺出版社，2017:85.

新建筑的开间和高度，内部采用大开间，外立面则采用 3.6—4.2 米的开间，并于临街做适当的平面进退变化；檐口高度在 6.6—7.5 米（结合砖石建筑女儿墙）错落变化，且将长短坡屋顶与平屋顶加以组合，形成小开间连续集合的立面形态，使之既满足了二层商业建筑空间的高度需求，又塑造了起伏变化的沿街界面和生动的天际轮廓线。由此，我们亦深刻感悟到，对于历史地段的更新设计，不仅要在图纸上做思考，经现场体验感悟后的再设计更是一种重要的设计方法。诚如阿尔多·罗西高度赞赏吉迪恩（Sigfried Giedion）评述西克斯图斯五世（Sixtus V）所实施的罗马规划（1588 年）所说的，西克斯图斯五世的规划是心中的思考与事先现场体验的结果的综合。[注19] 这种现场体验感悟与心中思考相结合的历史地段设计方法，应是历史城市更新设计的重要手段。

日本建筑学家芦原义信倡导的——街道中建筑面宽与街道宽度的适宜比值关系，亦是当下城市回归街道生活的重要原则。我们不仅将其用于南后街的修后验证，而且在近年三坊七巷东侧南街地段改造以及八一七路城市中轴线立面改造设计中都加以实践和应用，

注 19 ［意］阿尔多·罗西. 城市建筑学 [M]. 黄士钧译；刘先觉校. 北京：中国建筑工业出版社，2006:125.

小开间连续拼接的沿街建筑

高度错落变化的沿街立面形态

南后街鸟瞰

皆取得良好的成效。修复后的南后街仍保持 D/H ≈ 2、W/D < 1（0.33—0.66）的良好比值关系，延续了传统小开间建筑组合而成的连续街墙立面特质，各坊巷口的坊门、牌坊及历史建筑则成为其中的序列景观节点，调整着街道景观旋律的节奏变化，形成独特的感知意象。同时，D/H 值约等于 2 的街道空间也让富有地方文化景观特性的建筑立面呈现出良好的“正面性”[注20]；而沿街不时出现的“亲切的令人安心”的“舞台式”袖珍节点空间，则进一步强化了街道生活的迷人性。

总之，南后街文化性修复与再造的过程，就是于模糊混沌中，或在看似雷同化的一般性历史环境中，“发现和保留强烈的意象元素”[注21]，发掘其随时间积淀下来的差异性与唯一性，组织成结构清晰、个性独特、连续可读的环境意象的过程，并由此重塑城市“文化会客厅”应有的环境品质和场所精神。正如美国建筑学家凯文·林奇（Kevin Lynch）所说：“一个规划的最终目标并不是物质形态，而是人们心中一个意象的特征。”[注22]

注 20 ［日］芦原义信．街道的美学（上）[M]．尹培桐译．南京：江苏凤凰文艺出版社，2017:98.

注 21 ［美］凯文·林奇．城市意象 [M]．方益萍，何晓军译．北京：华夏出版社，2017:88.

注 22 同上书，第 89 页．

南后街街景

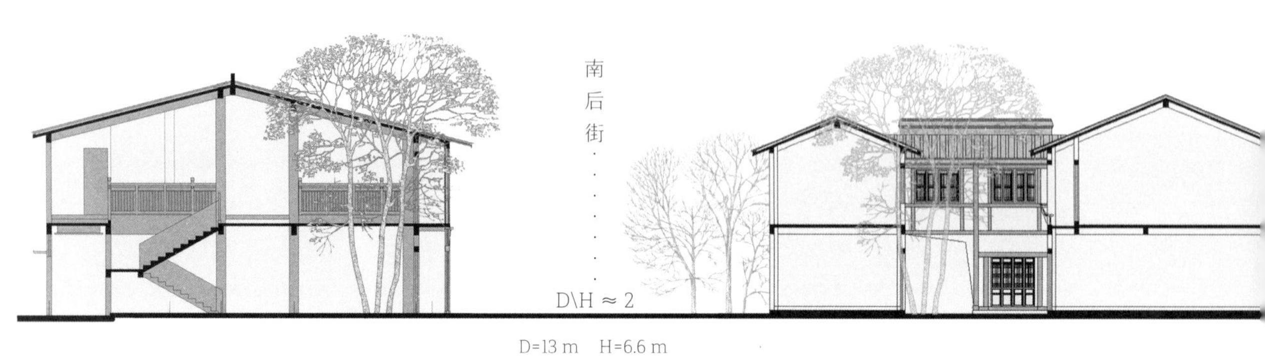

南后街北段断面图

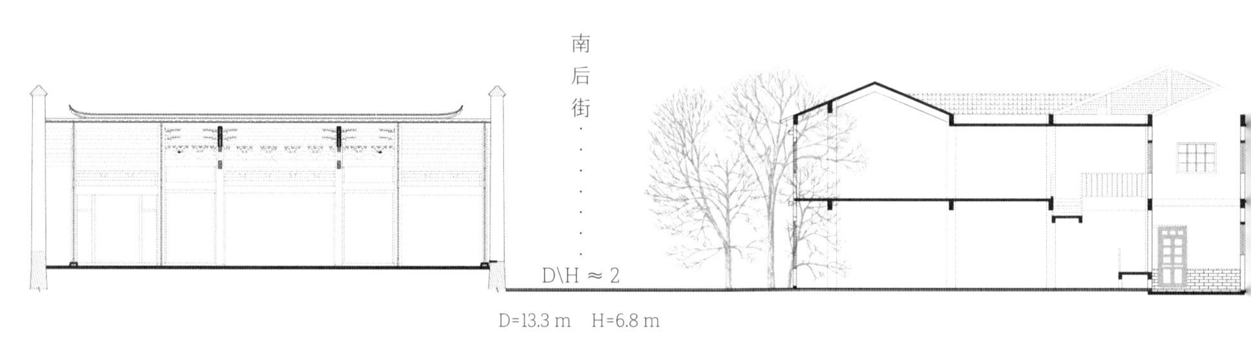

南后街中段断面图

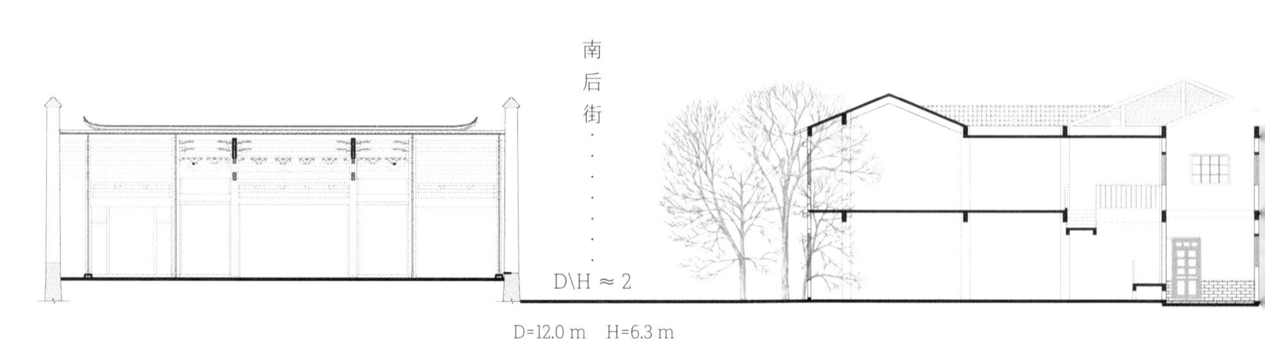

南后街南段断面图

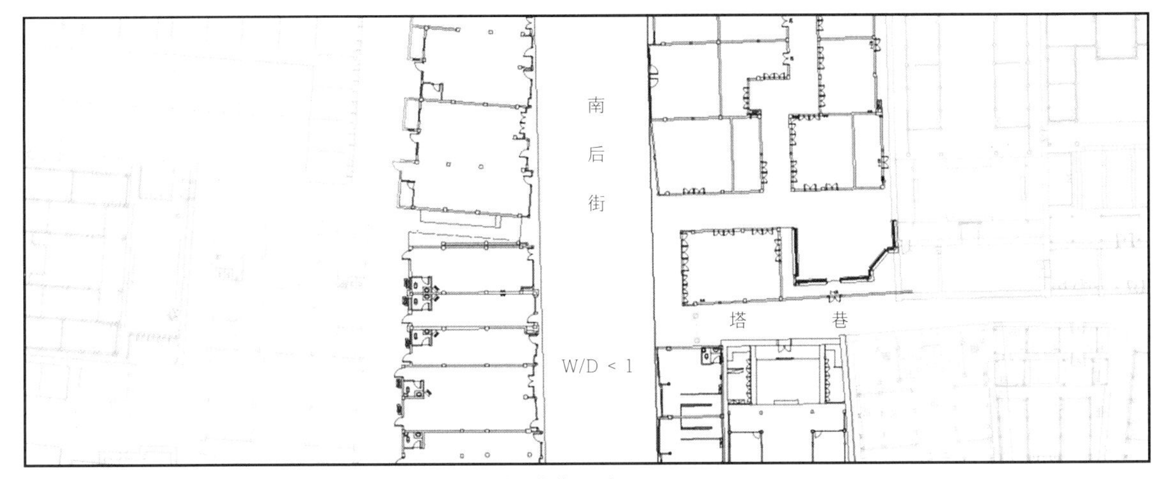

南后街北段局部平面图

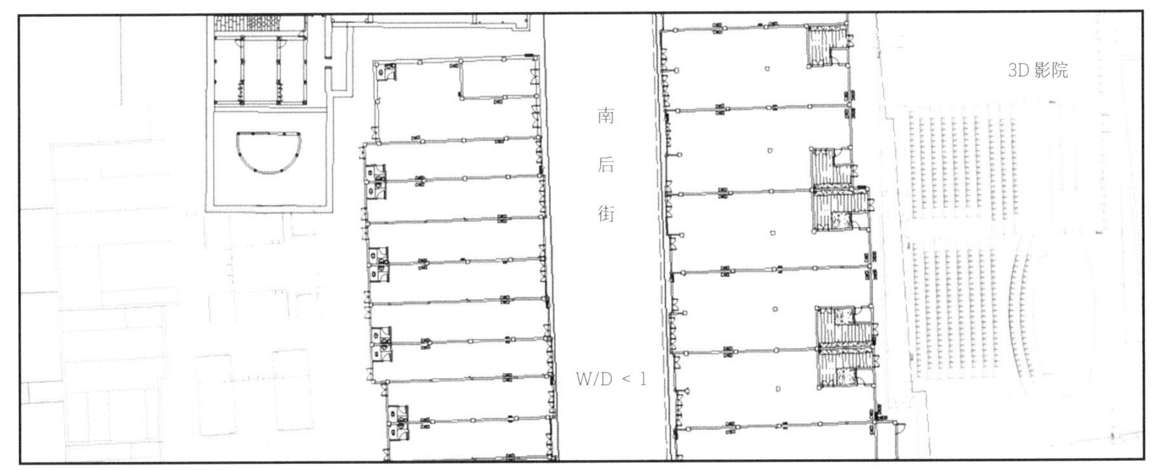

南后街中段局部平面图

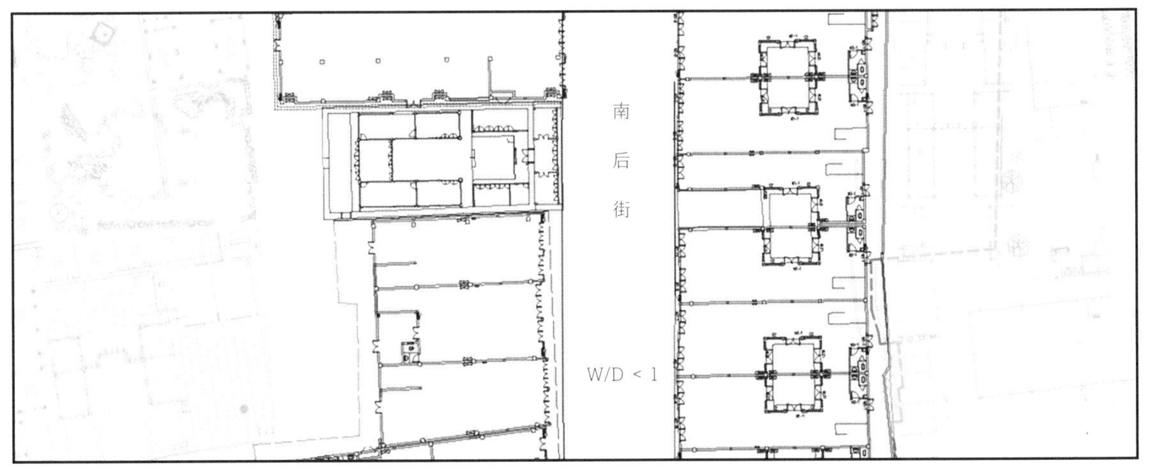

南后街南段局部平面图

5 安泰河与乌山历史地段再生

5 安泰河与乌山历史地段再生

任何历史地段都是上百年甚至上千年历史演进的结果，都是历史城市整体不可分割的有机组成部分。在当下大多数城市建筑文化遗产已呈碎片化的情形下，更不能将历史地段的保护规划孤立起来，让其成为城市的“文化孤岛”；而要将其重新纳入城市的整体格局与历史关联性中，以“积极保护、整体创造”[注1]的思路，发掘历史、直面现实、着眼未来，让保护规划成为具有战略前瞻性的行动计划；尊重已有的存在，控制当前的行为，让重建历史城市整体格局与景观结构的完整性在未来成为可能。

三坊七巷保护规划及再生行动，从一开始就明确提示要将三坊七巷历史文化街区与安泰河、澳门路历史地段及乌山历史文化风貌区共同作为一个整体进行历史关联性的整合与再生，重建其历史结构的完整性。2007 年，保护再生试点工作从澳门路林则徐纪念馆修缮与扩建、三坊七巷衣锦坊水榭戏台两处文物保护单位开始。随之，由福州市三坊七巷管委会、福州市三坊七巷保护开发有限公司持续实施“一带（安泰河）、一街（南后街）及三坊与七巷”保护再生和文物建筑、历史建筑保护活化利用，由鼓楼区人民政府负责乌山历史文化风貌区保护整治及澳门路历史地段的公共配套项目建设。2015 年 7 月，三坊七巷历史文化街区与乌山历史文化风貌区作为一个整体被授予国家 5A 级景区。

5.1 安泰河、澳门路、乌山历史关联性沿革

安泰河东起古仙桥，沿唐罗城南城垣西行至光禄坊西南，折西北过罗城金斗桥，再折向东北，后又呈西北向延于观音桥处，与西水关汇接于文藻山河；河道全长约 2580 米、宽 4—9 米，其中秀冶里、朱紫坊段长约 900 米，三坊七巷段长约 1450 米，文藻山河段长约 230 米。历史的繁荣景象为安泰河留下了丰富的文化遗产，除了题材多样的非物质文化遗产，物质文化遗产也丰富多元，古建筑及古驳岸、古道头（码头）、古桥、古树等历史环境要素令河道仍然充满着浓厚的历史文化氛围。联系唐罗城护城壕——安泰河、文藻山河两岸的相关桥梁已于 1992 年以“琼河七桥”名称列为市级文物保护单位。福州历史文化名城内河水网这种历史场景意涵及文化景观特质在已修复的古城安泰河三坊七巷、朱紫坊段和近现代滨江历史城区上下杭街区之三捷河都得以意向性再现。

注 1 吴良镛 . 文化遗产保护与文化环境创造 [J] 城市规划，2007，31（8）：14-18.

历史上，三坊七巷通过安泰河与南岸地区相连，从地理地貌角度看，乌山与三坊七巷街区也是交融一体的。乌山旧称乌石山，也称闽山、道山，其有一支山脉向北伸入光禄坊东南，并在光禄吟台内隆起，曰闽山、玉尺山[注2]；故光禄坊又称为闽山坊，光禄坊北侧的文儒坊内有一南北直巷，称为闽山巷，文儒坊旧名为山阴巷。乌山支脉还向北延伸至旧子城西门（宜兴门）外的大中寺（钟山寺）内，曰钟山，为“三山藏、三山见、三山看不见”[注2]中看不见的三山之一。乌山另一支脉伸向光禄坊西南的米仓前，在闽王王审知所建五百罗汉寺旧址内[注3]；“明洪武间，改为常丰仓，今仍之，后即罗汉洋。”[注4]是故，自金斗桥至观音桥的一段河沿称为仓前河沿。从城市历史结构来审视，南后街（北端为子城西南门清泰门、南端为罗城西南门清远门）及其向南延伸段（澳门路）作为城市西片区的中轴线，串合起城北西湖与城南乌山，加之一体化的路网格局与形态肌理，使不同历史时期形成的子城、罗城、夹城互为关联，并与山水等自然

注2　（清）林枫．榕城考古略 [M]. 福州市地方志编纂委员会整理．福州：海风出版社，2001:19.

注3　（宋）梁克家．三山志 [M]. 福州市地方志编纂委员会整理．福州：海风出版社，2000:519.

注4　（清）林枫．榕城考古略 [M]. 福州市地方志编纂委员会整理．福州：海风出版社，2001:63.

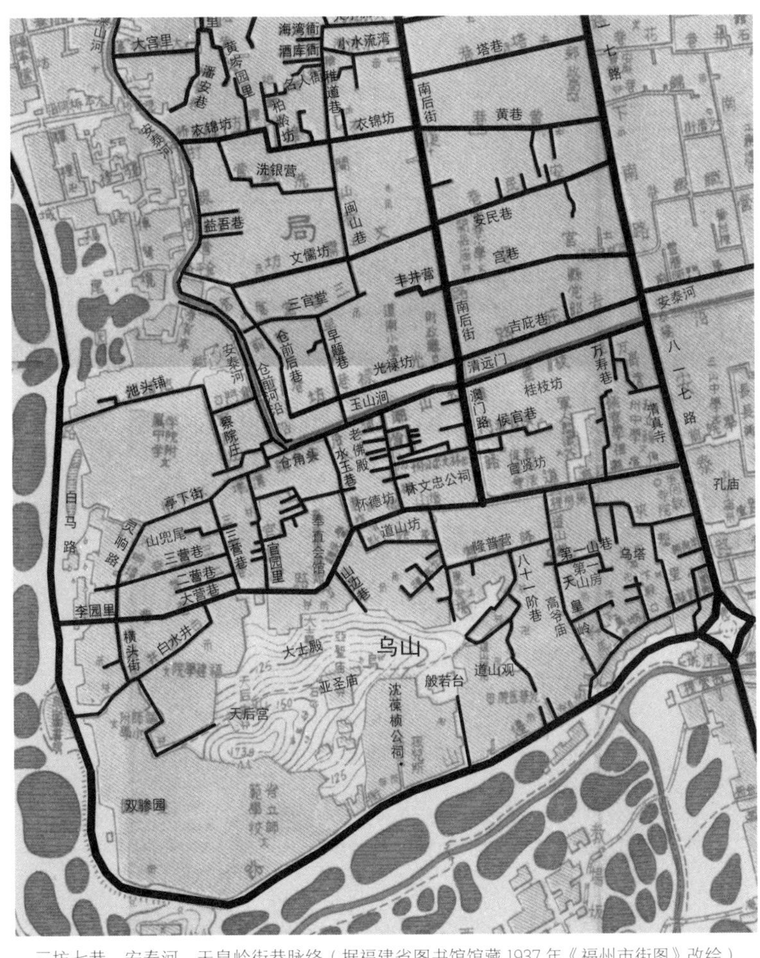

三坊七巷、安泰河、天皇岭街巷脉络（据福建省图书馆馆藏 1937 年《福州市街图》改绘）

要素有机契合，形塑了福州城市的整体艺术构图。

宋太平兴国三年（978 年），钱氏纳土归宋，“诏堕其城”[注5]，至宋熙宁年间郡守程师孟修复旧子城城墙，并“益以西南隅”[注5]。但终宋之世，原唐罗城、梁夹城、宋外城之城垣几无存在，福州成为一座无城垣的州城，罗城壕安泰河两岸更融为一体，形成“河街桥市”繁荣景象的城市中心商贸区，周边居民区成坊密布。据宋《三山志》记载，安泰河南岸以澳门路为中轴，东侧自北而南有桂枝坊、官贤坊、道山坊，西侧为怀德坊。桂枝坊，今称桂枝里，位于吉庇巷安泰河之南河沿，俗称牛肉巷，“以唐元和间里人陈去疾登第得名，俗呼牛育巷河沿”[注6]。官贤坊，“旧名侯官，里人以候缺日久，更今名。有苏公井一，在巷口。里社中俗称侯官县前，西口达于怀德坊”[注6]。官贤坊为唐元贞五年至民国初年间侯官县治所在地（今为福建省妇幼保健院），县治东有侯官县学，北与桂枝坊间有一东西走向的巷弄，称为侯官巷。官贤坊西北有曲尺小巷，旧称万寿巷，今名安乐巷，东通南街，北通安泰河沿。巷南有始建于元至正年间（1341—1360 年）的清真寺（清时称贞教寺），“色目人礼佛诵经于此，俗名礼拜寺”[注7]。

注 5 （宋）梁克家． 三山志 [M]. 福州市地方志编纂委员会整理 . 福州：海风出版社，2000: 32-33.

注 6 （清）林枫． 榕城考古略 [M]. 福州市地方志编纂委员会整理 . 福州：海风出版社，2001:41-42.

注 7 同上书，第 41 页 .

宋 / 米芾的第一山篆刻

宋 / 曾巩的《道山亭记》

侯官县治前为道山坊，地处乌山东麓、北麓，“以道山亭名之，内有道士井”[注8]。坊中沿乌山东麓有南北向山道，俗呼“天皇岭”，其西称为隆普营，是为冰心出生地。隆普营西侧有登乌山山径，称为八十一阶巷，古名“洞天坊”。天皇岭北段为平地段，旧称道山铺，其东有小巷，称第一山巷，巷内东南有乌山东麓隆起的第一山，内有鳞次台园林，其台石上摹刻有宋米芾行书“第一山”三个字。此处“唐时有道山黄氏世居之。宋状元黄朴、元处士吴海皆居之”[注9]。天皇岭东侧形成以乌塔为中心的山地街区，街区内委巷密集，主要有来里巷（螺女巷）、第一山巷、石塔巷、马房巷、道山观弄、卖鸡弄、凯凝铺（西城边巷）等；天皇岭两侧山麓的历史遗存众多，乌塔、寺观、书院、祠堂、名人故居与山地院落式宅园等密布，构筑起如“鳞次台”被命名之景象：“登其颠望城中，屋次鳞鳞。”[注9]

乌石山，“在城西南隅，与九仙山东西对峙，眉目海上，耸若双阙。唐天宝中，敕改为闽山”[注10]。乌山于汉代就有人类活动，相传汉何氏九仙于重阳节登山览胜，引弓射乌，而称山为乌石山。唐代起，乌山已成为著名的风景名胜地。宋熙宁年间，郡守程师孟在乌石山筑亭时，还以为乌山在海江上，“前际海门，回览城市”，可比道家蓬莱、方丈、瀛洲之仙山，故将乌石山改名“道山”，建

注 8 （宋）梁克家．三山志 [M]. 福州市地方志编纂委员会整理．福州：海风出版社，2000: 40.
注 9 （清）林枫． 榕城考古略 [M]. 福州市地方志编纂委员会整理．福州：海风出版社，2001:42.
注 10 同上书，第 20 页．

唐 / 李阳冰的《般若台记》

宋 / 朱熹的“福”字坪

亭曰“道山亭”。乌石山以石为胜，山中奇石、古榕遍布，相互成景，形成独特的岩榕景观。山间以三十六景为最奇，主要有西端最高处的邻霄台、观海亭、薛老峰、华严岩、唐末李阳冰篆《般若台记》、道山亭（有宋 / 曾巩《道山亭记》碑）、宋朱熹书 4.25 米高“福”字摩崖石刻（与鼓山喝水岩 4.15 米高“寿”字并称“福寿齐天”）、雅浴池、黎公亭、先薯亭、望耕台、向阳峰、天香台、天章台、霹雳岩、清泠台、天秀岩等；天然奇石与历代名人题记、诗刻、题名、榜书，篆、隶、楷、行、草书等形式的 200 余段类别多样的摩崖题刻相结合，创造了人工与自然共同有机演进的独特文化景观。此外，乌山四周山麓还分布有众多历代名人名园，“乌石、九仙两山，下多前贤园林第宅，亦人杰地灵所聚”[注11]。其南麓有明末许氏石林（石涛）园，清时部分为沈瑜庆购得，建为其父沈葆桢专祠。东麓有第一山房（鳞次山房），即今邓拓故居。北麓之鄂跗草堂，清道光二十七年（1847 年），郭柏苍、林瀍筑为草堂，移来梅树十余株，绕堂种竹千竿，称之为“乌园”[注12]。北麓榕庵园，为明天启年间，诸生韩廷锡、林惠筑室于榕树间的读书处。“有三榕门最奇胜，后有石床。……其左有泉，上镌‘蒙泉’二字。……今为他姓所有，称‘蒙泉山馆’。”[注13]蒙泉山馆，又称二隐堂、乌石山房，系清陈

注 11 （民国）郭白阳．竹间续话 [M]. 福州市地方志编纂委员会整理 . 福州 : 海风出版社，2001:31.

注 12 卢美松 . 福州名园史影 [M]. 福州 : 福建美术出版社，2007:77.

注 13 （清）林枫．榕城考古略 [M]. 福州市地方志编纂委员会整理 . 福州 : 海风出版社，2001:62-64.

霹雳岩与黎公亭

学孔世居之园宅，有陈学孔手书“二隐峰”镌于石上，旁有“沁洌泉”隶书刻于石、今已废。

常丰仓罗汉洋有洋尾园，明代为中使园，又称石画园。明初，驸马都尉王恭于罗汉洋之北取土筑府城垣，周围挖出六口塘，后此地成为郡人游宴地，称“郡西园地”[注13]，俗称官园。明成化年间，福建市舶司移置福州，时为“都舶内监高宲游燕之所”，人称“中使园”[注13]，其内“高台曲池，花竹幽清，极西南之胜”[注14]。明中叶时，先后为王应时、薛梦雷别业。清时为林侗、林佶别业，兄弟俩常与乡先辈结社联吟。园中有“夕佳楼、水云亭、宝莲塘、山镜堂、阆风楼、鱼我桥诸胜，水色山光，映带林木”[注13]。清中叶改建成“奉直会馆”，即今存续的“八旗会馆”，作为清廷派来福建官员之住宿场所。乌山北麓还有林枝春宅园（蹬园）、怀德坊内林春溥故居（竹柏山房）等。西南麓有清龚易图之双骖园，龚易图“宦归，拥巨资，欲于城内东、西、南、北各营别墅”[注15]；其北园位于今西湖宾馆内的环碧园（已废），南园即双骖园，东园为朱紫坊内的武陵园，还有与武陵园并置的芙蓉园。

注 14　（明）王应山．闽都记 [M]. 福州市地方志编纂委员会整理 . 福州：海风出版社，2001:72.

注 15　（民国）郭白阳．竹间续话 [M]. 福州市地方志编纂委员会整理 . 福州：海风出版社，2001:29.

先薯亭

道山观

“自汉九仙射乌、梁王霸坐石以后，灵境日辟。迨李唐来，贤人、逸士、释子、羽流托迹于此者，代不绝矣。”[注16] 唐代起，乌山逐渐成为多元宗教寺观的聚集地，有唐五百罗汉寺、南涧寺、神光寺、石塔寺和大士殿、吕祖宫、弥陀寺、道山观、三皇庙（高爷庙）、白塔寺、白真人庙、净慈庵等。多元宗教的寺观、奇特的自然岩榕、丰富而形态多样的历代摩崖石刻、题记碑文，以及名人园第、山地街区与风景名胜融于一体，构造了乌山历史文化风貌区奇特而神秘的人与自然共同演进的作品；所形成的文化景观具有了东方文化景观突出的普遍价值和独特、重要的文化价值，一定意义上代表着人类创造精神的杰作。

澳门路西侧，宋称风宪坊，“旧清远门外，宋余深为御史时居此，故名”[注17]。明、清时称怀德坊，“与官贤坊相直，旧名延平。宋司业郑南居之，改儒宗。”[注18] 怀德坊之西有永安坊，间有水玉巷，西通“山兜尾”，北通老佛殿桥（又称虹桥、板桥）、接光禄坊早题巷。沿玉山涧河沿向西，至仓角头接仓前河沿。怀德坊内，元至正年间建有地平瑜伽教寺，“明景泰间改为法禅寺，俗呼地平堂。嘉靖间改为养正书院，其东有织染局、市舶内臣公署也。……又有校士馆，明时督学试士处也”[注18]。清初此地毁于火，后改为城守营，故有巷名“营房里”。怀德坊内现存续有修建于光绪三十一年（1905年）的林文忠公祠、竹柏山房（林春溥故居）、仓角头8号陈体诚

注16　（清）郭柏苍．乌石山志[M]．福州市地方志编纂委员会整理．福州：海风出版社，2001:41.

注17　（明）王应山．闽都记[M]．福州市地方志编纂委员会整理．福州：海风出版社，2001:37.

注18　（清）林枫．榕城考古略[M]．福州市地方志编纂委员会整理．福州：海风出版社，2001:63-64.

石塔寺、乌塔与乌塔会馆

故居、澳门路8号民居、澳门路蒋源成石雕老铺及老佛殿等建筑。

老佛殿位于水玉巷东侧玉山涧河沿，建于明万历三十年（1602年），祀五瘟神。福州城内五瘟神之庙曰“涧”，城外曰“庵”，福州曾有“九庵十一涧”，老佛殿便是其中之一[注19]。因此地近玉尺山，故称之为玉山涧。清咸丰年间修葺后改为佛殿，供奉老泗佛，称为玉山老佛殿。现存建筑为二进式木构双坡顶建筑，坐南朝北，主体为明代原构，殿后高墙处嵌有一石匾刻有“玉尺山古迹”，匾前有一古井，称“闽山井”，相传“闽山”藏此井下。可惜近年老佛殿建筑已被拆除，新建为所谓唐式风格寺院。“……多因主观上失掉兴趣，便将前代伟创加以摧毁，或同于摧毁之改造。……寺观均在名义上，保留其创始时代，其中殿宇实物，则多任意改观。”[注20] 70余年前，梁思成先生所描述的现象今天仍然存在。

怀德坊由水玉巷而西至旧西城墙（今白马路）段皆称“山兜尾”，“中有大营、二营、三营巷及横街白水井巷”[注18]、灵响巷等，其内旧有中使园、榕庵园、唐五百罗汉寺（明代改为常丰仓）、明代福宁道西察院庄、三十二门民居（黄花岗烈士陈更新故居）等，但多于旧城改造中消失。今仍存续的历史建筑有：八旗会馆、民国海军将领杜锡珪（1874—1933年）故居（现为福州市考古队办公场所）。

注19 （民国）郭白阳. 竹间续话[M]. 福州市地方志编纂委员会整理. 福州：海风出版社，2001:40.

注20 梁思成. 中国建筑史[M]. 天津：百花文艺出版社，2005:3.

石塔寺

天皇岭、隆普营与山兜尾、怀德坊、官贤坊、桂枝坊共同构造出由山地型、平地型至滨水型的整体有机且独特的街区肌理形态，并与安泰河北岸的三坊七巷街区肌理融为一体，形成以南后街、澳门路为中轴，串合起层次分明、密集连接如“树叶状”[注21]的水陆交融的独特街、巷、弄网络结构；而蜿蜒灵动穿行于其间的安泰河，则既是坊巷居民日常生活中不可或缺的要素，又是见证城市变迁史的活态实物。繁华的南后街、似“清明上河图”景象的安泰河之“河街桥市”场景与宁静闲适的坊巷居住氛围共同勾勒出一幅东方城市独有的都市生活画卷。“登上乌山、回览城市”将更能获得一幅独树一帜的壮丽画卷——独特“几”字形马鞍墙与地景同构，有序编织构成了城市第五立面景观基质；以此为“底”，以“三山两塔一轴”空间格局中轴序列的高潮景象作为构图焦点之“图”；“图”凸显于城市景观基质之上，“底”似涌动奔腾的碧水，与城中之山脉、城南闽江及周围山峦共同衬托着如交响乐般波澜壮阔的城市中轴序列景象和总体格局中的地标物，一起构筑了令人印象深刻的东方城市独特的文化景观。

注 21 ［法］塞尔日 · 萨拉（Serge Salat）. 城市与形态 [M]. 陆阳，张艳译 . 北京：中国建筑工业出版社，2012:25.

乌山天皇岭老照片（出自福建省图书馆馆藏）

基于澳门路东侧、通湖路西侧、道山路南侧等地段的旧有历史肌理、空间及风貌皆已于 1980—1990 年代旧城改造中被清除，其历史遗存呈碎片化夹杂于一片突兀的现代大体量建筑之中，由此，我们在乌山风貌区与三坊七巷街区的空间格局一体化与风貌协调性的再构过程中，本着先易后难的原则，从澳门路西片区（旧怀德坊）开始，通过肌理、轴线、视廊、路径等整合手段，连接、重构其历史结构及空间与肌理的关联性。但甚感痛惜的是，就在此历史关系的再造过程中，原侯官县治内又建起突兀的大体量不协调建筑，进一步阻隔了乌山与三坊七巷的历史联系；如同其东侧之于山、白塔脚下的不协调建筑，从民国时期开始，就一直在破坏着“两山两塔”独特的空间景观视廊。

乌山、安泰河、三坊七巷片区 2008 年肌理

乌山、安泰河、三坊七巷片区 1995 年肌理

5.2 乌塔及天皇岭历史地段保护再生

5.2.1 城市历史连接设计思路

所谓城市连接，就是通过不同尺度层级历史地段诸要素的关联性整合，重建其整体有机的城市空间结构。“无论是对日常应用还是空间规划基本思路而言，连接都可以说是城市的核心与本质精髓。”注22 城市连接既体现于空间之中，又体现于时间之中。在城市与地区尺度层级上，我们可以通过视觉关联（包括视觉走廊与虚轴）和人的活动关联进行连接，后者具体方式有：（1）路径连接，包括体验式轴线与廊道、传统街巷、水道等；（2）历史关联性连接，包括时间、记忆以及历史事件与线索的连接等。

但在城市各种连接方式中，“真正连接一座城市的是城市肌理，城市肌理赋予城市以物质和社会连贯性”注23，保护整饬历史空间格局与肌理特征是历史城市和历史街区再生的重要设计工作。要认识一座城市的肌理特征，就必须研究其与建筑类型的关联性，可以说，建筑类型是城市特征肌理形态的根源。

在具体设计手法上，我们以类型学研究为切入点，以“图底”关系研究为基础，研究历史街巷网、地块分割尺度、建筑组群结构、团块与空间、图像与背景以及历史层级三者叠加的复杂性与统一性及其秩序与特征，寻找其独特性。如前文所述的诺利（Giambattista Nolli）于 1748 年所绘制的两幅图底翻转的罗马地图，也为研究城市形态、空间、肌理与建筑的关联性提供了十分有益的方法。我们以此作为研究街区形态与肌理的重要手段，以 1995 年地段肌理关系图为依据，归纳街区建筑类型及其建筑集合体的形态肌理、街巷空间与建筑组织的关系特征，应用于更新地段设计，为街区与周边地段重构出整体有序的第五立面形态肌理，修复其历史景观的独特个性，并由此重塑起三坊七巷街区与乌山风貌区的本体、建设控制地带及风貌协调区的整体有机关联。同时，设计通过街巷、水巷等路径、轴线及视觉廊道等城市连接方式，为城市历史地区的空间形态结构和活动重建连接。

在大地块更新设计中，我们坚持以传统院落尺度再次划分大尺度的更新地块，将其还原为宅基地尺度的（面宽 10—12 米或 14—16 米）地块集合体；新建筑坚持以双坡屋顶（坡度 20° 左右）为主，以沿纵深递进的院落式布局为形态，强化南北纵深展开的组织肌理，实体的双坡顶屋面与天井孔洞有序分布，不采用大尺度连续的坡屋

注 22 ［法］塞尔日·萨拉（Serge Salat）. 城市与形态 [M]. 陆阳，张艳译 . 北京：中国建筑工业出版社，2012:221.

注 23 同上书，第 232 页 .

顶与大面积平屋顶形式,审慎处理好新建筑与历史建筑的编织关系,重建传统街区建筑群体的组织秩序,再造其个性独特的第五立面肌理形态。

5.2.2 乌塔广场空间格局整饬

乌山是古城“三山两塔一条轴”整体空间格局的核心组成部分,其东麓片区的保护整治工作,实际始于1990年代初的旧城改造。至1997年我们介入时,天皇岭以东,除乌塔及周边乌塔会馆、乌塔寺、白真人庙、慈善堂、第一山巷邓拓故居等外,其他建筑不论是否协调皆被清除,其改造方案以U字形建筑平面形态将乌塔围在其间,仅留出东侧八一七路、南侧乌山路二处视线通廊。鉴于此,当时的福州市建委(城乡建设委员会)强力介入,林新国主任委派时任设计处林飞处长作为牵头人,组织相关设计人员对该地段进行了多轮城市设计。

林飞同志带领我们多次向时任市长翁福琳、省文化厅领导及相关专家汇报,最终方案以“显山露塔”为理念,即以乌塔为核心,于基地东南形成90°的观塔视域,将塔完全敞露于南门兜节点空间。此视域范围内,新建筑高度不超过3米,且保持南向、东向观塔的传统路径及视廊。南向视廊西侧建筑采用退台形式,以保证视野范围内从八一七路视点观看乌山不受建筑遮挡为高度控制准则;东向视廊北侧建筑亦采用退台形式,由二层至多层向北渐高,并于乌塔东侧留出较为宽广的“深广场”,既作为市民、游客进入乌山风景区的主入口广场,又为后续“两山两塔”历史景观空间结构再造留下充分空间。该地段城市设计方案经专家组织评审通过后,相关行政主管部门要求原开发单位按城市设计要求进行方案调整。但开发单位认为地块商业价值受损,不愿再继续开发。而后该地块的土地利用功能经多年反复论证,未有定论,其中包括清华大学李道增院士参与的拟作为省大剧院用途的方案设计;2000年后,该地块以商业用途再次进行土地出让与开发,出让条件要求发挥其商业价值的同时,要塑造为城市的重要公共空间,即后来的“冠亚广场”项目。

开发项目在地下室的开挖施工过程中,对乌塔及其周边环境造成了影响,国家文物局责令其停工,并组织相关专家进行方案再论证。刚到任的市长郑松岩先生高度重视冠亚广场项目对文物的影响,正如他所说:“我刚到福州上任,就为这件事赶到北京去国家文物局做检讨,并向国家文物局领导请教如何保护三坊七巷。”[注24] 正

注24 杨凡.叙事:福州历史文化名城保护的集体记忆[M].福州市政协文史资料和学习宣传委员会,福州市历史文化名城管理委员会编.福州:福建美术出版社,2017:48.

由于乌塔保护事宜，时任国家文物局局长单霁翔先生提出：“福州作为国家历史文化名城，不仅要保护好乌塔，还要保护好作为名城核心组成的三坊七巷历史文化街区，三坊七巷太重要了，一片三坊七巷就是‘半部中国近现代史’。”[注24] 而后，郑松岩市长更是在历任市委市政府保护工作的基础上，将三坊七巷等福州城市历史文化遗产保护作为任内主要工作来推动，将三坊七巷与乌山作为一个整体进行保护整治。正如林飞同志所说“三坊七巷的保护修复，经历了这样一个阶段：……因为对乌山历史风貌区保护引起对福州文物保护工作的重视，推动三坊七巷保护修复的全面启动；由三坊七巷历史文化街区的修复，又延伸到乌山历史风貌区的保护修复。”[注25] 若以今天的观念来审视冠亚广场项目，则建筑高度还是高了，“我们按要求将冠亚广场的高度降了两层，后来又主动再降两层。现在看来降对了，如果再降一点会更好，都没有最好”[注26]。

在保护再生三坊七巷的同时，我们结合天皇岭山地街区的保护与整治，重新梳理了乌塔与山地街区、乌山景区的历史脉络与空间的关联性。设计首先以修复古城整体空间格局作为出发点，通过乌塔东入口广场、乌塔及其周边历史建筑群、第一山巷等历史关联性，整合重建乌塔、天皇岭街区与乌山风景区的历史联系，并向东通过圣庙路在孔庙、于山西麓的山地街区及白塔间建立视线与路径的连接，进而重塑其固有的“两山两塔”空间景观格局；以天皇岭传统山道作为重塑南北向历史空间格局的纽带，串合北端隆普营、澳门路、南后街的连接路径与历史结构；于南端连接乌山南麓的历史城壕黎明湖、东西河及旧南湖。其次，设计通过廊道、轴线（南后街、

注25　杨凡．叙事：福州历史文化名城保护的集体记忆 [M]. 福州市政协文史资料和学习宣传委员会，福州市历史文化名城管理委员会编．福州：福建美术出版社，2017:87.

注26　同上书，第 50 页．

乌山北麓（修复前）

乌山东麓第一山（修复前）

澳门路）、街巷、街区肌理、水系等建立其历史空间的连接，并以时间、记忆、历史线索等重建其历史关联性，让三坊七巷街区与乌山风貌区重新紧密关联，希冀最终能重塑历史文化名城整体的空间景观格局，且将历史、当下与未来连接起来。

天皇岭巷（修复前）

八十一阶（修复前）

红雨山房（修复前）

吕祖宫（修复前）

5.2.3 乌山东麓山地街区保护再生

2007 年，乌山历史文化风貌区完成了保护规划，划定了核心保护区、建设控制区与环境协调区。核心保护区与建设控制区总占地面积 25.33 公顷，其范围：北至道山路，东至八一七路，南到东西河，西至白马河；环境协调区北至安泰河，与三坊七巷环境协调区重叠，东侧则与于山风貌区环境协调区重叠。该规划重点保护内容为：保护乌山、乌塔作为古城整体空间格局的核心组成部分的重要地位；保护其东侧城市传统中轴线八一七路（南街）、于山、白塔及北端屏山共同组成的古城特有的“三山两塔一轴”城市空间格局；保护见证城市城垣变迁的西侧白马河、南侧旧南湖与东西河等古城壕实物；保护其本体丰富而独特的文化景观遗产。

保护规划具体落实为“一湖、两河、四片区”空间结构与格局的保护框架。“一湖”指的是乌山南麓现市委市政府前的黎明湖（原为梁夹城的南城壕），规划将其与西南的旧南湖、西城壕（白马河）相连通。2012 年，鼓楼区政府结合其周边环境进行了综合整治与环境品质提升，设计以传统园林为参照，重新理水堆山，建构亭榭，组织园林空间与游线，揭示了乌山三十六奇景之一的西南山麓豹头山及宿猿洞景象，重建了其与乌山的历史联系。据《乌石山志》记载，乌山有二麓，其一曰豹头山，其一曰第一山[注27]。设计还通过整合环境与历史要素关系，在黎明湖与乌山间形成多节点连接路径；2019 年，又结合地铁 2 号线加洋路站设计了城市空间节点，建设了公园南大门景区。通过多年持续不断的改造提升与连接设计，黎明湖与乌山已基本走向山水融合，黎明湖公园成为古城区中又一具有地域文化特质的园林景观空间。

注 27 （清）郭柏苍．乌石山志 [M]．福州市地方志编纂委员会整理．福州：海风出版社，2001:13.

黎明湖公园南门

重建乌山与黎明湖的山水历史关联

“两河”即为白马河与东西河，是历史城壕、古城格局的重要组成要素。2008 年起，“两河”先后开始保护与整治，设计通过将之与黎明湖相连通，恢复其历史联系，并在意向性修复其历史情景的同时融合当代城市生活功能，现两河区域均已成为周边居民日常生活的重要场所。“四片区”所指则为：一是以邻霄台为核心的自然山体与人文历史风貌区，突出其以摩崖石刻、奇石、古榕为主题的文化景观特色；二是以天皇岭山地建筑为特色的传统风貌街区；三是以乌塔为核心的宗教文化风貌区；四是乌山南麓的滨水城市活力区。“待市委市政府机关搬迁后，利用部分与历史风貌和山体景观相协调的建筑，改建成公共设施和市民活动区，设置休闲文化广场，作为旅游和接待中心”[注28]。

注 28　福州市规划局，福州市规划设计研究院 . 福州市乌山历史文化风貌区保护规划 [Z]. 2007:10.

八十一阶

隆普营

天皇岭，因唐末五代闽王王审知在东麓山岭南涧寺（建于梁时）旁增建天王殿而名[注29]，后人就将此南北走向的山地街巷称为“天王岭”，后衍化为天皇岭巷。巷西侧迄今存续有三皇殿（高爷庙）、道山观、吕祖宫等寺观，巷东侧与乌塔间存续有乌塔寺、乌塔会馆、白真人庙、慈善堂等寺观。三皇殿今被误为高爷庙，实祀太昊伏羲氏、炎帝神农氏和黄帝有熊氏。“旧庙在欧冶池侧，因创盖贡院，遂迁于此。”[注30] 今冶山欧冶池西北侧还遗存有元代三皇庙五龙堂欧冶池官地碑，是以为证。清时，姚启圣等几任闽浙总督多次重修，现存三皇庙主体结构为清代形制。新中国成立后，由于附近涧寺多废，周边居民将三皇庙兼祀民间神灵“高爷”，故又被称为高爷庙。相传，“高爷”是“一对黑、白无常，专门从事勾魂摄魄的差事”[注31]。庙内主祀桂宫高真人，传说其为兴化府人，一生行医济世，晚年在乌石山的丹台羽化成仙[注32]。现存建筑采用福州典型的三进二殿式道教建筑布局形式，轴线对称，坐北朝南，面阔三间，穿斗抬梁式木构架并四面围以封火墙，戏台、正殿为歇山式屋顶。由南而北依次为牌楼门、一进倒朝式戏台、两侧酒楼、钟鼓楼、拜亭、主殿，第三进为后殿，西侧还设有偏殿。其戏台藻井、酒楼栏板雕花、木构件的悬钟、斗拱、驼峰等雕刻细腻，饰以描金，颇为华丽。

注 29　（清）郭柏苍．乌石山志 [M]. 福州市地方志编纂委员会整理．福州：海风出版社，2001:75.

注 30　同上书，第 93 页．

注 31　张作兴．闽都古韵 [M]. 福州：海潮摄影艺术出版社，2004:108.

注 32　黄荣春．天皇岭“高爷庙”之称的由来 [N]. 福州晚报，2020-04-28.

天皇岭巷

第一山巷

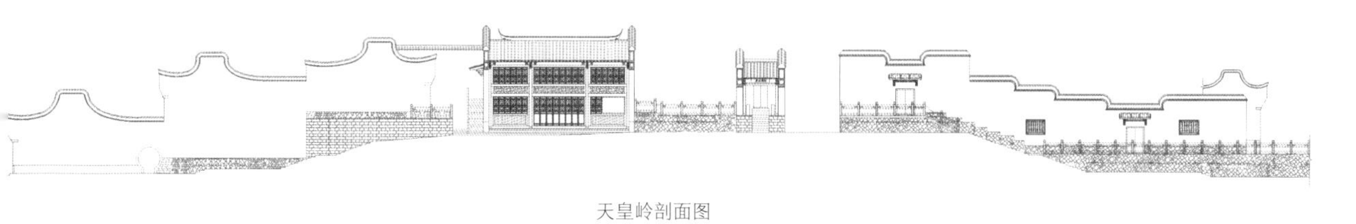

天皇岭剖面图

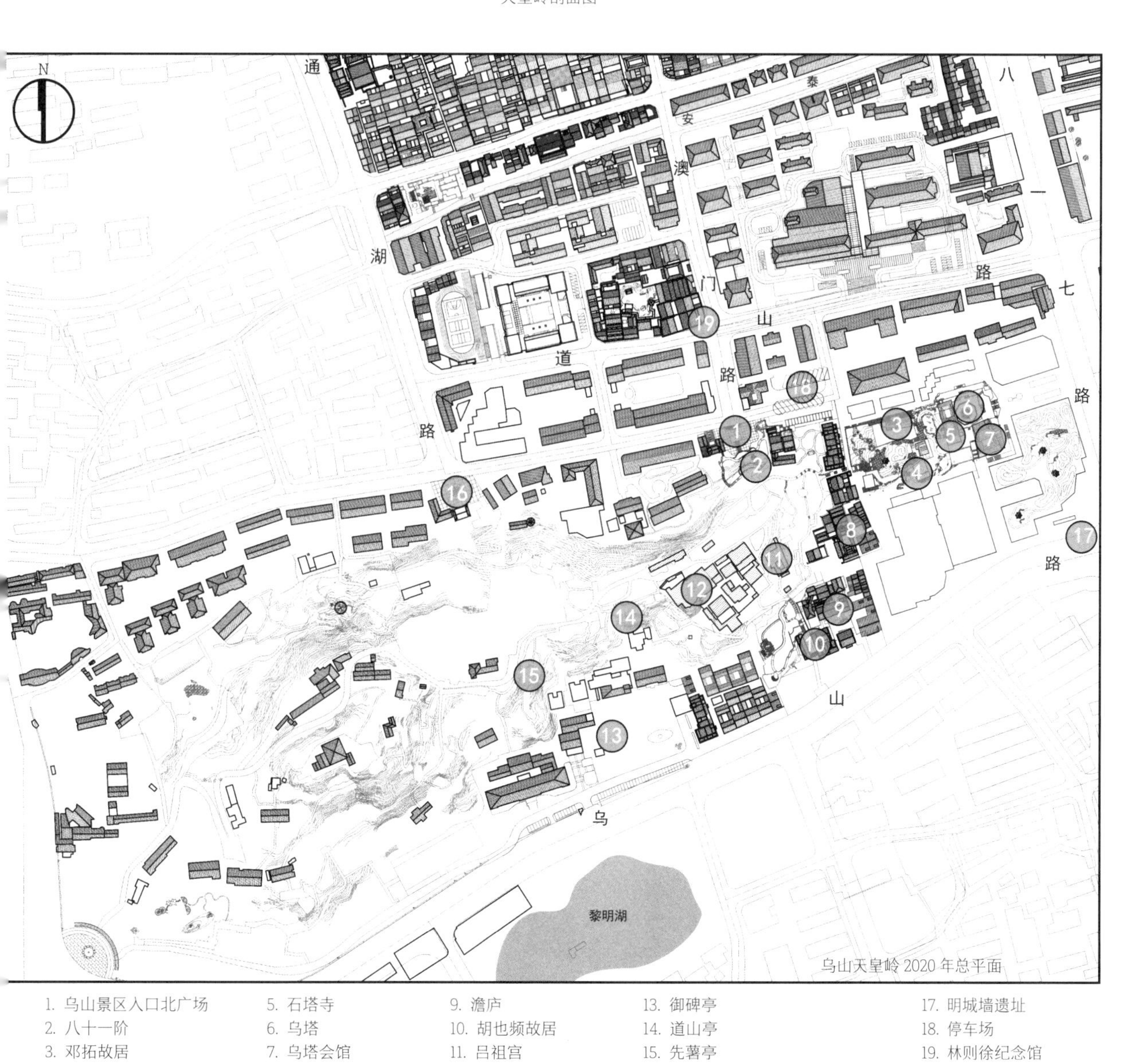

乌山天皇岭 2020 年总平面

1. 乌山景区入口北广场
2. 八十一阶
3. 邓拓故居
4. 慈善堂
5. 石塔寺
6. 乌塔
7. 乌塔会馆
8. 高爷庙
9. 澹庐
10. 胡也频故居
11. 吕祖宫
12. 道山观
13. 御碑亭
14. 道山亭
15. 先薯亭
16. 乌山风景区入口通湖路广场
17. 明城墙遗址
18. 停车场
19. 林则徐纪念馆

高爷庙西侧山麓的道山观，原为明末提学使孙昌裔的读书处，曰“石梁书屋”；其后代于清初舍宅为观。道山观，“前建玉皇阁，旁建三宝殿，后又添设鬼谷子祠及吕祖宫。”注33 现存建筑有玉皇阁、三清殿、五师殿、拜亭等。三组建筑中有四座饰有藻井，雕饰皆不同，工艺精湛，极富观赏性与艺术感染力。

石塔寺与乌塔同时建成，塔寺一体，位于第一山东侧，乌塔西侧，亦称“净光寺”。“唐贞元十五年建，德宗诞节，观察使柳冕以石造塔，赐名‘贞元无垢净光塔’”注34。五代时，闽王王延羲重新建塔，名“崇妙保圣坚牢塔”。明嘉靖年间，寺改建为民居，清初又重建为寺院，并延续至今。

乌塔会馆前身为“五帝庙”，建于清晚期，位于乌塔东南向，坐北朝南，现存为一进建筑，四面以封火墙围合。大门设于西，馆内设有戏台，戏台为单檐歇山式屋顶并饰有斗拱层叠藻井。其对面为神殿，两侧为酒楼，整组建筑中的木构件雕刻精美、富丽堂皇。戏台华美的歇山屋顶与天皇岭西侧之三皇庙（高爷庙）三座歇山屋顶东西遥相呼应，把乌塔映衬得更为雄浑挺拔。

乌塔南侧的白真人庙，又称南关白真人庙，占地约 500 平方米，始修建于明，重修于清，坐北朝南，祀南宋道教南宗五祖之一的白玉蟾仙师神像。白玉蟾（1134—1229 年），闽清人，“开创了道士云游之先例，承传了金丹派和神霄道法，成为道教史上金丹派南宗教团创始人”注35。慈善堂则位于乌塔寺以西，第一山以东，现仅存一进建筑，原为唐时南涧寺（天皇寺）的一部分。

注 33 （清）郭柏苍．乌石山志 [M]．福州市地方志编纂委员会整理．福州：海风出版社，2001:89.
注 34 同上书，第 79 页．
注 35 周民泉．白真人庙和石塔会馆 [N]．福州晚报，2008-07-26.

乌塔会馆

高爷庙

在乌山东麓的保护整治设计中，我们将东起乌塔的乌塔会馆、石塔寺、白真人庙、慈善堂、天皇岭西的三皇庙（高爷庙）以及山麓上的道山观、吕祖宫等寺院道观，以游线串联相接，形成东西走向、顺山势而上的宗教文化体验带，借助历史山径和巷弄梳理织补，形成与周边街区有良好衔接、布局架构完善的穿梭体验游线。

吕祖宫旧址

慈善堂

天皇岭山地传统风貌街区的再造，是重塑乌塔与乌山、乌山与北侧三坊七巷历史整体性的重要举措。设计结合天皇岭巷存续的各级文保单位与历史建筑，去除高度上不协调的建筑，以留白或适度修复街区肌理的方式，意向性呈现其历史特征。保护整治中的最大动作，是拆除道山支路、澳门路口南侧一幢体量庞大的 8 层半饼干厂住宅楼，将乌山重新显现于澳门路和南后街。拆除后的空地，既作为三坊七巷中轴线南端的节点空间，又成为乌山风景区东北向入口广场，并将其东北侧场地设计为景区的配套停车场，连接澳门路西侧的三坊七巷游客中心。入口广场东侧以保留的一组山地历史院落建筑（现为闽都文化研究会办公建筑）及八十一阶历史山道为界墙，广场西侧则植入低层游客服务中心，并补植乔木以遮挡后侧高大建筑，形成富有空间层次感的广场西界面；南侧为乌山的自然山林景观，设计则通过广场小品、曲水流觞雕刻地面等公共艺术装置，构筑了富涵地方历史文化意义的节点空间意象。设计于八十一阶第一台地段，修复了东西走向的隆普营巷，重新连接其东侧天皇岭巷以及邓拓故居所在的天皇岭东侧第一山巷；同时，沿天皇岭巷由北至南依山势复建一组低层院落式建筑，有机织补巷道肌理，并与三皇庙（高爷庙）相连缀，意向性恢复了街区的历史意象；且于天皇岭巷中段的红雨山房北侧留出东向登乌山的天阶，重置石牌坊，以强化乌塔和乌山的东西向轴线关系。此东西向通道向东可连接第一山与乌塔历史建筑群，形成一条从东向进入乌山的主游览路径。2018 年，我们又于沿八一七路的乌塔东侧广场设置了直上乌塔的大台阶，进一步加强了乌塔、乌山以及于山白塔的空间结构整体关联。

“在山之东舒啸岩左。其地属弥陀寺，乌白两塔平立窗棂间，磴下绯桃俯仰。……余因取长吉‘桃花乱落如红雨’句，名曰‘红雨山房’”[注36]。郭柏苍在红雨山房住了近十年，其《乌石山志》

注 36 （清）郭柏苍．乌石山志 [M]. 福州市地方志编纂委员会整理 . 福州：海风出版社，2001:162.

乌山景区北入口广场

闽都文化研究会

一书就修纂于此。第一山巷内有邓拓故居，曰第一山房，或鳞次山房；因其清幽雅致的园居环境与独特的地理位置成为历代文人雅士的聚集地，如南宋状元黄朴、清康熙年间学者陈轼、清翰林院侍读叶观国、清书法家林材等。叶观国居于此时，自号“双榕书屋”，直至清末，才为邓拓父亲所有。邓拓（1912—1966年），《人民日报》社总编辑、社长，中科院院士，是“当代杰出的新闻工作者、历史学家、政论家、杂文家、诗人、书法家、文物鉴赏家”注37，著名字画收藏家。现存故居仅为毗接的二幢单体建筑，作为邓拓纪念馆以展示其生平事迹，屋前第一山麓山岩上有清林材的隶书石刻——“第一山房”和1986年镌刻的邓拓诗作手迹。纪念馆北侧为冠亚广场的二层商业建筑，意向性形构了第一山巷的历史特征；巷东可通乌塔东广场，南有山径至第一山及石塔寺等。

天皇岭南通今乌山路（旧城边街），其西有与之平行的道山观弄，接北麓八十一阶巷。该地段存续有卖鸡弄4号胡也频故居、道山观

注37 曾意丹，徐鹤苹 . 福州世家 [M]. 福州：福建人民出版社，2002:282.

邓拓故居

乌塔

乌塔东入口台阶

红雨山房

弄1号澹庐（淡庐）。澹庐在北，负扆山麓，占地约1800平方米，坐北朝南，主入口设于道山观弄深处，大门朝西，为合院式三落建筑。主落在中部，由西侧沿道山观弄红砖拱门进入庭井，过二道门后北折入第一进院水庭；其主座为五开间清式木构建筑，但装饰构件、栏杆等多为民国风格。其他两落建筑均被改建为民国式青砖木构建筑，布局灵活生动，颇具园林宅第特色。1922年，时任福建省警察署署长施泰桢（1893—1960年）购得此宅园，取名“澹庐”[注38]；邓拓也曾于此园东落后一进居住近十年。“文革”期间，北京邓拓专案组还“曾二次搜查邓拓的澹庐住处”[注38]。

胡也频故居位于澹庐南侧，西临道山观弄，东为卖鸡弄。胡也频（1903—1931年）是著名的“左联”五烈士之一，1931年2月7日与柔石、殷夫、李伟森、冯铿（女）一同在上海英勇就义；鲁迅曾为他们写了纪念文章——《为了忘却的记念》。胡也频在此宅院出生成长，1920年赴上海求学，而后到北京参加革命，并结识了作家丁玲。1925年秋，22岁的胡也频与21岁的丁玲结婚，他们先后分别于1930年和1932年加入中国共产党。现存续的故居是一座融清代和民国风格于一体的院落，占地面积约为480平方米，主体建筑坐北朝南，入口大门设于南向。在对其保护修缮设计中，我们结合两处历史建筑构成的于东南向敞开的L形空间，以及澹庐主厝前有东西向偏长池沼的特征，在基地东南植入一座单层双坡顶钢构建筑，西与胡也频故居毗邻，北隔池水与澹庐主座相望，形构出一处院落形态完整、新旧建筑融合的园林式建筑群，并于南侧形成乌山景区的南入口广场。设计在道山观弄的入口处新置砖石混搭的山门牌坊，与历史建筑、新建筑共同构筑了景区广场富有历史意涵的空间意象。

注38　林璧符．乌石山澹庐古民居[N]. 福州晚报，2011-03-08.

澹庐

胡也频故居

这种类比于传统建筑类型的钢构双坡顶新建筑，是我们在历史街区更新中一种尝试性的创新表达方式，建成后得到各方人士的认可与接受。2010 年，该建筑成为特色咖啡馆，而保护修缮后的胡也频故居和澹庐则分别成为展示馆及吴清源围棋馆，共同营造了乌山风貌区东南端的城市活力文化场所，并与乌山路南侧的黎明湖公园取得了良好的空间关联。

乌山路咖啡馆室内

乌山景区南入口广场

乌山景区南入口牌坊

5.3 澳门路西旧怀德坊地段再生设计

5.3.1 旧怀德坊地段整体规划设计

该地段基地范围南至道山路，北至安泰河南河沿，西至通湖路，东至澳门路，东西宽约 280 米，南北进深约 165 米，总占地面积 4.9 公顷。基地内存续的文物建筑与历史建筑有：林文忠公（则徐）祠、玉山涧老佛殿及林春溥故居、澳门路 8 号两落历史建筑、玉山涧河沿西端的仓角头 8 号历史建筑、河沿东段的张天福宅院和澳门路西侧北端蒋源成石雕老铺、信康寿板行两处三层历史建筑立面。土地利用规划将其作为三坊七巷街区的公共配套设施用地和林则徐纪念馆扩建用地。

此地段旧称怀德坊，以数条北通安泰河沿、南接道山坊的南北走向的直巷（如营房里直街、水玉巷、官园里等）及其连接密集的尽端式横弄，形成迥异于三坊七巷街区特征，且具滨水特质的街区肌理形态。地段内仅有一条直通澳门路的东西横巷——营房里巷（位于林文忠公祠北侧），与营房里直街构成街区东部的“丁”字形街巷结构。我们在此地段修建性详细规划中，以重点保护林则徐纪念馆为原则，结合既有巷弄特征与各配套建筑的功能需求，重新梳理了基地路网结构。规划以林文忠公祠北侧的营房里巷作为贯通基地东西的主要道路，将基地切分为南北两个带状用地。其中南地块又以营房里直街将其划分为东、西两部分，东为林则徐纪念馆用地，西则作为福州林则徐小学用地；而北地块则以衔接营房里巷的 U 字形支路再切分地块，沿河沿、澳门路地块作为商业用途，U 字形内地块作为南街街道办事处与南街派出所的办公用地，并于派出所用地东端留出一处用地作为旅游大巴停车场。

林则徐小学由原宫巷小学、光禄坊鼓楼区第三中心小学与隆普营道山路小学合并新建而成，办学规模为 24 班。南街街道办事处、派出所和林则徐小学建筑均采用类院落建筑的布局形态，设计注重在建筑高度、体量、屋顶形态、色彩等大尺度层级方面与街区风貌相呼应，立面形式及细节尺度层次上则更多考虑与使用功能的契合，体现其“源于历史但不囿于历史”的设计理念。设计利用小学操场、街道办事处和派出所用地设置地下空间，作为街区配套停车库，并服务于周边居民。

5.3.2 林则徐纪念馆保护与扩建

林则徐纪念馆用地是以原林文忠公祠为主体，整合了保留历史建筑林春溥故居一进院落、东南向澳门路 8 号两落历史建筑以及其西南部、东侧两块不协调建筑拆除地块而形成，总用地面积由原有 2200 平方米拓至 8600 平方米。我们于 2007 年对其进行了祠堂保护修缮与扩建设计。扩建后的纪念馆，总建筑面积 5155 平方米，其中原祠堂面积 1180 平方米，整合的历史建筑面积 1320 平方米，新建建筑面积 2655 平方米。

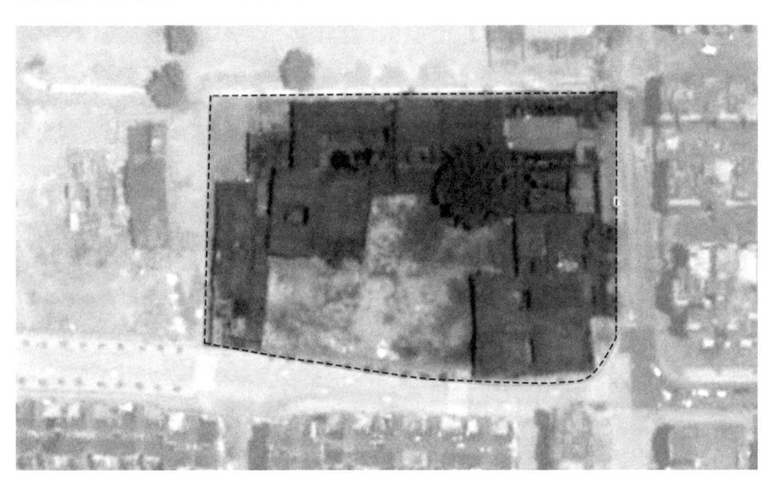

澳门路西 2004 年屋顶形态图

澳门路西 1995 年屋顶图

林则徐（1785—1850 年），清嘉庆十六年（1811 年）进士，曾任江苏巡抚，二度署理两江总督；道光十七年（1837 年），任湖广总督；道光十九年（1839 年），受命为钦差大臣，前往广东查禁鸦片，于虎门销烟。林则徐是世界禁毒巨人、民族英雄，更是中国近代“睁眼看世界的第一人”。清光绪三十一年（1905 年），其后裔和门人集资兴建林文忠公祠于澳门路西。祠堂门楼临澳门路，由东而西进入祠堂，临街设屏墙，左右设门入前庭牌楼门，左右门分别有额匾“中兴宗衮”“左海伟人”，牌楼门墙上额楷书有“林文忠公祠”。入门主座为三开间仪门，三面回廊构成廊院式一进前庭；过仪门有深长、肃静的甬道引向御碑亭，亭中立有咸丰皇帝悼念林公的“圣旨”碑，旁立有陈宝琛、郑孝胥分别书写篆刻的《御赐祭文》《御赐碑文》两碑。御碑亭是祠堂东西、南北向轴线的转换节点，向北则为祠厅——“树德堂”，其坐北朝南，为一进院落，面阔三间、进深七柱，四周以封火墙围合，前庭三面回廊。堂内供奉林则徐塑像，堂中悬挂有道光帝御书“福”字匾，并有跋文“愿卿福寿日增，永为国家宣力”。从东入口起，经形态、氛围不同的空间转换，才至祠厅，营造了极具仪式感、庄重感的祭祀序列空间。

林则徐纪念馆（修复前）

林则徐纪念馆牌楼

一进前庭

树德堂

御碑亭

树德堂西侧为一进四合院建筑，庭中设方池，即祠堂花厅，功能上作为祭祀亲人的休息场所。花厅西侧是以二层曲尺楼为主体建筑的园林空间，为林氏子弟课读之所。此园营构颇具特色，曲尺楼置于园西北，南为林春溥故居北墙，东为祠堂花厅马鞍形山墙，形成一处南北进深约 13 米、东西宽约 26 米，占地面积 450 平方米（不含曲尺楼占地）的 L 形造园场地。园内东、南两侧借墙环以游廊，南游廊偏东北有一四角亭濒水而设，并于亭西置以贴水曲尺石板桥连接北岸曲尺楼。东游廊与其东侧院落开门洞相通，并于门洞处扩宽外凸，形构水榭，既满足人流集中时的功能需要，又丰富了长廊空间及其外部轮廓形态。东游廊过亭后继续贴墙北延折西与曲尺楼相接，此处游廊设计极具特色，不直接与曲尺楼外廊相接，而是后退至曲尺楼外廊之门柱处，形成一处凹空间，让游廊与曲尺楼产生生动的关联，并将此段游廊置为跨水廊——曰“小飞虹”。飞虹桥与后院墙构筑了一方小巧的水庭，庭之后壁垒石造洞，形塑水源，体现了园林理水贵有源头之理念。此小水庭让贴墙的游廊在尽端产生空间体验的变化，且通过以粉壁为“纸”，营构出一幅令人印象深刻的“山水画”，既延伸了园林景深，又映衬出主园空间之阔朗。规整的曲尺楼，轮廓变化有致的亭廊，或濒水或跨水或隐于山水、乔灌木之后，为游园体验构筑了多样、生动的序列景象。

祠堂西花厅

小飞虹

曲尺楼

该园林在理水方面也颇得中国传统园林营构之真谛，它以水景为主体，仅于曲尺楼南及园之东南角留出陆地，种植高大乔木，弱化曲尺楼尺度及周墙的生硬感。理水通过连接西岸的曲尺桥和东北隅小飞虹桥，将水面划为既分又连的三部分，西部相对方阔，东部则呈带状，且由曲尺楼东南向伸出的半岛状平台再次划分为似连又隔的南北两部分，北部水面呈长条状透迤向北，伸入小飞虹桥下，于东北隅形成一小水庭。池沼岸矶“随形而弯，依势而曲”注39，或伸于廊下或于石间莳花木，自然而灵动。

注39 （明）计成．园冶读本[M]. 王绍增注释．北京：中国建筑工业出版社，2013:34.

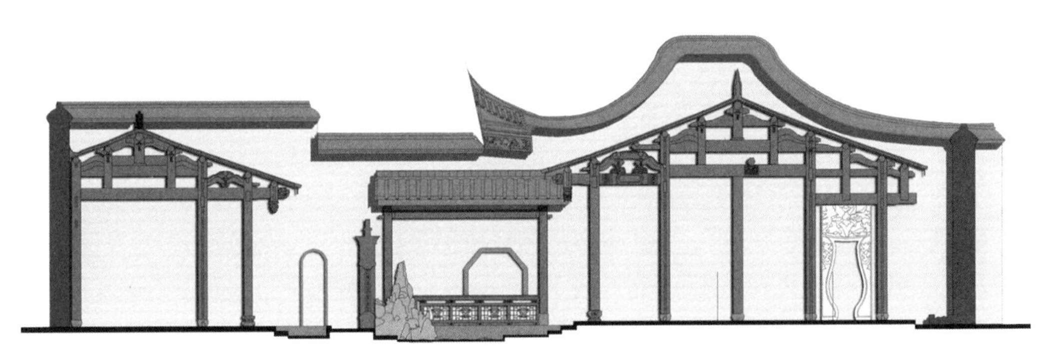

西花厅剖面图

曲尺楼东侧游廊

曲尺石桥划分水面

紧邻曲尺楼园林南墙的历史建筑是林春溥故居，原为二进式四落毗连的大宅第，坐北朝南。林春溥请其舅陈登龙州守命名为“竹柏山房”[注40]，四落建筑分别命名为“诗”“书”“礼”“仪”[注41]，主落为“诗”，东落为“礼”，西落为“书”，最西落为花厅并曰“仪”。现仅存西落“书”的第二进主座，建于清初，面阔三间、进深五柱，为穿斗木构架双坡顶建筑。林春溥（1775—1861年），清嘉庆七年（1802年）进士，授翰林院编修，文渊阁校理，曾受聘主讲鳌峰书院达19年，林则徐是他的学生。而位于基地东南隅澳门路8号两落坐西朝东的历史建筑则存续较好，均为前后二进（一进七柱、二进五柱）、面阔三间、双坡顶穿斗木构架并四周围以封火墙的建筑。

在林则徐纪念馆保护修缮与扩建[注42]的设计中，首先树立以真实、完整保护林文忠公祠为原则，将东西两处历史建筑、新增建建筑与林公祠整合为一体，使之成为一组在呼应街区固有肌理的同时形成的整体独特的院落式建筑群落；其次，结合既有建筑分布特征，新建筑以织补的方式，建构沿基地四周街巷墙立面构图的完整性与纪念馆内部空间展示体验的连续性。对于基地的核心部，则在拆除不协调建筑后不植以新建筑，而做“留白”处理，以作核心园林空间。东侧以澳门路8号历史建筑西墙为界，西侧以林春溥故居东墙为界，北侧以祠堂三落建筑南墙为界，而于南面则将新补织的纪念馆南入口门宇北墙向南置于澳门路8号两落建筑间的隔墙偏北处，形成占地面积约1200平方米、东西最大面宽38米、南北最大进深34米、四周界墙呈不规则状的园林用地。设计并以此空间作为纪念馆整体建筑群的“绿核”，新旧建筑则环绕其构形展开园林情境营造。

纪念馆建筑由七个部分组成，分为A—G区。位于基地北侧的原林文忠公祠及其西南的林春溥故居为B区，位于基地东南向澳门路8号的两落历史建筑为F区。A、C区为新增建部分，分布于林文忠公祠临澳门路主入口进馆甬道的南北两侧，其平面布局采用坐西朝东、沿东西纵深展开的院落形式，响应街区固有肌理。A区为临时机动展厅，C区为纪念馆序列展厅的组成部分。D、E区位于基地南侧，即林春溥故居四落建筑毁坏部分旧址，需拆除不协调建筑后进行更新织补，将大地块还原为原有院落面宽尺度、紧密拼接的四组单进建筑。D区两落为展厅功能，西落布局延续现存第二进建筑的形态，修复“书”落格局的完整性；东落则采用情趣合院

D区东落庭井（更新建筑）

注40　（清）郭柏苍．乌石山志[M]．福州市地方志编纂委员会整理．福州：海风出版社，2001:161.

注41　黄启权．三坊七巷志[M]．福州市地方志编纂委员会编．福州：海潮摄影艺术出版社，2009:100.

注42　设计单位为福州市规划设计研究院、北京华清安地建筑设计有限公司。主要设计人员为张杰、严龙华、罗景烈、张飏、阙平、张蕾、王文奎、何明、陈志良、林炜、魏朝晖、陈白雍等．

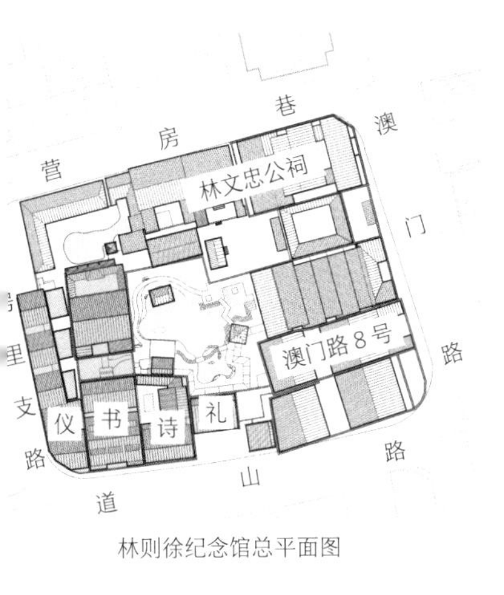

林则徐纪念馆总平面图

的形式，体现原正落“诗”的意象，以增添展览游线体验中内外空间交融的意趣性。E区在D区东侧，原为林春溥故居之“礼”落，设计将其作为纪念馆南入口门厅，让建筑适当北退形成仪式性的南入口广场，丰富了纪念馆沿道山路的空间与立面。G区位于基地最西侧，临营房里直街，为林春溥故居最西落“仪”落的旧址，为其花厅书房，即“竹柏山房”。此地块亦拆除了不协调建筑进行更新改造，作为纪念馆办公与科研用房，平面布局结合其南北狭长、不规则形态的地块特征，形成二层高、三进式院落，以一条夹巷串合各进庭井。后勤办公入口设于西北端，由二进式庭井折南入办公门厅；以“虚体”空间与祠堂曲尺楼园林建立关联，建构了独具文化

林则徐纪念馆一层平面图

林则徐纪念馆沿澳门路主入口

林则徐纪念馆祠堂主入口剖面示意

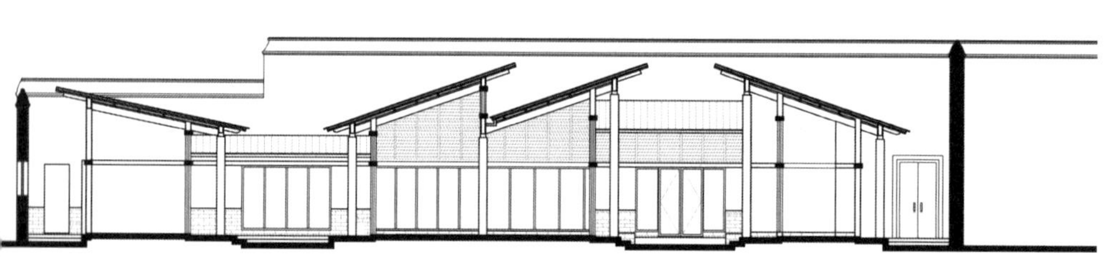
林则徐纪念馆新建展馆剖面示意

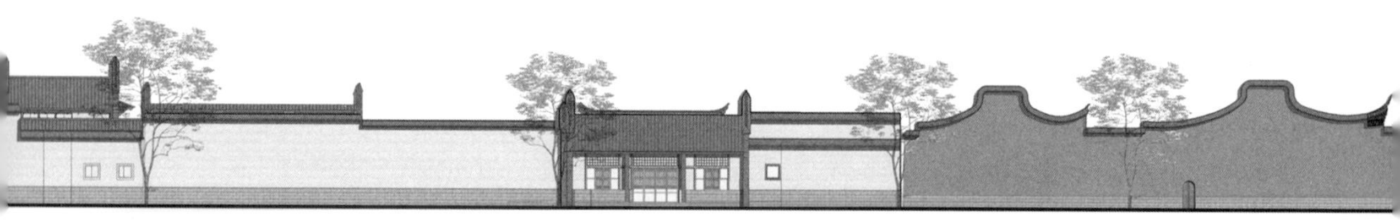
林则徐纪念馆　道山路立面

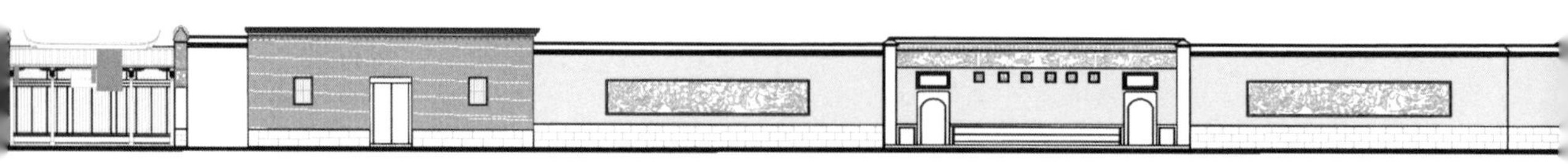
林则徐纪念馆　澳门路立面

意义的科研办公空间。

对于新建建筑，我们在保持文物建筑和历史建筑真实性、完整性的同时，亦在呼应中寻求创新表达。以传统院落类型为参照，结合展示功能与流线组织需求，新建筑采用钢结构、坡屋顶形式响应历史建筑肌理特征；而于天井处覆以玻璃顶，既形成连贯的室内陈列空间，又在屋顶肌理方面保持了传统院落虚实相间的清晰形态。在整体空间营造方面，历史院落庭井与新类型院厅空间互为交错、融合，历史感与时尚感交叠呈现，令体验感知多元丰富又意趣盎然。

新旧建筑沿街立面的整合中，设计在整体保持林文忠公祠既有意象的同时，寻求妥帖地创新表达。东侧临澳门路立面，我们以原祠堂主入口立面为主导，南北两侧新建筑亦采用红墙形式，外墙不开设门窗洞，使新、旧馆立面成为一体，并饰以林公生平伟绩为主题的石浮雕，增强其主入口的宏阔气势；红墙向北延伸，接于主体建筑树德堂北墙垣。南端两落历史建筑则按原状修复其乌烟灰粉墙，并织补了临街门头房。南向临道山路立面，东段为澳门路 8 号二进式院落组成的曲线优美的马鞍墙立面，西段为四组坐北朝南的更新院落建筑，设计仅于门厅座采用牌堵门头房形式，其余三座均采用乌烟灰粉墙，不开设门窗洞，以实衬虚，突显入口门厅形象。办公科研用房的临营房里直街立面，设计以一层高的院墙与马鞍形封火墙相组合，营构高低错落有致的天际轮廓线，外墙均为乌烟灰饰面；其西北端院墙略向南收，不与曲尺楼北墙平齐，让新建筑的黑墙与祠堂曲尺楼的红墙黑、红两色自然衔接。

在中心园林营构方面，设计亦力求传承与创新并举，延续曲尺楼园林以水面为主体景观、以游廊划分园林空间的理景组景理念与手法，进行中心园林的情境构筑。以自然的园林池水形态呼应周边界墙的不规则轮廓，以水中置岛、贴水架桥等方法将水面划分为大小不等的三个部分，以小池水衬托中心水面的宏阔。在园林空间组织方面，我们于园南侧贴墙设置游廊，西起 D 区门廊，串合 E 区门厅，并呈曲尺状北折脱开历史建筑，接于 C 区展厅；曲尺形游廊与历史建筑间形成一处雅趣别院，既丰富了园林空间层次，也让小空间映衬出主体空间之阔朗。折廊的西北转角处置一六角亭，形成游廊空间的休憩节点，其突出的形象也成为园中多向对景的视觉焦点。设计于此亭北架曲尺石板桥与北岸鹤台相接，鹤台上置林则徐放鹤铜雕，以现其与好友清湖北布政史叶敬昌在光禄吟台放鹤之场景。园之西、北两侧界墙不设园林建筑，均做“留白”处理，以优雅、生动的马鞍墙为山石植物的粉壁，呈现随时空变化而生成的天然水墨画。池岸、岸矶与平台廊亭等形式皆讲究创新表达，并与界墙建筑相呼应，让园林整体空间既充盈着现代设计感，又洋溢着浓郁的传统园林意蕴。

在纪念馆布展设计过程中，林矗先生与林峰馆长妙笔于池北加了一座尺度妥帖的“水榭戏台”，作为纪念馆的文化活动场所，却也成为园中的主体建筑，与池东六角亭遥相呼应，让全园构图更为均衡，亦有了“轩楹高爽，窗户邻虚，纳千倾之汪洋，收四时之烂漫”注43的情境。水庭空间作为中央“核”，串接周边不同年代的新旧院落空间，令纪念馆整体氛围于庄重、隽永与灵动之中，呈现出大气、谐和之美。“苟利国家生死以，岂因祸福避趋之。”林则徐轰轰烈烈的一生折射出其广阔坦荡的心胸与如水无波的心境。纪念馆既是展示陈列伟人事迹之所，也是瞻仰学习其伟大人格思想之地，馆舍空间设计的文化意涵理应与文忠公之思想情怀、人格精神相随相契。

在游线组织方面，纪念馆仍以林文忠公祠临澳门路的牌楼门为主入口，经林公祠、林春溥故居新展厅至D、C等区展厅。原林春溥故居第二进后天井两处披舍不进行修复，而改为三面游廊，于北墙中设一圆门洞，连接曲尺楼园林之南游廊，连贯起祠堂与陈列厅游线，并于门洞处置一翘角半亭，强化转换节点的空间意象。布展设计以照片、文字、彩塑、雕塑、大型场景等多种手法，辅以先进的声光电技术，生动再现了林则徐作为一名清正务实、开眼看世界的社稷名臣，在理政、禁毒、抗英、水利、救灾及引进西方先进思想和军事武器等方面的突出贡献。

林则徐纪念馆现为国家级重点文物保护单位，同时也是全国爱国主义教育基地与全国禁毒教育基地。

注43　（明）计成．园冶读本[M]．王绍增注释．北京：中国建筑工业出版社，2013:7.

传承与创新

放鹤台

传承与创新

钢构曲廊

林春溥故居二进后天井与曲尺楼园林

5.4 安泰河两岸地段保护再生设计[注44]

在安泰河两岸历史地段再生设计中，我们仍秉持山、水、街区一体化建构的思路，再造与三坊七巷、旧怀德坊、林则徐纪念馆、乌山风貌区的历史关联和其整体呈现出的具有强烈识别性的文化景观意象。

5.4.1 概况与缘起

安泰河原为唐罗城之护城河，其核心段位于三坊七巷历史文化街区南侧。以南后街为中轴，北岸东侧为吉庇巷临水部分，西侧为光禄坊临水部分，而光禄坊与吉庇巷均在民国时期（1920 年代）扩路演变为街道。河南岸西段为怀德坊的滨水部分，宋时称为凤宪坊。《三坊七巷历史文化街区保护规划》将安泰河北岸地段确定为公共绿化休闲带，作为三坊七巷街区核心保护区外围的建设控制地带，建筑高度限定为檐口高度 12 米、脊高 15 米；安泰河南岸地段为街区的风貌协调区，建筑高度限定为檐口高度 15 米、脊高 18 米。三坊七巷街区近十余年来持续实施了“一带、一街、三坊与七巷以及 159 处古建筑的保护与修复”。“一带”是指安泰河历史文化休闲带，“一街”则指南后街。鉴于南后街以东吉庇路南侧地段均为当代 6 至 9 层建筑，暂时无法拆除，故“一带”先从南后街南口至西侧金斗桥地段开始实施。至 2009 年底，完成了光禄坊段西端沿河已整理出用地的公园建设，后因南后街南口临安泰河的九层高鼓楼区建工大楼未拆除到位，造成公园建设处于停滞状态，但工程的停顿也给了我们更多深入思考的机会。此前，我们福州市规划设计研究院设计团队在完成南后街保护修复设计工作后，结合林则徐纪念馆保护与扩建工程中已着手进行的安泰河南岸澳门路西侧街区更新与改造设计工作，借助澳门路西侧历史街区的更新再生，使其与乌山历史文化风貌区相连接。而安泰河北岸，作为公园式的绿化休闲带，将使三坊七巷与澳门路西侧街区无论在肌理形态、空间尺度、整体风貌等方面都产生隔裂，无法重构山、水、街区一体化的历史结构及形成连贯的城市生活活力带。

一般而言，历史文化街区周边采取绿化带方式将其与城市其他地区相分隔，能较为完整地保护街区本体的整体风貌。但对于像三坊七巷街区这类相对独立却又与历史文化名城整体格局紧密关联的历史文化街区而言，以绿化隔离带作为建设控制地带的保护方法似

注 44　此为安泰河两岸保护再生设计项目，设计单位为福州市规划设计研究院，主要设计人员有严龙华、罗景烈、张蕾、阙平、薛泰琳、傅玉麟、陈白雍、林炜、刘高龙、姚坚伟．

乎过于简单化，“文化孤岛”式的保护应不是它的最佳选择。为此，我们一直思索并探讨更为妥帖和理性的优化方案，鼓楼区建工大楼的延期拆除则给我们再设计带来了机会。2008 年下半年，在时任福州市三坊七巷管委会卫国主任的支持下，我们将思考的结果与完成的方案向时任市长郑松岩先生汇报并得到认可。随后，由三坊七巷管委会于北京组织相关专家进行方案论证，取得与会专家的肯定。于是，工程项目得以迅速而顺利地推进。

项目地段位于三坊七巷光禄坊巷南侧的安泰河两岸，东起南后街、澳门路，西至通湖路，东西长约 300 米。此段安泰河宽 5—8 米不等，北岸光禄坊地块进深仅 30 米，南岸用地呈不等长的 U 字形、最大进深 80 米，总占地面积 1.6 公顷，总建筑面积 1.96 万平方米。地段内有四处历史建筑和一处文物保护单位（老佛殿），其余皆为更新地块。项目由安泰河南岸的 A、B、C、D 四个地块和安泰河北岸的长条形地块组成。

南后街
澳门桥
澳门路
蒋源成石雕铺
康佳寿板行
A 地块
光
安
光禄吟台酒店
停车场
B 地块
张天福宅院
泰
光禄坊 33 号
街道派出所
新桥
玉
山
涧
河
沿
禄
刘家大院
C 地块
南街街道办事处
河
虹桥
玉山桥头巷
老佛殿
早题巷
光禄公园
林则徐小学
水玉巷
许厝里
仓角头 8 号
坊
营
房
里
路
D 地块
E 地块
光禄坊 79 号
仓前后巷
通
湖
N

安泰河地段总平面图

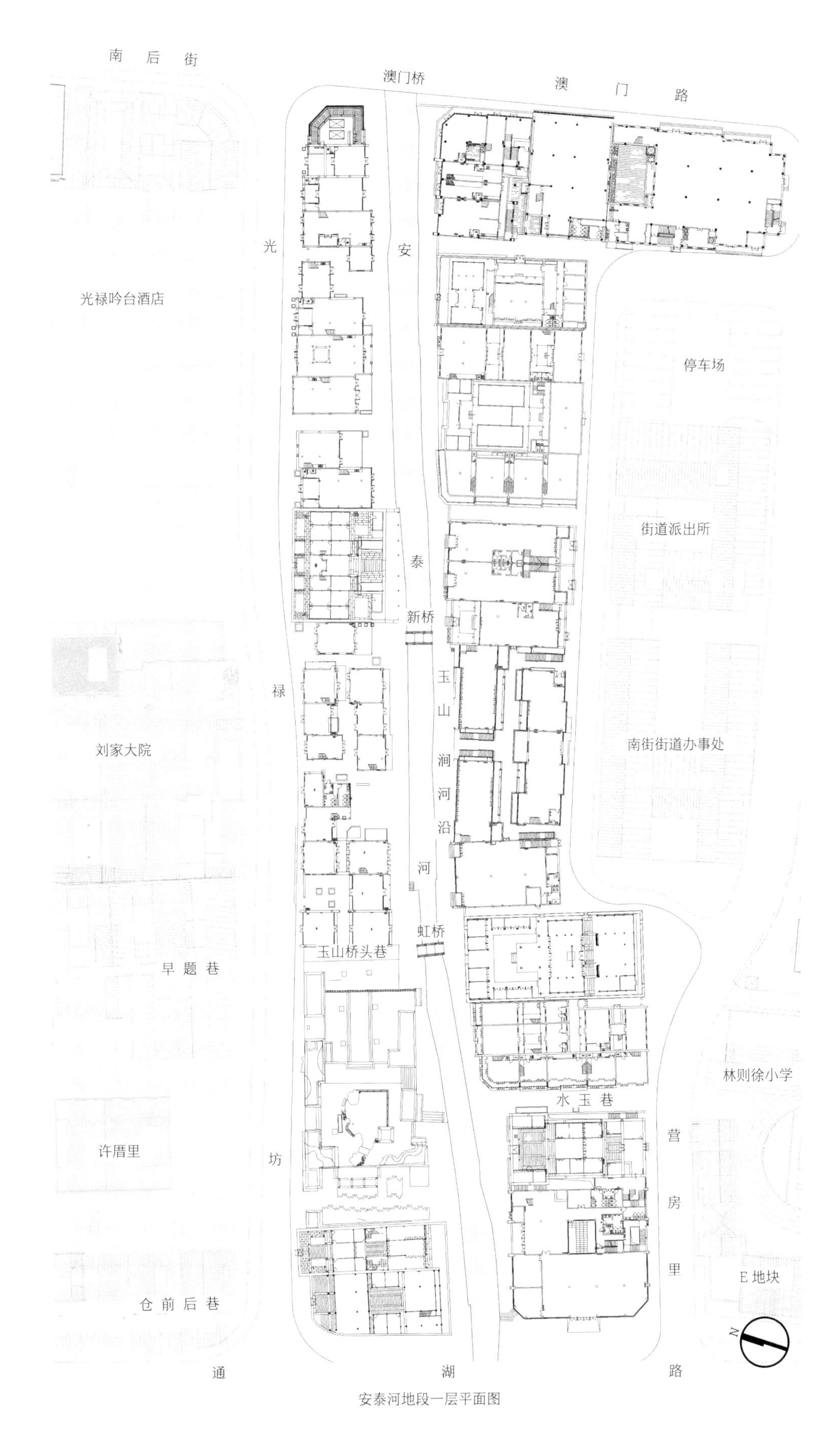
南 后 街
澳门桥
澳 门 路
光
安
光禄吟台酒店
停车场
街道派出所
泰
新桥
玉
山
禄
涧
河
沿
河
刘家大院
南街街道办事处
虹桥
玉山桥头巷
早 题 巷
林则徐小学
水 玉 巷
营
房
里
许厝里
坊
E 地块
仓 前 后 巷
N
通
湖
路
安泰河地段一层平面图

安泰河北侧立面

安泰河北侧材料分析 粉墙 木构 砖石

安泰河北侧虚实分析（窗墙比 0.3593）

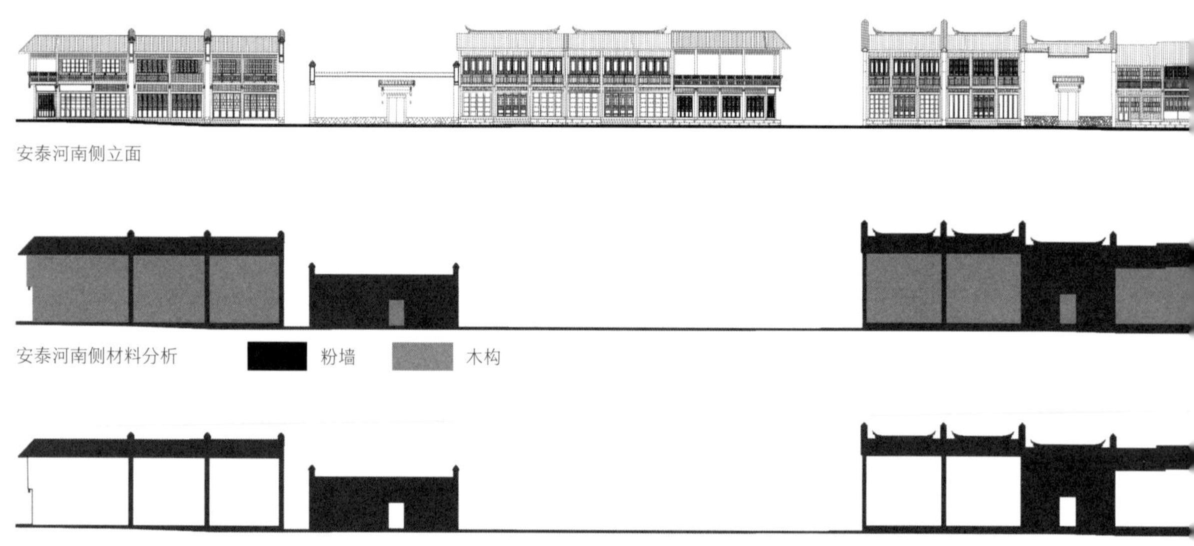

安泰河南侧立面

安泰河南侧材料分析 粉墙 木构

安泰河南侧虚实分析（窗墙比 0.4886）

4.430

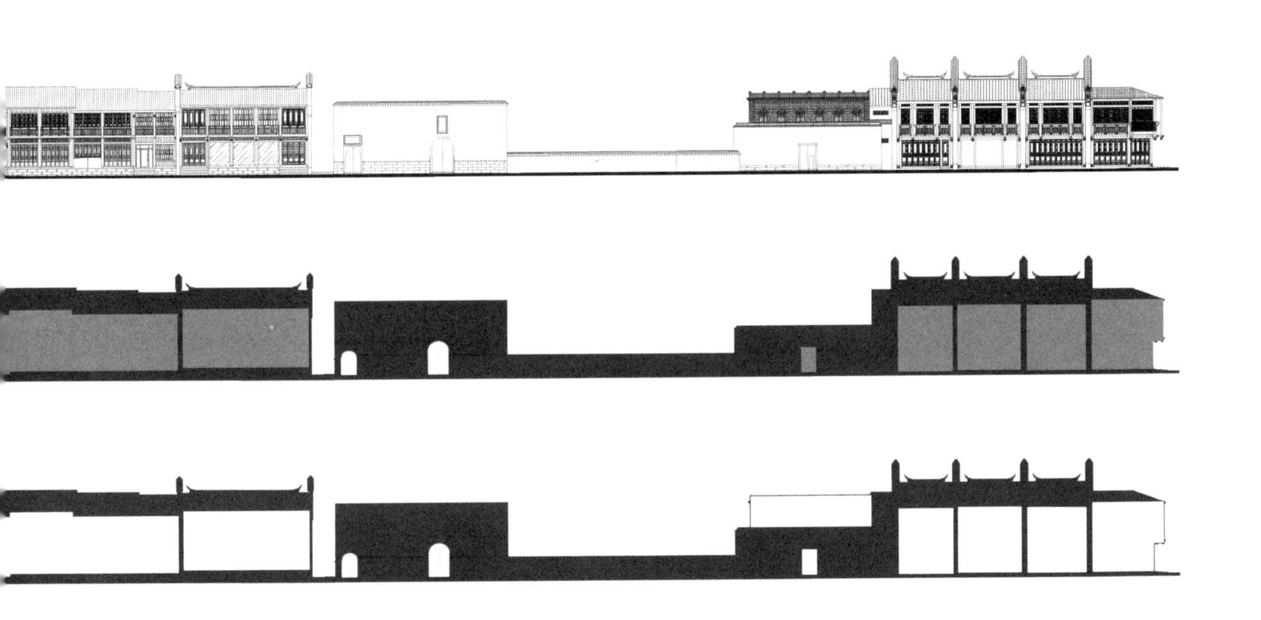

5.4.2 安泰河北岸光禄坊地段再生设计

此地段为光禄坊之组成部分，受旧城改造的破坏，现仅存基地中段光禄坊 33 号（占地面积 660 平方米）、西端临通湖路的光禄坊 79 号（占地面积 620 平方米）两处二层民国时期历史建筑。再生设计的出发点是通过地段肌理织补，意向性修复光禄坊坊巷的历史完整性，重构河坊一体的滨水街区场所特征。同时，设计通过植入当代商业餐饮休闲等功能，丰富原保护规划确定的单一绿色开敞休闲空间的功能；在织补肌理的同时，注重空间留白，梳理出沿河岸生动、富有意趣的公共空间体系，并令其与各建筑院落相交融，塑造积极且具活力的城市生活场所。

再生设计以类型学为方法，以三坊七巷既有建筑类型与组织肌理为参照，以院落"宅基地"尺度为空间形态控制法[注45]，再造其坊巷格局的完整性；沿光禄坊巷的建筑界面相对连续、封闭，以重塑光禄坊巷两侧建筑界面的连续性与场所特质；沿河岸建筑则以灵活而进退自然的布局，营造出变化丰富的水岸意趣空间。地段整体功能定位为休闲与餐饮区，建筑以二层为主、局部一层，强调室内外空间相交融且灵动多元：传统院落空间、街坊式空间、形态多样的沿河岸小空间、退台式休闲空间等，并与已建成的开放式园林空间相结合，既呼应了街区肌理形态，又为自身塑造了形态丰富、开合有序、新旧相融、肌理生动的活力场所；以青砖建筑、马鞍形粉墙院落式建筑为主体，辅以钢构玻璃体等现代建筑语言，营构了一幅富涵地方文化意韵、历史与现代相辉映的当代城市生活画卷。

注 45　董卫，崔玲．历史城区保护与可持续整治中的"洛阳模式"创新 [J]. 城市规划，2014(6):64.

重塑后的光禄坊巷两侧建筑界面

具体设计方面，首先是保护修缮最西端的光禄坊 79 号历史建筑，令其与坊巷北侧沿通湖路的更新建筑共构光禄坊西入口的历史特征意象，并修复光禄坊巷西段历史界面的完整性。该历史建筑东侧至早题巷向南延伸段的玉山桥头巷间的段落，是已建成的园林式公共开放空间，设计结合光禄坊巷北侧许厝里前的小节点空间，营构了三面围合、一面敞向安泰河的三坊七巷街区内最大尺度的公共开敞空间（东西面阔 65 米、南北进深约 48 米），并作为游人由西进入三坊七巷街区的内聚性文化休闲广场。广场西、北两侧历史建筑立面形成的界面和东侧以街区典型的几字形马鞍墙组合的新建筑立面，与公园原有亭、榭等特征园林要素，及后期植入的出土铁锚等，共同塑造了既反映安泰河历史变迁信息，又具备街区文化景观独特性的场所空间。

光禄坊公园

光禄坊公园铁锚

玉山桥头巷以东地块，设计则结合中部保留的光禄坊 33 号历史建筑，建构为具有三坊七巷街区肌理特质、小尺度建筑连续拼接的休闲餐饮建筑群落。基于光禄坊巷目前还作为市政路及其坊巷之历史特征，以相对连续、以实为主的建筑作为坊巷街墙立面，以期在把游人引向河岸的同时，修复起坊巷空间的历史氛围。立面形式方面，设计以传统双坡顶、马鞍墙与青砖建筑相结合的方式进行有序编织，于门窗与内部结构中植入现代材料与构筑方式，在响应街区肌理与风貌协调性的同时，体现因街区历史变迁而层积的建筑文化连续性与当代创造性意图。而于水岸一侧，设计则更强调城市滨水公共空间的生动性与意趣性，以组群式建筑形态布局带状基地，并沿河岸侧做进退变化，形成几处敞向滨河的亲切小空间，作为餐饮外摆区；注重北通光禄坊的路径与小空间的关系处理，既为游客穿梭街区提供最大的便捷性，也为餐饮区留足亲切而富有魅力的“阴角”[注46]及“舞台式”凹入式的户外小空间。此外，部分建筑设计了一层露台空间，作为二层餐饮外摆区，营造地面与空中互动的有趣休闲生活场景，加之滨水步道上如织的游人，以期能勾勒出一幅“人看人”的生机盎然的现代都市生活画卷。

注 46 ［日］芦原义信．街道的美学（上）[M]. 尹培桐译．南京：江苏凤凰文艺出版社，2017:71.

水岸意趣空间

设计并不拘泥于完整性修复其历史建筑格局，刻意不恢复光禄坊 33 号建筑中伸至河沿的东西两处披舍、以腾出河墘空间，而将其两侧封火墙向河沿延伸，通过设置拱形门洞与两侧游步道连贯起来。圆门洞亦起到框景、成景作用，构筑了滨水空间的迷人景致。于此庭中，林矗先生又神来一笔，加设了一段倚水游廊，令河岸空间顿时生动起来，且由此意向性修复了安泰河北岸的历史意境。为了修复光禄坊格局与风貌的历史完整性，在建筑层数与高度控制方面，此地段整体上仍按核心保护区的规划控制要求进行设计，不用足建控区建筑檐口高度 9 米、脊高 12 米的要求，而以一、二层建筑有序组织，构造带状基地的建筑组群肌理与天际轮廓线。基地东西两端为一层建筑，中段北侧为二层建筑，以与存续的 33 号二层历史建筑相呼应，沿河岸则以一至二层建筑错落拼接，构筑其生动的河岸景观意象。

舞台式凹入空间及游廊

倚水游廊门拱框景

5.4.3 安泰河南岸地段再生设计

基地旧为怀德坊临水地段，用地总体呈西侧长（125 米）、东侧短（93 米）、中部进深 25—30 米的 U 字形态，东南隔营房里巷与林则徐纪念馆为邻，南与南街街道办事处及派出所隔巷相邻，西南向为新建的林则徐小学。上位修建性规划确定其为商业功能用地，是三坊七巷历史文化街区、乌山历史文化风貌区的风貌协调区，高度控制为檐口高 15 米、脊高 18 米。再生设计以建筑体量与高度的协调、色彩的呼应、形态肌理的同源、建筑类型的类比、历史街道立面的再造、视线通廊的重塑等方法，秉持“整体创造”的设计理念，修复三坊七巷、安泰河、怀德坊、道山坊及乌山之山、水、街区一体化的历史结构与艺术骨架。所谓“整体创造”，就是在“积极保护”观念的指引下，“将遗产保护与建设发展统一起来”，“总体看来，新建筑要与所保护的环境在高度、色彩、肌理等方面，在可能范围内达到整体协调，保持一定的体形秩序，兹称之为‘整体创造’。”[注47] 即在保护城市历史遗产整体秩序与空间环境的同时，探讨更新建筑的创新设计以及新旧建筑的有机融合。

在基地整体有机更新中，设计既遵循上位保护规划的相关规定与要求，又积极发掘各类历史信息（包括历史上的巷弄信息等），对基地进行用地细致再划分，形成自东而西宽窄、深浅不一的六个功能地块（A—E 及老佛殿地块）；各地块通过在功能、肌理与形态以及路径上与安泰河及光禄坊地段紧密连接，强化其有机整体的特征。设计结合保留的历史与风貌建筑，采用二层传统院落式平面，以织补的方式，有机嵌入历史肌理中，并与北岸三坊七巷街区相互融合，重构两岸街区绵延不断的第五立面之整体而独特的景观个性。

A 地块东临澳门路、北临安泰河玉山涧巷，地块内存续有蒋源成石匠铺和康信寿板行历史立面。蒋源成石雕老铺的主人为清末民国时期福州著名青石雕刻家蒋仁文（1876—1950 年），其才华杰出，主要作品有南京中山陵石狮与华表等、广州黄花岗七十二烈士墓前一对龙柱、连江青芝寺石像、鼓山灵源洞下石壁所刻的神光祖师像、于山白塔寺内的镂空石雕龙柱等艺术珍品[注48]。该建筑立面为单开间三层砖石立面，细节丰富，建筑精美；但内部被改造，格局不存，已无历史痕迹。康信寿板行为三开间三层青砖立面，内部格局亦不存。再生设计采用立面保护的方式留存其建筑记忆，在不破坏原有立面的基础上，重新梳理改造内部空间，并与其南侧更新地块相融

注 47　吴良镛 . 文化遗产保护与文化环境创造 [J]. 城市规划，2007，31(8): 14-18.

注 48　黄启权 . 三坊七巷志 [M]. 福州市地方志编纂委员会编 . 福州 : 海潮摄影艺术出版社，2009: 147-148.

合；采用中庭空间连接新旧建筑，并整合为一体，以满足当代功能和空间的创意性需求。南段新建筑延续其青砖外墙立面，以小尺度开间、竖向线条划分的立面形式表达历史特征；但门窗形式、细节构造则采用现代语言，形成既呼应协调、又体现时间可读性的理念。与其北侧毗接的更新建筑则通过四座类传统内天井式建筑细分地块尺度，立面采用二层木构形式以响应安泰河两岸固有风貌的历史特征，并与其西邻的张天福宅院之 B 地块相协调。设计同时强调转角建筑的创意性表达，采用二层外挑式阳台并饰有优雅的美人靠，类比于传统走马廊式建筑，以构造街道转角建筑的独特性。“找出那些对提升整个街区最有贡献的房屋加以修复，……转角处的建筑一旦得到修复，两个街道的立面形象就都获得了良好提升，并且在整个街区中具有高度可识别性（在这里，令人回想起德国人在摧毁美丽华沙的行动中，特别将转角房屋设为标靶）。”注49

注 49 ［美］安东尼 · 滕 (Anthony M. Tung). 世界伟大城市的保护：历史大都会的毁灭与重建 [M]. 郝笑丛译 . 北京：清华大学出版社，2014:257.

澳门路安泰河的转角建筑

澳门路蒋源成石雕老铺（修复前）

澳门路蒋源成石雕老铺（修复后）

C 地块位处安泰河河沿中段，东西宽 75 米、南北进深 30 米，两侧皆以巷弄与东侧张天福宅院保护更新地块（B 地块）、西侧老佛殿地块（D 地块）相隔邻。总平面布局上，设计以朱紫坊沿河建筑肌理为参照，采用东端三落、西端一落的类南北向多进式院落建筑毗接，各院落面阔则用传统宅基地尺度（最大面宽 10.2 米、最窄 7 米），各以封火墙相分隔，或天井或天井上覆以玻璃顶贯通室内空间，营造独特优雅的马鞍墙连续排列的第五立面（屋顶）景观。中段则采用前后两排的建筑布局形式，中间形成横向展开的中庭空间，于二层设计多处连缀天桥，桥上方设置覆龟亭，将长条形中庭空间细分为五个小庭井，部分庭井又覆以玻璃顶；在营造室内灵动而连贯的空间之同时，又于第五立面形成由五座高低错落并置的院落式组群建筑屋顶肌理与其两端四落建筑屋顶肌理的有机嵌合。沿河立面方面，设计不囿于历史上大宅院粉墙石框门或牌堵门头房组合形成的立面特征，而多采用走马廊式落地门窗的木构立面；结合基地南侧高、北侧临河沿地势低的特征，室内地坪标高以南侧巷道标高为参照，让河墘侧建筑高出玉山涧巷约 0.9 米，使外廊处餐饮区、室内餐区产生了“俯视景观”[注50]，创造了富有生机的滨河活力空间。

注 50 ［日］芦原义信．街道的美学（上）[M]. 尹培桐译．南京：江苏凤凰文艺出版社，2017:110.

安泰河南岸 C 地块

安泰河南岸 C 地块庭井空间

D 地块为安泰河南岸最西端的地块，旧称仓角头，西临通湖路、北临安泰河玉山涧巷、东隔水玉巷与老佛殿地块相望、南临营房里巷。地块临水玉巷侧是一幢保留的历史建筑（仓角头 8 号），为陈体诚故居，现为仅存一落的清代建筑，坐南朝北。陈体诚（1893—1942 年）是民国时期著名桥梁专家，中国工程学会首任会长；其长子陈彪，为著名天体物理学家，中国科学院院士；次子陈篪，为开拓中国断裂力学作出重大贡献，被誉为“中国科技界铁人”[注 51]。陈体诚故居为一进带后罩房院落，主座面阔三间（12.3 米）、进深七柱（12.8 米），前出游廊，前后天井皆设左右披舍；前庭井东西两侧封火墙均比主座封火墙拓出 1.5 米，形成面阔 8 米、进深 5.4 米的阔朗庭井，与主座进深 2 米的前轩廊相交融，厅庭一体，气势不凡。该建筑新中国成立后为福州工艺制花厂所用。仓角头，以靠近明清两代“常丰仓”而得名。于近现代，仓角头一带曾为福州手工制花厂坊区，盛时有三十余家制花作坊，形成人工制花集市，产品批发至八闽各地，故此处亦有“花仓前”之称。

注 51　黄启权．三坊七巷志 [M]. 福州市地方志编纂委员会编．福州：海潮摄影艺术出版社，2009:403.

老佛殿

安泰河南岸 D 地块沿河景观

仓角头地块（D 地块）的更新整合既讲求适应餐饮建筑对室内连续空间的需求，又表达了其对贴邻历史建筑的敬意——采用南北狭长的内天井空间与历史建筑进行“对话”。在屋顶肌理方面，设计将面宽达 24 米的屋顶平面细分为类比传统三落多进式院落和临通湖路二层联排店铺式建筑群组成的肌理形态，以突显 8 号历史建筑屋顶肌理的主体地位；在各向立面设计方面，延续小开间建筑立面组织肌理，以回应历史意向。设计同时强调转角建筑的重要作用，令其成为水陆街巷交汇处具有强烈可识别性的视觉焦点建筑。安泰河两岸更新建筑多作为餐饮功能，且各地块皆多向临街巷，因此，我们在有条件的地块均设置了地下空间，作为厨房等配套设施用房，让街区整体环境更具宜人特质。

历史上，安泰河南北两岸呈现出不同的建筑形态与街巷肌理特征，北岸河沿一般不设置巷、路，建筑多临水而筑，各商家或住户自设道头（小码头）或于直巷临水处设公共道头。南岸则有河沿街巷，如玉山涧巷以及澳门桥东侧的桂支里巷（牛育河沿）、朱紫坊河墘等。从两岸存续的历史建筑也可得到印证，如北岸光禄坊 33 号两侧披舍就直接临水，安泰河北岸最西端金斗桥旁的文儒坊 99 号历史建筑更是倚水而筑。而南岸的张天福宅院、仓角头 8 号历史建筑前则有约 3 米宽的玉山涧巷，由存续完好的朱紫坊历史文化街区更能完整体悟到安泰河南北两岸街区的不同景观意象。在安泰河光禄坊段再生设计过程中，我们既回应其历史特征，又注重时代变迁与当代城市生活诉求的响应性设计。南岸通过新建筑的织补，修补了玉山涧巷墙立面的连续性，呈现其“万家沽酒户垂帘”之景象；而于北岸的新建筑，设计不过多追源其倚水而筑的历史形式，新建筑多做较大的退让，留出河墘空间，营构一系列如芦原义信所说的“像掌上明珠一般可爱”[注 52] 的令人迷恋的街区小空间，并以河沿游道串合“明珠”。仅于 33 号历史建筑修复其历史意象，但也将其转换为游人可穿梭体验的户外公共空间，且与河沿游步道连接起来。北岸建筑与空间景象完全迥异于南岸，在两岸景象的对比连接中丰富了整体体验感知，形成富有意涵的整体艺术构图。

注 52 ［日］芦原义信．街道的美学（上）[M]．尹培桐译．南京：江苏凤凰文艺出版社，2017:118.

再造后的安泰河光禄坊段两岸建筑外界面最大间距 25 米、最小间距 12 米、普通段间距约 16 米，建筑层数一至二层，檐口高度 3.8—7 米。其河坊空间总体呈现出疏朗宜人的环境特质，开合有序变化的空间赋予其序列景象的节奏感，身临其境，人烟绣错，尺度宜人，景象丰富。良好的空间宽高比（D/H>1）在令建筑立面具有强烈“图形性”的同时，亦形成观赏建筑群整体性、正面性、细节景观的多元视角节点。因此，在场所空间营构的过程中，我们既关注其群体组合的整体秩序与天际轮廓线的变化，又注重其单体立面的精致性表达和不同材料质感编织衔接的处理，以期在再造地方性独特文化景观场所的同时，能发展出一种精致的都市生活场景，让安泰河河坊街能形成街区日常生活的“建筑散文诗”[注53] 与闲适城市生活的优雅“协奏曲”。今天，保护再生后的安泰河历史地段已经成为独具魅力的城市生活活力场所。

注 53 ［美］安东尼 · 滕 (Anthony M. Tung). 世界伟大城市的保护：历史大都会的毁灭与重建 [M]. 郝笑丛译 . 北京：清华大学出版社，2014:68.

安泰河南岸 D 地块转角建筑

安泰河南岸朱紫坊河墘

5.5 通湖路历史地段再生设计

通湖路，是民国时期开启的城市近现代进程的产物，在福州古城路网结构中并无此条南北走向的道路。从民国三十四年（1945 年）的城市地图可以看出，今通湖路最北部分的鼓西路至西湖南大门一段，已将旧通湖坊巷改造为通湖路，其南永和坊的小排营巷则未被改造，三坊七巷衣锦坊、文儒坊亦还濒临着文藻山河、安泰河，坊巷格局存续完整。历民国后期、新中国成立后各时期直至 2009 年的改造拓宽，形成今通湖路与三坊七巷之格局。通湖路为城市支路，南北长约 1.6 千米，宽 18 米，北起西湖南大门湖滨路，经旧小排营巷接杨桥路，向南穿越三坊七巷，接道山路、直指乌山。道山路，原为道山坊巷，民国二十一年（1932 年）与南后街一并被拓为 12.67 米的城市道路，现路幅宽 18 米。通湖路的开通又形成一条北连西湖、中穿三坊七巷街区、南接乌山风景区的南北走向的城市景观轴线，与白马河、白马路、南后街、南街共同构筑了山、城、湖更加紧密的城市连接。但同时，它也破坏了三坊七巷街区格局的完整性，割断了文儒坊、衣锦坊、光禄坊与其西侧安泰河、文藻山河的历史联系。

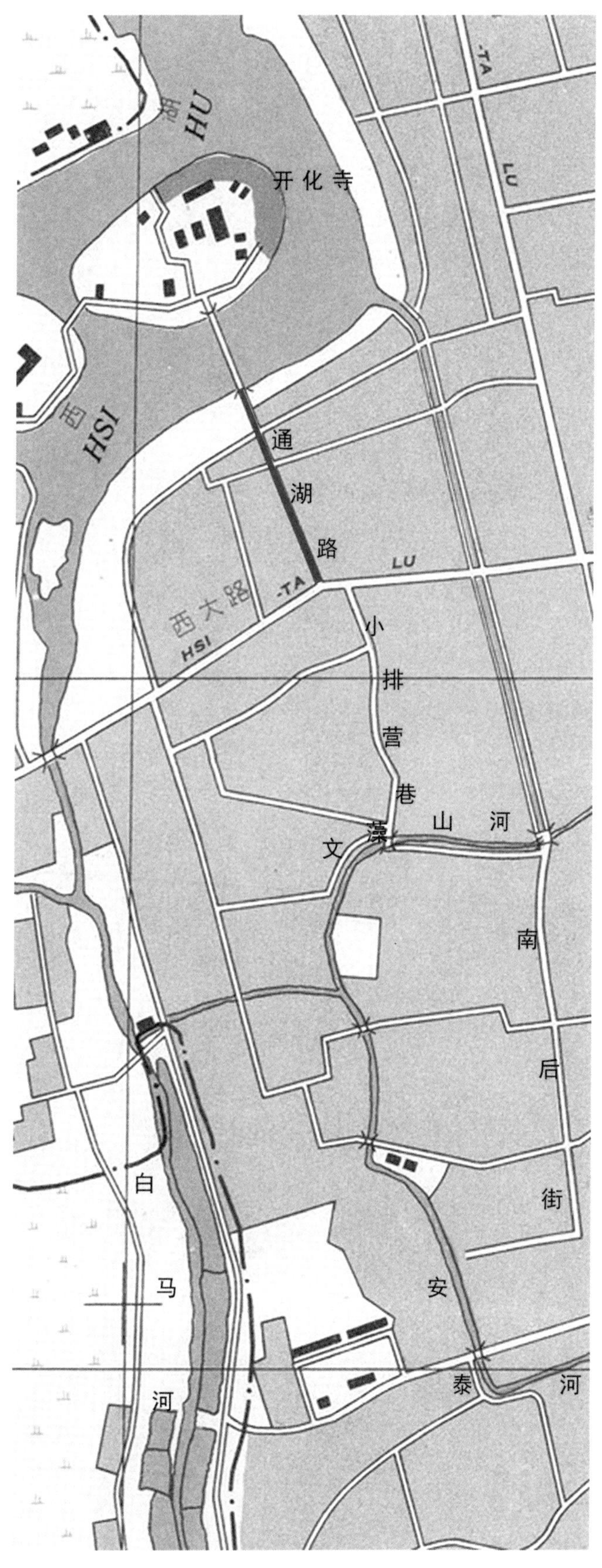

1945年通湖路位置图
（据福建省图书馆馆藏1945年福州地图改绘）

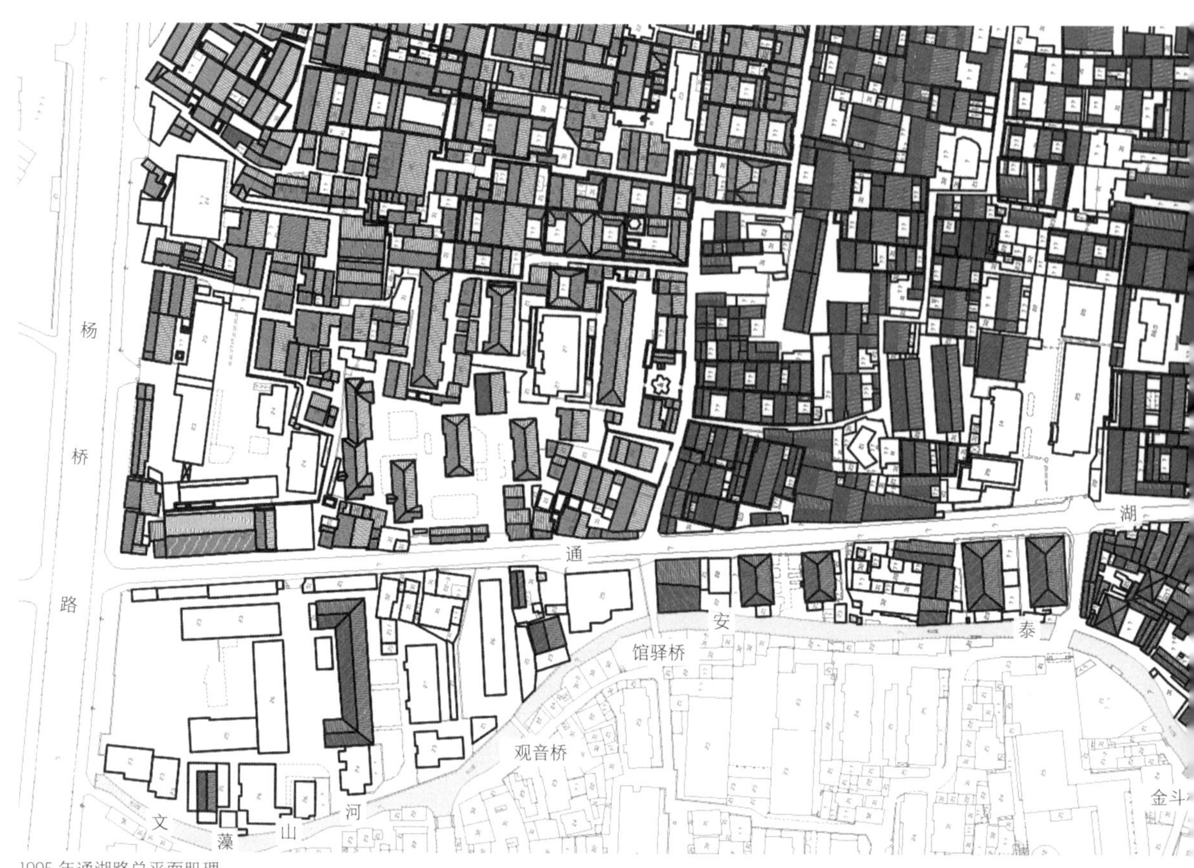

1995 年通湖路总平面肌理

通湖路衣锦坊地块

2020 年通湖路总平面肌理（修复后）

安
光
禄
坊
泰
通
湖
路
路
河
二桥亭
N

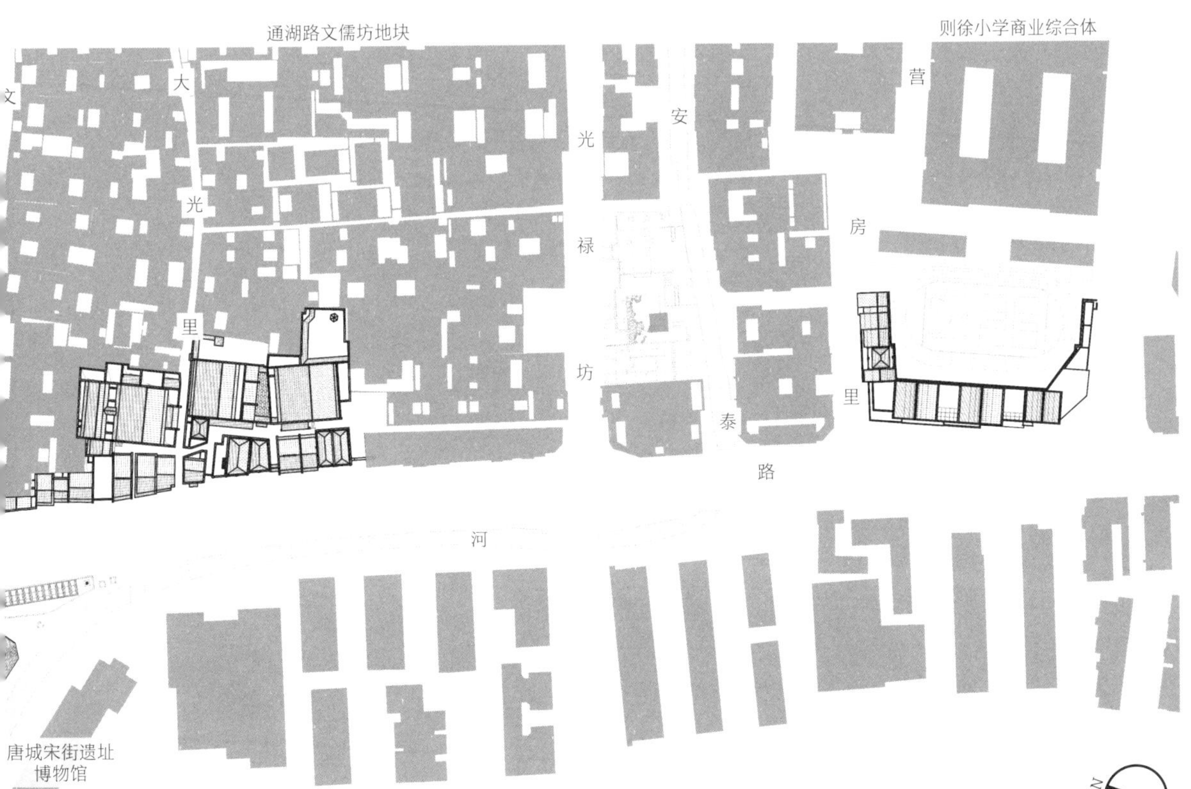
通湖路文儒坊地块
则徐小学商业综合体
文
大
光
里
安
光
禄
坊
泰
路
营
房
里
河
唐城宋街遗址
博物馆

N

5.5.1 林则徐小学临通湖路地段设计

位于仓角头南侧林则徐小学的临通湖路地块（E 地块），用地呈 U 字形，北隔营房里巷与仓角头 8 号（D 地块）相邻，南临道山路，东为小学操场，西南两向道山路南侧及通湖路西侧沿街多为 8—9 层的当代住宅。三坊七巷保护规划对该地段新建筑的高度限定为檐口高度 15 米、脊高 18 米。

设计利用小学操场地下空间设置了二层地下室作为街区配套停车库，地面二层建筑则为旅游服务中心。依据用地特征并呼应周边环境特质，北侧沿营房里巷采用二至三层小开间南北向双坡屋顶形式的类传统建筑，与北侧 D 地块一、二层历史与风貌建筑取得高度和肌理的协调；西侧沿通湖路南北延长的条状建筑则以传统多进式院落为类型参照，于屋顶平面上形成类三进式院落形态肌理，以回应街区整体风貌特征，也为道山路南侧地段未来的更新改造及其与乌山风貌区的有机连接留下伏笔。南侧临道山路建筑为一至三层，其布局形态与东侧的小学南校门围墙取得过渡和衔接。

在建筑设计中我们有意识地探讨不同尺度层级类型的类比响应与创新性表达的跳跃度，探索不同历史特征环境中更新建筑“对文脉的参照与新的进步建筑形式要素之间有多大的跳跃”[注54] 及两者的关系处理。为修复北侧营房里巷的历史特征，北侧建筑立面形式无论在开间尺寸、门窗比例及形式，或是构造细节等小尺度层级，都以历史类型为参照进行了类比设计。而于临西侧通湖路的建筑立面，设计以新建筑与历史建筑间可存留较大跳跃度的理念，屋顶肌

注 54 ［英］乔治娅 · 布蒂娜 · 沃森，伊恩 · 本特利．设计与场所认同 [M]. 魏羽力，杨志译．北京：中国建筑工业出版社，2010:178.

林则徐小学沿通湖路立面

理类比于传统三进式院落的形态，色调采用传统街区固有的黑、白、灰进行大尺度层级的类型参照与类比设计。而立面形式、墙面虚实关系、门窗比例与材料形式、构造细节等小尺度层级则进行与历史类型有着更大差异与跳跃度的创新再设计，体现前文类型学研究中所表述的“风貌协调区则只在大尺度上进行类型参照，其他各级尺度层次更多讲究创新与新建筑学语言的引入，体现源于传统但不囿于传统”的更新建筑创作设计理念。这种以街区固有类型为根源的类比与跳跃性设计，在某种意义上，也是对通湖路历史生成与变迁的一种创新性呼应。

5.5.2 唐城宋街遗址博物馆设计

三坊七巷段的通湖路以西临安泰河地段，上位保护规划明确其为建控区，除金斗桥地块作为街区消防站等配套设施使用外，其余地块的土地利用规划均为公共休闲绿地。2009 年下半年，我们在完成安泰河光禄坊地段更新设计工作后，又开始了金斗桥地块的再生设计。设计延续光禄坊段的“河街桥市”之总体规划思路，以期再造东起南后街澳门桥、西南至金斗桥、长约 700 米的具有“河街桥市”独特历史意象的当代生活场景。我们以重建文儒坊与安泰河、金斗桥历史联系为出发点，将保护规划要求配套的消防站布置于三角基地的北侧，临通湖路设置消防车出入口；南侧用地则以文儒坊巷的历史痕迹为依据，沿其南北两侧布置类比于街区建筑类型、联排式与院落式相结合的一至二层商业建筑，修复其历史格局完整性，重建文儒坊与安泰河、金斗桥的历史连接。

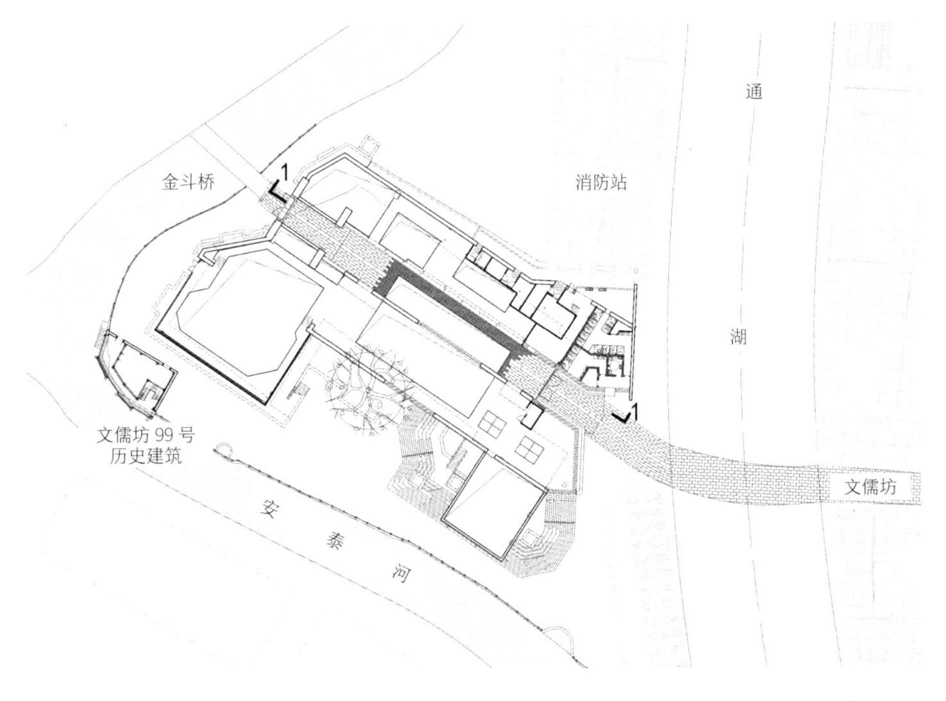

博物馆一层平面图

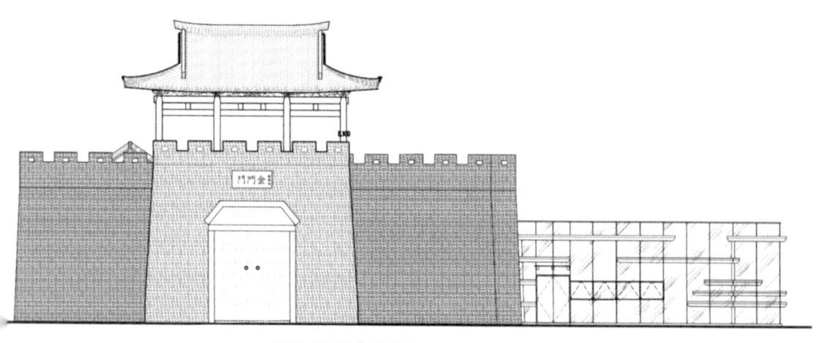

博物馆西立面图

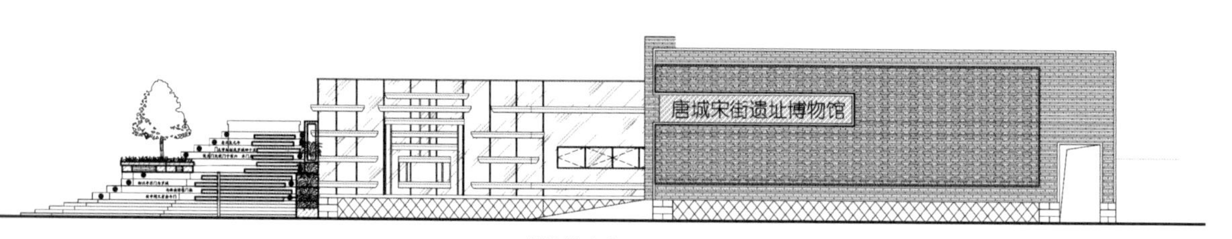

博物馆东立面图

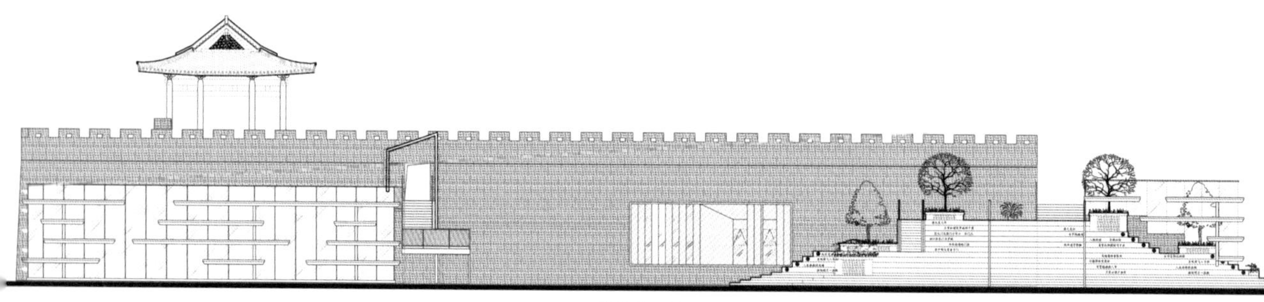

博物馆南立面图

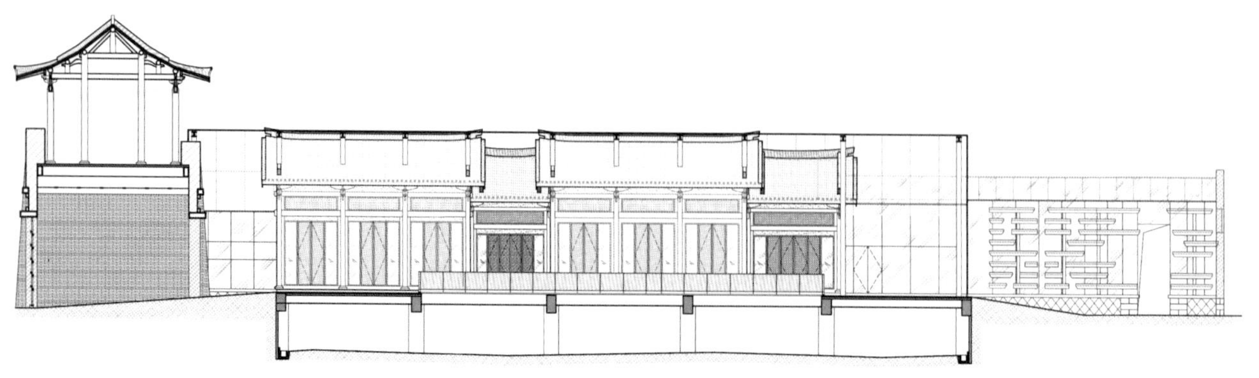

博物馆 1-1 剖面示意

但因基地内原有垃圾转运站无法及时拆除，项目工程一直处于停滞状态，消防站则如期建成，投入使用。在工程停滞过程中，业主要求增设地下室，满足停车需求。于是我们又进行了新一轮的方案调整，并于 2011 年上半年完成了项目施工图设计。此时，鼓楼区政府亦完成了垃圾站拆除，项目工程得以启动实施。2011 年 10 月，在开挖地下室时却有了意外收获，发现地下埋藏有文物；三坊七巷管委会及时叫停施工，并委托福建省博物院和福州市文物考古队进行联合考古发掘。据市队张勇研究员在《三坊七巷金斗桥工地考古纪实》[注55] 的表述，考古发掘了王审知所筑唐罗城的城墙和宋代文儒坊街（巷）的商业建筑遗址，由此明确了罗城墙在此段的位置、走向以及城墙的底宽、基础形式、城墙砌筑材料与规格。考古揭露的城墙长度为 74 米，底宽约 7.5 米，大致东西走向，向东伸向通湖路，向西至安泰河边；城墙基础之上残存高约 1 米的城墙，均夯筑，两侧用石头护基加固，并发现有大量倒塌的城墙砖。“均为钱纹砖，即四周印有外圆内方的铜钱纹样；钱纹砖大多有阳刻铭文，如‘陈’‘林’‘郑’‘戴’‘捐’等字样。这些姓氏应是当时制砖时工匠的姓氏吧。”[注56] 城墙砖规格为长为 0.38—0.4 米、宽为 0.20—0.21 米、厚为 0.065—0.07 米，砖面略内凹。此发现与宋《三山志》中记载吻合，“王氏筑城，令陶者印塼，悉为钱文”[注57]。闽国发展到后期被其部属李仁达窃取，南唐兵六攻不下，“及兵退，仁达果归钱氏”[注57]。王审知以印有钱纹的砖修砌城垣，闽国最后被吴越国钱氏吞并，这是否是一种预兆？

本次考古还于文儒坊巷北侧发掘出一组成排的宋代房屋基础，更在建筑地面下发现有陶水管，“这组宋代建筑主要有四座房

注 55　杨凡 . 叙事：福州历史文化名城保护的集体记忆 [M]. 福州市政协文史资料和学习宣传委员会编，福州市历史文化名城管理委员会编 . 福州：福建美术出版社，2017: 428-433.

注 56　同上书，第 429 页 .

注 57　（宋）梁克家 . 三山志 [M]. 福州市地方志编纂委员会整理 . 福州：海风出版社，2000:34.

仿制钱纹城墙砖

基，……三条隔墙、三条排水设施、建筑地面组成。从已揭露的平面看为三开间，面阔 14.95 米，每间面阔约 5 米、进深约 6.15—7.15 米”注56。此外，还在这组建筑南侧发现一条东西走向的道路，路南也有成排房基，路北有一条排水沟。一条路、两侧为约 5 米开间的成排建筑，“它基本上反映了宋代三坊七巷的雏形”注58。结合出土的大量宋代生活器具青白瓷片和生产玻璃器的遗迹等，原省文物局局长郑国珍认为它可能就是“西市”注58。基于考古揭露出的唐罗城垣和宋街遗址的重大价值，相关领导及三坊七巷管委会调整了该地块用地功能，决定改商业用途为遗址博物馆功能，建设“唐城宋街遗址博物馆”，我们据此进行了再一轮的方案设计。由于项目用地局促，在保证遗址保护完整性的原则下，方案设计了地下室作为博物馆配套设备用房。设计方案经多轮调整与专家评审于 2013 年底终获通过。

项目工程计划于 2014 年下半年复工建设，并在开挖地下室前，进行了第二次考古发掘。此次考古发掘于南城墙外的东侧发现了与城墙平行的成排“木质护岸”，“时代为唐五代，它们是古代安泰河的北岸”注59，从而明确了唐罗城时的安泰河北岸界线。城墙、城墙护岸、宋街组成了完整的唐末至宋城市格局演变的实物证据。2014 年 11 月 7 日，中国社会科学院考古研究所所长王巍到现场查看后，给予高度评价“这是国内少见的重要遗址，而且位于三坊七巷西端，值得大力保护，开发利用，成为全国文物保护与展示的成功范例。”注59

鉴于遗址的不同特征，专家们达成大致共识，“揭露展示唐代城墙及宋代街市的一部分，而将木质护岸和木质挡板进入地下，作为遗址公园”注59 的展示方式。于是，我们又一次调整了博物馆设计方案。最后形成的博物馆方案，总占地面积 4800 平方米，总建筑面积 3010 平方米，建筑以一层为主、局部二层，地下层与地面融为一个空间（仅宋街部分分地上、地下层），地面建筑总高度为 8.1 米。设计强调历史信息的揭示，能与千年演进而存续至今的三坊七巷街区具有紧密的时间连贯性、文脉同构性，让市民及游客无论是从街区到遗址博物馆，还是先体验观赏博物馆内遗址再穿梭体验街区，都能体悟到清晰的历史脉络和城市演变蕴涵的丰富历史信息。

博物馆平面布置以原文儒坊巷为纽带，连贯文儒坊及其与安泰河、金斗桥的连接路径。此纽带也是馆内的“街道”，长约 60 米，部分地面铺设无色透明安全玻璃，将宋街遗址清晰地展露出来。街

注 58　杨凡．叙事：福州历史文化名城保护的集体记忆 [M]. 福州市政协文史资料和学习宣传委员会，福州市历史文化名城管理委员会编．福州：福建美术出版社，2017: 429.

注 59　同上书，第 433 页．

北侧或完全展露宋街建筑遗址，或部分在地面层意向性地复建宋式沿街店铺，其室内亦采用透明安全玻璃地面，地下遗址与地面店铺相交融，让体验感知更富有意趣性与历史感。街南侧则为展示宋街建筑和唐城墙遗址的大空间，设计通过架设玻璃栈道，构筑游客能身历其间的体验游道，以全方位展现与揭示遗址。而东南向的木质护岸、木挡板等遗迹则采取复埋的保护方式，以文字和图片方式加以揭示；其上方建筑的屋顶呈退台式向南降落，于室外形成多层次休憩平台，并保证不影响考古工作者继续在室内挖掘研究。馆舍室内的遗址区均作为动态考古区，让考古工作成为展示内容的重要组成部分。设计之初的意图为：宋街东西两端不设置关闭大门，让其继续成为市民日常生活穿梭的路径，在穿行中感知遥远的历史，让文化遗产走入百姓日常生活之中。

博物馆的外观、形式、尺度是设计过程中很纠结的问题，经多轮方案探讨与专家评审，大致达成共识：在唐城墙遗址上按考古发掘揭露的尺寸、材料规格、推算的城墙高度，复建一段罗城墙和金斗门，形成博物的特征性感知意象。而于城墙东端，我们结合木质护岸展示厅的退台式屋顶，建构供市民、游客休憩的户外活力空间，且作为上城墙顶（屋顶花园）的台阶，以良好地衔接起城墙。石质台阶上镌刻有唐罗城等相关历史信息文字，增强遗址博物馆的历史

博物馆室内

特征感。阶台式平台北侧墙是通湖路进入博物馆的主立面，设计采用玻璃幕墙与垂直绿化相结合的形式，连接其南端城墙与北端宋街凸出部的平屋顶建筑，并于宋街入口大门上方的玻璃幕墙上印刻唐罗城城图，丰富博物馆的历史意涵。同时，让玻璃幕墙与宋街上空的玻璃顶棚相衔接，同构博物馆室内独特的空间氛围。博物馆北侧临通湖路凸出部建筑与消防站建筑平齐，其立面采用城墙砖构造的个性特征肌理墙作为博物馆的形象展示墙，并嵌入拉丝不锈钢的馆名文字；城墙砖肌理墙也与其北侧紧邻的消防站青砖建筑产生对话，让两幢建筑形成和而不同、却又有机联系的整体。

博物馆城墙南侧东端为木质护岸展示厅的阶台式平台、西端为遗址展示厅的凸出部，其西南角有临安泰河的二层木构历史建筑（文儒坊 99 号），中部城墙边有一株古榕树及一段残墙，设计整合了各环境历史要素并结合新建馆舍的形体空间，于安泰河河畔形成一

宋街临通湖路入口景象

印有唐罗城城图的玻璃幕墙

唐罗城城墙砖构造的肌理墙

镌刻有历史信息文字的石台阶

处“舞台式”内凹形的个性鲜明的开敞公共空间，既为博物馆户外展示交流场所，更作为周边居民日常生活的邻里公园。文儒坊99号历史建筑原为林氏民居，“俗称仓前堂，为著名国术师林世凯所居”[注60]，清代形制，现存建筑为两座二层建筑相毗接，西侧座为外廊式二层木构建筑，濒河设有美人靠，倚水而生，清雅舒爽，颇富特色。其北侧门前墙上有一组贝雕，工艺精美。该建筑是安泰河沿岸仅存的具有濒水特征的建筑类型孤本，是三坊七巷街区中具有独特性和唯一性的建筑类型遗产，具有类型见证物的历史价值。设计将其活化利用为书吧，作为博物馆配套功能，也成为广场、街道的“观察站”，增强了街区公共空间的场所特性。不同特征的环境历史要素、时代感鲜明的环境构成新要素、街道及多层次馆舍屋顶平台与安泰河共同构筑了三坊七巷街区中又一处令人印象深刻的文化景观场所。

在博物馆设计和建设过程中，金斗门上的城门楼是否复建一直难以达成共识。在工程接近竣工时，我们又做了努力，征询了相关专家意见并征得业主方同意，取出博物馆第一轮施工图的门楼设计图，交由施工方实施建设，终于形塑出从西向安泰河金斗桥进入三坊七巷街区应有的河、桥、城门楼共同构成的完整历史意象。尺度

注60　黄启权．三坊七巷志[M]．福州市地方志编纂委员会编．福州：海潮摄影艺术出版社，2009:118.

退台式阶梯连接屋面成为日常生活舞台

博物馆与林氏民居

林氏民居（文儒坊99号）

妥帖的城门楼也成为博物馆屋顶花园的构图统摄物，更是市民游客驻足、休憩的场所空间。2018 年底，历经近十年工程终于建成，但遗憾的是至今相关部门还没有室内布展与开馆的计划，遗址博物馆便一直闲置着。更不可理解的是，金斗桥西侧地段，原保护规划作为三坊七巷西接白马路、白马河的通道，也是从白马路进入三坊七巷的西南向入口景观廊道，几乎于博物馆建设的同时，该地段上盖起了剧院等功能的体量宏大的建筑群，堵死了三坊七巷西出廊道，庞大的建筑体量也对历史环境造成了严重破坏。在我国当下大力保护文化遗产的喜人形势下，还不断出现破坏历史环境的行为，只能说明保护文物建筑和历史地段本体虽已得到人们高度重视，但完整性地保护建筑文化遗产及其整体环境的意识、观念还较为落后，亟待提升。其实，早在 1976 年，联合国教科文组织《关于历史地区的保护及其当代作用的建议（内罗毕建议）》就明确指出："在导致建筑物的规模和密度大量增加的现代城市化的情况下，历史地区除了遭受直接破坏的危险外，还存在一个真正的危险：新开发的地区会毁坏临近的历史地区的环境和特征。……应谨慎从事，以确保古迹和历史地区的景色不致遭到破坏，并确保历史地区与当代生活和谐一致。"[注61] 所以，今天的我们没有任何理由去责备 20 年前或更早时期对历史建筑的清除、历史地区旧城式的改造行为，我们需要做的就是要避免再犯历史性的错误。

注 61　联合国教科文组织世界遗产中心，中国国家文物局，等 . 国际文化遗产保护文件选编 [M]. 北京：文物出版社，2007:94.

金斗桥、金斗门重建起历史联系

重建与文儒坊历史联系

5.5.3 三坊七巷通湖路地段保护再生设计

地段南起仓角头光禄坊巷，北至今衣锦坊西口与新开的东西走向雅道巷南侧，全路段长 468 米；其中，光禄坊巷至大光里巷长约 145 米、大光里至文儒坊巷约 71 米、文儒坊巷至许倜业故居北墙的旧益吾巷约 81 米、益吾巷至衣锦坊巷口约 171 米。此地段沿线除文儒坊巷南侧有文儒坊 63 号、65 号、67 号历史建筑，北侧有许倜业故居、叶观国故居、尤家花园历史建筑，衣锦坊口南侧有衣锦坊 73 号、67 号、汪氏宗祠等历史建筑外，其余沿线用地规划皆为拆除不协调建筑后进行更新改造的地块。设计结合各地块内历史巷弄的特征及与历史建筑的关系，将用地由南至北划分为五个形状不同、用地规模不等的功能地块。五个地块在完成了整体方案设计后，进行地块土地挂牌出让。由于各地块均位处三坊七巷核心保护区内，地块的出让规划条件除严格遵循保护规划中建筑檐口高度≤ 7 米、脊高≤ 9 米等要求外，还结合先期完成的设计方案，分地块给出各历史巷弄走势、尺度、氛围保持不变的具体规定，以及新建筑第五立面肌理、风貌与街区固有肌理相协调等规划设计要求。

通湖路（修复前）

旧时的衣锦坊、文儒坊皆临安泰河而筑，沿河建筑依河沿走势自然有机分布，呈现出小桥流水人家的独特景象；被通湖路切断后，沿线衍化为约 9 米宽的街道；2009 年，结合街区保护规划实施，又将其拓为 18 米宽的城市道路。随着沿线历史建筑西侧各类棚屋与不协调建筑的拆除，一组组历史建筑与优美的马鞍墙逐渐显露出来，让三坊七巷西界面呈现出不同于历史印象的全新而惊奇的景观。由此现场感悟而得启发，保护再生设计就顺势将三坊七巷沿通湖路界面，作为呈现该街区最具文化景观符号、特质与意义的优美而独特的“几”字形马鞍墙的展示面。设计摒弃沿街设置大量连续小开间店铺的布局方式，转而尽可能以传统南北纵深展开的院落建筑为参照，建构更新建筑的肌理形态；立面外观采用传统形态多样的马鞍墙形式，并与存续的历史建筑进行有机编织，再造其层层涌动、跌宕起伏、整体生动又具文化景观唯一性的沿街天际轮廓线。而于通湖路南段原仓前河沿段，我们循迹仓前河沿与仓前后巷的商业地段历史特征，结合因通湖路拓宽而形成的小进深用地之特点，更新建筑采用小开间、二层的青砖与木构立面建筑组合形式，仅于南端转角建筑采用一层木构立面建筑，以较好衔接其东侧相邻的光禄坊巷历史建筑，并体现转角建筑的美学意涵。

通湖路文儒坊地块[注62]是 2010 年三坊七巷核心保护区若干出让商住用地中的一幅，用地面积 5400 平方米。基地呈南北狭长状，西临通湖路，北临文儒坊（隔坊巷为许倜业故居、叶观国故居），

注 62　此为通湖路文儒坊地块项目，设计单位为福建清华建筑设计院。设计指导为严龙华。主要建筑师有高扬、周宇、赵颖、陈恳、王云辉、李扬霏、黄金秀、余传强等.

拆除不协调建筑后露出马鞍墙

通湖路南段原仓前河沿段（修复后）

东侧与历史宅院（黄任故居等）毗邻，南接仓前后巷，中部被东西走向的大光里巷横穿。设计以东西横巷文儒坊、大光里及南北直巷仓前后巷将大地块细分为小地块、再将各小地块还原为传统宅基地尺度，在保持历史巷弄走势、尺度、空间氛围的同时，使第五立面的形态肌理与街区整体产生有机关联。仓前后巷东侧地块设计为三个宅院，采用多进院落布局形式，建筑层数以一层为主、局部二层；各院落以不规则狭长边庭、花厅与东侧毗邻历史宅院相衔接，而非共墙邻接，使新院落在其尺度与空间上向历史宅院表现出尊重与退让的同时，又以和谐的肌理融入整个街区的格局与风貌之中。

为了延续仓前后巷贯穿基地南北的历史走势、保持大光里内宁静的居住生活氛围，并能营造基地内部的商业活力，设计将居住院落布置于基地东侧，沿通湖路地块作为商业建筑，以仓前后巷串合小开间、连续排列的店铺或小尺度商业院落，并结合基地内的古树及与通湖路的连接节点等，设置了若干巷中扩大空间，营构出既富有传统小街巷意韵、又具时代气息的魅力小尺度商业休闲坊。内聚性的类深宅大院式商业休闲坊又通过多节点空间连接通湖路，将街道上的游人引入坊内，创造出一种于坊巷院落间恬适流连的生活情境。此亦是对街区特征形态与建筑类型进行抽象性创新表达的一种探索。沿通湖路立面设计，南段延续仓前段青砖建筑立面，北段则以传统牌堵门头房为类型参照，采用一层门头房式建筑错落组合，建构其与大光里、文儒坊沿街建筑的关联，也令通湖路全段立面在形成整体统一性的同时，又产生多样变化的体验意象。

通湖路文儒坊地块马鞍墙（修复后）

通湖路文儒坊地块一层平面图

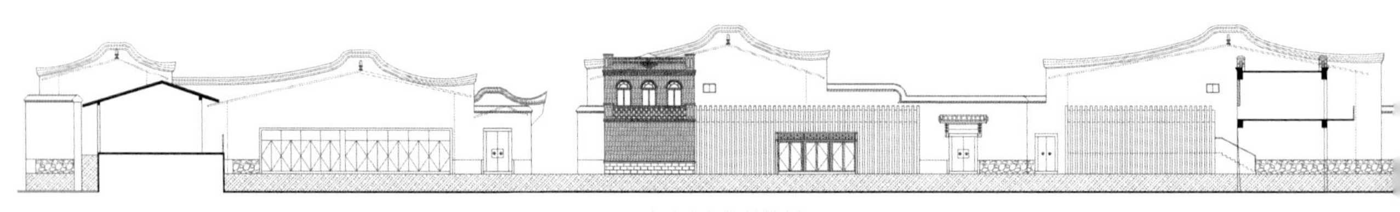

通湖路文儒坊地块剖面图

通湖路衣锦坊地块[注63]则是同期出让的更新地块中较大的一幅，用地面积 12423 平方米。基地位于衣锦坊巷南侧，西临通湖路，西北邻接汪氏宗祠、南临许倜业故居，东侧与多处历史建筑交错邻接，用地被洗银营巷与衣锦坊巷切割为由南至北大、中、小面积不等的三个细分地块。对于此类跨越多条历史巷弄且边界不规则的大尺度更新地块，设计更强调将其作为三坊七巷街区肌理形态、坊巷格局与风貌整体中的一个有机区块单元加以审慎处理：即保持洗银营巷、衣锦坊巷穿越地块的路径走势、拐角空间、坊巷宽度、界墙高度、空间形态等原状不变，妥帖处理新建筑与诸多毗接历史宅院的面阔尺寸、屋顶形态及院墙（尤其纵向马鞍墙）高度等多方面关系，以取得有机连接与整体和谐。在此基础上，设计以 0.75 的规划容积率，将基地三个面积不等的地块，组织为十二套占地面积不等、情趣不同的二层为主、局部一层的多进式类传统居住院落，相邻宅院间均以南北向马鞍墙共墙相隔。再生设计还尤为强调将此路段临街立面塑造以实体马鞍墙为主的强烈地方性文化景观进行展现。各宅院的入户院门设于历史巷弄或内部邻里空间，为保持以实体封火墙围合的历史巷道界面特征，除入户门头房或于粉墙上开石框门洞外，均不设置其他门洞，维持巷道幽深静雅的固有居住氛围。

设计通过通湖路沿线历史建筑的保护、各坊巷口坊门的重置和更新地块建筑的再生设计，将其集合成有机整体，完整呈现了三坊七巷文化景观的独特性，亦营构了通湖路沿线充满地方文化特质并具当代城市生活活力的空间场所。2012 年起，我们又结合城市环境综合整治行动，对通湖路衣锦坊以北至西湖南大门段及光禄坊巷以南至道山路段的通湖路街道景观及沿街各住宅小区和公共建筑进行了全面的风貌改造和街道、社区环境品质提升。对于沿线 20 世纪 80 年代至 21 世纪初期的六至八层住宅的立面改造，设计讲求“依据不同年代特征进行‘再创作’，在保持其年代特征的同时，既与传统建筑类型相关联以取得同一性，又强调每一个居住组团的个性化表达，再造社区建筑文化个性特色，提升社区的可识性”[注64]，由此既建构起整体协调有序的通湖路沿线立面风格，又呈现出连续可读的建筑文化特征。在沿线街道环境再塑中，我们充分挖掘各地段历史意涵，于安泰河沿岸及其与各历史街巷交接处，塑造了一系列富含历史文化意蕴的亲切的街道小空间，以增强街道魅力，让城市生活回归街道的当代城市更新理念成为现实可能。“另一方面强调建筑、景观、环境设施一体化改造，运用社区既有历史文化元素，增强社区居民的归属感与城市文化认同感，并将各社区更新融入到整个历史城区的整体环境提升中去。”[注65]

注 63　此为通湖路衣锦坊地块设计项目，图纸由福建清华建筑设计院提供．

注 64　严龙华．福州历史文化街区保护与城市文化特色创造 [J]. 城乡建设，2016(10):51.

注 65　同上书，第 51 页．

2018 年，我们又进行了西湖历史文化风貌区的整体环境保护与整治，以修复古典园林历史文化特质为立足点，整治了与历史园林环境气质不协调的各类建构筑物，修复了部分不可或缺的历史景点，补充完善了人性化设施，精致化、体系化再设计了各级园径、驳岸栏杆等设施小品，并重点整治提升了其与通湖路交汇点的南入口大门广场及 135 米长的入园堤路（柳堤）。加之于 2013 年起，鼓楼区委、区政府陆续整治改造的南接三坊七巷雅道巷、北通西湖东南岸（旧北水关）的卧湖路、元帅路（旧为通西湖水道）以及南接南后街的达明路、北大路，在路径、视廊与格局等方面，令三坊七巷街区与作为古城格局重要组成部分的建于西晋、位于古城西北部的西湖历史文化风貌区重新建立起紧密连接。而于三坊七巷南侧，即道山路与通湖路相接的丁字路口以南，则整饬出一处较为开阔的节点广场，设置了乌山北入口山门牌坊，整治人防设施建筑并植入公园配套小建筑，既强化了三坊七巷街区与乌山风貌区的紧密关联性，又塑造了具有强烈可识别性的景区北麓西段入口空间的景观意象。此外，我们通过安泰河两岸、澳门路西街区（旧怀德坊）、隆普营、天皇岭等历史地段肌理的一致性再造，以及历史路径、视廊的再连接和空间节点的串合，重构了山、水、街区一体化的历史结构，也在一定意义上修复了城市传统中轴线西侧的山、城、湖的历史联系与其整体空间景观格局。

通湖路衣锦坊地块更新建筑马鞍墙

通湖路南端节点乌山北麓山门

通湖路衣锦坊地块一层平面图

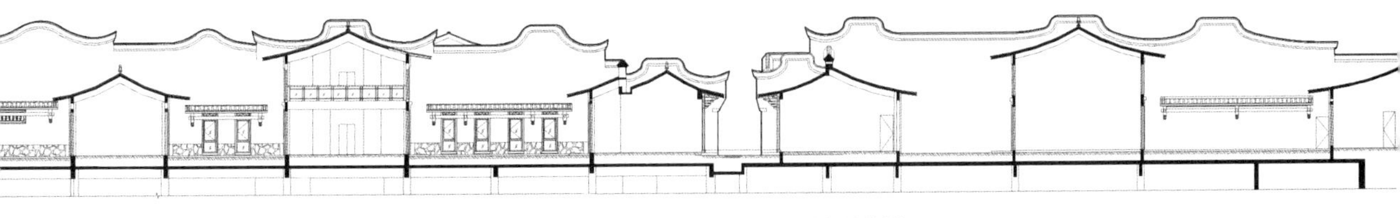
通湖路衣锦坊地块剖面图

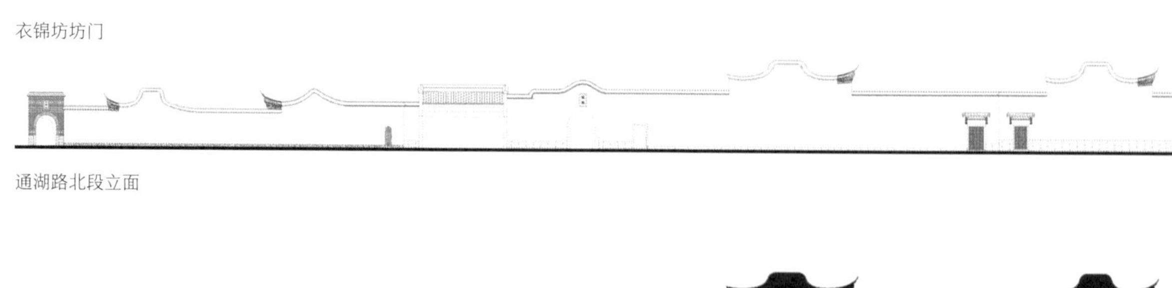

通湖路北段立面

通湖路北段材料分析

通湖路北段虚实分析（窗墙比 0.146）

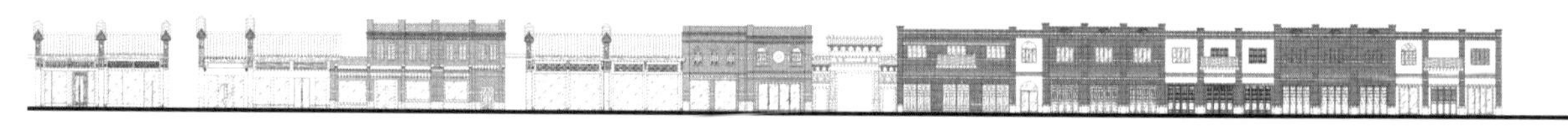

通湖路南段立面

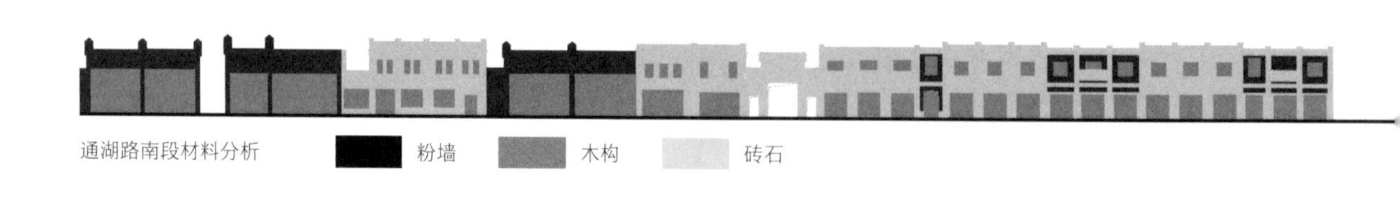
通湖路南段材料分析

通湖路南段虚实分析（窗墙比 0.415）

文儒坊坊门
玉山涧巷
营房里

5.5.4 结语

城市保护与历史地段再生设计，是一项艰辛又极具专业性的设计工作，需努力平衡感性与理性、真实完整性保护与创新发展等关系，以妥帖的设计思维与方法去“调和历史结构与现代结构矛盾对立”注66。十余年来，我们一直本着“整体保护、积极创新”的理念，针对不同历史地段的存续特质予以不同的响应设计。如果说，三坊七巷核心保护区的设计创新是隐藏于高墙深院内，那么，其建设控制地带及风貌协调区的创新表达，则希望能直接流淌于大街小巷之中，让人们既能身临其境地感知具有强烈地方历史特征的意象，又能被当代创新营造的艺术氛围所感染。不负使命、根植历史、创造未来，诚如陈志华先生所说：“一方面创造自己一代的新文化，同时又爱惜历代的文化遗产，……既创造，又积累，这才对人类作出了巨大的贡献。”注67

对于安泰河光禄坊地段，我们秉持这种理念进行设计创作，工程项目亦基本上按设计意图建设，于 2011 年“5.18”海峡两岸经贸交易会（518 海交会）前落架竣工。该项目也是三坊七巷街区及周边历史地段更新设计项目中唯一一个建成前未被相关部门、专家改过的工程项目。工程落架后，职能部门还是组织了有关专家提出了一系列整改意见，但鉴于海交会临近，已来不及行动，故要求我们海交会后再做整改。幸运的是，恰好原国家文化局单霁翔局长再次莅临三坊七巷，对再生后的安泰河景象给予了不错的评价，之后再未有人提及整改之事。在此次考察活动中，单霁翔局长还建议将乌山乌塔、于山白塔、三坊七巷、朱紫坊进行整合，形成“两山两塔两片”注68约 1 平方千米规模的文化遗产特区。单局长的建议获得了省、市领导的高度重视，于是我们进行了“两山两塔两街区”遗产特区的保护规划编制，以保护规划管控当前的更新改造行为，并把历史文化名城的整体保护、管理及规划战略纳入城市整体可持续发展的更广泛的目标中，不断理清历史沉积的脉络，清除突兀的结构物，让重建历史文化名城整体景观空间格局在未来成为可能！

2012 年起，福州市委、市政府展开了更大范围的历史城区风貌片区的保护与整合，先后启动了朱紫坊历史文化街区、于山历史文化风貌区保护与历史关联性整合，并与三坊七巷、乌山共构起“两山两塔两街区”的传统风貌遗产特区。与此同时，在城南闽江两岸的近现代滨江历史城区中，我们通过街区的保护再生及片区功能、

注 66 常青 . 思考与探索：旧城改造中的历史空间存续方式 [J]. 建筑师，2014(8):31.

注 67 陈志华 . 意大利古建筑散记 [M]. 北京：中国建筑工业出版社，1996:5.

注 68 杨凡 . 叙事：福州历史文化名城保护的集体记忆 [M]. 福州市政协文史资料和学习宣传委员会，福州市历史文化名城管理委员会编 . 福州：福建美术出版社，2017: 35.

空间、视廊、游线、风貌等关联性重构，建构起“两山（大庙山、烟台山）、两岛（中洲岛、江心岛）、两街区（上下杭及老仓山街区）”近现代风貌特区；于城北连缀西湖、冶山、屏山三个历史文化风貌区形成“城市溯源风貌特区”；2014 年，又启动了城市传统中轴线的保护整治工作。由此，福州建立起了“以历史文化街区与风貌区保护整治为契机、老旧居住小区环境综合整治为基础，以历史街巷保护整治为肌理、历史中轴线为中枢，通过整体创新保护，重塑历史城市整体特色空间结构，并将其丰富的文化遗产重新整合成有机整体，融入当代城市空间中去”[注69]的历史文化名城保护与发展的总体框架与策略。我们希冀通过持续不断的“整体保护、积极创新”，“让福州历史城市重焕活力，重塑历史文化名城整体空间独特性与强烈的场所认同感，重现东方城市的传统美学风采”[注70]。

注 69　严龙华 . 城市发展轴的历史文化传承与空间整合：福州历史文化名城保护实践之策略探讨 [J]. 世界建筑，2016(4):124.

注 70　杨凡 . 叙事：福州历史文化名城保护的集体记忆 [M]. 福州市政协文史资料和学习宣传委员会，福州市历史文化名城管理委员会编 . 福州：福建美术出版社，2017: 153.

主要参考文献

[1] （宋）梁克家 . 三山志 [M]. 福州市地方志编纂委员会整理 . 福州 : 海风出版社，2000.

[2] （南朝 / 宋）范晔 . 后汉书 [M]. 李贤，等注 . 北京 : 中华书局，1965.

[3] （明）喻政 . 福州府志 [M]. 福州市地方志编纂委员会整理 . 福州 : 海风出版社，2001.

[4] （明）文震亨 . 长物志 [M]. 胡天寿译注 . 重庆 : 重庆出版社，2008.

[5] （明）王应山 . 闽都记 [M]. 福州市地方志编纂委员会整理 . 福州 : 海风出版社，2001.

[6] （明）计成 . 园冶读本 [M]. 王绍增注释 . 北京 : 中国建筑工业出版社，2013.

[7] （清）林枫 . 榕城考古略 [M]. 福州市地方志编纂委员会整理 . 福州 : 海风出版社，2001.

[8] （清）郭柏苍 . 乌石山志 [M]. 福州市地方志编纂委员会整理 . 福州 : 海风出版社，2001.

[9] （清）郭柏苍 . 竹间十日话 [M]. 福州市地方志编纂委员会整理 . 福州 : 海风出版社，2001.

[10] （民国）郭白阳 . 竹间续话 [M]. 福州市地方志编纂委员会整理 . 福州 : 海风出版社，2001.

[11] 北北 . 城市的守望 : 走过三坊七巷 [M]. 曲利明摄影 . 福州 : 海潮摄影艺术出版社，2002.

[12] 北北 . 三坊七巷 [M]. 长春 : 时代文艺出版社，2006.

[13] 曹林娣，许金生 . 中日古典园林文化比较 [M]. 北京 : 中国建筑工业出版社，2004.

[14] 陈志华 . 意大利古建筑散记 [M]. 北京 : 中国建筑工业出版社，1996.

[15] 方炳桂 . 福州老街 [M]. 福州 : 福建人民出版社，2009.

[16] 福州市政协文史资料委员会 . 三坊七巷史话 [M]. 福州 : 海峡书局，2016.

[17] 傅熹年 . 傅熹年建筑史论文选 [M]. 天津 : 百花文艺出版社，2009.

[18] 贺业钜 . 中国古代城市规划史 [M]. 北京 : 中国建筑工业出版社，1996.

[19] 黄启权 . 三坊七巷志 [M]. 福州市地方志编纂委员会编 . 福州 : 海潮摄影艺术出版社，2009.

[20] 李允鉌 . 华夏意匠：中国古典建筑设计原理分析 [M]. 天津 : 天津大学出版社，2005.

[21] 联合国教科文组织世界遗产中心，中国国家文物局，等 . 国际文化遗产保护文件选编 [M]. 北京 : 文物出版社，2007.

[22] 梁思成 . 中国建筑史 [M]. 天津 : 百花文艺出版社，2005.

[23] 梁思成 . 清式营造则例 [M]. 北京 : 清华大学出版社，2006.

[24] 刘敦桢 . 中国古代建筑史 [M].2 版 . 北京 : 中国建筑工业出版社，1984.

[25] 刘润生 . 福州市城乡建设志 [M]. 福州市城乡建设志编纂委员会编 . 北京 : 中国建筑工业出版社，1994.

[26] 刘先觉，张十庆 . 建筑历史与理论研究文集 (1997—2007)[M]. 北京 : 中国建筑工业出版社，2007.

[27] 卢美松 . 福州名园史影 [M]. 福州 : 福建美术出版社，2007.

[28] 尼跃红 . 北京胡同四合院类型学研究 [M]. 北京：中国建筑工业出版社，2009.

[29] 邱季端 . 福建古代历史文化博览 [M]. 福州 : 福建教育出版社，2007.

[30] 阮章魁 . 福州民居营建技术 [M]. 北京 : 中国建筑工业出版社，2016.

[31] 沈克宁 . 建筑类型学与城市形态学 [M]. 北京：中国建筑工业出版社，2010.

[32] 汪德华 . 中国城市规划史纲 [M]. 南京 : 东南大学出版社，2005.

[33] 杨凡 . 叙事：福州历史文化名城保护的集体记忆 [M]. 福州市政协文史资料和学习宣传委员会，福州市历史文化名城管理委员会编 . 福州 : 福建美术出版社，2017.

[34] 曾意丹，徐鹤苹 . 福州世家 [M]. 福州 : 福建人民出版社，2002.

[35] 赵广超 . 不只中国木建筑 [M]. 北京 : 生活 · 读书 · 新知三联书店，2006.

[36] 张作兴 . 闽都古韵 [M]. 福州 : 海潮摄影艺术出版社，2004.

[37] 张作兴 . 三坊七巷 [M]. 福州 : 海潮摄影艺术出版社，2006.

[38] 周维权 . 中国古典园林史 [M].2 版 . 北京 : 清华大学出版社，1999.

[39] 朱力 . 中国明代住宅室内设计思想研究 [M]. 北京 : 中国建筑工业出版社，2008.

[40] 庄林德，张京祥 . 中国城市发展与建设史 [M]. 南京 : 东南大学出版社，2002.

[41] [意] 阿尔多 · 罗西 . 城市建筑学 [M]. 黄士钧译 ; 刘先觉校 . 北京 : 中国建筑工业出版社，2006.

[42] [英] 乔治娅 · 布蒂娜 · 沃森，伊恩 · 本特利 . 设计与场所认同 [M]. 魏羽力，杨志译 . 北京 : 中国建筑工业出版社，2010.

[43] [美] 安东尼 · 滕 (Anthony M.Tung). 世界伟大城市的保护：历史大都会的毁灭与重建 [M]. 郝笑丛译 . 北京 : 清华大学出版社，2014.

[44] [美] 埃德蒙 · N. 培根，等 . 城市设计 [M]. 黄富厢，朱琪编译 . 北京 : 中国建筑工业出版社，1989.

[45] [美] 凯文 · 林奇 . 城市意象 [M]. 方益萍，何晓军译 . 北京 : 华夏出版社，2017.

[46] [美] 伊利尔 · 沙里宁 . 城市：它的发展、衰败与未来 [M]. 顾启源译 . 北京 : 中国建筑工业出版社，1986.

[47] [美] 伊利尔 · 沙里宁 . 形式的探索：一条处理艺术问题的基本途径 [M]. 顾启源译 . 北京 : 中国建筑工业出版社，1989.

[48] [日] 芦原义信 . 街道的美学 (上)[M]. 尹培桐译 . 南京 : 江苏凤凰文艺出版社，2017.

[49] [日] 芦原义信 . 街道的美学 (下)[M]. 尹培桐译 . 南京 : 江苏凤凰文艺出版社，2017.

[50] [日] 芦原义信 . 外部空间设计 [M]. 尹培桐译 . 南京 : 江苏凤凰文艺出版社，2017.

[51] [加拿大] 简 · 雅各布斯 . 美国大城市的死与生 [M]. 金衡山译 . 南京 : 译林出版社，2006.

[52] [法] 塞尔日 · 萨拉 (Serge Salat) . 城市与形态 [M]. 陆阳，张艳译 . 北京 : 中国建筑工业出版社，2012.

[53] [芬兰] 尤嘎 · 尤基莱托 . 建筑保护史 [M]. 郭旃译 . 北京 : 中华书局，2011.

[54] [奥地利] 卡米诺 · 西特 . 城市建设艺术：遵循艺术原则进行城市建设 [M]. 仲德崑译 ; 齐康校 . 南京 : 江苏凤凰科学技术出版社，2017.

后记

三坊七巷保护实施工作开展已历时十五年，其保护与再生成效获得了社会各界、专家学者的广泛认可与良好评价。三坊七巷街区于 2009 年 5 月获得首批“中国十大历史文化名街”称号， 2012 年被列入中国世界文化遗产预备名单，2015 年 7 月被国家旅游局授予 5A 级景区，同年被列入国家住房和城乡建设部和国家文物局颁布的首批“中国历史文化街区”名录。2022 年 3 月，三坊七巷历史文化街区被中国文物学会等评为“2021 全国文化遗产旅游优秀案例”。

自 2005 年 8 月成立“福州市三坊七巷保护开发利用领导小组”以来，历届福州市委、市政府始终以“保护为主、抢救第一、合理利用、加强管理”为总方针，遵循“政府主导、居民参与、实体运作、渐行改善”的保护思路，保护过程中更是群策群力，汇集众多领导、专家、设计团队、各参建单位及市民群众的各方合力。三坊七巷管委会、三坊七巷保护开发有限公司历任领导及其技术团队为保护实施提供了强有力的制度保障。不同时期不同阶段先后参与的设计单位众多，除福州市规划设计研究院全过程参与从保护规划到具体实施的各阶段设计外，保护规划及详规编制的主要单位有同济大学国家历史文化名城保护中心、北京清华同衡规划设计研究院等;参与国家级重点文物保护单位修缮设计的单位有清华大学建筑设计研究院遗产保护研究所、浙江古建筑设计研究院、广西文物保护中心和西安文物保护修复中心等；参与更新建筑设计的主要单位有：北京华清安地建筑设计有限公司、福建清华建筑设计院有限公司、福建省建筑设计研究院以及福州市建筑设计院等；三坊七巷保护开发有限公司聘请在地古建筑专家陈木霖和陈文忠指导修缮工程；原住民以及入驻街区的各类商家、机构也为三坊七巷历史文化传承与持续活力做出了积极贡献。

感谢福州市规划设计研究院高学珑院长、桂兴刚书记对项目设计团队的长期关爱与支持。设计团队中参与保护规划与详规编制的主要成员有陈亮、陈腾、魏樊、陈硕、寻文颖、周华、朱洁、杨月容、高学珑、唐丽虹、陈国兴等；更新建筑设计的主要成员有张蕾、阙平、付玉麟、薛泰琳、魏朝晖、陈白雍、林炜、姚坚伟、刘高龙、傅玉麟、薛泰琳、陈白雍、刘平、夏昌、陈汝琬、李凌枫、郭燕萍等；古建修缮设计主要成员有罗景烈、何明、高华敏、黄秀萍、陈奕淼、郑远志、赵魁枬、林菁、林晶、杜庆昭、王胜南、林敏、陈成等；园林景观设计的主要成员有王文奎、陈志良、吴鑫森等。

十余年来，我们团队在保护再生实践中不断学习、不断成熟，在反思总结中逐渐形成一套体系化的历史文化街区保护与再生的具体策略与设计方法，并在朱紫坊历史文化街区、上下杭历史文化街区保护再生的设计实践中加以运用与持续完善。

特别感谢高扬、江山、余传强、高阳、陈恳、郑宗喜、陈乐祥、赵颖、姚蕴芳等同志及福州市规划设计研究院人居环境工作室的邱峰琳、欧阳昆国、黄旭东、郭耘锦、华国梁、林辛力、徐晓明、陈运合、蒋励欣等同志在本书的编写和图纸文件整理以及修后测绘过程中给予的帮助与辛劳付出（书中所涉及古建筑图纸均改绘自福州市规划设计研究院古建筑设计所提供的基础资料）。感谢施凯、江声树、吴飞、何明、郑宇豪等同志提供了部分照片。本书亦为福建省科学技术协会服务“三创”优秀建设项目、福建省本科高校教育教学改革研究项目（FBJG20190150）。

三坊七巷是一部阅不尽的历史人文教科书，本书仅为十五年来三坊七巷修复与再生历程中个人的学习、实践的在地思考与理论总结，并以期为三坊七巷保护再生过程留下一份历史记录。由于笔者研究能力所限，本书只是阶段性的感悟成果，难免存有不足与疏漏之处，欢迎学者、专家予以指正！

最后，衷心感谢卢济威教授、黄汉民大师、常青院士、张杰大师为本书作序。

严龙华

2022 年 4 月

图1　三坊七巷航拍（郑宇豪 摄）

图 2　南后街北入口牌坊（施凯 摄）

图 3　南后街（施凯 摄）

图4　文儒坊街巷空间（施凯 摄）

图5　巷口牌坊（严龙华 摄）

图 6　南街商业建筑与郭柏荫故居（施凯 摄）

图 7　安泰河夜景（施凯 摄）

图 8　林则徐纪念馆庭景（严龙华 摄）

图 9　水榭戏台（严龙华 摄）

图 10　王麒故居灰塑（严龙华 摄）

图 11　郭柏荫故居前庭（严龙华 摄）

图 12　刘家大院（江声树 摄）

图 13　廖毓英故居更新活化（严龙华 摄）

图 14　廖毓英故居更新活化（严龙华 摄）

图 15　王有龄故居更新活化（严龙华 摄）

图 16　东七巷夜景航拍（施凯　摄）

图 17　光禄坊夜景（施凯　摄）

图 18　澳门路更新建筑（施凯　摄）

本书作者

严龙华，1964年生，福建福清人。福建省首批工程勘察设计大师，福建工程学院教授、建筑与人居环境研究所所长。清华大学建筑学专业毕业，同济大学建筑学硕士，住建部城市设计专家委员会委员、福建省住建厅历史文化保护与传承专家委员会副主任委员。长期专注于福州历史文化名城保护与更新的理论研究及实践，主持大量重大项目的规划与设计工作，多次获得国内外嘉奖。

主要作品有中国船政博物馆、福州林则徐纪念馆以及福州镇海楼重建，福州三坊七巷、朱紫坊、上下杭历史文化街区，福州西汉闽越古城遗址，福州古城核心区等一系列遗产保护与活化工程。获联合国亚太区文化遗产保护荣誉奖1项，全国优秀勘察设计行业一等奖4项、二等奖3项，中国建筑学会建筑设计一等奖1项、二等奖1项。多年来在《建筑学报》《建筑师》《古建园林技术》《世界建筑》等期刊上发表学术论文20余篇。

About the Author

Mr. Yan Longhua, born in 1964 in Fuqing, Fujian Province, is one of the first recipients in Fujian Province of the title National Geotechnical Investigation & Surveying Design Master. He is Professor of Fujian University of Technology, and Director of Institute of Architecture and Human Settlements. Mr. Yan graduated from Tsinghua University major in Architecture, and received Master of Architecture from Tongji University. He is working as member of Urban Design Expert Committee of Ministry of Housing and Urban-Rural Development, and Deputy Chairman of the Expert Committee of Historical and Cultural Protection and Inheritance of the Fujian Provincial Housing and Urban-rural Construction Department. He has been committed to the theoretical research and practice of the protection and renewal of historical and cultural cities for a long time, presided over the planning and design of a large number of major projects, and has won many awards at home and abroad.

His main works include Fuzhou Mawei China Shipping Heritage Museum, Fuzhou Lin Zexu Memorial Hall, Fuzhou Zhenhai Tower Reconstruction, Fuzhou Three Alleys and Seven Lanes, Zhuzifang, Shangxiahang Historical and Cultural District, Fuzhou Western Han Minyue Ancient City Ruins, Fuzhou Ancient City Core Area, and a series of heritage protection and activation engineering. Among these projects, Mr. Yan has won the Honorable Mention award at the UNESCO Asia Pacific awards for Cultural Heritage Conservation, won four first prizes and three second prizes respectively in the National Excellent Survey and Design industry, and one first prize and one second prize in architectural design of the Architectural Society of China. Over the years, Mr. Yan has published more than 20 academic papals in many journals, such as *Journal of Architecture, Architect, Traditional Chinese Architecture and Gardens, World Architecture*, etc.